21 世纪师范院校计算机实用技术规划教材

Dreamweaver 网页制作实用教程

（第3版）

律佳 刘洪霞 缪亮 · 主编

清华大学出版社

内容简介

本书通过基础知识与实例相结合的方式，重点介绍HTML、CSS、JavaScript、ASP、XML等技术在网页中的应用，并系统地讲解了网页制作的方法和技巧。

本书并不仅仅局限于Dreamweaver CS6简体中文版可视化制作工具的介绍，还将代码讲解和可视化制作工具应用相结合，使读者既掌握Dreamweaver可视化制作工具的应用，又掌握一些基本的HTML和CSS代码的使用方法，从而为以后更加深入地学习网页设计打下坚实的基础。

为了便于教学，每章都设置了"本章习题"和"上机练习"两个学习模块，使读者能及时巩固学习成果，举一反三地制作出更多精彩的网页效果。

为了使读者能够轻松地掌握网页设计的方法，本书提供了配套视频多媒体教学光盘。视频教程包括图书的全部内容、全程语音讲解、真实操作演示，让读者一学就会！

本书既适合作为各类院校的网页设计与制作教材，也适合想快速入门并提高网页制作技能的初、中级用户作为自学用书。

图书在版编目（CIP）数据

Dreamweaver网页制作实用教程/律佳，刘洪霞，缪亮主编. --3版. --北京：清华大学出版社，2016（2019.2重印）
21世纪师范院校计算机实用技术规划教材
ISBN 978-7-302-43586-0

Ⅰ. ①D…　Ⅱ. ①律… ②刘… ③缪…　Ⅲ. ①网页制作工具—教材　Ⅳ. ①TP393.092

中国版本图书馆CIP数据核字（2016）第082145号

责任编辑：魏江江　薛　阳
封面设计：杨　兮
责任校对：时翠兰
责任印制：刘祎淼

出版发行：清华大学出版社
网　　址：http://www.tup.com.cn，http://www.wqbook.com
地　　址：北京清华大学学研大厦A座　　**邮　　编**：100084
社 总 机：010-62770175　　**邮　　购**：010-62786544
投稿与读者服务：010-62776969，c-service@tup.tsinghua.edu.cn
质量反馈：010-62772015，zhiliang@tup.tsinghua.edu.cn
课件下载：http://www.tup.com.cn，010-62795954
印 装 者：三河市少明印务有限公司
经　　销：全国新华书店
开　　本：185mm×260mm　　**印　　张**：21.75　　**字　　数**：525千字
附光盘1张
版　　次：2008年1月第1版　2016年9月第3版　　**印　　次**：2019年2月第4次印刷
印　　数：6001～8000
定　　价：39.50元

产品编号：067839-01

序　言

社会提倡终生教育，一线的教育工作者有着强烈的接受继续教育的要求，许多学校也为教师的长远发展制定了继续教育的计划，以人为本，活到老学到老的思想更加深入人心。

随着知识经济和信息社会的到来，对教师进行计算机培训已提到国家的议事日程上来了，让每位教师具有应用信息技术能力已是刻不容缓的一件大事，将影响到国家的发展和人才的培养。目前，很多人已经意识到：有还是没有信息技术能力将影响到一个人在信息社会的生存能力，成为常说的新"功能性文盲"。作为教师，如果是"功能性文盲"，有可能出现如下的尴尬局面：面对计算机手足无措；不会使用计算机备课、上课，不会使用多媒体手段进行教学，不会编制和应用课件，不会上网获取信息、更新知识、与同行交流，无法与掌握现代技术的学生很好地交流，无法开展网络教学等。作为培养人才的教师，如果是一个现代的"功能性文盲"，如何适应现代化的要求？如何能培养出有现代意识和能力的下一代？

一本好书就是一所学校，对于我们教师更是如此。信息技术已经成为现代人必备的基本素质之一，好的教材可以帮助教师们迅速而又熟练地掌握信息技术，从最初的 Windows 操作系统到 Office 办公系统软件，还有各种课件制作软件的教材在我们的日常教学中发挥着巨大的作用。

作为师范院校计算机实用技术教材，本套丛书主要的读者对象是师范院校的在校师生、教育工作者以及中小学教师，是初、中级读者的首选。涉及的软件主要有课件制作软件(Flash、Authorware、PowerPoint、几何画板等)、办公系列软件、多媒体技术、网络技术、计算机应用基础和图形图像处理技术等。考虑到一线教师的实际情况，我们尽可能地使用软件最新的中文版本，便于读者上手。

本丛书的作者大多是一线优秀教师，经验丰富、有一定的知识积累。他们在平时对于各种软件的使用中都有自己的心得体会，能够结合教学实际，整理出一线老师最想掌握的知识。本丛书的编写绝不是教条式的"用户手册"，而是与教学实践紧紧相扣，根据计算机教材时效性强的特点，以"实例＋知识点"的结构建构内容，采用"任务驱动教学法"让读者边做边学，并配以相应的光盘，生动直观，能够让读者在短时间内迅速掌握所学知识。本丛书除了正文用简洁明快、图文并茂的形式讲解图书内容外，还使用"说明"、"提示"、"技巧"、"试一试"等特殊段落，为读者指点迷津。通过浅显易懂的文字、深入浅出的道理、好学实用的知识、图文并茂的编排，来引导教师们自己动手，在学习中获得乐趣，获得知识，获得成就感。

在学习本套丛书时，我们强调动手实践，手脑并重。光看书而不动手，是绝对学不会的。化难为易的金钥匙就是上机实践。好书还要有好的学习方法，二者缺一不可。我们相信读者学完本套丛书后，在你的日常生活和教学工作中会有如虎添翼的感觉，在计算机的帮助下你的学习和工作效率会有极大的提高，这也是我们所期待的。祝你成功！

吴文虎

前　言

随着 Internet 的发展，越来越多的企事业单位、政府机关、教育部门以及个人都建起了自己的网站，用来发布单位新闻、产品信息、政策法规以及展示个人风采，进行信息的交流和互动。Dreamweaver 是一款专业的 HTML 编辑器，用于对 Web 站点、Web 页和 Web 应用程序进行设计、编码和开发。Dreamweaver 也是"所见即所得"的网页设计与开发工具，是专业网站开发的首选软件。

本书按照教学规律精心设计内容和结构。根据各类院校教学实际的课时安排，结合多位任课教师多年的教学经验进行教材内容的设计，力争教材结构合理、难易适中，突出实现网页设计与制作教材的理论结合实际、系统全面、实用性等特点。

本书既适合作为各类院校的网页设计与制作教材，也适合想快速入门并提高网页制作技能的初、中级用户自学使用。

关于改版

本书是《Dreamweaver 网页制作实用教程（第二版）》的修订升级版。《Dreamweaver 网页制作实用教程》2008 年出版了第一版、2012 年出版了第二版，共重印 10 次，累计发行 3 万多册。由于教材内容新颖、实用，深受广大读者的欢迎，目前全国已有多所院校选择本书作为正式的网页设计与制作教材。随着教材使用经验、读者反馈信息的不断积累，教材的修订迫在眉睫。

本书主要在以下几个方面进行了改进：

- 采用 Dreamweaver CS6 中文版对图书内容重新进行了创作，注重新技术的应用。
- 以 Web 2.0 技术为基础，对教材结构进行了改进，使知识结构更系统、更具层次感。
- 对全书的文字叙述进行了优化，使知识叙述得更科学、更清晰。
- 开发了专业的视频多媒体教程，涵盖图书的全部内容，语音同步讲解，超大容量。

主要内容

本书主要介绍使用 Dreamweaver CS6 简体中文版制作网页的方法和技巧，着重介绍 HTML、CSS、JavaScript、ASP、XML 等技术在网页中的应用。本书共 13 章，各章内容如下所述。

第 1 章讲解网页设计基础，主要介绍 HTML 和 XHTML 基础、Dreamweaver CS6 的工作环境、站点的建立和在代码视图中创建 HTML 的方法。

第 2 章讲解网页中的文字和图像，主要介绍在网页中应用文字和图像及设置页面属性等。

第 3 章讲解网页中的表格，主要介绍在网页中插入表格的方法，包括对表格标签的理解。另外还介绍了利用表格进行网页布局的方法。

第 4 章讲解超级链接，主要介绍创建超级链接的方法、超级链接的典型应用和创建导航条和跳转菜单等。

第 5 章讲解多媒体元素的应用，主要介绍在网页中应用 Flash 动画、视频和音频等。

第 6 章讲解 CSS 样式表，主要介绍 CSS 的概念、创建 CSS 的方法、CSS 基本应用和链接外部 CSS 样式文件等。

第7章讲解框架和AP元素,主要介绍创建框架、AP元素的方法、利用框架和AP元素布局网页的方法等。

第8章讲解行为和JavaScript的应用,主要介绍在网页中应用行为和JavaScript入门知识等。

第9章讲解CSS网页布局和Web 2.0设计基础,主要介绍用表格+CSS布局网页、用DIV+CSS布局网页和XML入门知识等。

第10章讲解Spry框架,主要介绍Spry效果、Spry构件和用Spry显示XML数据等。

第11章讲解模板和库,主要介绍模板的创建、使用方法和库的应用等。

第12章讲解表单,主要介绍表单的基础知识、表单对象的应用和Spry验证表单对象的应用等。

第13章讲解开发和管理网站,主要介绍网站开发流程、测试和发布网站及管理网站等。

为了更便于教学,每章都设置了"本章习题"和"上机练习"两个模块。使选用本书作为网页设计课程教材的教师更加合理地安排教学。读者也能及时检验学习成果,并举一反三地制作出更多精彩的网页效果。

本书特点

1. 代码讲解和可视化设计工具应用相结合

HTML、CSS和JavaScript是网页设计的基本技术,也是本书介绍的重点。对于网页设计初学者,学习的目的是能够熟练运用一些基本代码,并且能够读懂网页代码。虽然Dreamweaver是一个可视化的网页制作工具,很多网页代码都能够使用可视化制作工具自动生成,但是本书并不仅仅局限于Dreamweaver可视化制作工具的介绍,而是将代码讲解和可视化制作工具应用相结合,使读者既掌握了Dreamweaver可视化制作工具的应用,又掌握了一些基本的HTML、CSS和JavaScript代码的使用方法,从而为以后更加深入地学习网页设计打下坚实的基础。

2. 以网页制作实例为中心系统讲解知识点

对于网页设计初学者,系统地掌握Dreamweaver网页制作知识是最重要的。如何让读者系统学习知识点的同时而感觉不枯燥呢?答案就是围绕网页制作实例来讲解知识点。本书根据各知识点精心设计了一个个网页制作实例,可以使读者在实例的制作过程中,轻松地掌握网页制作的技术知识和方法。另外,以实例穿插知识点,也便于采用本书作为网页设计课程教材的教师上课使用。

3. 注重教学实验,加强上机练习内容的设计

网页设计与制作是一门实践性很强的课程,学习者只有亲自上机练习,才能更好地掌握教材内容。本书在每章都精心设计了"上机练习"模块,教师可以根据课程要求灵活授课和安排上机实践。读者可以根据上机练习中介绍的方法、步骤进行上机实践,然后根据自身情况对实例进行修改和扩展,以加深对其中所包含的概念、原理和方法的理解。

4. 光盘实用性强

本书的配套光盘中,提供了所有实例源文件、上机练习实例源文件及相应的素材。所有实例的制作集专业性、艺术性、实用性于一身,非常适合网页制作初学者学习使用。

为了使读者更加轻松地掌握Dreamweaver设计网页的方法,本书制作了配套视频多媒体教学光盘。教学光盘内容包括图书的全部内容,全程语音讲解,真实操作演示,让读者一学

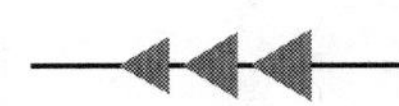

就会!

为了方便任课教师进行教学,视频教程开发成可随意分拆、组合的 swf 文件。任课教师可以在课堂上播放视频教程或者在上机练习时指导学生自学视频教程的内容。

本书作者

参加本书编写的作者均为从事 Dreamweaver 教学工作多年的资深教师和网页设计师,有着丰富的教学经验和网页设计经验。

本书主编为律佳(编写第 1 章～第 4 章)、刘洪霞(编写第 5 章～第 8 章)、缪亮(编写第 9 章～第 11 章)。本书编委有孙翠改(负责编写第 12 章)、陈凯(负责编写第 13 章)。

郭刚、纪宏伟、胡伟华、李敏、张海、丁文珂、董亚卓、姜彬彬、孙毅芳等参与了创作和编写工作,在此表示感谢。另外,感谢大庆职业学院、开封文化艺术职业学院、苏州信息职业技术学院、开封大学对本书创作给予的支持和帮助。

相关资源

立体出版计划,为读者建构全方位的学习环境!最先进的建构主义学习理论告诉我们,建构一个真正意义上的学习环境是学习成功的关键。学习环境中有真情实境、有协商和对话、有共享资源的支持,才能使读者高效率地学习,并且学有所成。因此,为了帮助读者建构真正意义上的学习环境,作者以图书为基础,为读者专门设置了一个图书服务网站。

网站提供相关图书资讯,以及相关资料下载和读者俱乐部。在这里读者不仅可以得到更多、更新的共享资源,还可以交到志同道合的朋友相互交流、共同进步。

资源网站网址:http://www.cai8.net。

作者

2016 年 5 月

配套光盘使用说明

配套光盘主要提供两部分内容：一部分是图书范例及上机练习的源文件及其素材；另一部分是配套视频多媒体教程。

1. 光盘结构

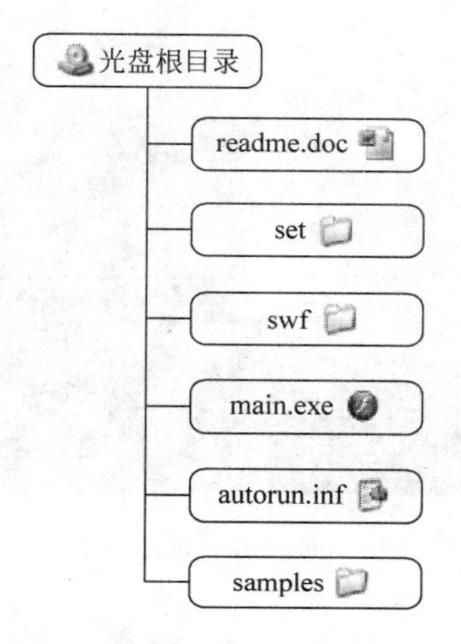

- readme. doc ：此文档为配套光盘的使用说明，格式为 Word 文档。
- set ：此文件夹包含视频教程程序的配置文件。
- swf ：此文件夹包含视频教程的播放文件，全部为 swf 格式文件。
- main. exe ：此文件为播放视频教程的主程序文件。
- autorun. inf ：此文件为设置光盘自动运行的配置文件。
- samples ：此文件夹包含若干子文件夹(有些按照章节次序命名)，包含本书全部素材文件和网页源文件。

2. 运行环境

- 硬件环境

计算机主频在 200MHz 以上，内存在 128MB 以上，主机应配置声卡、音箱。

- 软件环境

配套光盘运行操作系统环境为 Windows XP/2003/Vista/7/8。计算机的显示分辨率必须调整到 1024×768 像素以上。

如果将光盘中的文件复制到硬盘上，会获得更加流畅的观看效果。

3. 使用教学软件

将光盘放入光驱后，视频教学软件会自动运行，并进入软件主界面，如图 1 所示。如果教学软件没有自动运行，请打开“我的电脑”→“光盘”，用鼠标双击其中的执行文件 main. exe 即可。

在主界面左边有 12 个导航菜单，将鼠标指针指向某个菜单展开，得到二级菜单，如图 2 所示。

单击二级菜单中的某个菜单项，可以打开相应视频教学内容并自动播放，如图 3 所示。播放界面下边是一个播放控制栏，包括播放进度条、音量控制条以及播放、暂停、停止、返回主界面以及退出程序控制按钮。

图 1　视频教程的主画面

图 2　二级菜单

4. 版权声明

光盘内容仅供读者学习使用,未经授权不得用于其他商业用途或在网络上随意发布,否则责任自负。

读者如果想获取更多关于图书的信息和补充材料,请登录 http://www.cai8.net。

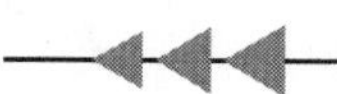

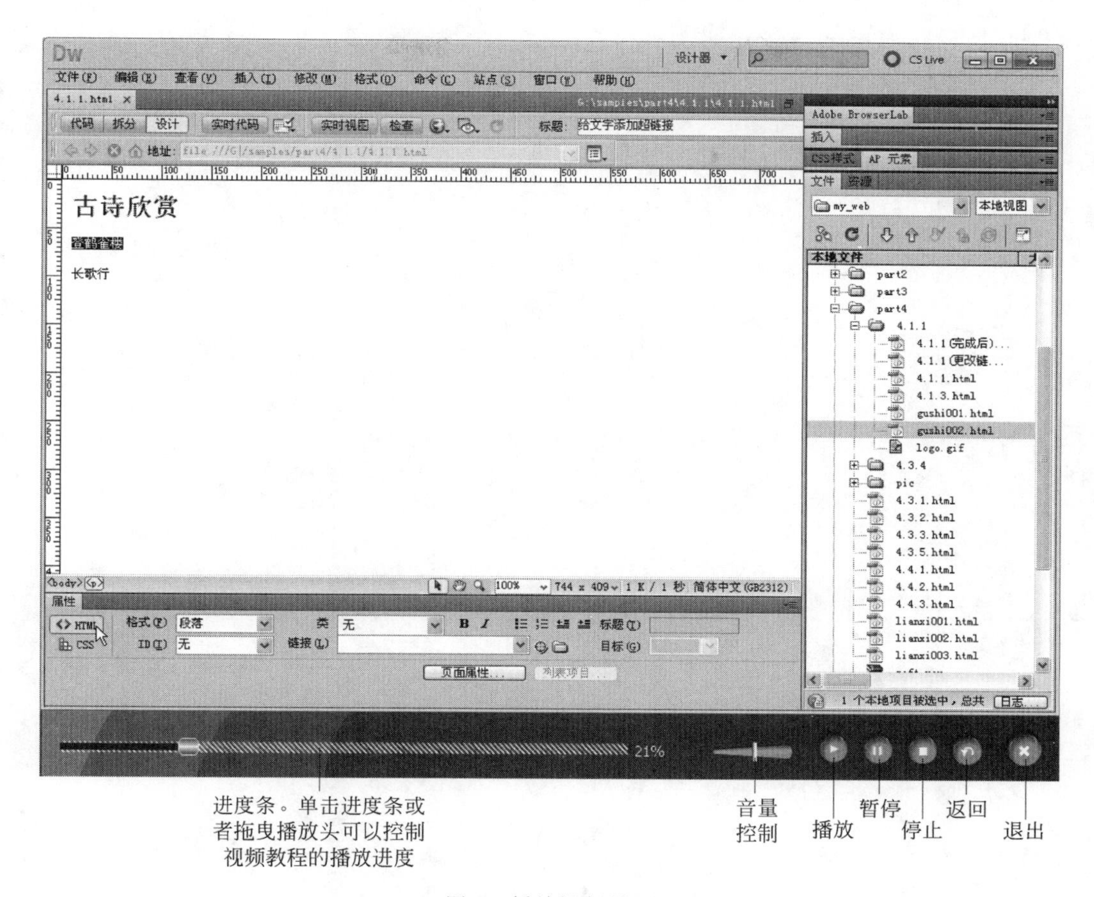
古诗欣赏
长歌行
进度条。单击进度条或者拖曳播放头可以控制视频教程的播放进度
21%
音量控制
播放
暂停
停止
返回
退出

图 3　播放视频界面

目　录

第1章　网页设计基础 ······ 1

1.1　HTML 基础 ······ 1
1.1.1　HTML 简介 ······ 1
1.1.2　课堂实例——创建和测试第一个网页 ······ 3
1.1.3　HTML 标签 ······ 4
1.1.4　HTML 文档的基本结构 ······ 5
1.1.5　了解 XHTML ······ 6
1.2　初识 Dreamweaver CS6 ······ 8
1.2.1　Dreamweaver 工作环境 ······ 8
1.2.2　课堂实例——用 Dreamweaver 制作一个简单网页 ······ 15
1.3　站点的建立 ······ 18
1.3.1　规划站点 ······ 19
1.3.2　课堂实例——建立一个站点 ······ 19
1.4　在代码视图中创建 HTML ······ 21
1.4.1　标签选择器 ······ 22
1.4.2　代码提示工具 ······ 23
1.4.3　编码工具栏 ······ 25
本章习题 ······ 26
上机练习 ······ 27
练习1　编写 HTML 代码 ······ 27
练习2　文件头标签的应用 ······ 27
练习3　建立自己的站点 ······ 28

第2章　网页中的文字和图像 ······ 29

2.1　网页中的文字 ······ 29
2.1.1　插入文字 ······ 29
2.1.2　课堂实例——设置文本格式 ······ 31
2.1.3　课堂实例——设置段落格式 ······ 35
2.1.4　插入特殊字符 ······ 39
2.1.5　课堂实例——使用段落列表 ······ 40
2.2　在网页中插入图像 ······ 41
2.2.1　网页中常见的图像格式 ······ 41
2.2.2　课堂实例——插入图像的方法 ······ 42
2.3　编辑图像 ······ 44
2.3.1　课堂实例——设置图像的尺寸和边框 ······ 44
2.3.2　课堂实例——设置图文混排和图像边距 ······ 45

2.3.3 图像的裁剪和优化 …… 48
2.4 课堂实例——设置页面属性 …… 49
2.4.1 设置页面文字格式 …… 49
2.4.2 设置背景颜色和背景图片 …… 50
2.4.3 设置页面边距 …… 51
2.4.4 设置页面标题 …… 51
本章习题 …… 52
上机练习 …… 52
练习1 美化文字格式 …… 52
练习2 图文并茂 …… 53

第3章 网页中的表格 …… 54

3.1 表格标签 …… 54
3.1.1 认识网页中的表格 …… 54
3.1.2 表格标签详解 …… 54
3.1.3 课堂实例——在代码视图中创建一个简单表格 …… 56
3.2 创建表格的基本操作 …… 57
3.2.1 插入表格 …… 57
3.2.2 表格的编辑 …… 59
3.2.3 设置表格属性 …… 64
3.2.4 课堂实例——创建一个复杂表格 …… 65
3.3 导入表格数据和排序 …… 68
3.3.1 导入表格数据 …… 68
3.3.2 导出表格 …… 69
3.3.3 表格排序 …… 70
3.4 课堂实例——用表格布局网页 …… 71
3.4.1 插入表格并设置页面属性 …… 71
3.4.2 布局 Banner 和导航条 …… 72
3.4.3 布局图像列表 …… 74
3.4.4 布局详细内容 …… 74
本章习题 …… 77
上机练习 …… 77
练习1 创建一个学生管理表 …… 77
练习2 用表格布局主页 …… 77

第4章 超级链接 …… 79

4.1 在网页中创建超级链接的方法 …… 79
4.1.1 课堂实例——给文字添加超级链接 …… 79
4.1.2 课堂实例——设置超级链接样式 …… 82
4.1.3 课堂实例——给图片添加超级链接 …… 83

4.2 超级链接详解 …… 84
4.2.1 超级链接的组成与分类 …… 84
4.2.2 超级链接的路径 …… 84
4.2.3 链接目标 …… 85
4.3 超级链接的典型应用 …… 86
4.3.1 课堂实例——创建软件下载超级链接 …… 86
4.3.2 课堂实例——创建电子邮件链接 …… 87
4.3.3 课堂实例——创建锚点链接 …… 88
4.3.4 课堂实例——创建图像热区链接 …… 90
4.3.5 课堂实例——创建脚本链接 …… 92
4.4 在网页中创建导航条和跳转菜单 …… 93
4.4.1 课堂实例——创建文字导航条 …… 93
4.4.2 课堂实例——创建动态图像导航条 …… 95
4.4.3 课堂实例——创建跳转菜单 …… 97
本章习题 …… 100
上机练习 …… 101
练习 1 脚本链接——关闭网页窗口 …… 101
练习 2 纵向文字导航条 …… 101
练习 3 纵向动态导航条 …… 102

第 5 章 网页中的多媒体 …… 103

5.1 在网页中应用 Flash 动画 …… 103
5.1.1 关于 FLA 和 SWF 文件类型 …… 103
5.1.2 课堂实例——在网页中应用 Flash 动画 …… 103
5.2 在网页中应用视频 …… 108
5.2.1 课堂实例——在网页中应用 FLV 视频 …… 108
5.2.2 课堂实例——在网页中应用非 FLV 视频 …… 112
5.3 在网页中应用音频 …… 115
5.3.1 音频文件格式 …… 115
5.3.2 课堂实例——网页背景音乐 …… 116
本章习题 …… 118
上机练习 …… 119
练习 1 Flash 导航条 …… 119
练习 2 在网页中插入视频 …… 119
练习 3 循环播放的网页背景音乐 …… 119

第 6 章 用 CSS 美化网页 …… 120

6.1 CSS 基础 …… 120
6.1.1 关于层叠样式表 …… 120
6.1.2 关于 CSS 规则 …… 121

6.1.3 “CSS样式”面板 …… 121
6.1.4 课堂实例——定义CSS规则的方法 …… 123
6.1.5 在网页中应用CSS样式 …… 125
6.2 创建CSS …… 127
6.2.1 类选择器 …… 127
6.2.2 ID选择器 …… 130
6.2.3 标签(重新定义HTML元素) …… 132
6.2.4 复合内容(基于选择的内容) …… 135
6.2.5 CSS的嵌套和继承 …… 137
6.3 CSS基本应用 …… 141
6.3.1 课堂实例——用CSS格式化文本 …… 141
6.3.2 课堂实例——用CSS控制表格 …… 144
6.3.3 课堂实例——用CSS控制列表 …… 148
6.3.4 课堂实例——用CSS控制背景 …… 151
6.3.5 课堂实例——用CSS控制区块 …… 154
6.3.6 课堂实例——用CSS控制超级链接 …… 157
6.3.7 课堂实例——CSS滤镜的应用 …… 159
6.4 链接外部CSS样式文件 …… 162
6.4.1 制作CSS样式文件 …… 162
6.4.2 通过链接使用外部样式表 …… 164
本章习题 …… 166
上机练习 …… 166
练习1 用CSS控制网页文字和段落 …… 166
练习2 用CSS控制表格的背景、边框、尺寸 …… 166
练习3 用外部CSS文件控制网页整体效果 …… 167

第7章 框架和AP元素 …… 168

7.1 框架 …… 168
7.1.1 课堂实例——用框架布局一个简单页面 …… 168
7.1.2 创建框架和框架集 …… 171
7.1.3 设置框架和框架集的属性 …… 172
7.1.4 课堂实例——框架集中的超链接 …… 174
7.1.5 课堂实例——用框架设计网页 …… 178
7.1.6 IFRAME元素——网页中的网页 …… 184
7.2 AP元素 …… 188
7.2.1 课堂实例——创建AP元素 …… 188
7.2.2 AP元素的属性详解 …… 191
7.2.3 课堂实例——用AP元素进行网页布局 …… 192
本章习题 …… 195
上机练习 …… 196

练习 1 制作一个三栏框架 …… 196
练习 2 制作框架网页 …… 196
练习 3 用 AP 元素设计网站首页 …… 196

第 8 章 JavaScript 在网页中的应用 …… 198

8.1 行为 …… 198
8.1.1 附加行为 …… 198
8.1.2 内置行为功能详解 …… 200
8.1.3 课堂实例——网页加载时弹出公告页 …… 200
8.1.4 课堂实例——交换图像效果 …… 202
8.1.5 课堂实例——AP 元素拖动效果 …… 207
8.2 JavaScript 入门 …… 208
8.2.1 <script>标签 …… 208
8.2.2 课堂实例——编写一个简单的 JavaScript 程序 …… 209
8.2.3 课堂实例——使用“代码片断”面板 …… 211
本章习题 …… 215
上机练习 …… 215
练习 1 用“弹出信息”行为制作关闭网页时的告别语 …… 215
练习 2 用 JavaScript 编写打开网页时的问候对话框 …… 215

第 9 章 CSS 网页布局和 Web 2.0 设计基础 …… 217

9.1 用表格+CSS 布局网页 …… 217
9.1.1 认识表格+CSS 布局 …… 217
9.1.2 课堂实例——表格+CSS 布局实例 …… 218
9.2 用 DIV+CSS 布局网页 …… 222
9.2.1 理解 CSS 盒子模型 …… 222
9.2.2 DIV 标签的应用 …… 223
9.2.3 课堂实例——DIV+CSS 布局网站首页 …… 226
9.3 XML 基础 …… 230
9.3.1 认识 XML …… 230
9.3.2 课堂实例——在 Dreamweaver 中设计 XML 网页 …… 232
本章习题 …… 236
上机练习 …… 236
练习 1 使用表格和 CSS 布局 …… 236
练习 2 使用 DIV 和 CSS 布局 …… 236
练习 3 用 CSS 控制 XML 文档的显示效果 …… 236

第 10 章 Spry 框架 …… 238

10.1 Spry 效果 …… 238
10.1.1 Spry 效果概述 …… 238

10.1.2 添加和删除 Spry 效果 …… 239
10.1.3 Spry 效果的应用 …… 240
10.2 Spry 构件 …… 243
10.2.1 Spry 构件概述 …… 243
10.2.2 课堂实例——Spry 菜单栏 …… 245
10.2.3 课堂实例——Spry 选项卡式面板 …… 246
10.2.4 课堂实例——“Spry 折叠式”构件 …… 249
10.2.5 课堂实例——“Spry 可折叠面板”构件 …… 251
10.2.6 课堂实例——“Spry 工具提示”构件 …… 253
10.3 用 Spry 显示 XML 数据 …… 255
10.3.1 创建 XML 文件 …… 255
10.3.2 添加 Spry 数据集 …… 256
本章习题 …… 260
上机练习 …… 261
练习1 用 Spry 效果制作网页过渡特效 …… 261
练习2 用 Spry 控件制作选项卡式面板 …… 261
练习3 用 Spry 显示 XML 通讯录文档 …… 261

第11章 模板和库 …… 262

11.1 模板 …… 262
11.1.1 课堂实例——模板的创建和使用方法 …… 262
11.1.2 课堂实例——模板的重复表格和重复区域 …… 265
11.1.3 课堂实例——模板的可选区域 …… 268
11.1.4 课堂实例——使用可编辑的可选区域 …… 271
11.2 库 …… 274
11.2.1 课堂实例——创建库项目 …… 274
11.2.2 在文档中插入库项目 …… 275
11.2.3 编辑库项目 …… 275
本章习题 …… 277
上机练习 …… 277
练习1 制作网站模板 …… 277
练习2 利用库创建导航条 …… 277

第12章 表单 …… 278

12.1 表单的基础知识 …… 278
12.1.1 认识表单文档 …… 278
12.1.2 创建表单 …… 279
12.1.3 表单的属性 …… 279
12.2 表单对象 …… 280
12.2.1 文本域 …… 280

12.2.2 隐藏域 …… 283
12.2.3 复选框和复选框组 …… 284
12.2.4 单选按钮和单选按钮组 …… 285
12.2.5 列表或菜单 …… 286
12.2.6 跳转菜单 …… 287
12.2.7 图像域 …… 288
12.2.8 文件域 …… 288
12.2.9 按钮 …… 289
12.3 Spry 验证表单对象 …… 290
12.3.1 Spry 验证文本域 …… 290
12.3.2 Spry 验证文本区域 …… 292
12.3.3 Spry 验证复选框 …… 292
12.3.4 Spry 验证选择 …… 293
12.3.5 Spry 验证密码 …… 294
12.3.6 Spry 验证确认 …… 295
12.3.7 Spry 验证单选按钮组 …… 295
12.4 课堂实例——制作一个留言板表单文档 …… 297
12.4.1 添加表单并布局表格 …… 297
12.4.2 添加表单对象 …… 297
本章习题 …… 300
上机练习 …… 301
练习 制作会员注册表单 …… 301

第 13 章 开发和管理网站 …… 303

13.1 网站开发流程 …… 303
13.1.1 网站总体策划 …… 303
13.1.2 设计和制作素材 …… 306
13.1.3 建立站点 …… 307
13.1.4 制作网页 …… 307
13.2 测试和发布网站 …… 308
13.2.1 测试网站 …… 308
13.2.2 发布网站 …… 310
13.3 管理网站 …… 313
13.3.1 导入和导出站点 …… 313
13.3.2 管理网站资源 …… 314
本章习题 …… 316
上机练习 …… 317
练习 网站开发和管理实战 …… 317

附录 A 安装和配置 Web 服务器 …… 318

附录 B 参考答案 …… 326

第1章 网页设计基础

随着Internet(因特网)的发展和普及,越来越多的个人和公司都想在Internet上安个家,各种各样的网站应运而生。网页设计和制作技术也越来越受到人们的关注,网站是如何创建的?需要掌握哪些计算机技术?本章介绍网页设计的基础知识,主要包括以下内容:

- HTML基础;
- 了解XHTML;
- 初识Dreamweaver;
- 站点的建立;
- 在代码视图中创建HTML。

1.1 HTML基础

在Internet上浏览的一个个精美网页都是用超文本标记语言HTML制作而成的。本节先介绍HTML的基础知识。

1.1.1 HTML简介

HTML(Hypertext Marked Language,超文本标记语言)是一种用来制作超文本文档的简单标记语言。

用HTML编写的超文本文档称为HTML文档,它能独立于各种操作系统平台(如UNIX、Windows等)。自1990年以来,HTML就一直被用作WWW(World Wide Web)的信息表示语言,用于描述网页的格式设计和它与WWW上其他网页的链接信息。使用HTML语言描述的文件,需要通过WWW浏览器显示出效果。

所谓超文本,是指用HTML创建的文档可以加入图片、声音、动画、影视等内容,并且可以实现从一个文件跳转到另一个文件,与世界各地主机的文件连接。

下面介绍具体操作。

(1) 打开IE(Internet Explorer)浏览器,在地址栏输入网易的网址http://www.163.com,按Enter键后,网易网站的首页就呈现出来,如图1-1所示。

(2) 现在查看一下这个精美网页的源文件。在IE浏览器窗口中,选择“查看”→“源文件”命令,弹出一个记事本文件,如图1-2所示。可以看到网页的源文件是由一行行代码组成的,这些就是HTML代码。

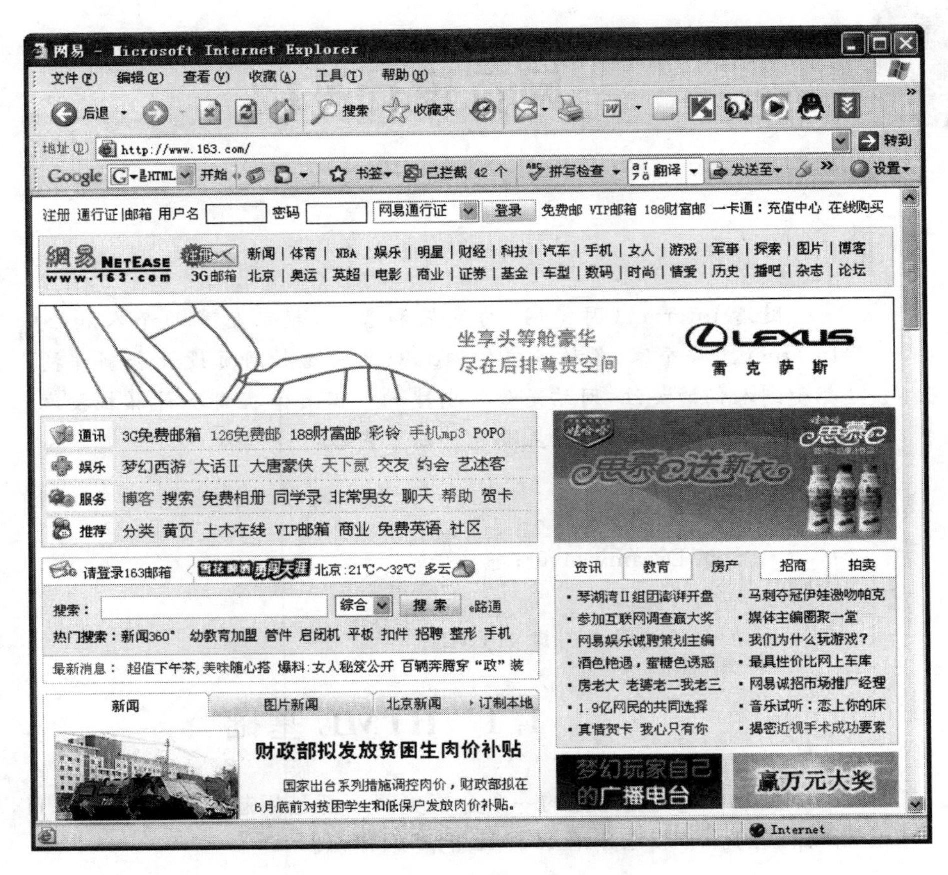

图 1-1 网易网站首页

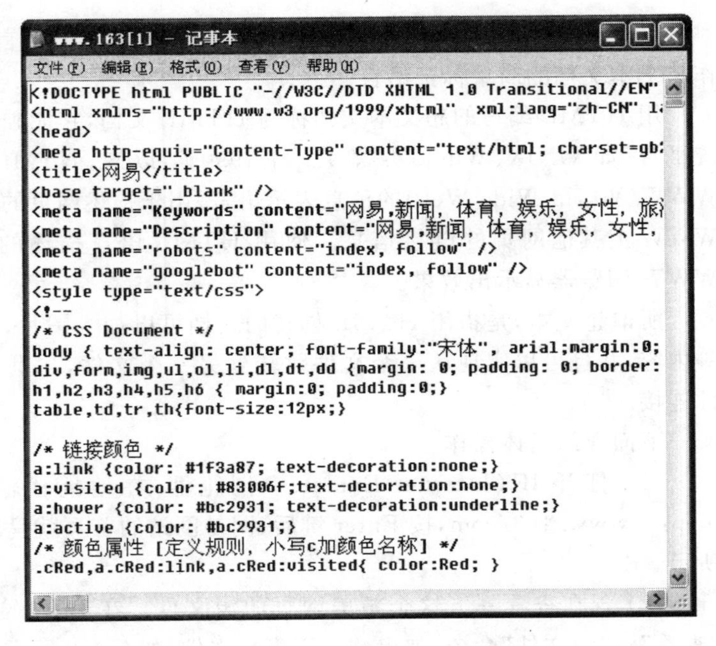

```
www.163[1] - 记事本
文件(F) 编辑(E) 格式(O) 查看(V) 帮助(H)
<!DOCTYPE html PUBLIC "-//W3C//DTD XHTML 1.0 Transitional//EN"
<html xmlns="http://www.w3.org/1999/xhtml"  xml:lang="zh-CN" l
<head>
<meta http-equiv="Content-Type" content="text/html; charset=gb
<title>网易</title>
<base target="_blank" />
<meta name="Keywords" content="网易,新闻, 体育, 娱乐, 女性, 旅
<meta name="Description" content="网易,新闻, 体育, 娱乐, 女性,
<meta name="robots" content="index, follow" />
<meta name="googlebot" content="index, follow" />
<style type="text/css">
<!--
/* CSS Document */
body { text-align: center; font-family:"宋体", arial;margin:0;
div,form,img,ul,ol,li,dl,dt,dd {margin: 0; padding: 0; border:
h1,h2,h3,h4,h5,h6 { margin:0; padding:0;}
table,td,tr,th{font-size:12px;}

/* 链接颜色 */
a:link {color: #1f3a87; text-decoration:none;}
a:visited {color: #83006f;text-decoration:none;}
a:hover {color: #bc2931; text-decoration:underline;}
a:active {color: #bc2931;}
/* 颜色属性 [定义规则, 小写c加颜色名称] */
.cRed,a.cRed:link,a.cRed:visited{ color:Red; }
```

图 1-2 网页源文件

1.1.2 课堂实例——创建和测试第一个网页

了解HTML文档的代码结构是学习网页制作的基础，下面从一个简单的实例开始认识HTML。

(1) 选择“开始”→“所有程序”→“附件”→“记事本”命令，运行“记事本”程序。在“记事本”窗口中输入以下内容：

```
<html>
<head>
<title>欢迎光临我的第一个网页</title>
</head>
<body>
这是第一个简单网页!
</body>
</html>
```

(2) 选择“文件”→“保存”命令，在弹出的“另存为”对话框中选择要保存的路径，在“文件名”文本框中输入文件名myweb001.html，如图1-3所示。

图1-3 “另存为”对话框

专家点拨：在“文件名”文本框中输入文件名时，一定要输入文件的扩展名html(或者htm)，这样保存的文件才是HTML网页文档。如果这里不输入html(或者htm)扩展名，那么系统默认会将文件保存为文本文件(TXT文件)。

(3) 打开“资源管理器”窗口，根据刚才保存网页的位置，找到myweb001.html文件，如图1-4所示。

(4) 双击myweb001.html文件图标，打开这个网页文件，系统自动启动IE浏览器并在窗口中显示网页效果，如图1-5所示。

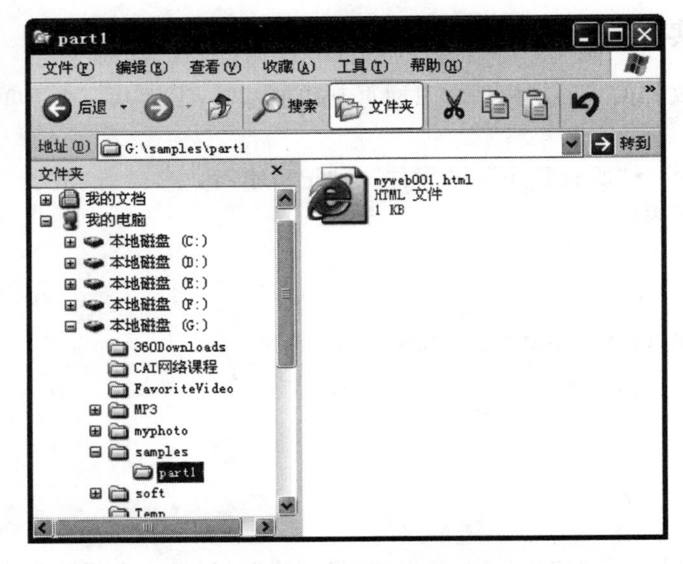

图 1-4　在“资源管理器”窗口中定位文件

图 1-5　编写的网页效果

1.1.3　HTML 标签

HTML 文档是在普通文件中的文本上加上标签(或者叫标记),使其达到预期的显示效果。当浏览器打开一个 HTML 文档时,会根据标签的含义显示 HTML 文档中的文本。其中标签由“＜标签名称 属性＞”来表示。

1. HTML 标签的结构形态

HTML 标签的结构形态包括以下几种。

1) ＜标签＞元素＜/标签＞

标签的作用范围从＜标签＞开始,到＜/标签＞结束。例如＜h1＞网站简介＜/h1＞,其作用就是将“网站简介”这段文本按＜h1＞标签规定的含义来显示,即以 1 号标题来显示。而＜h1＞和＜/h1＞之外的文本不受这组标签的影响。

2) ＜标签 属性名＝ "属性值"＞元素＜/标签＞

其中属性往往表示标签的一些附加信息,一个标签可以包含多个属性,各属性之间无先后

次序，用空格分开。例如：

```
<body background = "back_ground.gif" text = "red">大家好!</body>
```

这是一个 body 标签，其中 Background 属性用来表示 HTML 文档的背景图片，text 属性用来表示文本的颜色。

3）＜标签＞

标签单独出现，只有开始标签而没有结束标签，也称为“空标签”。例如＜br＞就是一个最常用的单标签，它表示换行。

2. 对实例中标签的解释

从前面编写的第一个 HTML 文档中，可以明显地看到网页代码是由 4 对双标签组成的。

1）＜html＞和＜/html＞

＜html＞和＜/html＞在最外层，表示在这对标签里面的代码是 HTML 语言。现在也有一些网页省略了这一对标签，这是因为“.html”或“.htm”文件被 Web 浏览器默认为是 HTML 文档。

2）＜head＞和＜/head＞

＜head＞和＜/head＞里的内容是网页中的头部信息，如网页总标题、网页关键字等，若不需头部信息则可省略此标签。

3）＜title＞和＜/title＞

在＜head＞和＜/head＞这对双标签的中间还包含着＜title＞和＜/title＞这样一对标签。＜title＞和＜/title＞里面包含的内容“欢迎光临我的第一个网页”，就是呈现在网页的标题，标题会出现在 IE 浏览器窗口的标题栏中，如图 1-6 所示。

图 1-6　网页标题

4）＜body＞和＜/body＞

＜body＞和＜/body＞之间的“这是第一个简单网页!”部分，就是在网页中实际看到的内容。＜body＞和＜/body＞之间是网页的主体内容部分，大部分 HTML 标签都包含在＜body＞和＜/body＞之间。

1.1.4 HTML 文档的基本结构

HTML 文档分“文件头”和“文件体”两部分，在文件头里，对这个文档进行了一些必要的定义，文件体中才是要显示的各种文档信息，HTML 文档的结构如下所示。

```
<html>
  <head>
    头部信息，如标题
</head>
<body>
    在这里放置网页的内容，包括文本、超链接、图像、动画等
  </body>
</html>
```

其中<html>在最外层,表示这对标签间的内容是 HTML 文档。<head>与</head>之间包括文档的头部信息,如文档的标题等,若不需要头部信息则可省略此标签。<body>标签一般不省略,表示正文内容的开始。

例如,下面是一个简单的超文本文档,使用 HTML 的一些常用标签,如标题、字体等。

```
<html>
<head>
<title>一个简单的 HTML 网页</title>
</head>
<body>
    <h1>网站简介</h1>
    <br>
    <font size = "4" face = "黑体" color = "red">
      这是一个图书服务网站,欢迎大家的访问!
    </font>
</body>
</html>
```

该代码输出结果页面如图 1-7 所示。

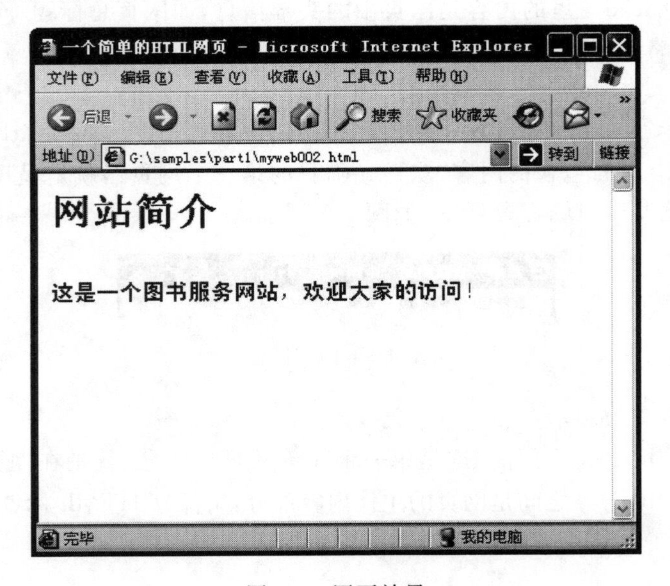

图 1-7　网页效果

1.1.5　了解 XHTML

HTML 语法要求比较松散,对于网页编写者来说比较方便,但对于机器来说,语言的语法越松散,处理起来就越困难,对于传统的计算机来说,还有能力兼容松散语法,但对于许多其他设备,例如移动电话和手持设备等,难度就比较大。

例如下面的网页代码不符合 HTML 规则,可它依然可以在计算机的浏览器中工作得很好。

```
<html>
<head>
```

```
<title>这是一个不符合规则的 HTML 代码</title>
<body>
    <h1>网站简介
</body>
```

如果将这样糟糕的网页代码放在移动电话的浏览器中运行，那么就会出现问题。为了解决这样的兼容问题，XML 语言应运而生。XML 是一种标记化语言，其中所有的东西都要被正确地标记，以产生形式良好的文档。

由于大量的 HTML 网页的存在，立即将 HTML 网页都升级成 XML 网页是不现实的。通过把 HTML 和 XML 各自的长处加以结合，得到了在现在和未来都能派上用场的标记语言——XHTML（eXtensible HyperText Markup Language，可扩展超文本标记语言）。XHTML 可以说是由 HTML 技术向 XML 技术转变的过渡技术。

XHTML 可以被所有支持 XML 的设备读取，同时在所有的浏览器升级至支持 XML 之前，XHTML 使网页设计者有能力编写出拥有良好结构的文档，这些文档可以很好地工作在所有的浏览器中，并且可以向后兼容。

XHTML 和 HTML 并没有太大的区别，只是在语法上更加严格，下面主要介绍一下它们的不同之处。

(1) 标签名和属性名必须用小写字母。

与 HTML 不一样，XHTML 对大小写是敏感的，<title>和<TITLE>是不同的标签。XHTML 要求所有的标签和属性的名字都必须使用小写。例如：<BODY>必须写成<body>、<table WIDTH="100%">必须写成<table width="100%">。

(2) XHTML 标签必须被关闭。

之前在 HTML 中，标签即使没有被关闭也可以在某些浏览器中正确运行，例如标签<p>不一定要写对应的</p>来关闭。但在 XHTML 中这是不合法的。XHTML 要求有严谨的结构，所有标签必须关闭。如果是单独不成对的标签，在标签最后加一个/来关闭它。例如：

```
<img height="80" alt="网页设计师" src="logo001.gif" width="200"/>
```

(3) XHTML 元素必须被正确地嵌套。

XHTML 要求有严谨的结构，因此所有的嵌套都必须按顺序，以前用 HTML 这样写的代码：

```
<p><b>欢迎大家访问</p></b>
```

必须修改为：

```
<p><b>欢迎大家访问</b></p>
```

就是说，一层一层的嵌套必须是严格对称的。

(4) XHTML 文档必须拥有根元素。

所有的 XHTML 元素必须被嵌套于<html>根元素中。其余所有的元素均可有子元素。子元素必须是成对的且被嵌套在其父元素之中。基本的文档结构如下：

```
<html>
<head>…</head>
```

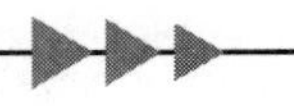

```
<body>…</body>
</html>
```

专家点拨：本教材重点介绍的 Dreamweaver CS6 就是一种默认支持 XHTML 的网站开发软件，由它创建的 HTML 文档就是一种基于 XHTML 技术的文档。

1.2 初识 Dreamweaver CS6

Dreamweaver 是一款专业的 HTML 编辑器，用于对 Web 站点、Web 页和 Web 应用程序进行设计、编码和开发。无论开发者愿意享受手工编写 HTML 代码时的驾驭感，还是偏爱在可视化编辑环境中工作，Dreamweaver 都会提供实用的工具，使网页设计者拥有更加完美的 Web 创作体验。

熟练掌握 Dreamweaver 的工作环境是进一步学习网页制作的关键，本节主要介绍 Dreamweaver 的工作环境，并且通过一个实例介绍用 Dreamweaver 制作一个简单网页的方法。

1.2.1 Dreamweaver 工作环境

1. 开始页

如果是首次启动 Dreamweaver CS6，会出现一个"默认编辑器"对话框，如图 1-8 所示。在这个对话框中可以设置哪些文件类型默认用 Dreamweaver 打开进行编辑。

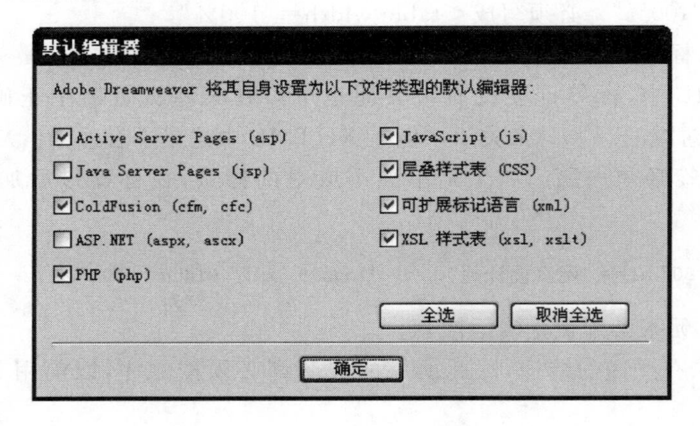

图 1-8 "默认编辑器"对话框

单击"确定"按钮后，开始初始化操作。完成初始化后，屏幕上出现一个 Dw 窗口，如图 1-9 所示。

在此窗口中显示一个开始页，在其中可以快速地选择以何种方式来使用 Dreamweaver 软件。例如打开最近使用过的文件或已有文件，或是创建某一类型新文件，或是获取 Dreamweaver 软件的主要功能等。

专家点拨：如果要隐藏"开始页"，可以单击选择"不再显示"复选框，在弹出的对话框单击"确定"按钮。这样下次再启动 Dreamweaver 软件时，就不再显示开始页。如果要再次显示开始页，可以通过选择"编辑"→"首选参数"命令，打开"首选参数"对话框，在"常规"类别下的"文档选项"中勾选"显示欢迎屏幕"复选框即可。

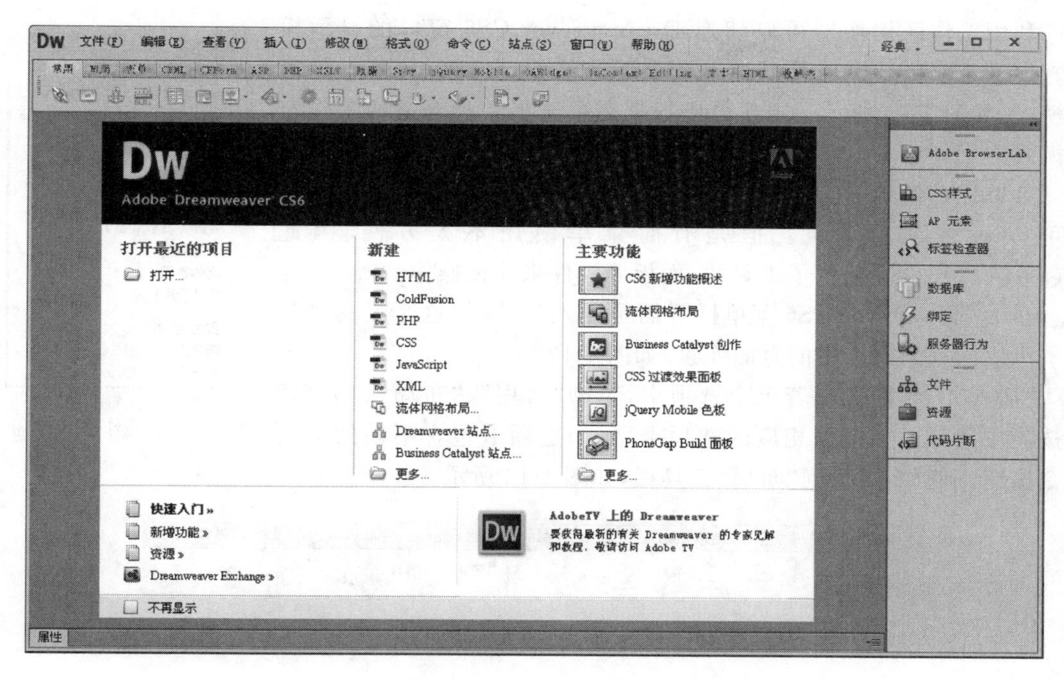

图 1-9　Dw 窗口

2. 工作窗口

在“开始页”,选择“新建”列表中的 HTML,这样就启动 Dreamweaver CS6 的工作窗口并新建一个网页文档,如图 1-10 所示。

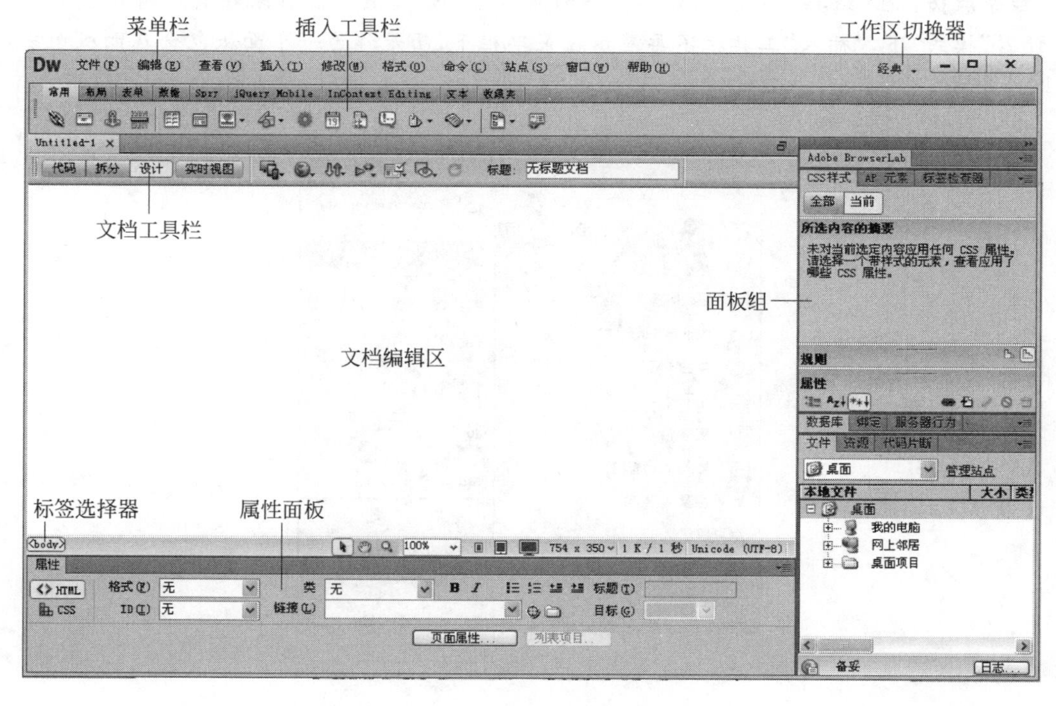

图 1-10　Dreamweaver CS6 工作窗口(“经典”模式)

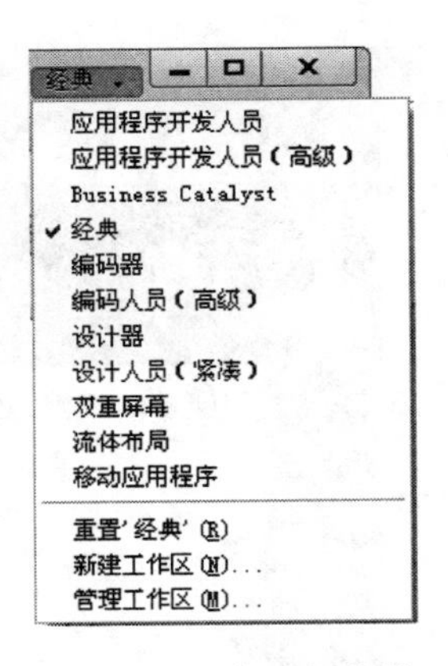

图 1-11　工作区切换器

利用工作区切换器可以切换 Dreamweaver CS6 窗口的显示模式。单击工作区切换器可以弹出一个下拉菜单,里面包含若干种窗口模式,如图 1-11 所示。用户可以根据需要选择一种合适的工作窗口模式。

菜单栏是使用 Dreamweaver CS6 最基本的渠道,绝大多数功能都可以通过菜单访问。但是有时菜单使用不太方便,因此 Dreamweaver CS6 提供了工具栏、面板等控件来简化操作。

在 Dreamweaver CS6 菜单栏下面是插入工具栏,这个工具栏列出了可以插入到网页中的页面元素,如图 1-12 所示。

"插入"工具栏含有若干个选项卡,单击"常用"、"布局"、"表单"等选项按钮可以切换到相应的选项卡,每个选项卡包含不同的工具命令按钮。例如,切换到"布局"工具栏,如图 1-13 所示。

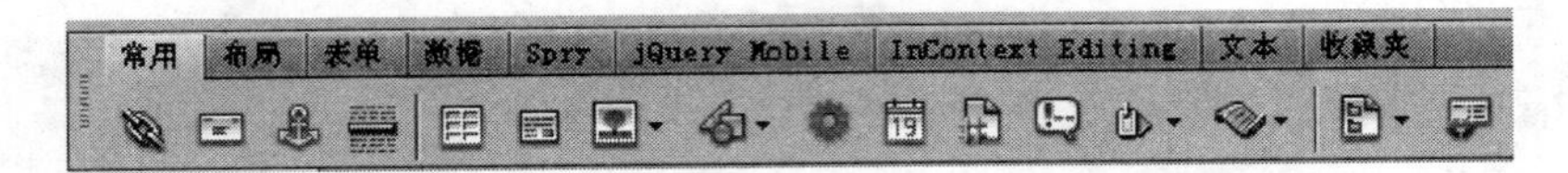

图 1-12　插入工具栏

图 1-13　切换到"布局"工具栏

专家点拨: 在"经典"模式下,菜单栏下面显示"插入"工具栏。如果在其他窗口模式(例如"设计器"模式)下,"插入"工具栏不再显示在菜单栏下,而是作为一个面板包含在面板组中,如图 1-14 所示。

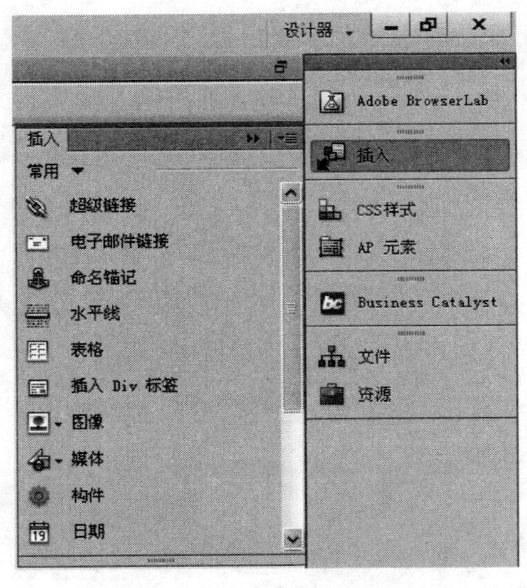

图 1-14　插入面板

文档工具栏包含一些按钮,它们提供各种"文档"窗口视图(如"设计"视图和"代码"视图)的选项、各种查看选项和一些常用操作(如在浏览器中预览)。

在 Dreamweaver CS6 工作窗口下端的是“属性”面板，使用“属性”面板可以很容易地设置页面中的元素的最常用属性，从而提高了网页制作的效率，如图 1-15 所示。

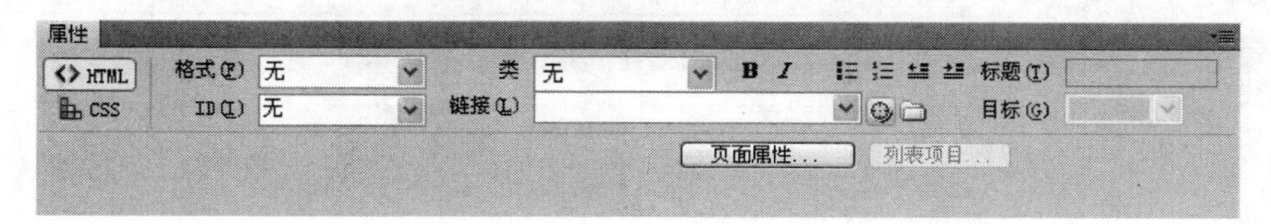

图 1-15　“属性”面板

专家点拨：“属性”面板是一个智能化的控件。当选定对象不同时，“属性”面板中会出现不同的设置参数，针对此面板的使用在后面的章节里会陆续介绍。

“属性”面板上面是标签选择器，这里显示环绕当前选定内容的标签的层次结构。单击该层次结构中的任何标签可以选择该标签及其全部内容。

在 Dreamweaver CS6 界面右侧有面板组，每个面板组内部含有若干个面板，面板组可以折叠或者展开，处于折叠状态的面板组如图 1-16(a)所示。这时每个面板都显示为一个缩略图，单击缩略图可以展开相应的面板，如图 1-16(b)所示。再次单击缩略图可以折叠面板。

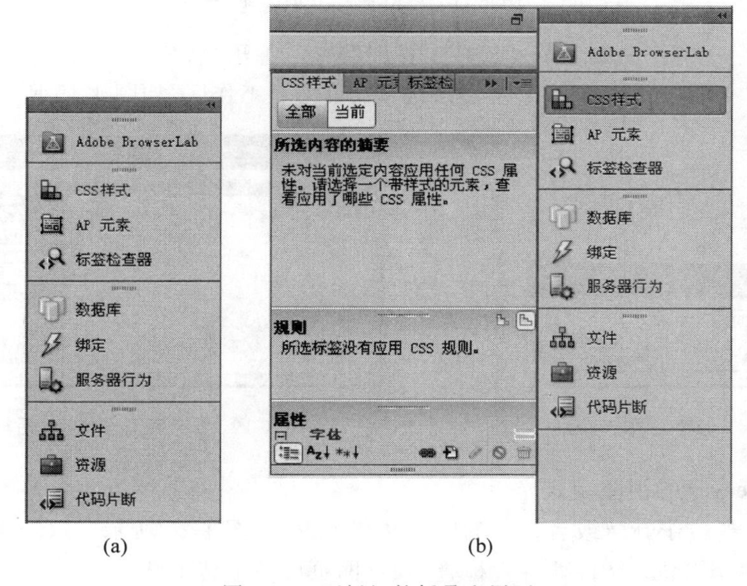

图 1-16　面板组的折叠和展开

3. 自定义界面

针对不同的用户需求，Dreamweaver CS6 提供了多种预定义的界面方案。例如，选择“窗口”→“工作区布局”→“编码器”命令，进入“编码器”模式，这种界面比较适合习惯编写代码的用户使用，如图 1-17 所示。

专家点拨：如果想返回到默认的设计器界面，可以选择“窗口”→“工作区布局”→“经典”命令即可。

如果用户想自定义工作区布局，可以选择“窗口”→“工作区布局”→“新建工作区”命令，在弹出的“新建工作区”对话框中设置“名称”为“我的界面布局”，然后单击“确定”按钮，如图 1-18 所示。

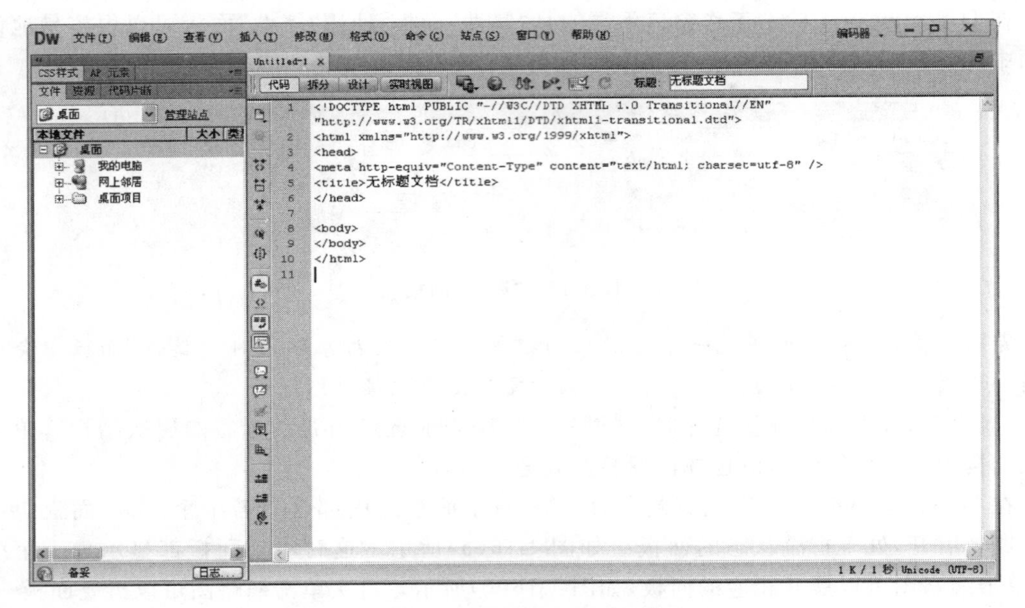

图 1-17 “编码器”界面方案

选择“窗口”→“工作区布局”→“管理工作区”命令，弹出“管理工作区”对话框，在这个对话框中可以对自定义的工作区进行管理，例如删除、重命名工作区，如图 1-19 所示。

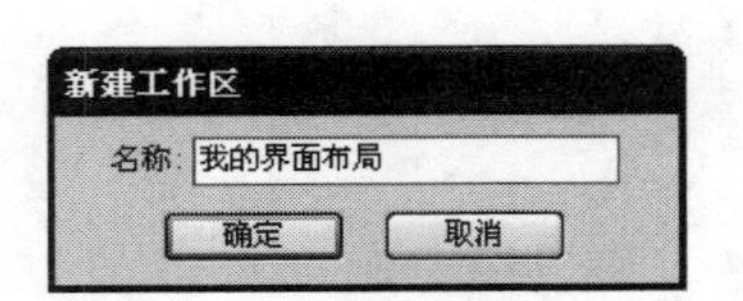

图 1-18 保存工作区布局

图 1-19 “管理工作区”对话框

4. Dreamweaver 的视图模式

“文档”工具栏位于新建或者打开的网页文档上方，如图 1-20 所示。这个工具栏主要用来切换视图模式、编辑标题、文件兼容性检查、预览网页以及上传下载等。

图 1-20 “文档”工具栏

在“文档”工具栏中单击“代码”按钮 代码 ，可以看到文档编辑区中显示了页面的 HTML 代码，如图 1-21 所示。

专家点拨：在代码视图中，可以直接输入网页代码，或者使用 Dreamweaver 提供的代码工具编辑网页代码。

在“文档”工具栏中单击“设计”按钮 设计 ，可以切换到设计视图模式，编辑区将显示网页的预览效果，如图 1-22 所示。

图 1-21　代码视图

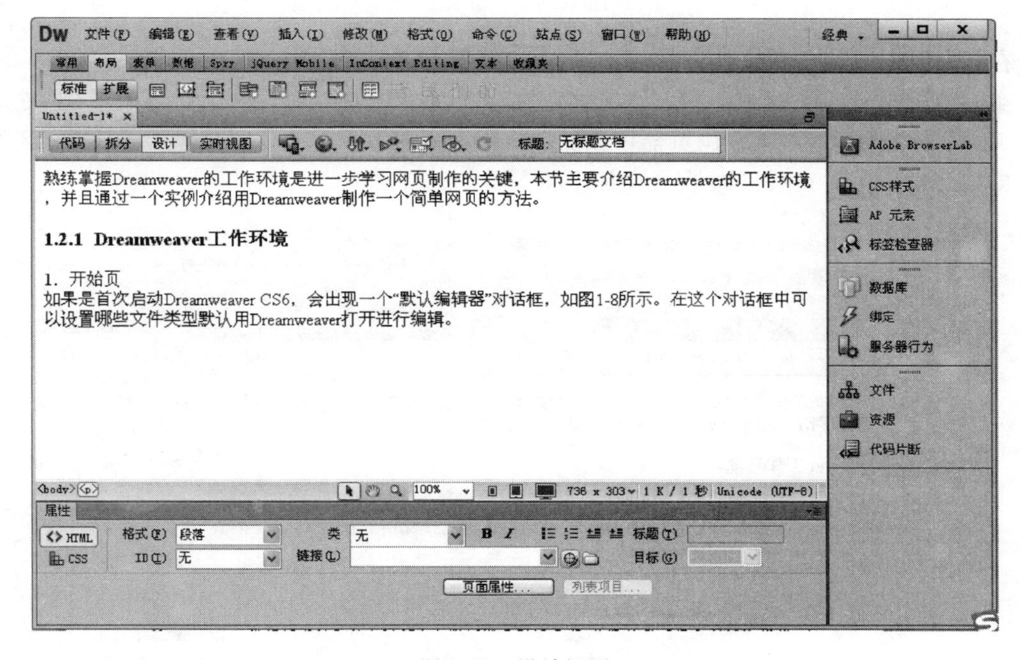

图 1-22　设计视图

专家点拨：在设计视图中，以所见即所得的方式编辑网页。制作者只需使用 Dreamweaver 提供的设计工具直接插入和编辑网页中的元素，系统会自动生成 HTML 代码。

在"文档"工具栏中单击"拆分"按钮 拆分 ，可以切换到拆分视图模式，编辑区将会分成两个部分，左半部分显示代码，右半部分显示网页在浏览器中的预览效果，如图 1-23 所示。

专家点拨：在拆分视图中，既可以直观地编辑网页中的元素，又可以观察到相关的代码，这样有利于更加灵活地编辑网页。

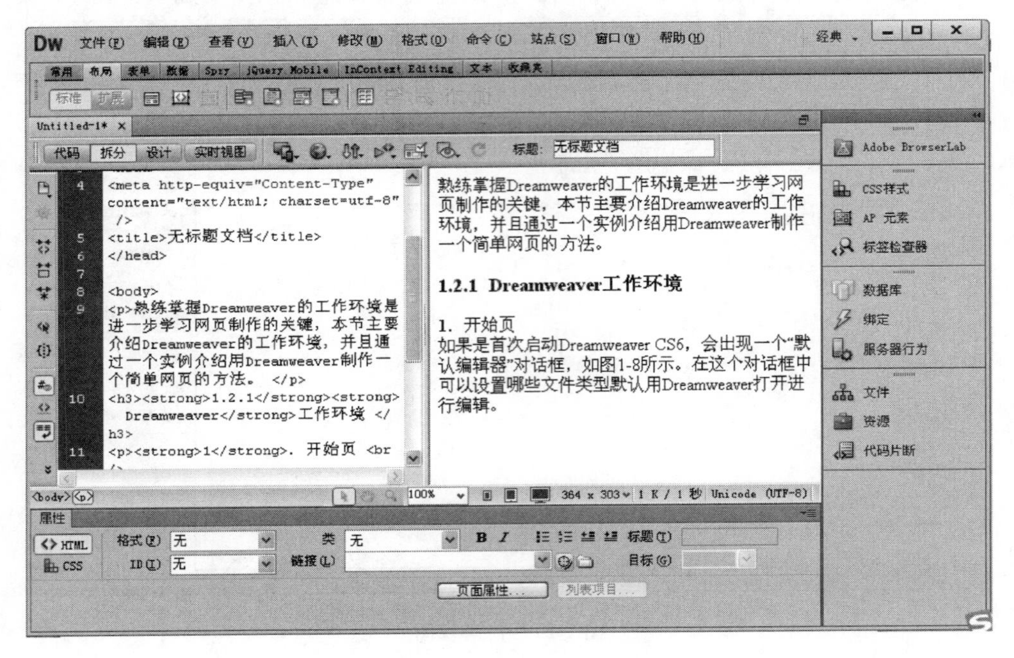

图 1-23 拆分视图

在“文档”工具栏中单击“实时视图”按钮 实时视图 ,可以切换到实时视图下,如图 1-24 所示。实时视图与设计视图的不同之处在于它提供页面在某一浏览器中的非可编辑的、更逼真的外观。实时视图不替换“在浏览器中预览”命令,而是在不必离开 Dreamweaver 工作区的情况下提供另一种实时查看页面外观的方式。

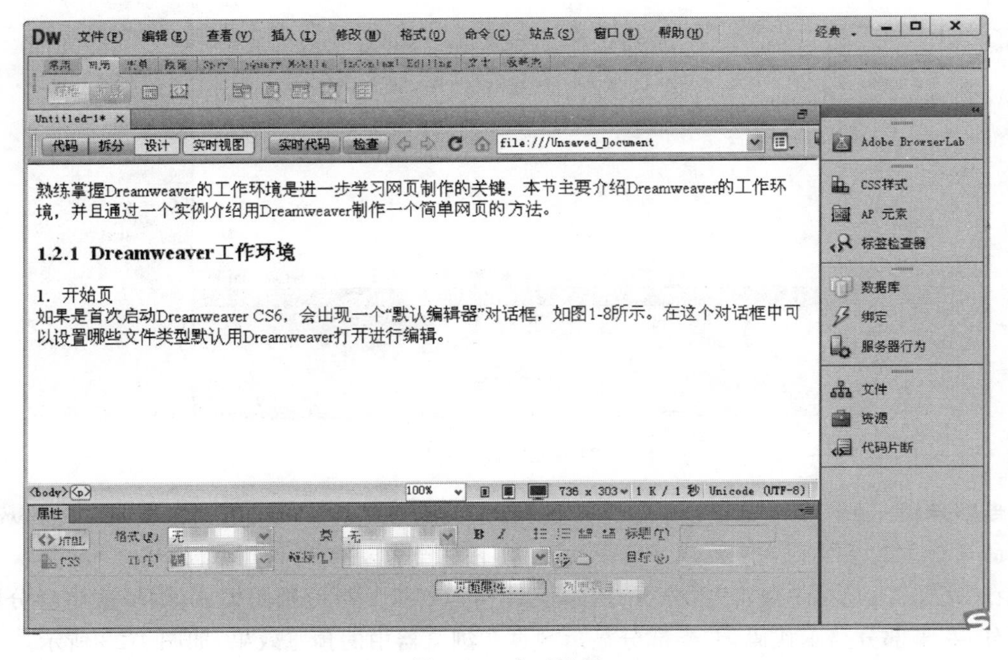

图 1-24 实时视图

进入实时视图后设计视图保持冻结的同时，代码视图保持可编辑状态，因此可以更改代码，然后刷新实时视图以查看所进行的更改是否生效。在处于实时视图时，可以使用其他用于查看实时代码的选项。

在"文档"工具栏中单击"实时代码"按钮 实时代码 ，可以切换到实时代码视图下，如图 1-25 所示。实时代码视图类似于实时视图，用来显示浏览器为呈现页面而执行的代码版本。与实时视图类似，实时代码视图是非可编辑视图。

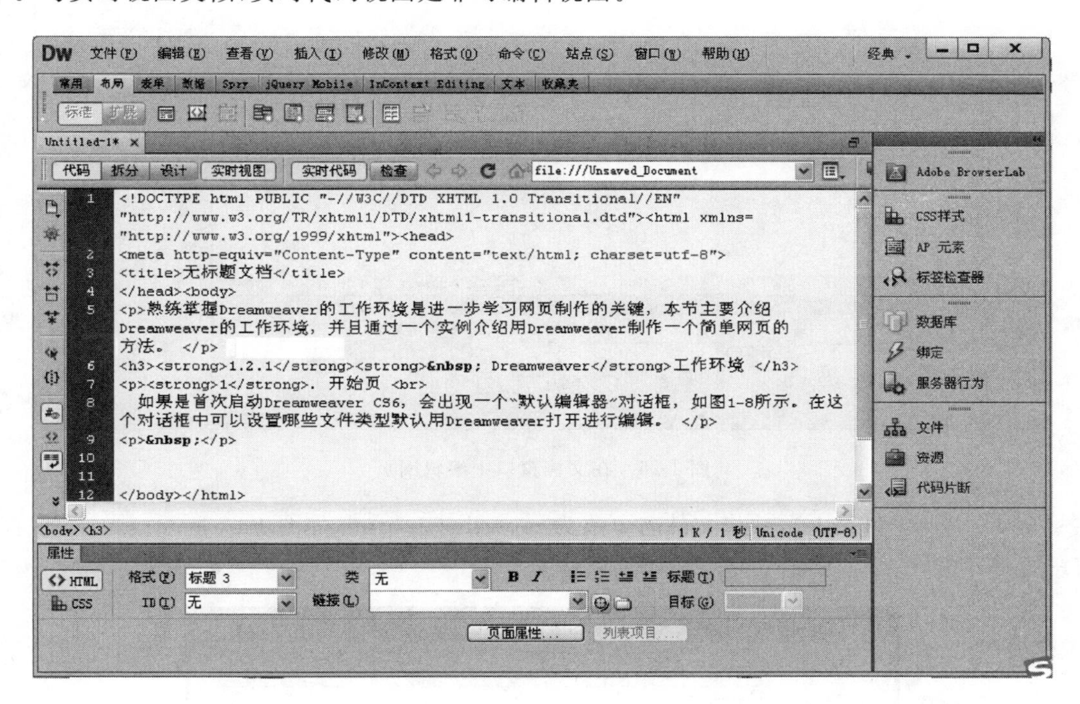

图 1-25　实时代码视图

1.2.2　课堂实例——用 Dreamweaver 制作一个简单网页

Dreamweaver 提供了强大的网页制作功能，制作网页十分简便。下面使用 Dreamweaver 制作一个简单的网页，介绍一下 Dreamweaver 制作网页的基本流程。

1. 新建网页

(1) 运行"开始"→"程序"→Adobe→Adobe Dreamweaver CS6 命令，启动 Dreamweaver 软件。

(2) 在"开始页"，选择"新建"列表下的 HTML，启动 Dreamweaver CS6 的工作窗口并新建一个网页文档。

专家点拨： 还可以选择"文件"→"新建"命令，在弹出的"新建文档"对话框中选择"空白页"，然后在右侧的"页面类型"中选择 HTML，最后单击"创建"按钮。

2. 编辑网页保存网页

(1) 在文档编辑区中(即中间大块的白色区域)单击，输入"欢迎大家访问我的网站!"字样，如图 1-26 所示。

(2) 执行"文件"→"保存"命令，在弹出的"另存为"对话框中选择要保存的路径(这里保存

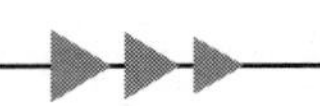

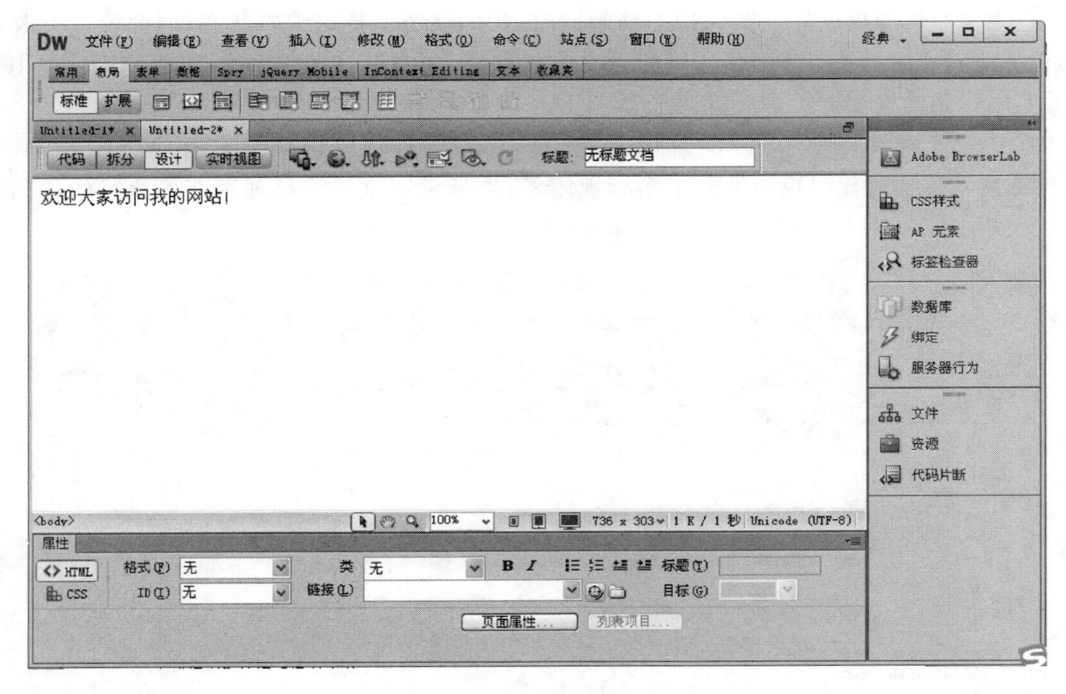

图 1-26 在文档窗口中编辑网页

在 samples\part1 目录下),并将文件名更改为 myweb003.html,如图 1-27 所示。单击“保存”按钮后保存文件。

图 1-27 “另存为”对话框

3. 预览网页

(1) 保存完网页后,可以单击“文档”工具栏上的“在浏览器中预览/调试”按钮,在弹出的

下拉列表中选择"预览在 IExplore"命令预览刚才制作的网页，如图 1-28 所示。

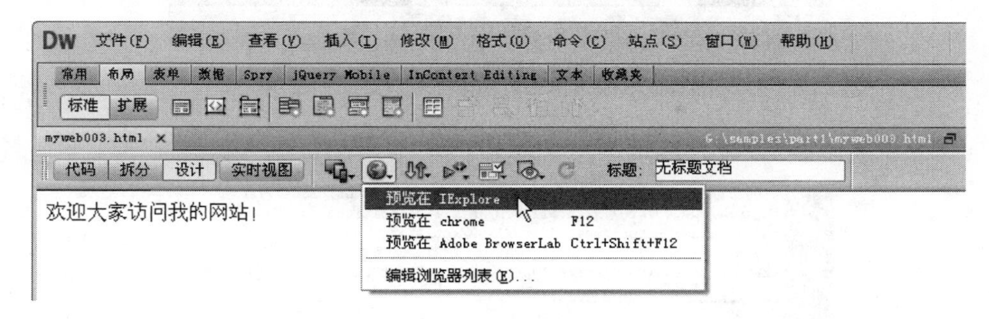

图 1-28　预览网页

(2) 还可以按 F12 键，或者选择"文件"→"在浏览器中预览"→IExplore 命令来预览刚才制作的网页。

(3) 制作这个网页时没有输入任何一个代码。其实在输入网页内容时，Dreamweaver 就会自动生成代码。在"文档"工具栏上选择"代码"按钮切换到代码视图模式，可以看到这个网页所有的 HTML 代码，如图 1-29 所示。

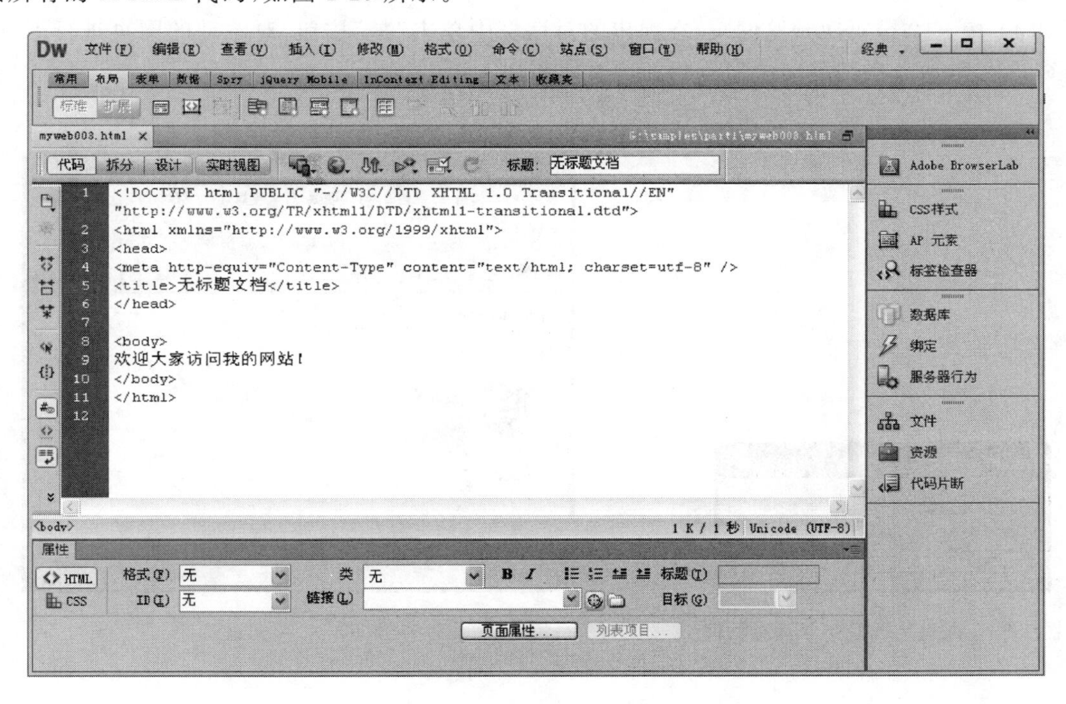

图 1-29　网页的 HTML 代码

4. 继续编辑网页

(1) 切换到设计视图模式。先来为网页更改标题，在"文档"工具栏中间有一个名为"标题"的文本框，将里面的文字改为"简单网页示例"字样，如图 1-30 所示。

(2) 这时再切换到代码视图，可以发现代码发生了改变，<title>和</title>标签中间增加了"简单网页示例"字样，如图 1-31 所示。

(3) 在网页中除了文字以外，还可以加入其他元素，如图像、声音、动画、影视等内容。将

图 1-30　修改网页标题

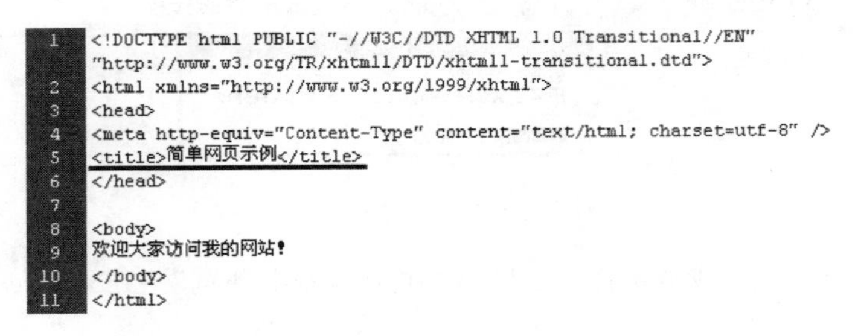

图 1-31　<title>和</title>标签中间的内容发生了改变

光标定位在一个新行上,选择“插入”→“图像”命令,在弹出的“选择图像源文件”对话框中选择一个图片文件(这里选择 samples\images\diannao3.png),单击“确定”按钮。

(4) 按 F12 键再次预览网页,在弹出的对话框中单击“是”按钮,对改动的网页进行保存,如图 1-32 所示。在浏览器中预览到的网页效果如图 1-33 所示。

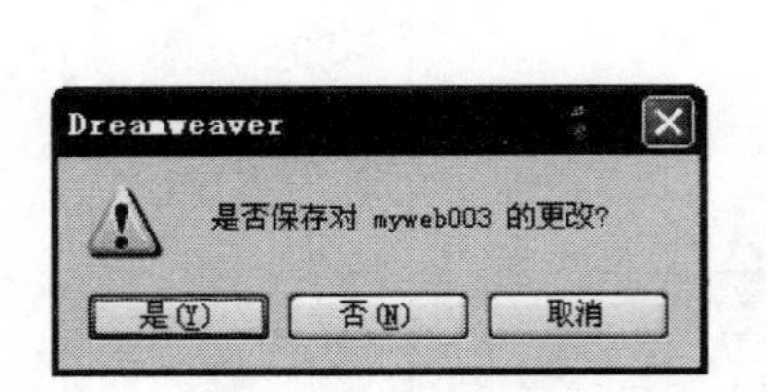

图 1-32　询问是否保存网页对话框

图 1-33　网页效果

1.3　站点的建立

在制作网页之前,必须先建立本地站点,这对于创建和维护网站是至关重要的。建立本地站点就是在计算机硬盘上建立一个目录,然后将所有与制作网页相关的文件都存放在里面,以便进行网页的制作和管理。因此,站点可以理解成同属于一个 Web 主题的所有文件的存储地点。

1.3.1　规划站点

站点目录结构的好坏,浏览者并没有太大的感觉,但是对于站点本身的上传和维护,内容的更新和移动就有较大的影响。因此,在建立站点目录时,应该注意以下几点。

(1) 不要将所有的文件都存放在根目录下,这样不容易混淆,易于管理和上传。

(2) 按照文件的类型建立不同的子目录。

(3) 目录的层次不能太深。

(4) 目录命名要得当,不能使用中文或者过长的目录名。

按照以上原则,在自己的计算机硬盘上新建一个目录,例如建立 G:\samples,用于存放所有站点文件。然后在 samples 目录下新建一个名字为 images 的子目录,用于存放站点所需要的图片。接着在 samples 目录下新建一个名字为 part1 的子目录,用于存放制作好的页面文件,如图 1-34 所示。

图 1-34　站点目录

1.3.2　课堂实例——建立一个站点

Dreamweaver 的站点是一种管理网站所有相关联文件的工具。通过站点可以对网站的相关页面以及各类素材文件进行统一管理,还可以通过站点管理将文件上传到 Web 服务器、测试站点等。

下面在 Dreamweaver CS6 中完成一个站点的定义。

(1) 选择"站点"→"新建站点"命令,在弹出的"站点设置对象 未命名 1"对话框中,在"站点名称"文本框中输入站点的名称 my_web。

(2) 单击"本地站点文件夹"文本框右侧的文件夹图标 ,在弹出的"选择根文件夹"对话框中选择"G:\samples",然后单击"选择"按钮返回,如图 1-35 所示。

专家点拨: 网站的文件夹名称及文件名称,可以选用容易理解网页内容的英文名(或拼音),最好不要使用大写或中文。这是由于很多网站服务器使用 UNIX 操作系统,该操作系统

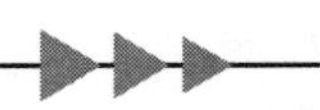

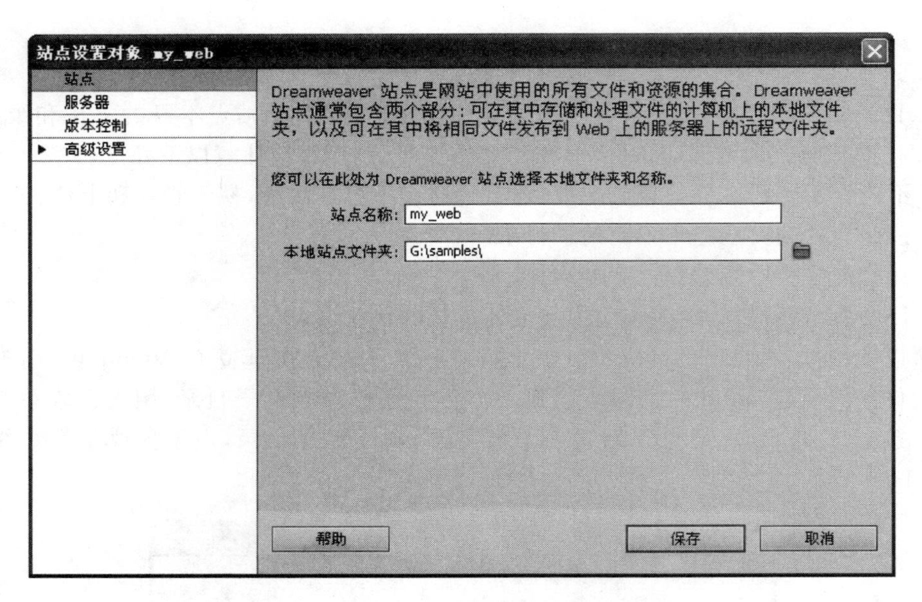

图 1-35　设置站点名称和本地站点文件夹

对大小写敏感，且不能识别中文文件名。

(3) 在"站点设置对象 my_web"对话框中，单击左侧窗格中的"服务器"，可以进行远程服务器的设置，如图 1-36 所示。这里先不做任何设置。

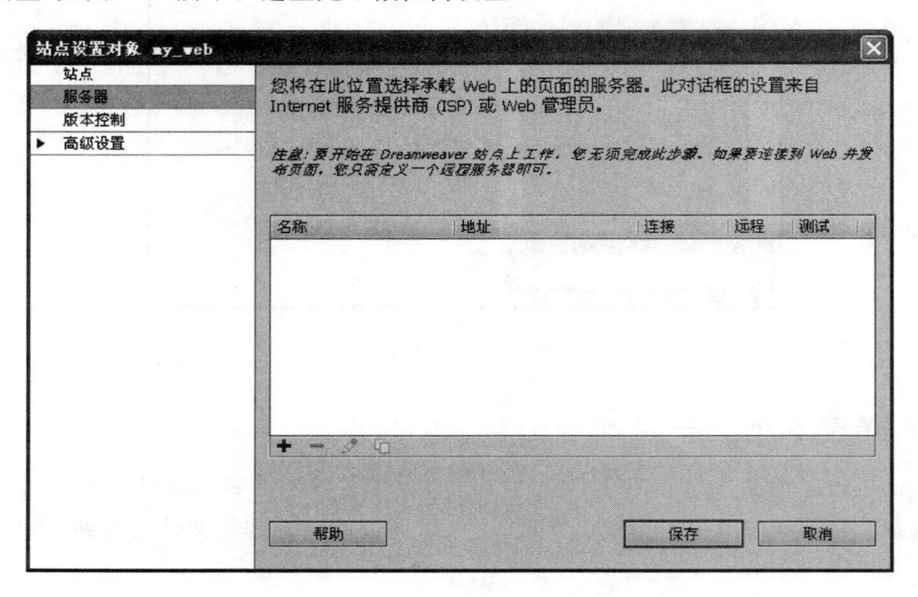

图 1-36　设置服务器

(4) 在"站点设置对象 my_web"对话框中，单击左侧窗格中的"高级设置"前面的三角按钮展开下级列表，单击"本地信息"选项，如图 1-37 所示。单击"默认图像文件夹"文本框右侧的文件夹图标 ，在弹出的"选择图像文件夹"对话框中选择 G:\samples\images，然后单击"选择"按钮返回。这样设置以后，站点中的网页文件中的图像会自动保存在默认图像文件夹中。

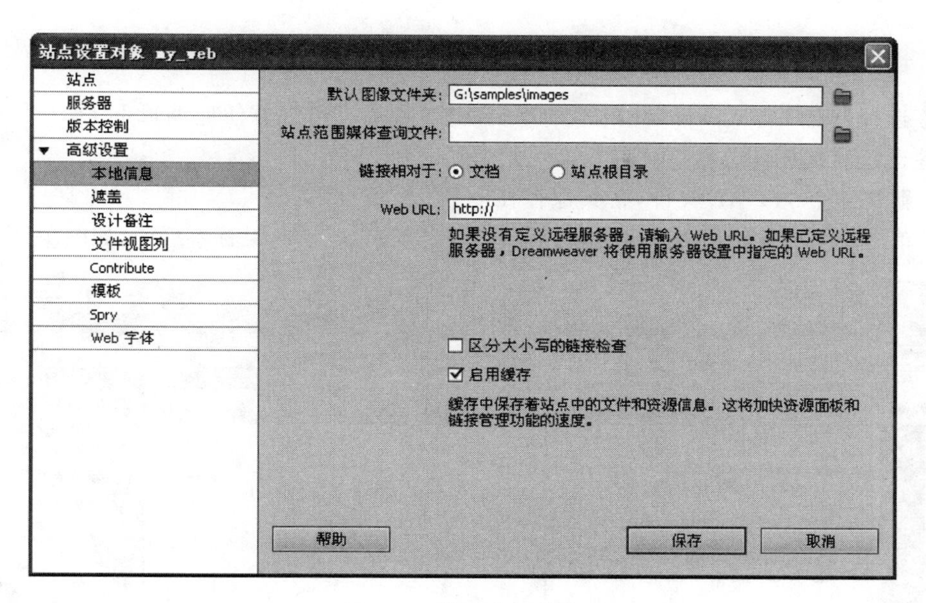

图 1-37　设置本地信息

专家点拨："高级设置"下面的其他选项都保存默认设置，这里不做改变。用户可以单击这些选项，然后在右边查看它们的功能。

(5) 单击"保存"按钮，完成站点的定义。站点定义后，可以看到"文件"面板中列出了站点中的目录结构，如图 1-38 所示。如果"文件"面板没有显示在窗口中，可以选择"窗口"→"文件"命令将其显示出来。

图 1-38　站点建立后的"文件"面板

1.4　在代码视图中创建 HTML

前面在记事本程序中手工编写了一个简单的 HTML 文档，本节讲解在 Dreamweaver 代码视图中创建 HTML 文档的方法。在 Dreamweaver 代码视图中，使用标签选择器、代码提示工具和编码工具栏可以快速地创建专业的 HTML 文档。

1.4.1　标签选择器

标签选择器是 Dreamweaver 的一个重要功能，利用它可以方便地编辑 HTML 代码，下面介绍标签选择器的使用方法。

(1) 新建一个 HTML 文件，将其保存在 part1 文件夹下。

(2) 单击“拆分”按钮后进入拆分视图。将光标定位在＜body＞标签后面，如图 1-39 所示。

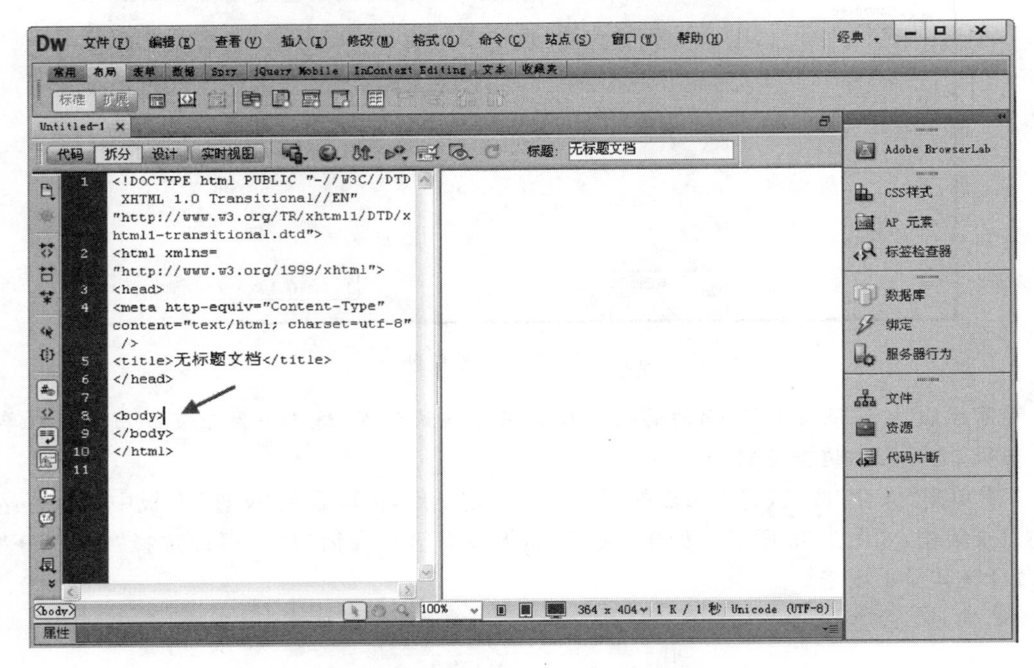

图 1-39　将光标定位在＜body＞标签后面

(3) 选择“插入”→“标签”命令(快捷键为 Ctrl＋E)，弹出“标签选择器”对话框，选择“HTML 标签”→“页面元素”→“常规”标签，选中右侧的 img，如图 1-40 所示。

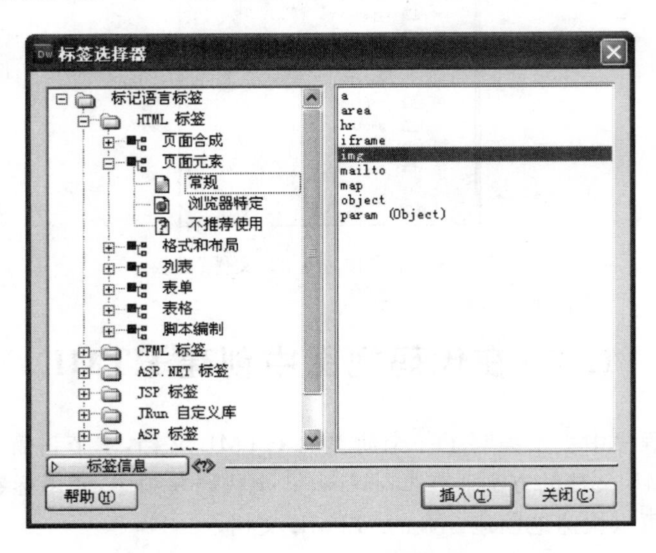

图 1-40　“标签选择器”对话框

专家点拨：在“标签选择器”对话框中，各种标签被分门别类地组织起来，可以层层展开列表，找到需要的标签后单击“插入”按钮，就可以将其插入到 HTML 文件中。注意，使用标签检查器之前，必须将编辑光标定位在代码视图中。

(4) 单击“插入”按钮，这时将弹出“标签编辑器-img”对话框，这里可以对<img>标签进行具体设置，如图 1-41 所示。

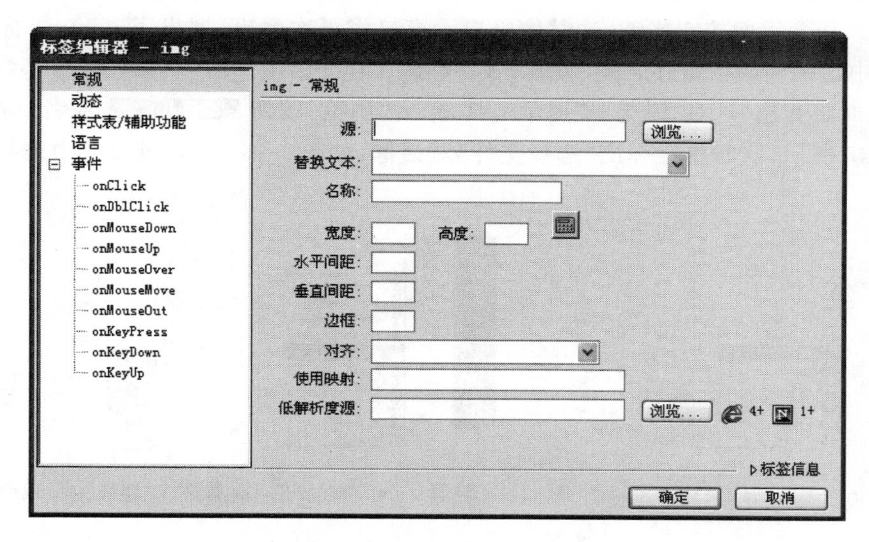

图 1-41　“标签编辑器-img”对话框

(5) 在“常规”中单击“源”后面的“浏览”按钮，从弹出的“选择文件”对话框中选择图片文件(路径为 images\diannao1. png)，然后单击“确定”按钮。

(6) 回到“标签编辑器-img”对话框中单击“确定”按钮，这时可以看到<img>标签已经被插入到 HTML 代码中了，如图 1-42 所示。

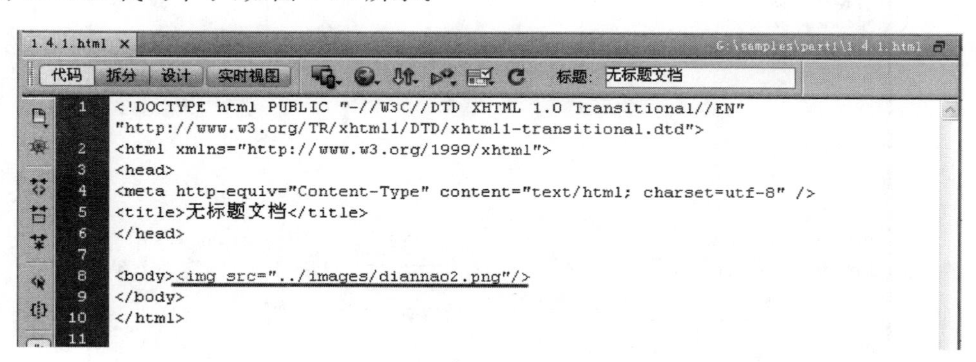

图 1-42　被插入的<img>标签

(7) 可以在“标签选择器”对话框中继续选择要插入的标签，也可以单击“关闭”按钮关闭“标签选择器”对话框。

1.4.2　代码提示工具

为了方便用户对 HTML 源代码进行编辑，Dreamweaver 提供了代码提示工具。在代码视图中编辑源代码时，这种提示工具会根据上下文的环境自动弹出来(通常需要按一下空格

键，或者通过调用菜单命令使其显示出来)，在弹出的列表中选择需要输入的内容，双击或者按 Enter 键就能直接插入代码，效率非常高，而且不容易出错。

1. URL 浏览器

(1) 在一个 HTML 网页文件中，切换到代码视图中，输入<img，在输入过程中，代码提示窗口会弹出来，如图 1-43 所示。

(2) 在<img 后面按空格键，这时代码提示窗口将再次弹出，列出了<img>标签的各种属性，在其中选择 src，按 Enter 键，如图 1-44 所示。

(3) 这时将弹出“URL 浏览器”提示工具，单击“浏览”按钮 浏览... 或者直接按 Enter 键，如图 1-45 所示，这时将会弹出“选择文件”对话框，如图 1-46 所示，可以从中选择需要的图片文件。

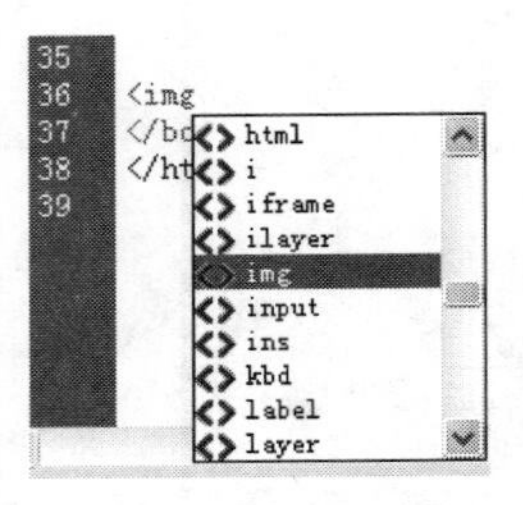

图 1-43　<img>标签的代码提示窗口

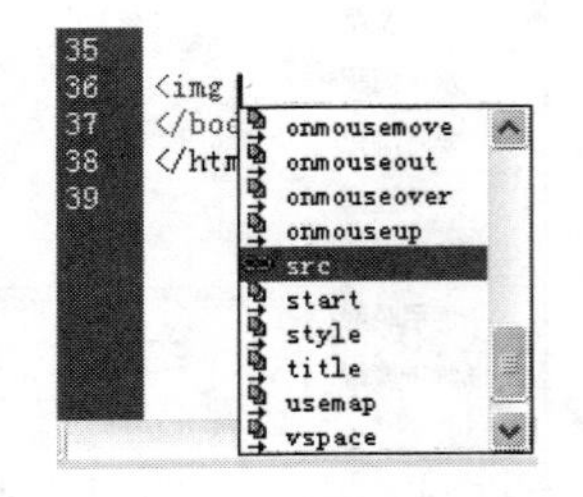

图 1-44　选择<img>标签的 src 属性

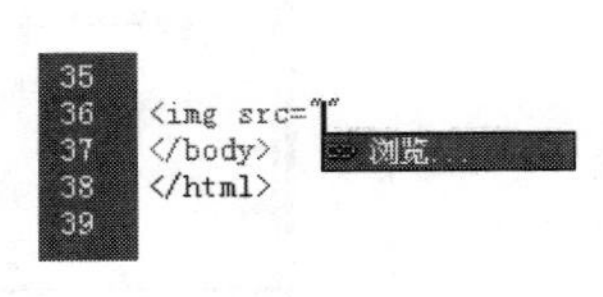

图 1-45　代码提示工具

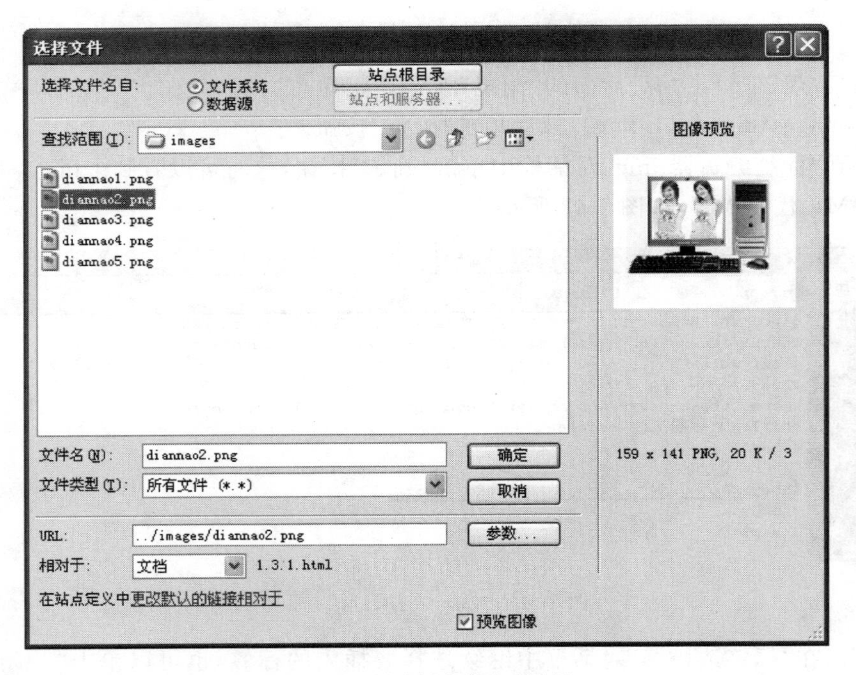

图 1-46　“选择文件”对话框

2. 颜色选择器

(1) 将光标定位到标签<body 后面，按空格键，这时将弹出代码提示列表框，在其中选择 bgcolor，并按 Enter 键，如图 1-47 所示。

(2) 这时将弹出颜色选择器，使用滴管工具选择一种颜色并单击，如图 1-48 所示。

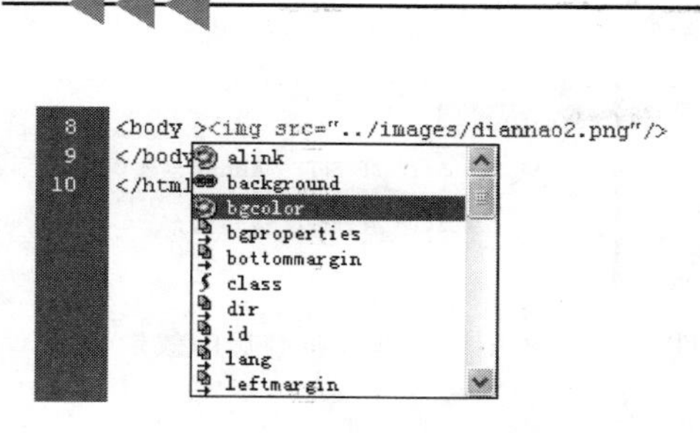

图 1-47　代码提示列表框

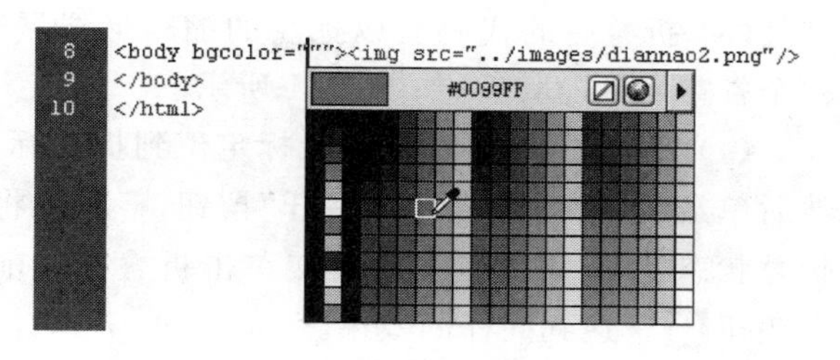

图 1-48　颜色选择器

(3) 选中颜色的值将会自动填写到 bgcolor 属性中，切换到设计视图中就可以看到网页添加了背景颜色后的效果了。

专家点拨：除了 URL 浏览器、颜色选择器这两个代码提示工具外，Dreamweaver 还提供了字体列表提示工具，利用它可以在编辑代码时快速地选择文字的字体。

1.4.3　编码工具栏

网页源文件(例如 HTML)通常包含有数量庞大的代码，对其进行编辑经常让人眼花缭乱，Dreamweaver 提供的编码工具栏方便了代码的编辑工作。

1. 编码折叠和展开

(1) 打开示例文件 samples\part1\1.4.3.html，切换到代码视图(注意，编码工具栏只有在代码视图中才能使用)，可以看到编码工具栏，如图 1-49 所示。通常编码工具栏都是以纵栏形式显示在代码视图的左侧。

(2) 在代码视图中拖动选择一段代码，这里选择了表格中的一对<tr></tr>标签，然后单击编码工具栏中的“折叠所选”按钮，如图 1-50 所示。

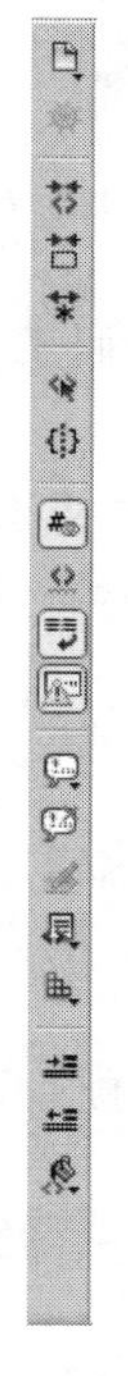

图 1-49　编码工具栏

```
1  <!DOCTYPE html PUBLIC "-//W3C//DTD XHTML 1.0 Transit
2  <html xmlns="http://www.w3.org/1999/xhtml">
3  <head>
4  <meta http-equiv="Content-Type" content="text/html;
5  <title>Dreamweaver 8新特性：代码工具栏</title>
6  </head>
7  <table width="549" height="292" border="0" cellpaddi
8    <tr>
9      <th bgcolor="#FFFFFF" scope="col"> </th>
10     <th bgcolor="#FFFFFF" scope="col"> </th>
11     <th bgcolor="#FFFFFF" scope="col"> </th>
12   </tr>
13   <tr>
14     <td bgcolor="#FFFFFF"> </td>
15     <td bgcolor="#FFFFFF"> </td>
16     <td bgcolor="#FFFFFF"> </td>
17   </tr>
18 </table>
19 </html>
```

图 1-50　选择需要折叠的代码

(3) 折叠后的代码会以标签的缩略形式展现，并有一个省略号紧随其后，如图 1-51 所示。

```
<table width="549" height="292" border="0"
  <tr> <t...
  <tr>
    <td bgcolor="#FFFFFF"> </td>
    <td bgcolor="#FFFFFF"> </td>
    <td bgcolor="#FFFFFF"> </td>
  </tr>
</table>
```

图 1-51　代码折叠后的效果

(4) 需要展开代码时，将光标定位到折叠标签内部，然后单击编码工具栏中的"展开"按钮即可将代码从折叠状态还原，另外还可以直接单击折叠标签前面的加号按钮来达到同样的效果。

2. 添加和删除代码注释

(1) 在代码视图中，选择表格内部的第一对<tr></tr>标签，单击编码工具栏中的"应用注释"按钮，在弹出的菜单中选择"应用 HTML 注释"，如图 1-52 所示。

专家点拨： 代码注释是代码中的特殊文本，注释中的内容对页面的显示效果不会有任何作用，注释本身也不会显示出来。注释主要有两种用途，首先，可以使用代码注释在代码中添加一些提示信息，提醒代码的含义，其次，它可以让代码暂时失效，在测试网页的时候经常会有用处。

(2) 被注释掉的 HTML 代码前后会有一对"<!--"和"-->"标记，同时代码的颜色变成灰色，如图 1-53 所示。在这里，注释掉了一对<tr></tr>标记，因此在最终显示效果中相当于在表格中删除了一行。

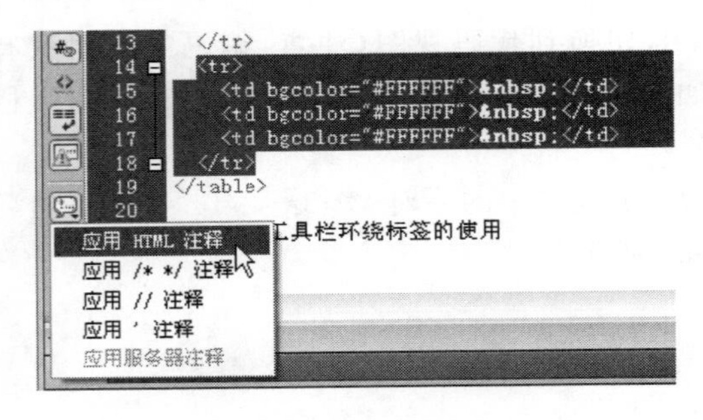

图 1-52　应用 HTML 注释

```
<!--
 <tr >
    <th bgcolor="#FFFFFF" scope="col"> </th>
    <th bgcolor="#FFFFFF" scope="col"> </th>
    <th bgcolor="#FFFFFF" scope="col"> </th>
 </tr>
-->
```

图 1-53　被注释掉的代码

(3) 如果需要删除注释，只需要将被注释掉的代码选中，然后单击编码工具栏中的"删除注释"按钮。

专家点拨： 编码工具栏提供的功能还有很多，上面的操作仅仅涵盖了基本的功能，读者可以通过练习更加全面地掌握编码工具栏的使用。

本章习题

一、选择题

1. HTML 网页文件的默认扩展名是________。

　A. txt　　B. doc　　C. html　　D. exe

2. 以下________ HTML 标签是网页的主体。

　A. <head></head>　　B. <title></title>

　C. <body></body>　　D. <table></table>

3. XHTML 和 HTML 区别不大，只是在语法上更加严格。下列选项中，________是正确的。

A. 标签名和属性名必须用小写字母

B. XHTML 标签可以不关闭

C. XHTML 元素嵌套不正确也可以

D. XHTML 文档可以省略<html></html>

二、填空题

1. Dreamweaver CS6 包括三种可对文档进行编辑处理的视图模式，分别是________、________和________。

2. 标签选择器是 Dreamweaver 的一个重要功能，利用它可以方便地编辑 HTML 代码，选择________菜单中的“标签”命令，将弹出“标签选择器”对话框。

3. 为了方便用户对 HTML 源代码进行编辑，Dreamweaver 提供了代码提示工具，它主要包括 URL 浏览器、________ 和字体列表三个提示工具。

上 机 练 习

练习 1　编写 HTML 代码

用记事本创建一个 HTML 文档，网页效果如图 1-54 所示。在 Dreamweaver 中利用标签选择器创建 HTML 文档，完成同样的效果。

提示：网页中的图片路径为 images/diannao5. png。

图 1-54　网页效果

练习 2　文件头标签的应用

练习用常用工具栏中的“文件头”按钮(如图 1-55 所示)进行网页文件头的设计，包括设置网页关键字、设置页面自动切换等功能。

这个练习主要是让读者掌握元信息标签<meta>的使用方法。元信息标签<meta>位于 HTML 文件的<head></head>区域中，它们记录网页关键字、描述、刷新等信息，不会

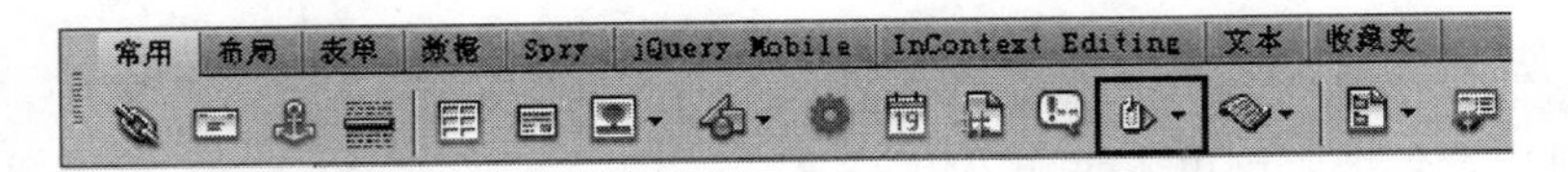

图 1-55　HTML 工具栏

显示在 HTML 页面中,但却起着重要的作用。例如加入关键字会使网页被大型搜索网站自动搜集,可以设定页面格式及刷新等。

提示:可以在网上搜索有关＜meta＞标签的相关知识进行学习。

练习 3　建立自己的站点

在 Dreamweaver 中建立一个站点,主要步骤如下。

(1) 在本地硬盘新建一个文件夹,并在这个文件夹下规划站点目录。

(2) 在 Dreamweaver 中建立站点,并且将步骤(1)建立的文件夹作为站点的根目录。

第2章 网页中的文字和图像

网络世界五彩缤纷，涌现出大量优秀精美的网页。大量的网络信息，无非就是通过文本、图像、动画等网页元素来呈现，其中，文本和图像是网页中最为重要的设计元素。本章介绍文字和图像在网页中的应用，主要内容包括：

- 网页中的文字；
- 网页中的图像；
- 图像的编排；
- 设置页面属性。

2.1 网页中的文字

文字是网页中最基础的信息载体，浏览者主要通过文字了解网页的内容。虽然利用图形文字也可以达到同样的效果，甚至超出纯文本的效果，但是网页文字的优势还是无法被取代的。因为纯文本所占用的存储空间非常小，浏览纯文本网页时，占用的网络带宽较少，能快速地被用户打开。

2.1.1 插入文字

在网页中应用文字有三种方法：直接输入文字、粘贴剪贴板中的文字和导入Word文档。

1. 直接通过键盘输入

(1) 运行Dreamweaver CS6，在“开始页”选择“新建”下的HTML，新建一个网页文档。

(2) 在文档编辑区(即中间大块的白色区域)单击，出现光标并且一直在闪动。

(3) 选择合适的输入法，在光标处输入文字。输入完一个段落后按Enter键，然后进行其他段落的输入，如图2-1所示。

2. 粘贴剪贴板中的文字

可以从其他程序或者窗口中复制或者剪贴一些文本内容，然后粘贴在Dreamweaver的文档工作区中。

(1) 在Word窗口中选择需要的文本内容，按Ctrl+C键将所选文字复制到剪贴板上。

(2) 切换到Dreamweaver窗口中，在文档窗口中单击定位光标。按Ctrl+V键将剪贴板上的文字粘贴到当前光标位置。

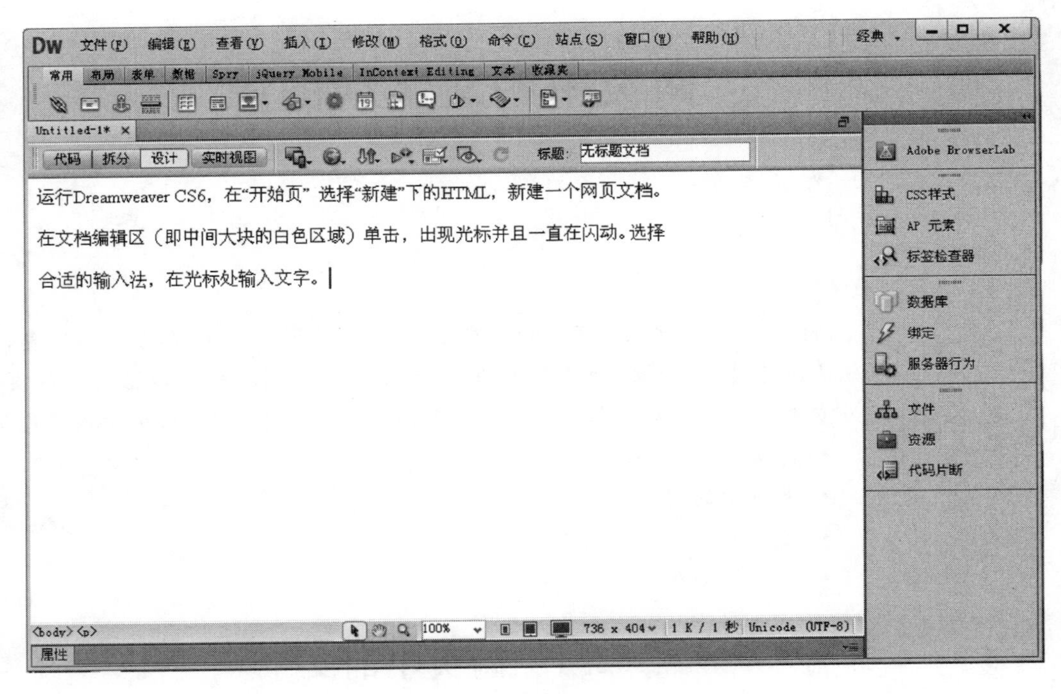

图 2-1 直接输入文字

3. 导入 Word 文档

(1) 用 Word 程序制作文档,或者利用已经创建好的 Word 文档。

(2) 新建一个 HTML 网页,选择“文件”→“导入”→“Word 文档”命令,弹出“导入 Word 文档”对话框,在其中选择要导入的 Word 文件,如图 2-2 所示。

图 2-2 “导入 Word 文档”对话框

(3) 单击“打开”按钮即可将文本导入到网页中。

专家点拨：Dreamweaver 文档中的文字可以像 Word 中的文字一样进行编辑，例如复制、移动、删除、查找和替换等。可以使用“编辑”菜单中的相关命令进行操作。

2.1.2 课堂实例——设置文本格式

当在网页中插入文本后，可以对这些文本的属性进行相关的设置，这样网页将变得更漂亮。

1. 关于设置文本格式(CSS 和 HTML)

Dreamweaver 中的文本格式设置与使用标准的字处理程序类似。可以为文本块设置默认格式(段落、标题 1、标题 2 等)，更改所选文本的字体、大小、颜色和对齐方式，或者应用文本样式(如粗体、斜体和下划线)。

Dreamweaver CS6 将两个属性检查器(CSS 属性检查器和 HTML 属性检查器)集成为一个属性检查器。使用 CSS 属性检查器时，Dreamweaver 使用层叠样式表(CSS)设置文本格式。CSS 使 Web 设计人员和开发人员能更好地控制网页设计，同时改进功能以提供辅助功能并减小文件大小。CSS 属性检查器使用户能够访问现有样式，也能创建新样式。

展开“属性”面板，可以通过单击其中左上角的 HTML 按钮或者 CSS 按钮进行 CSS 属性检查器和 HTML 属性检查器的切换，如图 2-3 所示。应用 HTML 格式时，Dreamweaver 会将属性添加到页面正文的 HTML 代码中。应用 CSS 格式时，Dreamweaver 会将属性写入文档头或单独的样式表中。

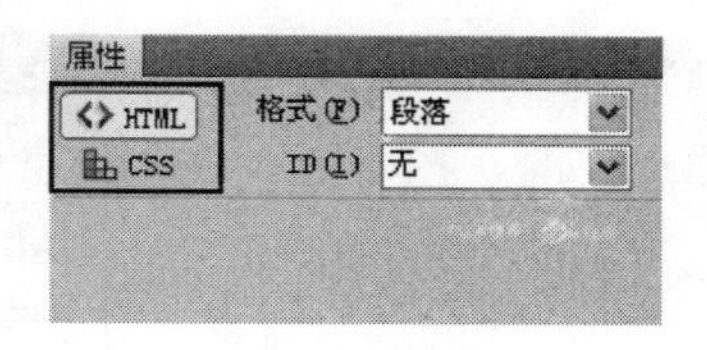

图 2-3 “属性”面板

专家点拨：使用 CSS 是一种能控制网页样式而不损坏其结构的方式。通过将可视化设计元素(字体、颜色、边距等)与网页的结构逻辑分离，CSS 为 Web 设计人员提供了可视化控制和版式控制，而不牺牲内容的完整性。此外，在单独的代码块中定义版式设计和页面布局，无须对图像地图、font 标签、表格和 GIF 间隔图像重新排序，从而加快下载速度、简化站点维护，并能集中控制多个网页的设计属性。

2. 设置文本字体

第 1 次打开 Dreamweaver CS6 的字体列表，里面只有几种汉字字体，需要用户自己添加其他字体，具体的编辑字体列表和设置文本字体的方法如下。

(1) 在 Dreamweaver 的文档编辑区插入一些文字。

(2) 选中需要改变字体的文本。在“属性”面板中单击 CSS 按钮切换到 CSS 属性检查器。展开“字体”后面的下拉列表，选择“编辑字体列表”命令，如图 2-4 所示。

(3) 这时将弹出“编辑字体列表”对话框，在“可用字体”列表框中，选择 Verdana，单击 « 按钮，将其添加到左侧的“选择的字体”中，用同样的方法将宋体也加入到“选择的字体”中，这样将得到一个新的字体列表“Verdana，宋体”，完成设置后单击“确定”按钮，如图 2-5 所示。

(4) 再次展开“字体”后面的列表，选择刚才新建的字体列表“Verdana，宋体”，如图 2-6 所示。

(5) 弹出“新建 CSS 规则”对话框，在“选择器名称”文本框中输入 gz001，然后直接单击“确定”按钮，如图 2-7 所示。这样所选择的字体格式就被设置到所选文本上了。

专家点拨：第一次设置所选文本格式时，会弹出“新建 CSS 规则”对话框，在其中定义一个新 CSS 规则。有关 CSS 的详细内容请参考第 6 章的相关内容。

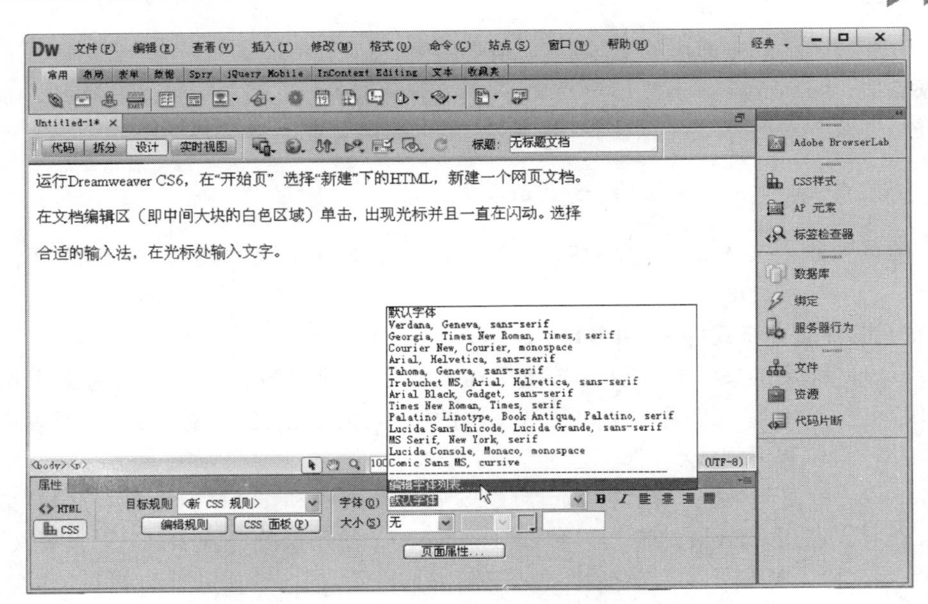

图 2-4 选择"编辑字体列表"命令

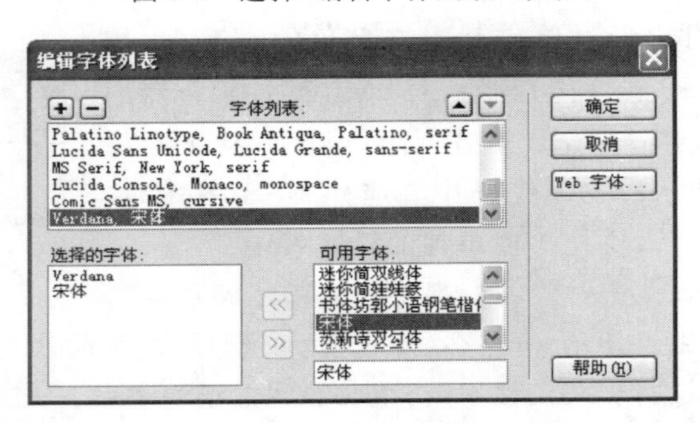

图 2-5 添加字体

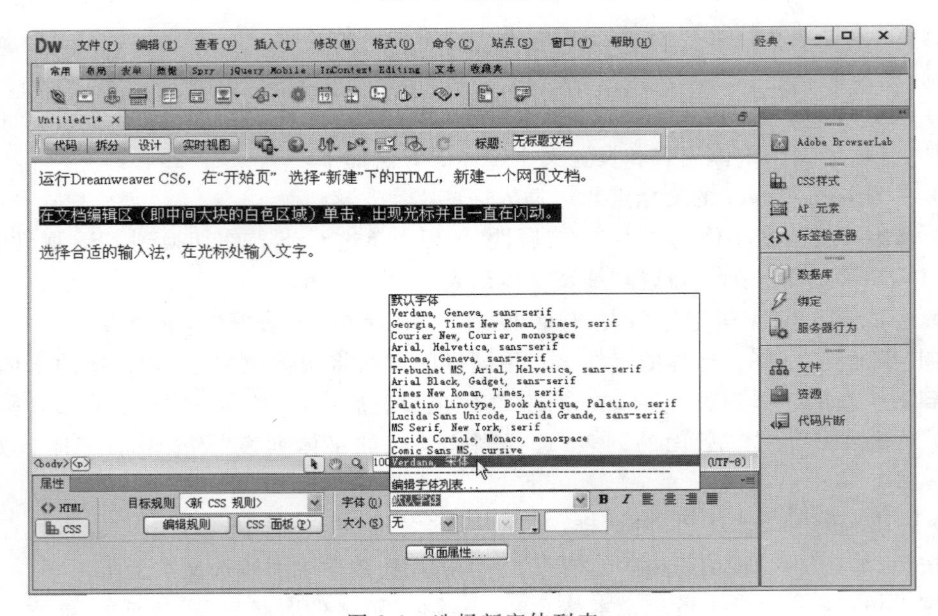

图 2-6 选择新字体列表

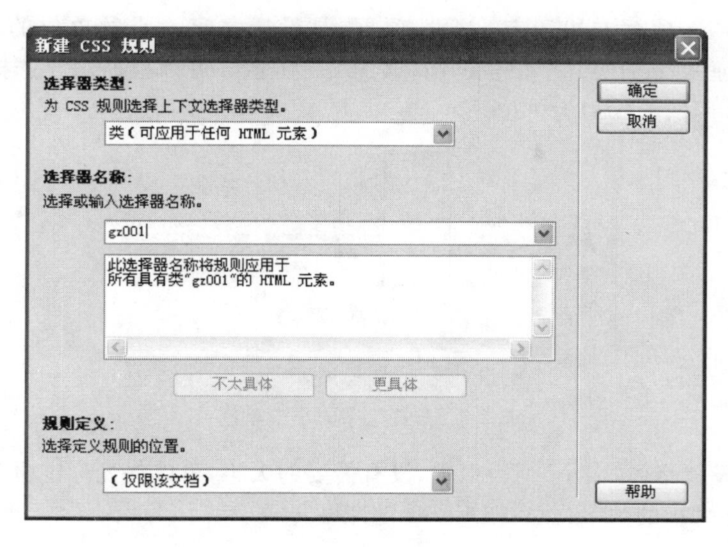

图 2-7　“新建 CSS 规则”对话框

3. 设置文字大小

输入到网页中的文字都是按照默认的大小显示的，可以对这些文本的大小进行更改。具体操作步骤如下所述。

(1) 选中需要更改文字大小的文本，在“属性”面板的“目标规则”下拉列表中选择 gz001(这是前面步骤建立的一个 CSS 规则)。

(2) 单击“大小”选项框旁边的 按钮，在弹出的文字大小列表框中，选择一个类别，如图 2-8 所示。

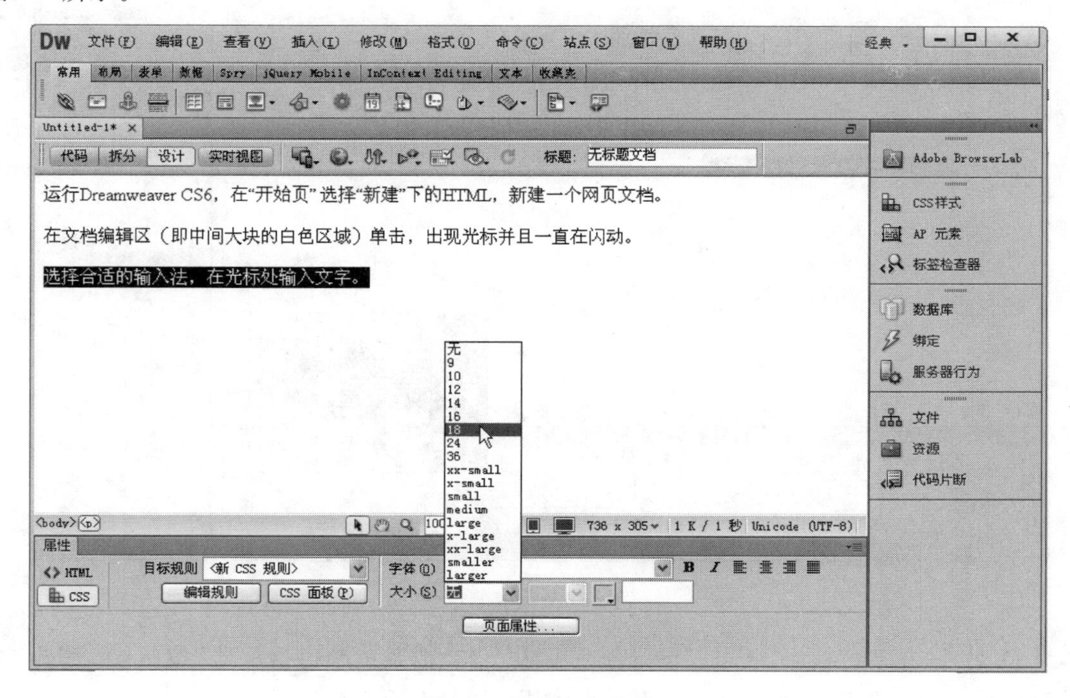

图 2-8　设置文字大小

(3) 在“大小”选项框右边还有一个选项框，是设置文字大小的单位的，其中包括像素(px)、点数(pt)、厘米(cm)等 9 个单位选项，如图 2-9 所示。可以根据需要选择文字大小的单位。默认情况下，用像素(px)为单位。

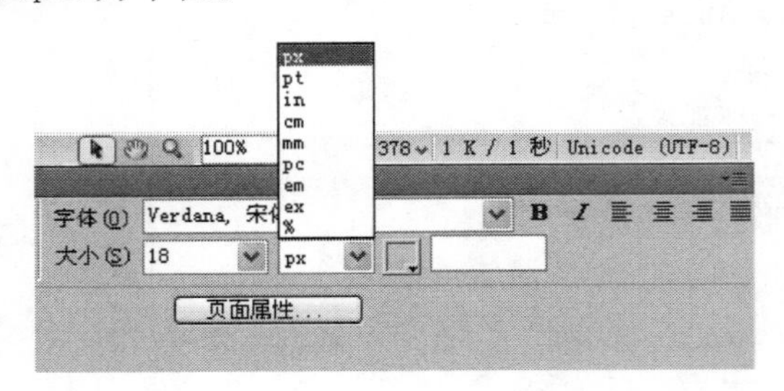

图 2-9　选择文字大小的单位

(4) 如果在设置字体“大小”列表框中，没有需要的大小，可以将光标定位在“大小”文本框中，直接输入文字大小的数字，然后按 Enter 键即可。

4. 设置文本颜色

一般默认情况下，输入到网页中的文字都是黑色的，可以通过文本属性设置文本的颜色。

(1) 选中需要更改文字颜色的文本，在“属性”面板的“目标规则”下拉列表中选择 gz001(这是前面步骤建立的一个 CSS 规则)。

(2) 单击“文本颜色”按钮，弹出如图 2-10 所示的调色板，在其中选择一种需要的颜色即可。

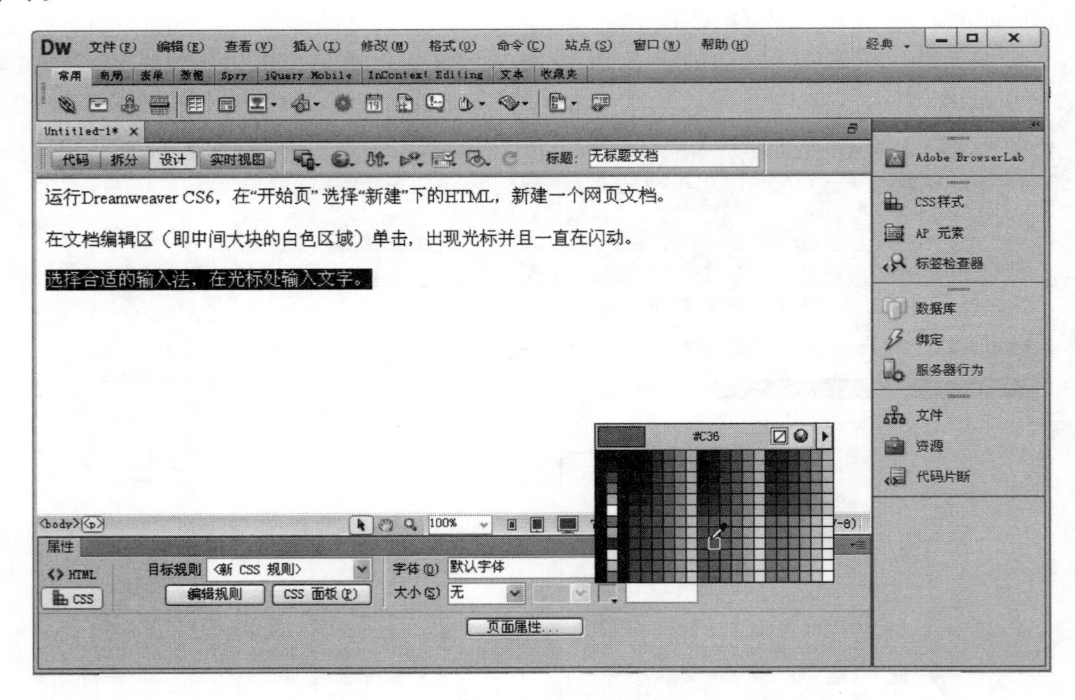

图 2-10　设置颜色

(3) 另外，在调色板中，还可以单击颜色列表上方的“系统颜色拾取器”按钮，弹出“颜色”对话框。如图 2-11 所示。在这个对话框中用户可以自己调配颜色。

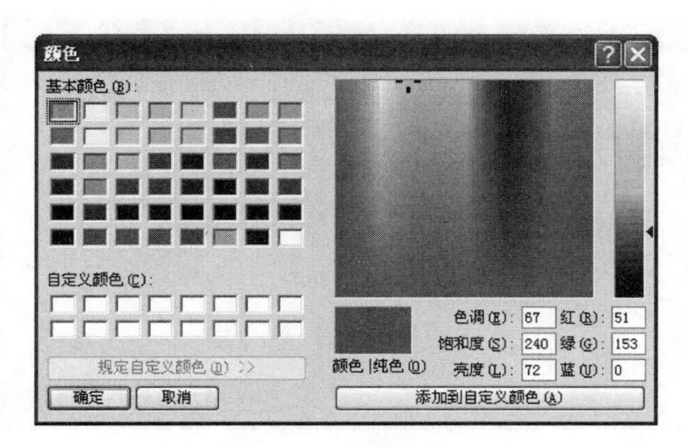

图 2-11　"颜色"对话框

2.1.3　课堂实例——设置段落格式

段落是构成文章的基本单位，具有换行另起的明显标志。通过段落使文章有行有止，在读者视觉上形成更加醒目明晰的印象，便于读者阅读、理解和回味，也有利于作者条理清楚地表达内容。

1. 设置文本标题

在一个网站的网页中或者一篇独立的文章中，通常都会有一个醒目的标题，告诉浏览者这个网站的名字或该文章的主题。

HTML 的标题标签主要用来快速设置文本标题的格式，典型的形式是<h1></h1>，它用来设置第一层标题，<h2></h2>设置第二层标题，以此类推。

可以在设计视图中，通过"属性"面板进行文字标题的设置。

(1) 在设计视图中，将光标定位在要设置标题的段落。

(2) 进入"属性"面板，切换到 HTML 属性检查器。单击"格式"右侧的下三角按钮，在弹出的列表框中就可以选择相应的标题格式，如图 2-12 所示。

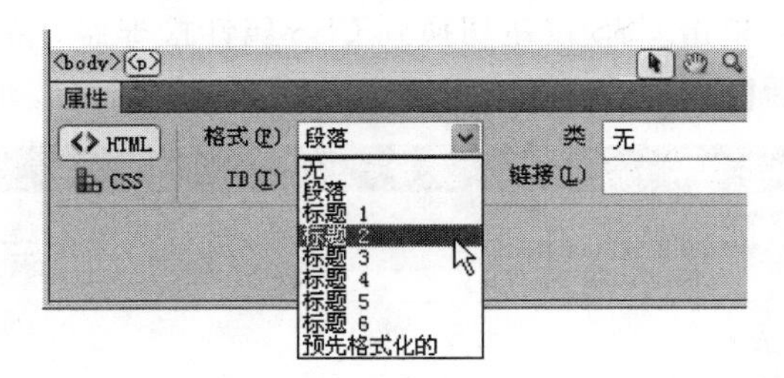

图 2-12　设置标题

(3) 如果想取消设置好的标题格式，可以在"属性"面板中单击"格式"右侧的下三角按钮，在弹出的列表框中选择"无"选项。

专家点拨：如果想更改标题文字的外观，例如更改"标题 1"的文字颜色为红色，可以在"属性"面板中单击"页面属性"按钮，打开"页面属性"对话框，选择"标题(CSS)"，然后设置"标题 1"的颜色为红色即可，如图 2-13 所示。

2. 设置段落对齐

段落的对齐方式有居左对齐、居右对齐和居中对齐，下面分别叙述。

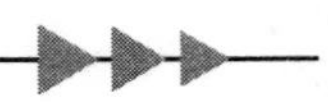

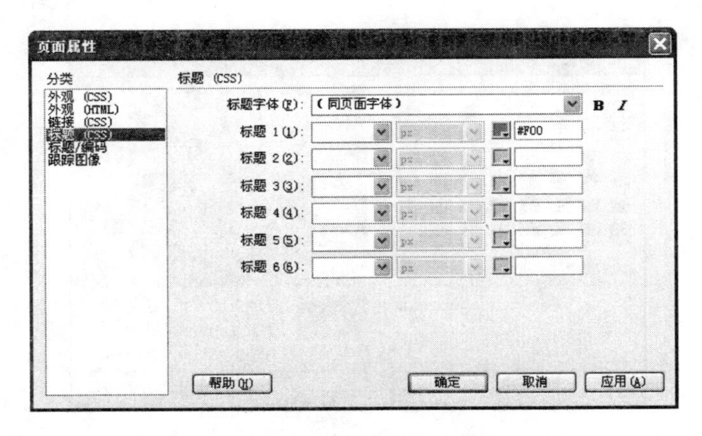

图 2-13　“页面属性”对话框

(1) 新建一个 HTML 网页文档,输入一些文本段落,如图 2-14 所示。

(2) 切换到代码视图,观察和文本段落相关的代码,如图 2-15 所示。

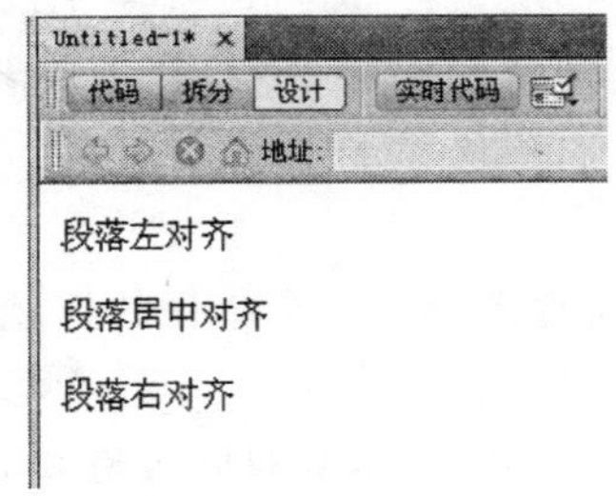
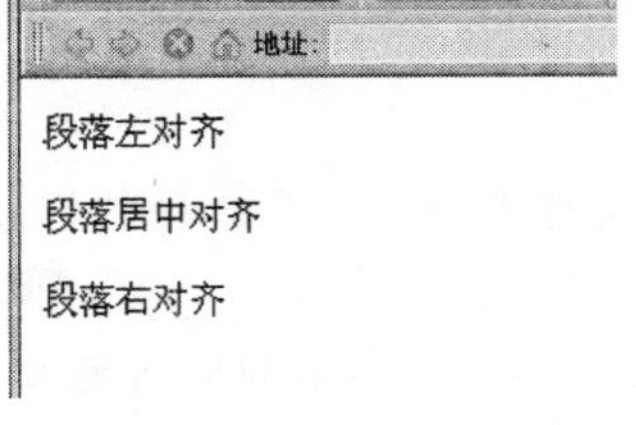

图 2-14　输入一些文本段落

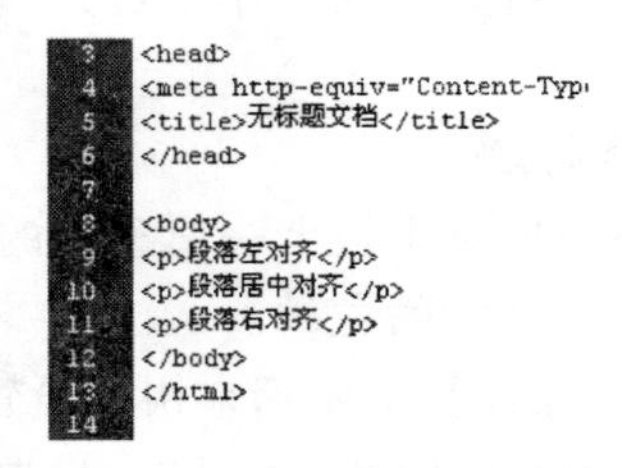

图 2-15　和文本段落相关的代码

<p>和</p>这对标签是定义文本段落的标签,在<p>和</p>之间的文本属于同一个段落。

(3) 切换到设计视图,将光标定位到文本“段落居中对齐”后面。

(4) 进入“属性”面板,单击 CSS 按钮切换到 CSS 属性检查器。单击“居中对齐”按钮 ,弹出“新建 CSS 规则”对话框,在“选择器名称”文本框中输入 gz001,如图 2-16 所示。

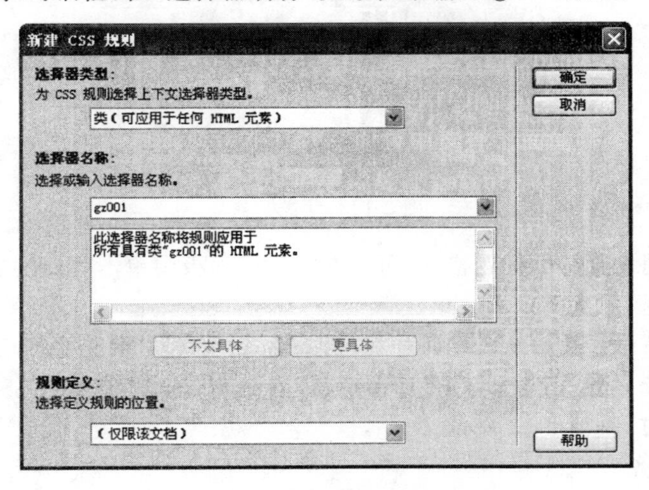

图 2-16　“新建 CSS 规则”对话框

(5) 单击"确定"按钮，可以看到设计视图中的文本定位到了视图正中央，不论怎样调整窗口大小，这些文字始终保持在中间，如图 2-17 所示。

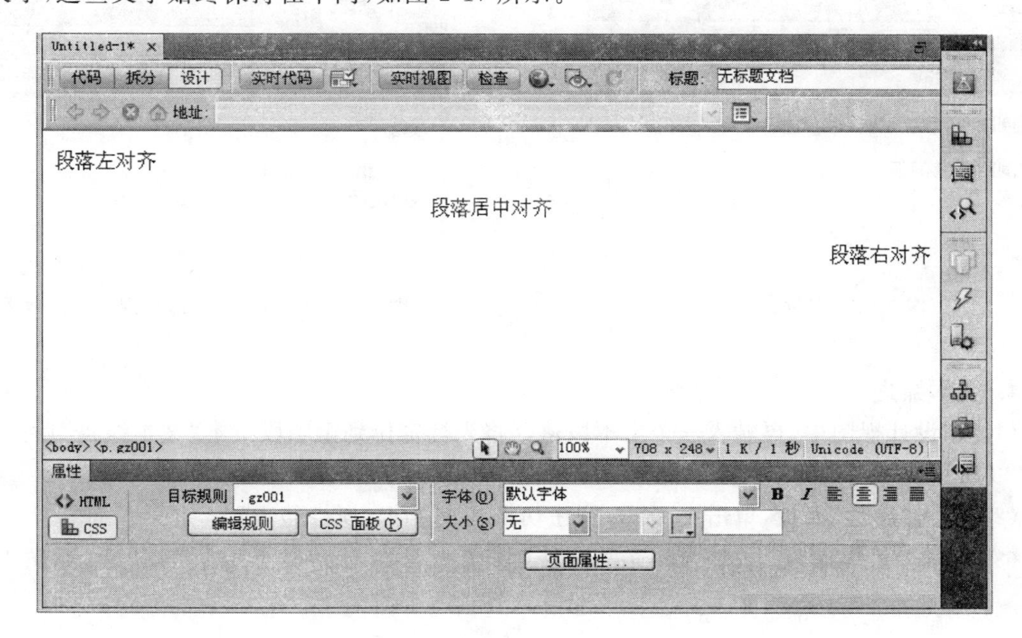

图 2-17　设置文本居中对齐

专家点拨：在"属性"面板中可以单击"左对齐"、"右对齐"、"两端对齐"、"居中对齐"按钮设置段落的对齐方式，如图 2-18 所示。

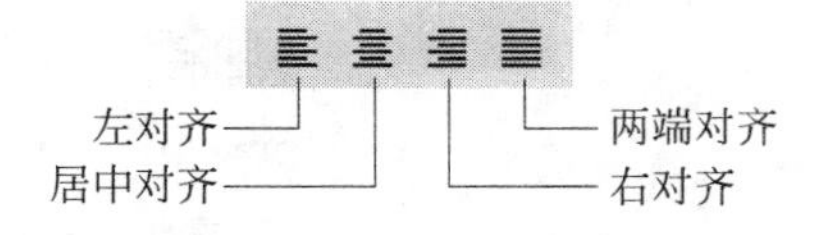

图 2-18　段落的对齐方式按钮

3. 分段和换行

(1) 在设计视图中输入一些文本，将光标定位到第一个文本"段落间距"后面，如图 2-19 所示。

(2) 按 Enter 键进行分段，两个段落之间将会出现较大的间距，如图 2-20 所示。

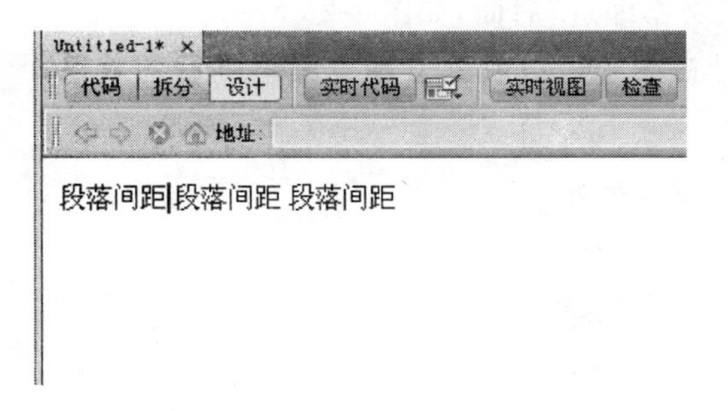

图 2-19　定位光标

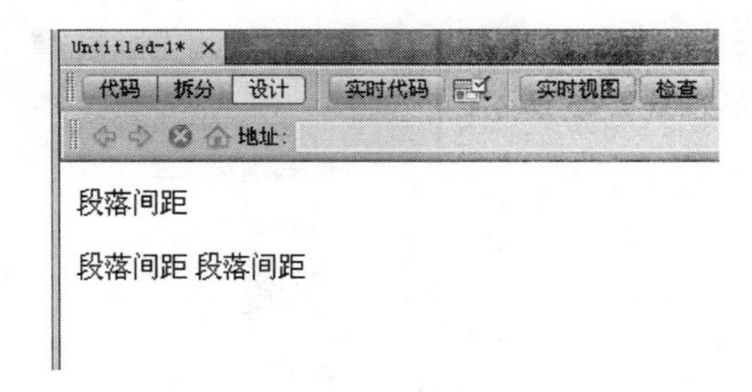

图 2-20　用 Enter 键分段的效果

专家点拨：这里按 Enter 键换行以后，其实就是一个新段落的开始。切换到代码视图，可以观察到多了一对<p></p>标签。

(3) 将光标定位到第二段文本"段落间距"后面，如图 2-21 所示。

(4) 按 Shift ＋Enter 键进行分行，可以看到两行之间间距很小，如图 2-22 所示。

专家点拨：切换到代码视图，可以观察到这次操作的结果是自动生成了一个
标

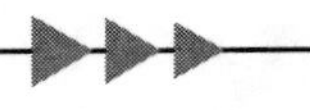

签,这是一个换行标签,它和＜p＞标签有本质的区别。

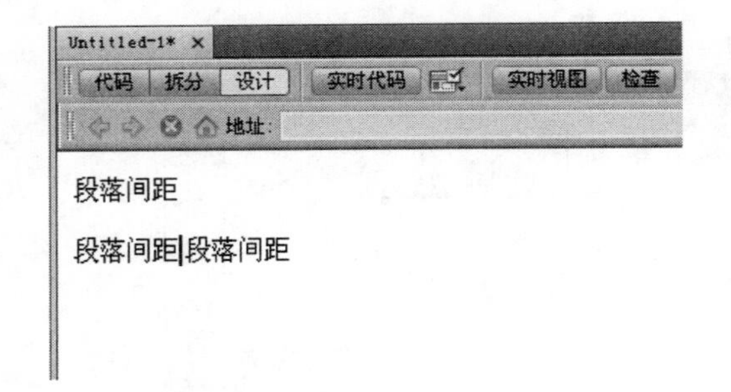

Untitled-1*
代码 拆分 设计 实时代码 实时视图 检查
地址:
段落间距
段落间距段落间距

图 2-21　定位光标

Untitled-1*
代码 拆分 设计 实时代码 实时视图 检查
地址:
段落间距
段落间距
段落间距

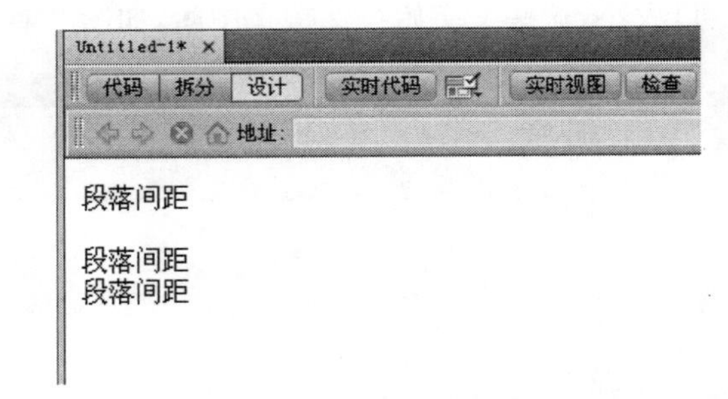

图 2-22　用 Shift ＋Enter 键分段的效果

4. 文本缩进

(1) 在设计视图中,再输入三个文本段落。将光标定位到第二段文本“文本缩进”后面,如图 2-23 所示。

(2) 进入“属性”面板,单击 HTML 按钮切换到 HTML 属性检查器。

(3) 单击“文本缩进”按钮,在“设计”视图中可以看到文本缩进的效果,如图 2-24 所示。

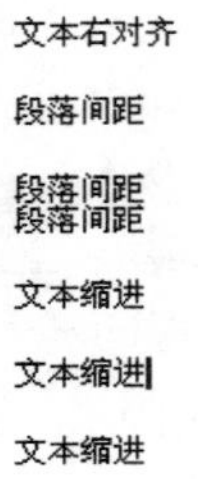

文本右对齐
段落间距
段落间距
段落间距
文本缩进
文本缩进
文本缩进

图 2-23　定位光标

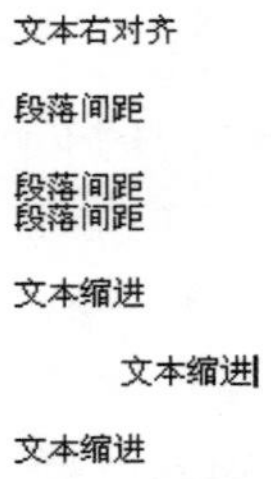

文本右对齐
段落间距
段落间距
段落间距
文本缩进
文本缩进
文本缩进

图 2-24　一次文本缩进的效果

(4) 在设计视图中,将光标定位到第三段文本“文本缩进”后面,如图 2-25 所示。

(5) 连续单击两次“文本缩进”按钮,在设计视图中可以看到文本连续缩进后的效果,如图 2-26 所示。

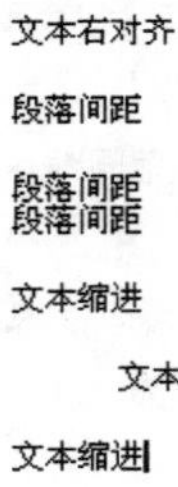

文本右对齐
段落间距
段落间距
段落间距
文本缩进
文本缩进
文本缩进

图 2-25　定位光标

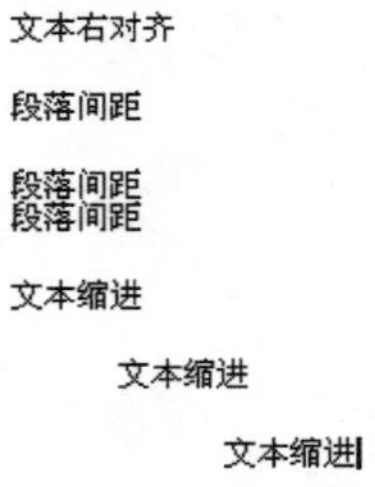

文本右对齐
段落间距
段落间距
段落间距
文本缩进
文本缩进
文本缩进

图 2-26　两次文本缩进的效果

专家点拨: 在“属性”面板中可以设置文本的粗体、斜体样式,其他文本样式可以通过选择“格式”→“样式”菜单下的命令进行设置。“样式”菜单下除了粗体、斜体外,还包括下划线、删除线、加强等样式。

2.1.4　插入特殊字符

在制作网页时经常会应用一些特殊字符，例如版权符号、注册商标符号等，这些特殊符号利用键盘直接输入有些困难，可以利用 Dreamweaver 提供的“文本”工具栏中的“字符”功能来制作。

(1) 在文档编辑区，将光标定位在需要插入特殊字符的位置。

(2) 将“插入”面板切换到“文本”子工具栏。

(3) 单击“字符”按钮右侧的黑色三角按钮，在弹出的下拉列表中可以选择需要插入到网页的特殊字符，如图 2-27 所示。

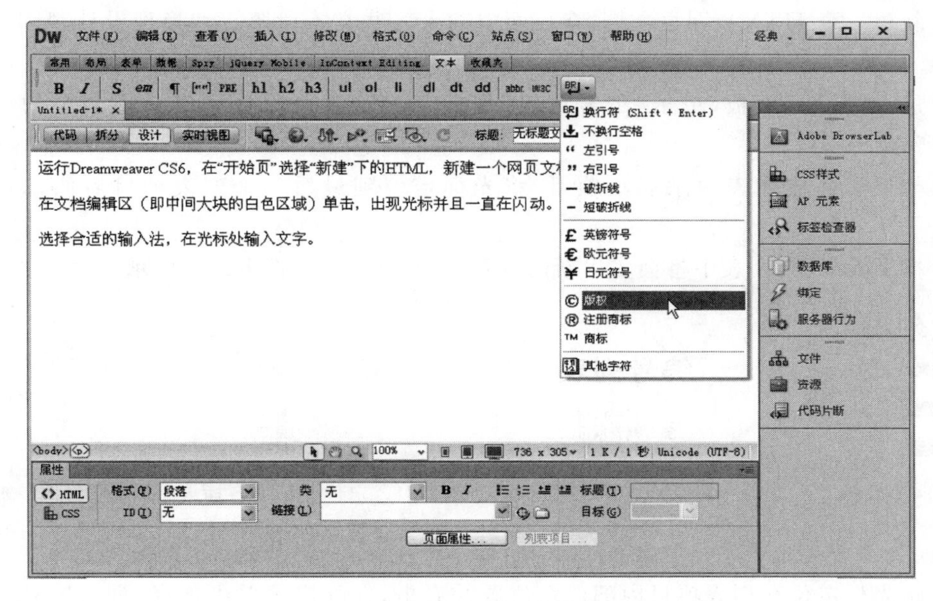

图 2-27　“字符”下拉列表

专家点拨：除了在“字符”下拉列表中插入特殊字符外，还可以选择“插入”→HTML→“特殊字符”，在联级菜单中选择需要的特殊字符。

(4) 如果“字符”下拉列表中没有需要的特殊字符，可以在“字符”下拉列表中选择“其他字符”，在弹出的“插入其他字符”对话框中，单击选择需要的特殊字符，如图 2-28 所示。

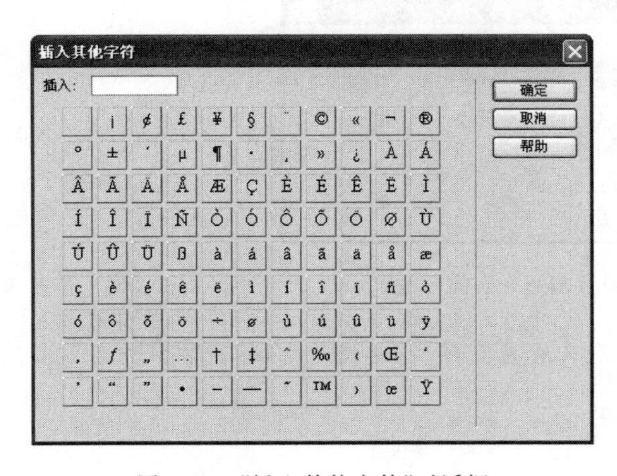

图 2-28　“插入其他字符”对话框

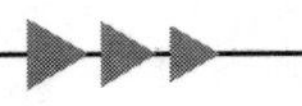

专家点拨：HTML 只允许字符之间有一个空格，若要在文档中添加其他空格，必须插入不换行空格。具体操作方法是，在“字符”下拉列表中选择“不换行空格”。

2.1.5　课堂实例——使用段落列表

列表是 HTML 中组织多个段落文本的一种方式，列表分成编号列表和项目列表，前一种列表用数字顺序为列表中的项目进行编号，而后一种列表则在每个列表项目之前使用一个项目符号。

1. 编号列表

(1) 新建一个 HTML 网页文档，在页面中输入一些文本段落。切换到设计视图，拖动鼠标选择“编号列表”下面的三行文本，如图 2-29 所示。

(2) 进入“属性”面板，单击“编号列表”按钮，这时可以看到设计视图中的列表，如图 2-30 所示。

(3) 如果需要在列表中添加新项目，将光标定位到最后一个列表项目后面，如图 2-31 所示。

(4) 按 Enter 键，列表中将会多出新的一行，并自动编号，如图 2-32 所示。

编号列表

列表项目一

列表项目二

列表项目三

图 2-29　选择列表项目

编号列表

1. 列表项目一
2. 列表项目二
3. 列表项目三

图 2-30　编号列表

编号列表

1. 列表项目一
2. 列表项目二
3. 列表项目三

图 2-31　定位光标准备插入新的列表项目

编号列表

1. 列表项目一
2. 列表项目二
3. 列表项目三
4.

图 2-32　新增加的列表项目

(5) 将光标定位在列表项目内部任意位置并右击，在弹出菜单中选择“列表”→“属性”命令，在弹出的“列表属性”对话框中，选择“样式”下拉列表框中的“大写罗马字母”选项，设置“开始计数”为 2，然后单击“确定”按钮，如图 2-33 所示。

(6) 完成上面的设置后，列表的编号将用罗马字符表示，起始编号项目为 II(罗马字符中的 2)，效果如图 2-34 所示。

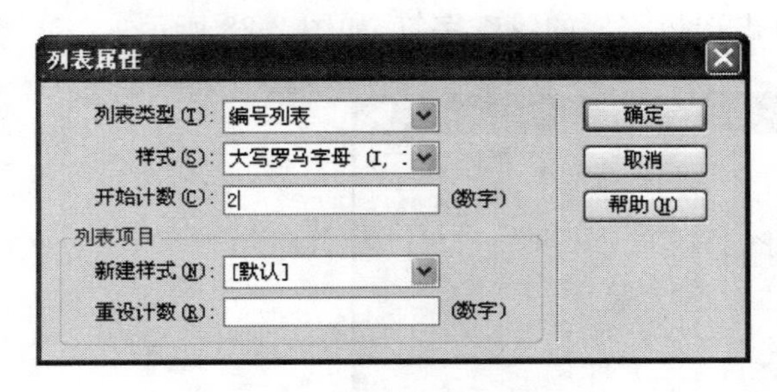

图 2-33　设置编号列表的属性

编号列表

II. 列表项目一
III. 列表项目二
IV. 列表项目三
V. 列表项目四

图 2-34　修改属性后的编号列表效果

专家点拨：编号列表又称为有序列表，使用<ol></ol>标签创建编号列表。具体使用方法如下：

```
<ol>
  <li>列表项目一</li>
```

```
  <li>列表项目二</li>
  <li>列表项目三</li>
  <li>列表项目四</li>
</ol>
```

2. 项目列表

(1) 在设计视图中，选择"项目列表"下面的三行文字，如图 2-35 所示。

(2) 在"属性"面板中单击"项目列表"按钮，默认的列表项目记号为圆形黑点，效果如图 2-36 所示。

项目列表

列表项目一

列表项目二

列表项目三

图 2-35　选择列表中的项目

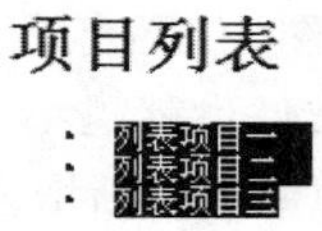

项目列表

- 列表项目一
- 列表项目二
- 列表项目三

图 2-36　项目列表的效果

(3) 在列表中右击，在弹出的快捷菜单中选择"列表"→"属性"命令，在弹出的"列表属性"对话框中，设置"样式"为"正方形"，然后单击"确定"按钮，如图 2-37 所示。

(4) 在设计视图中可以看到项目列表前面的项目标记变成黑色的正方形，如图 2-38 所示。

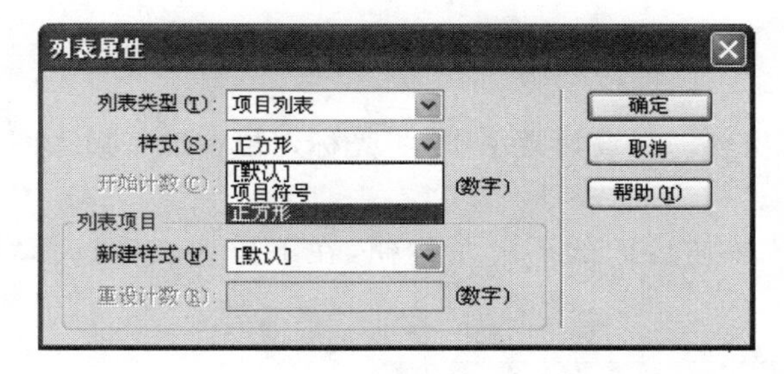

图 2-37　设置项目列表属性

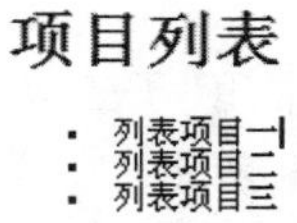

项目列表

- 列表项目一
- 列表项目二
- 列表项目三

图 2-38　项目列表属性修改后的效果

专家点拨：项目列表使用<ul></ul>标签创建项目列表。具体使用方法如下：

```
<ul>
  <li>列表项目一</li>
  <li>列表项目二</li>
  <li>列表项目三</li>
</ul>
```

2.2　在网页中插入图像

在网页设计中，图像的重要性仅次于文字，也是使用非常频繁的页面元素。本节介绍在网页中插入图像的方法以及设置图像的尺寸和边框的方法。

2.2.1　网页中常见的图像格式

图像在网页中具有画龙点睛的作用，它能装饰网页、表达个人的情调和风格。但在网页上加

入的图片越多,浏览的速度就越慢。因此,了解网页中常见的图像格式对网页制作是很重要的。

网页中使用的图像可以是 GIF、JPEG、BMP、TIFF、PNG 等格式的图像文件,而目前使用最广泛的主要是 GIF、JPEG 和 PNG 三种格式。

GIF 格式是由 CompuServe 公司开发的与设备无关的图像存储标准,也是 Web 上使用最早、应用最广泛的图像格式,GIF 通过减少组成图像每个像素的存储位数和 LZH 压缩存储技术来减少图像文件的大小。GIF 格式最多只能是 256 色的图像,它的特点有图像文件短小、下载速度快、低颜色数时比 JPEG 装载得更快、可用许多具有同样大小的图像文件组成动画。在 GIF 图像中可指定透明区域,使图像具有非同一般的显示效果。

JPEG 格式是在目前互联网中最受欢迎的图像格式,JPEG 可支持多达 16M 颜色,它能展现十分丰富生动的图像,还能压缩。但压缩方式以损失图像质量为代价,压缩比越高,图像质量损失越大,图像文件也就越小。

PNG 是最近使用量逐渐增多的图像格式,它具备 GIF 和 JPEG 的双重优点。与 GIF 相比,它可以相对提高 10%～30%的压缩率,也可以利用 Alpha 通道,保存部分图像。另外,PNG 格式支持 24 位真彩色。

2.2.2 课堂实例——插入图像的方法

图像也是网页元素中的重要组成部分,在网页中插入图像可以使网页更好地表现网站的主题思想,使版面变得更加丰富多彩,吸引更多的浏览者。在网页中使用图像时,要考虑图像在页面中的整体效果。

1. 插入图像

(1) 新建一个 HTML 网页文档并将其保存。在设计视图中,将光标定位在准备插入图像的位置。

(2) 在"常用"子工具栏中,单击"图像"按钮后面的下三角按钮,在下拉列表中选择"图像",如图 2-39 所示。

图 2-39 插入图像

专家点拨:还可以选择"插入"→"图像"命令进行插入图像的操作。

(3) 在弹出的"选择图像源文件"对话框中,选择图片文件 diannao3. png,如图 2-40 所示。

(4) 单击"确定"按钮,在弹出的"图像标签辅助功能属性"对话框中,设置"替换文本"为"最新电脑产品",如图 2-41 所示,然后单击"确定"按钮。

(5) 保存文件,然后按 F12 键进行预览,将鼠标指针放到图片上方,这时将会出现一个提示信息"最新电脑产品",也就是步骤(4)中设置的"替换文本",如图 2-42 所示。

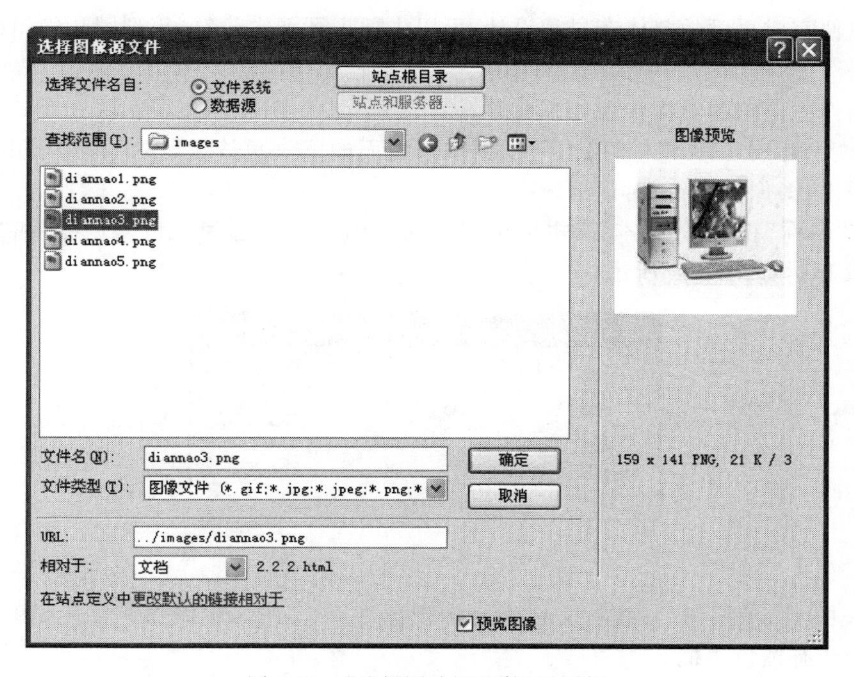

图 2-40　“选择图片源文件”对话框

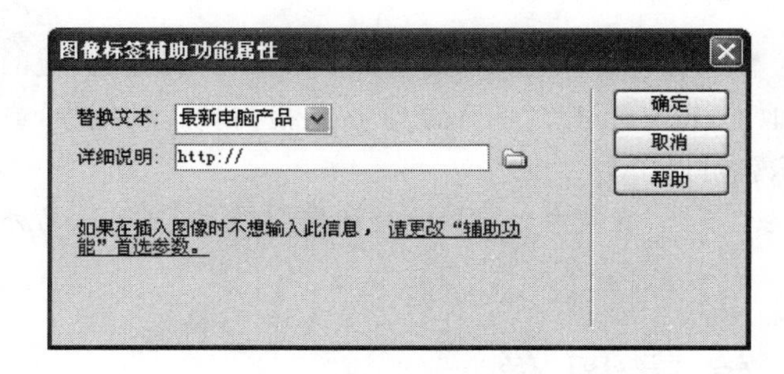

图 2-41　“图像标签辅助功能属性”对话框

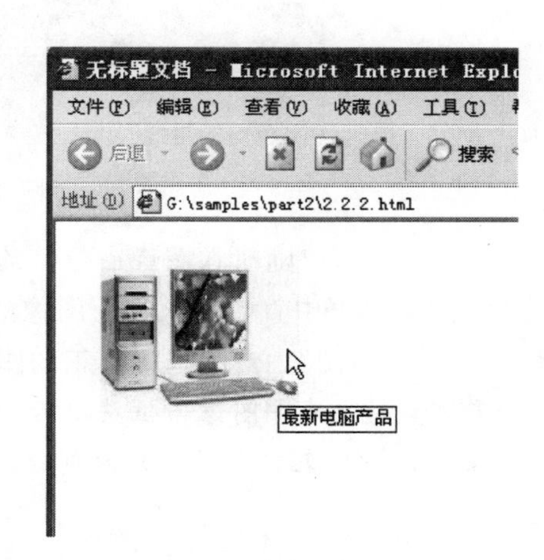

图 2-42　网页预览效果

(6) 网页中的图像是用<img>标签定义的，可以切换到代码视图查看相关的代码：

```
< img src = "../images/diannao3.png" alt = "最新电脑产品" width = "159" height = "141" />
```

专家点拨：在新建网页文档时，应该先指定文件名并保存之后再继续操作。如果在未保存网页文档的状态下插入图像，就会出现一个警示对话框，提示操作者“只有先保存文档，才能统一图像和网页文档的路径”。为了防止指定错误的图像路径，应该先将网页文档保存到站点文件夹之后再进行操作。

2. 插入图像占位符

图像占位符，顾名思义是在需要使用图片的地方先插入一个占位图形先“占领地盘”。也就是说，如果打算在网页中的某个位置放入一幅图片，但是这幅图片还没有准备好，而又需要

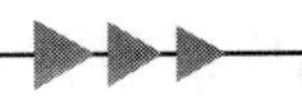

这幅图片以便完成页面的整体布局和设计,可以先插入图像占位符,等到图片编辑好后再将其换成图片。

插入图像占位符的具体步骤如下所述。

(1) 在“常用”子工具栏中,单击“图像”按钮后面的下三角按钮,在下拉列表中选择“图像占位符”,弹出“图像占位符”对话框。

(2) 在“名称”和“替代文本”文本框中都输入 top,“颜色”选为红色,“宽度”和“高度”分别设为 760 和 140,如图 2-43 所示。

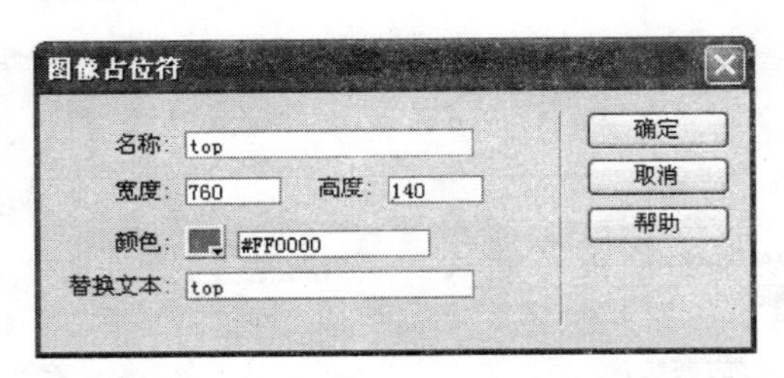

图 2-43 “图像占位符”对话框

(3) 单击“确定”按钮后,编辑文档中会出现如图 2-44 所示的效果。注意,图像占位符选中之后周围会有黑色边框。

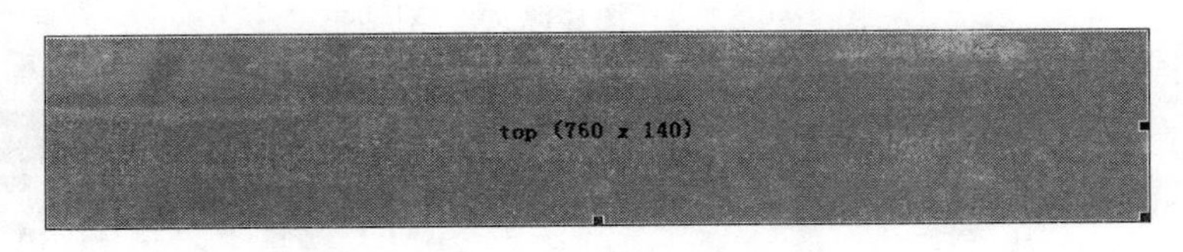

图 2-44 图像占位符效果

(4) 以后可以随时在图像占位符的位置上将它替换成真正的图像。只要在“属性”面板的“源文件”文本框中直接输入真正图像的地址,或者单击它后面的按钮指向真正的图像,或者单击按钮浏览文件,选择真正的图像就可以了。

专家点拨:选中图像占位符以后,单击“属性”面板中的“创建”按钮,可以启动外部图像编辑程序来完成对图片的创建。

2.3 编辑图像

在网页中插入了图像以后,经常需要对图像做进一步的编辑和排版,以达到满意的网页效果。

2.3.1 课堂实例——设置图像的尺寸和边框

(1) 在设计视图中单击选择图片,图片被选中后周围会出现黑色边框,另外右边框、底边框以及右下角将会出现缩放控制点,在这些缩放控制点上单击,然后拖动就可以对图片进行缩放,如图 2-45 所示。

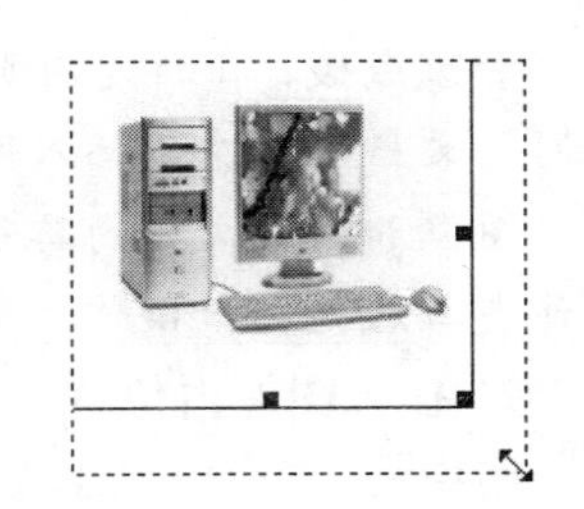

图 2-45 通过拖动缩放图片

专家点拨:拖动图片右下角的缩放控制点缩放图片时,长宽比可以任意调整,如果要锁定长宽比,也就是等比例缩放图片,可以在拖动鼠标的同时按 Shift 键。

(2) 如果对鼠标拖放调整后的图片大小不满意，可以保持图片选中状态，进入“属性”面板，在“宽”和“高”文本框中分别输入数值来控制图片的大小，输入的数值将会显示为黑体字。如果对设置的数值不满意，可以单击右侧的“重置为原始大小”按钮将图片还原为原始大小，如图 2-46 所示。

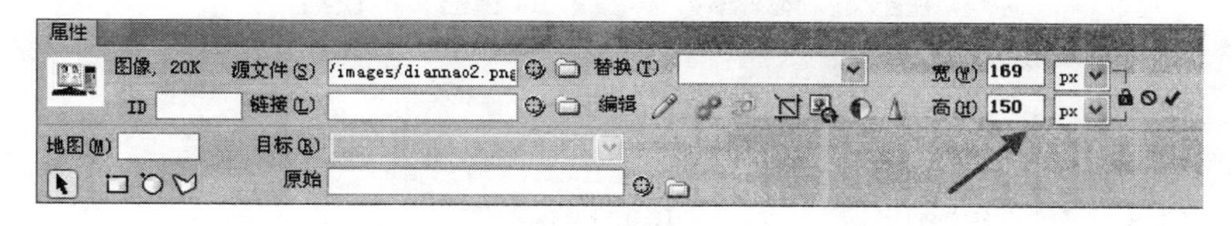

图 2-46　通过输入参数设置图片大小

(3) 右击图片，在弹出的快捷菜单中选择“编辑标签<img>”命令，打开“标签编辑器-img”对话框，在“边框”文本框中输入 1，如图 2-47 所示。这里的参数就是图片边框的宽度，设置为 1 表示图片将有宽度为 1px 的边框。

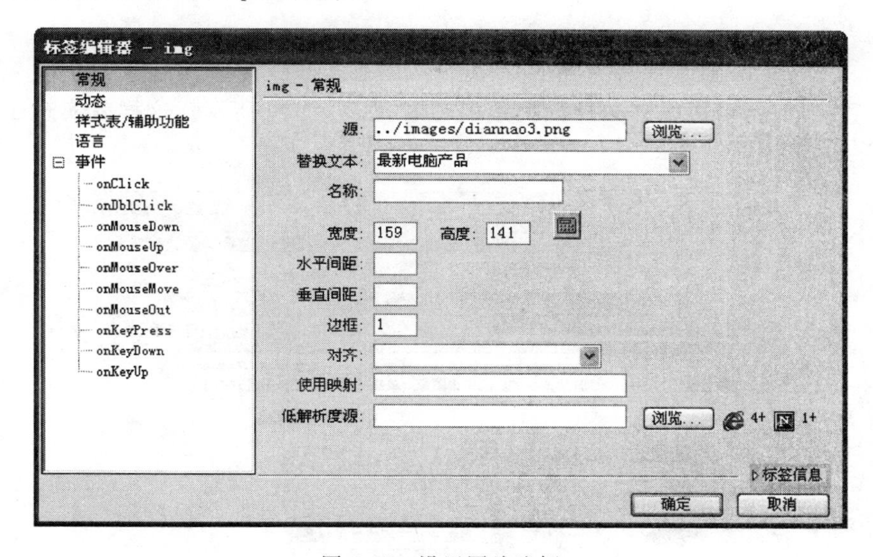

图 2-47　设置图片边框

(4) 单击“确定”按钮返回到“设计”视图中，在图片外边任意位置单击，取消对图片的选择，然后可以看到加了边框后的图片效果。

2.3.2　课堂实例——设置图文混排和图像边距

有的时候，在一个页面中必须同时插入文字和图片，图文混排的效果就显得十分重要。下面介绍图文混排效果的制作方法。

1. 设置图文混排

(1) 新建一个 HTML 文档，在页面中输入一些文本，然后在文字中插入一个图片，如图 2-48 所示。

(2) 由于没有设置图文混排，页面效果很差。右击该图像，在弹出的快捷菜单中选择“对齐”→“左对齐”命令。

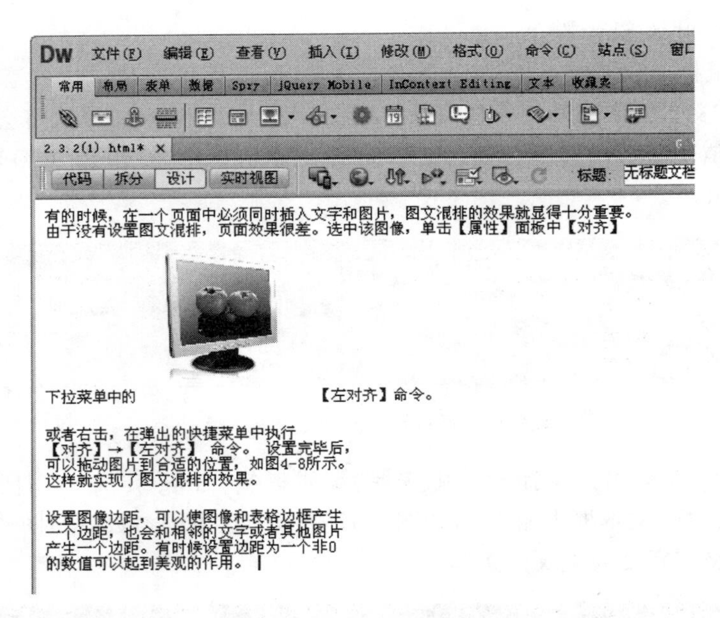

图 2-48 插入图片

(3) 设置完毕后，可以拖动图片到合适的位置，如图 2-49 所示。这样就实现了图文混排的效果。

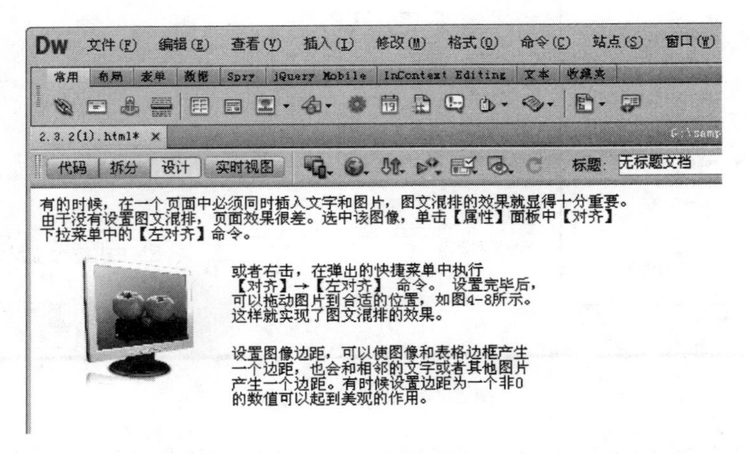

图 2-49 图文混排的效果

2. 设置图像边距

设置图像边距，可以使图像和相邻的文字或者其他图片之间有一个间距。有时候设置边距为一个非 0 的数值可以起到美观的作用。

(1) 如图 2-50 所示是一个图文混排的页面效果，图片和相邻的文字间隔得太近。

(2) 要想设置图片和相邻文字的间距，可以通过设置图像边距来实现。右击页面上的图片，在弹出的快捷菜单中选择“编辑标签<img>”命令，打开“标签编辑器-img”对话框，设置“垂直间距”和“水平间距”的值都为 10，如图 2-51 所示。

(3) 设置好以后，单击“确定”按钮返回到“设计”视图中，在页面空白处单击，这时的页面效果如图 2-52 所示。

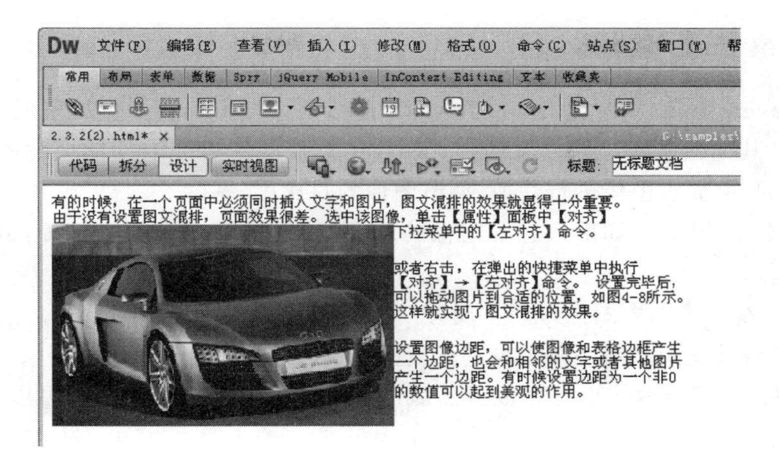

图 2-50　图文混排的页面效果

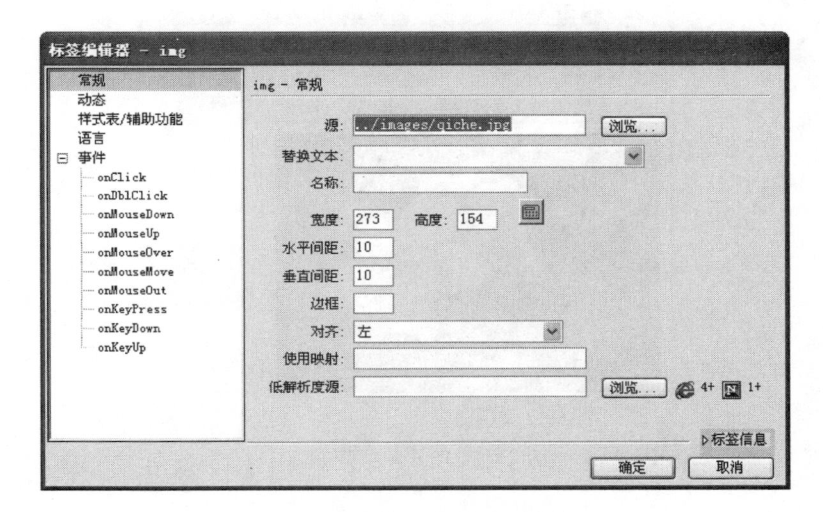

图 2-51　设置图像边距

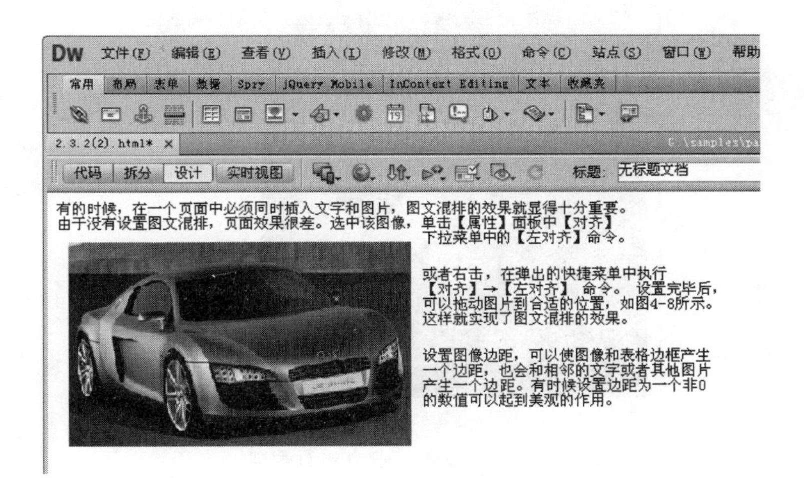

图 2-52　设置了图像边距后的页面效果

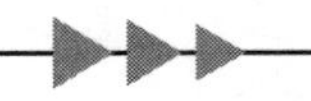

2.3.3 图像的裁剪和优化

Dreamweaver 具有图像优化功能，可以直接在 Dreamweaver 中完成，不必再启动 Fireworks 或者其他图像处理软件。Dreamweaver 自带的图像编辑功能虽然不算很强大，但都是比较实用的，例如对图像进行裁剪，调节图像的对比度、亮度等。

插入到网页中的图像，如果只想要图像的局部，可以用 Dreamweaver 提供的图像裁剪工具对其进行裁剪。

(1) 在设计视图中选中图像，单击“属性”面板中的“裁剪”按钮，图像上出现一个高亮的矩形裁剪区域，其周围显示一些用来进行裁剪的控制点，如图 2-53 所示。

(2) 拖动裁剪控制点，缩小高亮裁剪区域的大小，如图 2-54 所示。也可以拖动高亮裁剪区域将其移动。

图 2-53 图片裁剪控制点

图 2-54 拖动控制点进行裁剪

(3) 调整完毕后，在高亮裁剪区域外的任意位置双击，完成图像裁剪，这时图像的多余部分就被裁剪掉了。

专家点拨：“属性”面板中还提供了其他一些图像编辑功能，其中 用来编辑图像设置， 用来对图像重新取样， 用来调节图像的亮度和对比度， 用来调节图像的锐化。

2.4　课堂实例——设置页面属性

页面属性的设置主要控制页面的整体外观，可以指定页面的默认字体系列和字体大小、背景颜色、边距、链接样式及页面设计的其他许多属性。Dreamweaver CS6 提供一个“页面属性”对话框来完成页面属性的设置，其中主要提供 CSS 设置页面属性的方法，另外也保留了 HTML 设置页面属性的方法。

2.4.1　设置页面文字格式

(1) 打开示例文件 samples\part2\2.4.html，这个网页中事先输入了一些文本。选择“修改”→“页面属性”命令，弹出“页面属性”对话框，如图 2-55 所示。

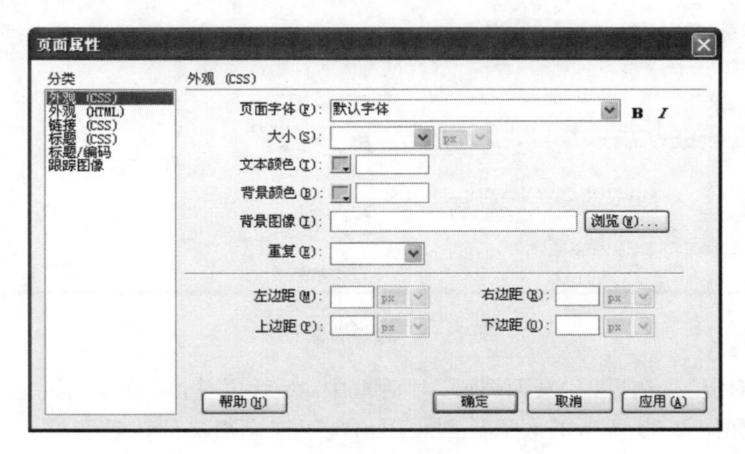

图 2-55　“页面属性”对话框

(2) 在“页面字体”下拉列表中选择一种字体（如“Verdana，宋体”），在“大小”下拉列表中选择 12，单位采用默认的 px，设置“文本颜色”为黑色，如图 2-56 所示。

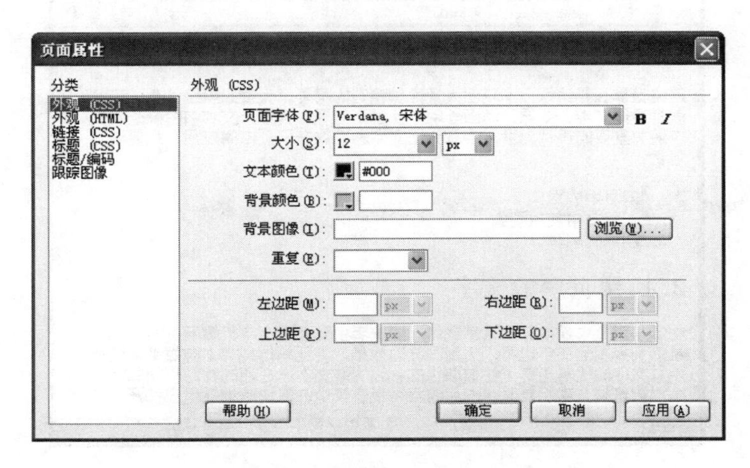

图 2-56　设置页面文字外观

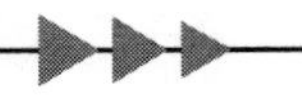

专家点拨：这样设置以后，可以指定页面中所有文字的格式，包括字体、大小、颜色。除非为页面中某一文本元素专门指定另外的格式，否则页面中的所有文字都采用设置的格式。

2.4.2 设置背景颜色和背景图片

(1) 单击"背景颜色"后面的按钮，在弹出的调色板中可以选择一种合适的颜色作为页面的背景色，也可以在文本框中直接输入颜色代码。

(2) 单击"背景图像"后面的"浏览"按钮，在弹出的"选择图像源文件"对话框中选择背景图片为 background_image.jpg，如图2-57所示。

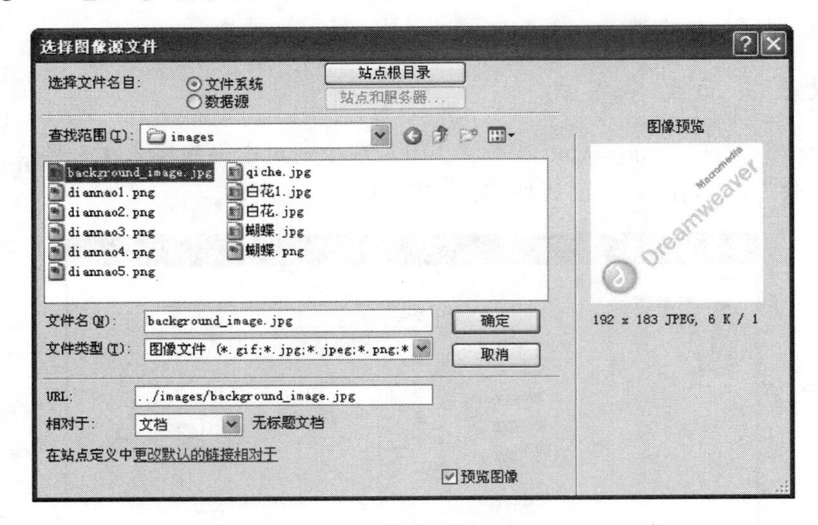

图2-57 选择背景图片

(3) 单击"确定"按钮返回"页面属性"对话框中，然后再单击"确定"按钮。按F12键进行预览，可以看到如图2-58所示的效果。网页中出现了铺满窗口的背景图片。

图2-58 设置了页面背景后的预览效果

专家点拨：在“重复”下拉列表中包括 no-repeat、repeat、repeat-x、repeat-y 这 4 个选项，选择不同的选项然后观察页面效果。“重复”选项用于指定背景图像在页面上的显示方式。

（1）no-repeat：仅显示背景图像一次。

（2）repeat：横向和纵向重复或平铺图像。

（3）repeat-x：横向平铺图像。

（4）repeat-y：纵向平铺图像。

2.4.3　设置页面边距

（1）在“左边距”、“右边距”两个文本框中分别输入 20，单位是 px，这样设置后页面的左右边距都为 20px。

（2）在“上边距”、“下边距”两个文本框中分别输入 20，单位是 px，这样设置后页面的上下边距都为 20px。

（3）完成设置后的“页面属性”对话框如图 2-59 所示，单击“确定”按钮完成设置。

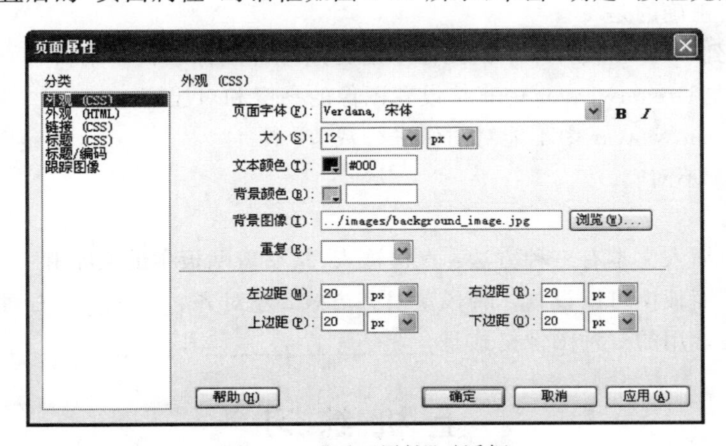

图 2-59　“页面属性”对话框

2.4.4　设置页面标题

（1）现在来修改页面标题，在“页面属性”对话框中单击“标题/编码”标签，在右侧的“标题”文本框中输入新的页面标题“设置页面属性示例”，如图 2-60 所示。

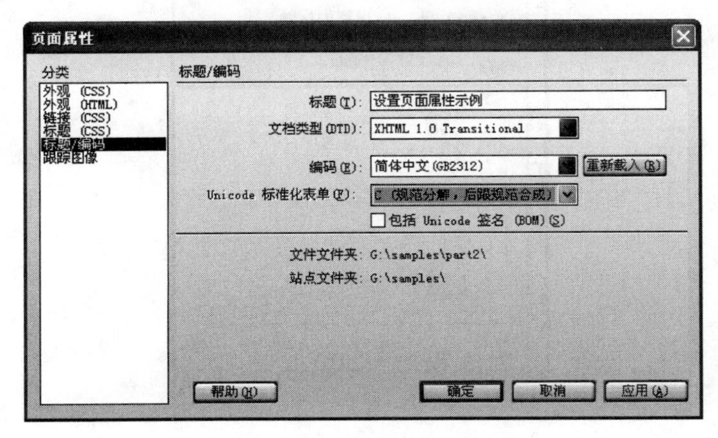

图 2-60　设置页面标题

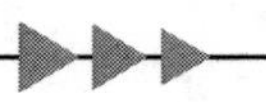

(2) 单击"确定"按钮后,按 F12 键预览,浏览器窗口标题栏中将会显示页面标题。

专家点拨:在"页面属性"对话框中进行页面属性设置,如果采用 HTML 外观设置,实际上是对<body>标签的属性设置。如果采用 CSS 外观设置,实际上是通过定义 CSS 规则来设置页面属性。

本 章 习 题

一、选择题

1. 在设计视图中制作网页时,如果要新建一个段落,应按________键。
   A. Enter　　B. Alt+Enter　　C. Shift+Enter　　D. Ctrl+Enter
2. 用来定义项目列表的 HTML 标签是________。
   A. <body>　　B. <ul>　　C. <ol>　　D. <td>
3. 以下说法正确的是________。
   A. 插入到 Dreamweaver 中的图像不能再用外部图像编辑器编辑
   B. 可以在 Dreamweaver 中直接设置图像的亮度和对比度
   C. 在 Dreamweaver 中不能对图像进行裁剪
   D. 以上都不对

二、填空题

1. 在网页中插入文本有三种方法:直接输入、粘贴剪贴板中的文字和________。
2. 在"属性"面板中可以设置 4 种段落对齐方式:左对齐、________、右对齐和两端对齐。
3. 网页中最常用的三种图像格式是________、________和________。

上 机 练 习

练习 1　美化文字格式

制作一个文字网页,效果如图 2-61 所示。请按照图中的提示信息进行制作。

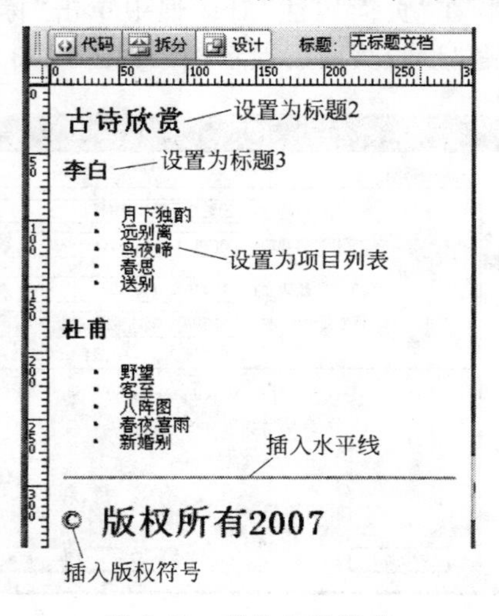

图 2-61　美化文字格式

练习 2　图文并茂

制作一个图文并茂的网页,效果如图 2-62 所示。注意这里要应用图像属性中的“左对齐”和“右对齐”选项设置图文并茂的网页效果。

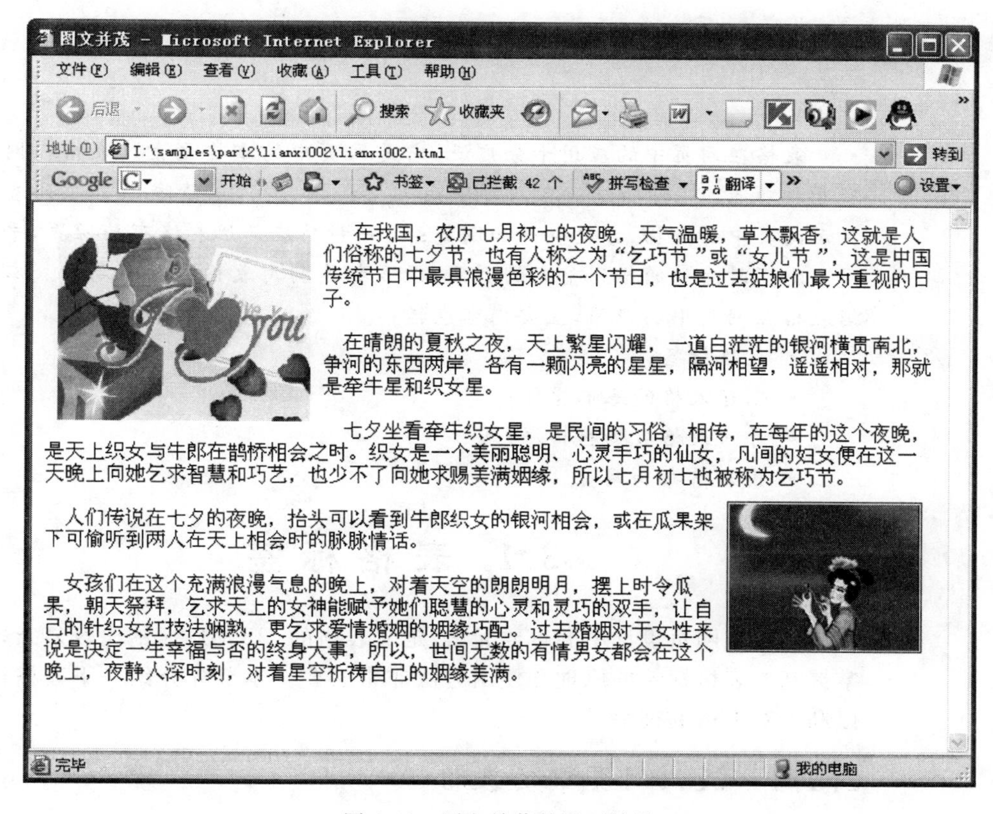

图 2-62　图文并茂的网页效果

第3章 网页中的表格

表格在网页中的应用十分广泛，它是网页中的重要元素。表格在网页中有两种功能：一种功能是在网页中用表格组织数据，以清晰的二维列表方式显示网页中的数据，方便查询和浏览；另一种功能是用表格布局网页，平时在网上浏览时看到的排列整齐的页面，很多都是利用表格进行布局的。本章介绍表格在网页中的应用，主要内容包括：

- 表格标签；
- 创建表格的基本操作；
- 导入表格数据和排序；
- 用表格布局网页。

3.1 表格标签

表格是网页设计中的重要元素，定义表格的 HTML 标签比较复杂，因此掌握基本表格标签的原理和使用方法非常必要。本节先介绍一下表格标签，以利于对表格的理解。

3.1.1 认识网页中的表格

首先要了解一下表格的组成，如图 3-1 所示，表格一般包括以下三个基本组成部分。

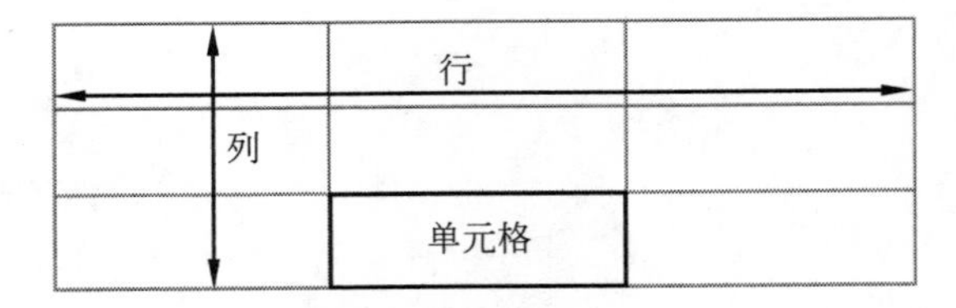

图 3-1 表格的基本组成部分

（1）行：表格中的水平间隔。

（2）列：表格中的垂直间隔。

（3）单元格：表格中一行与一列相交所产生的区域，单元格中可以插入文字、图像、动画等网页元素。

3.1.2 表格标签详解

在 HTML 文档中，一个表格主要由三种标签组成，分别是＜table＞

</table>、<tr></tr>、<td></td>，它们分别对应表格、行、单元格。<tr>包含在<table>内部，而<td>包含在<tr>内部。

例如，下面是一个 2 行 2 列的表格代码：

```
<table>
  <tr>
    <td>第一行第一列</td>
    <td>第一行第二列</td>
  </tr>
  <tr>
    <td>第二行第一列</td>
    <td>第二行第二列</td>
  </tr>
</table>
```

表格以<table>标签开始，以</table>标签结束；第一个<tr>开始到</tr>结束，代表第一行，以此类推；每一个<tr>标签中的第一个<td>开始到</td>结束，代表第一列，第二个<td>开始到</td>结束，代表第二列，以此类推。

1. <table>标签

<table>标签表示一个表格的开始。每一个<table>标签需要一个</table>标签关闭。相关的属性如下所述。

(1) width：表格的宽度。

(2) height：表格的高度。

(3) border：表格边框的线宽。

(4) cellpadding：表格边框之间的填充宽度。

(5) cellspacing：表格边框之间的间距。

(6) bordercolor：边框的颜色。

(7) background：表格背景的图片。

(8) bgcolor：表格背景的颜色。

(9) align：表格的对齐方式，其值可以是 left、center、right 等。

例如，下面是一个表格的代码：

```
<table width = "500" height = "200" border = "2" cellspacing = "1" cellpadding = "2"
bordercolor = "##CC0000" bgcolor = "#0033FF" align = "center">
```

这些代码表示开始一个表格，宽高为 500px×200px，边框宽度为 2px，边框之间的填充为 1px，外边框和内边框的间距为 2px，边框颜色为红色，背景颜色为蓝色，居中对齐。

专家点拨： 表格的宽度值和高度值如果是一个数字，例如<table width="500">，则尺寸单位为像素。如果是一个百分比，例如<table width="50%">，则尺寸单位为百分比，表示宽度或高度占上一级元素的百分比。

2. <tr>标签

<tr>标签表示表格的一行，具有和<table>标签相同的高度、宽度、背景等属性。每一个<tr>标签需要一个</tr>标签关闭。

3. <td>标签

<td>标签表示表格的一个单元格。具有和<table>标签相同的高度、宽度、背景等属

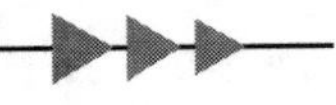

性。每一个<td>标签需要一个</td>标签关闭。

3.1.3 课堂实例——在代码视图中创建一个简单表格

下面在 Dreamweaver 的代码视图中创建一个简单表格的 HTML 代码。

(1) 新建一个 HTML 网页文档,将其保存为 3.1.3.html。切换到代码视图。

(2) 在<body>标签后面输入以下代码:

```
<table width="500" height="200" border="2" cellpadding="1" cellspacing="1" bordercolor
="#0000FF" bgcolor="#999999">
  <tr>
    <td bgcolor="#990033">设置单元格背景</td>
    <td>第 1 行第 2 列</td>
    <td>第 1 行第 3 列</td>
  </tr>
  <tr>
    <td> </td>
    <td align="center">居中对齐</td>
    <td align="left">左对齐</td>
  </tr>
</table>
```

(3) 切换到设计视图,表格效果如图 3-2 所示。

设置单元格背景	第1行第2列	第1行第3列
	居中对齐	左对齐

图 3-2 表格效果

(4) 下面将表格第一行的两个单元格合并起来,形成一个单元格。在代码视图中,删除第一对<tr></tr>标签内的第三对<td></td>标签,在第一对<tr></tr>标签内只留下两对<td></td>标签,如图 3-3 所示。

```
9   <table width="500" height="200" border="2" cellpadding="1"
10    <tr>
11      <td bgcolor="#990033">设置单元格背景</td>
12      <td>第1行第2列</td>
13    </tr>
14    <tr>
15      <td> </td>
16      <td align="center">居中对齐</td>
17      <td align="left">左对齐</td>
18    </tr>
19  </table>
```

图 3-3 删除第三对<td></td>标签

(5) 定位光标到"<td>第 1 行第 2 列</td>"这行代码的<td>内,按空格键,这时将弹出"代码提示"窗口,从其中选择 colspan 并双击,如图 3-4 所示。

专家点拨: 如果"代码提示"窗口没有弹出,可以选择"编辑"→"显示代码提示"命令将其打开。

（6）设置 colspan 的值为 2，这样设置可以使这个单元格跨 2 列，因此效果就等于将单元格合并。将这对<td></td>中的文本修改为“合并后的单元格”。修改完成后切换到设计视图查看效果，如图 3-5 所示。

图 3-4　插入 colspan 属性

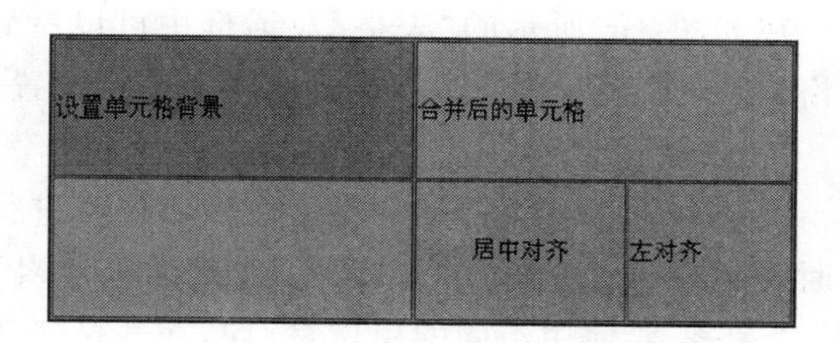

图 3-5　合并单元格后的表格效果

3.2　创建表格的基本操作

前面介绍了通过 HTML 代码制作表格和设置表格属性的方法。下面将介绍使用 Dreamweaver 提供的可视化工具制作表格。

3.2.1　插入表格

新建一个 HTML 文档。执行“插入”→“表格”命令，弹出“表格”对话框，如图 3-6 所示。这里插入一个 4 行 3 列的表格，表格宽度为 500 像素，边框粗细为 1 像素，单元格边距和间距都为 0 像素，在“标题”文本框中输入文字“一个简单的表格”。单击“确定”按钮，页面中出现一个表格，效果如图 3-7 所示。

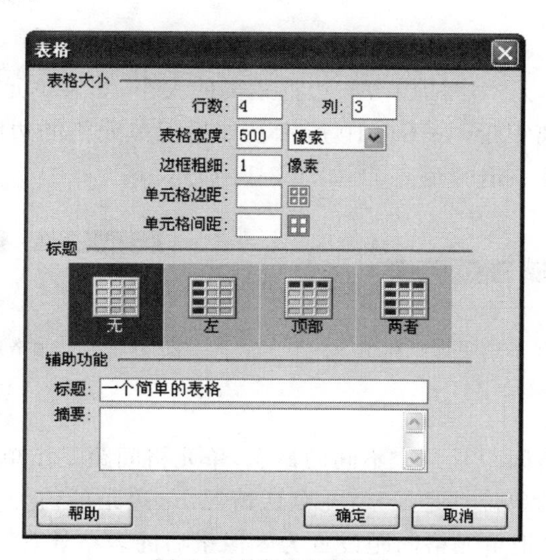

图 3-6　“表格”对话框

专家点拨：在网页中插入表格常用三种方法，分别是执行“插入”→“表格”命令、单击“常用”工具栏中的“表格”按钮和直接按组合键 Ctrl＋Alt＋T。

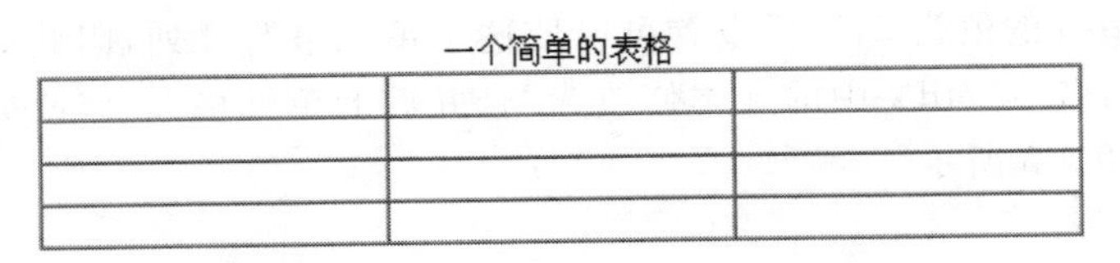

图 3-7　表格效果

在如图 3-6 所示的“表格”对话框中可以看到,在插入表格时可对表格宽度、边框粗细、单元格边距和间距、页眉以及表格标题等进行设置。下面对这些参数进行详细介绍。

1. 表格宽度

“表格宽度”有百分比和像素两种单位可进行设置。以百分比为单位进行设置,在浏览网页时,按照网页浏览区的宽度为基准;而以像素为单位进行设置,则是表格的实际宽度。在不同情况下需要使用不同的单位,例如,在表格嵌套时多以百分比为单位。

专家点拨: 表格的宽度和高度可以通过浏览器窗口百分比或者使用绝对像素值来定义,例如设置宽度为窗口宽度的 100%,那么当浏览器窗口大小变化的时候表格的宽度也随之变化;而如果设置宽度为 760 像素,那么无论浏览器窗口大小为多少,表格的宽度都不会变化。

2. 边框粗细

边框粗细是设置表格边框的大小,在插入表格时,表格边框的默认值为 1 像素,如果把表格边框的值设置为 0 像素,表格的边框则为虚线,如图 3-8 所示。这样,在浏览网页时就看不到表格的边框了。如果把表格边框的值设置为 5 像素,那表格的边框就变得宽了许多,如图 3-9 所示。

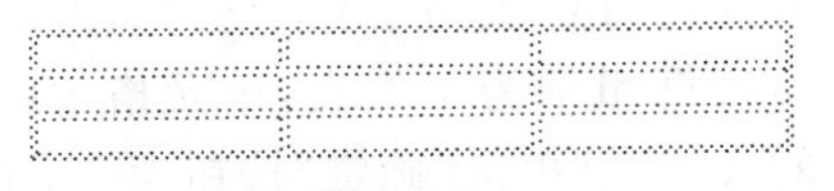

图 3-8　边框大小为 0 像素

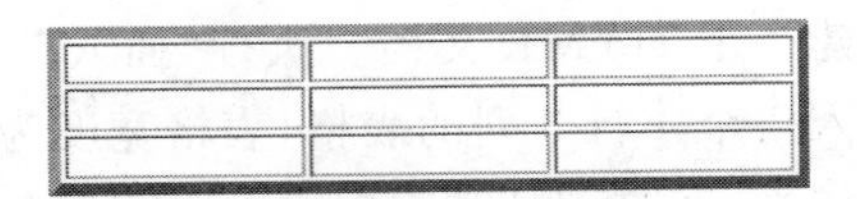

图 3-9　边框大小为 5 像素

3. 单元格边距

单元格边距是表示单元格中的内容与边框距离的大小,如果单元格边距为默认值,其单元格中的内容与边框的距离很近,如图 3-10 所示。如果把单元格的边距设为 8 像素,在单元格中内容与边框之间就存在一定的距离了,如图 3-11 所示。

图 3-10　单元格边距为默认值

图 3-11　单元格边距为 8 像素

4. 单元格间距

单元格边距和单元格间距是两个不同的概念,单元格间距是指单元格与单元格、单元格与表格边框的距离。两者的单位都是像素,在默认情况下,边距的值为 1 像素,间距的值为 2 像素。如图 3-12 所示,就是把单元格间距设置为 8 像素后的表格外观。

5. 页眉

页眉设置其实就是为表格选择一个加粗文字的标题栏,这样对于要求标题以默认粗体显示的表格,省去了每次手工执行加粗动作,提高了工作效率。可将页眉设置为无、左部、顶部,

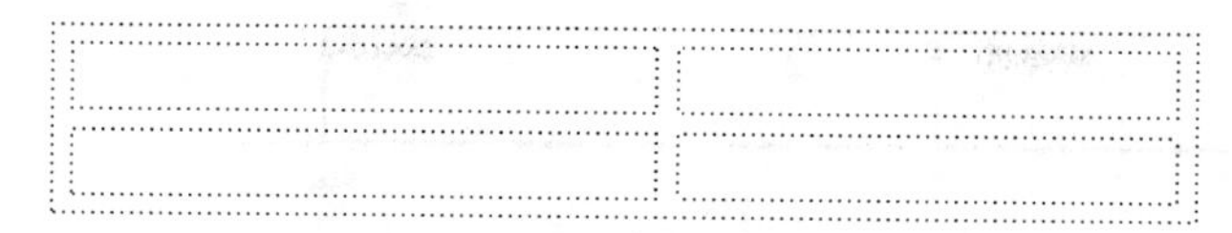

图 3-12　单元格间距为 8 像素

或者左部和顶部同时设置。如图 3-13 和图 3-14 所示就是分别将页眉设置在左部和顶部时的效果。

页眉效果

姓名	高忠桂	杨宇
性别	男	女
职位	自由人	销售员

图 3-13　页眉设置在左部

页眉效果

姓名	性别	职位
高忠桂	男	自由人
杨宇	女	销售员

图 3-14　页眉设置在顶部

6. 辅助功能

辅助功能的作用主要是为表格和表格的内容提供一些简单的文本描述。可以在“标题”文本框中为表格设置一个标题，在“对齐标题”下拉列表中可以选择一种标题的对齐方式。在“摘要”文本区域中可以输入对所创建表格的简单描述信息。

3.2.2　表格的编辑

在页面中将表格创建好以后，很多时候需要对表格进行进一步的编辑才能使之更符合页面效果的要求。

1. 选择单元格

在页面中插入表格后，还需要对表格或者其中的单元格进行编辑，那么就必须掌握怎样选择它们。

(1) 选择单个的单元格。在需要选择的单元格中单击，然后按住鼠标左键不放，同时向相邻的单元格方向拖动，这时候单元格就出现黑色边框，表示被选中，如图 3-15 所示。也可以按 Ctrl 键并在单元格上单击，即可选中。

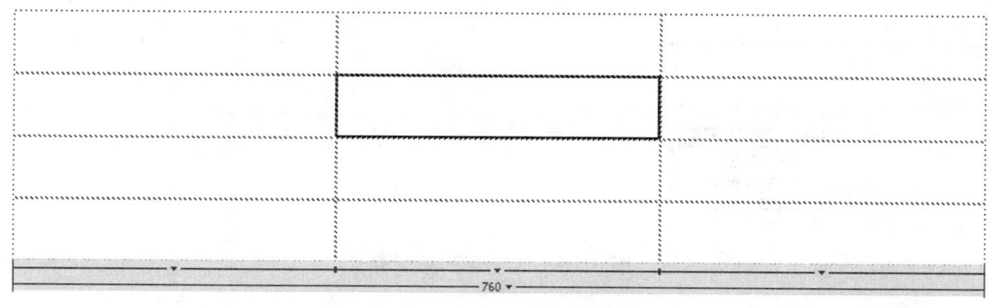

图 3-15　选择单个单元格

(2) 选择多个连续的单元格。如果要选择多个连续的单元格，也非常简单。可以横向选择连续单元格，例如，从第一行第一列开始，在第一个单元格中单击，然后按住鼠标左键不放并向相邻的单元格拖动，直到需要选中的单元格出现黑色的边框，就表示需要选择的单元格已经全部被选中，如图 3-16 所示。当然也可以纵向选择连续单元格。

(3) 如果选择的是整行单元格，可以将鼠标指针移动到行的最左边，当鼠标指针变成一个向右箭头时，单击就可以选中整行单元格，如图 3-17 所示。

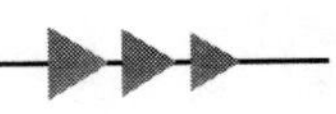

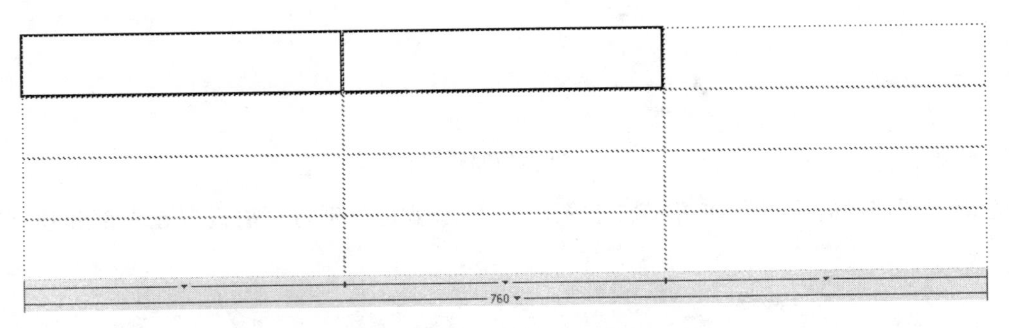

图 3-16 横向选择连续单元格

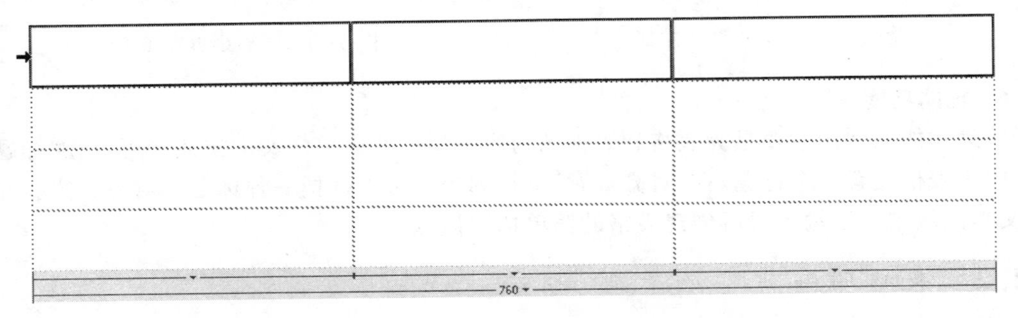

图 3-17 选中整行单元格

同样道理,如果选择的是整列单元格,只要将鼠标指针移动到列的最上面,当鼠标指针变成一个向下的箭头时,单击就可以选中整列单元格。另外还可以单击相应列下面的绿色下三角按钮,在弹出的下拉菜单中选择“选择列”命令,如图 3-18 所示。

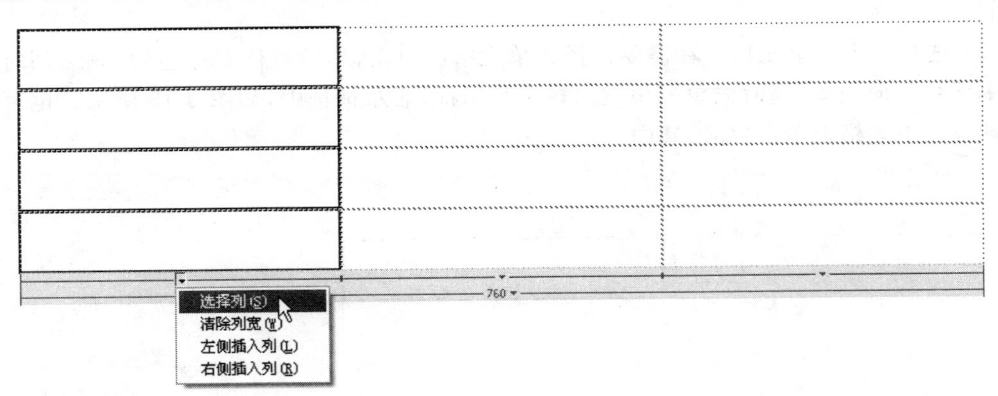

图 3-18 选中整列单元格

专家点拨:在表格内任意位置单击后,表格的下方有绿色的线条,以及数字和下三角按钮,它们是 Dreamweaver 提供的“可视化助理”中的表格宽度,数字 760 就表示相应绿色线条对应的表格宽度,而单击右边的下三角按钮可以进行一些设置,如图 3-19 所示。

如果不想显示这些表格宽度,可以选择“查看”→“可视化助理”命令,在弹出的级联菜单中选择“表格宽度”命令,取消对其的勾选。这样一来,选中表格就不会显示那些绿色的表示表格宽度的线和数值了。

(4) 选择多个非连续单元格。如果要选择多个非连续的单元格,只要按 Ctrl 键,依次单击

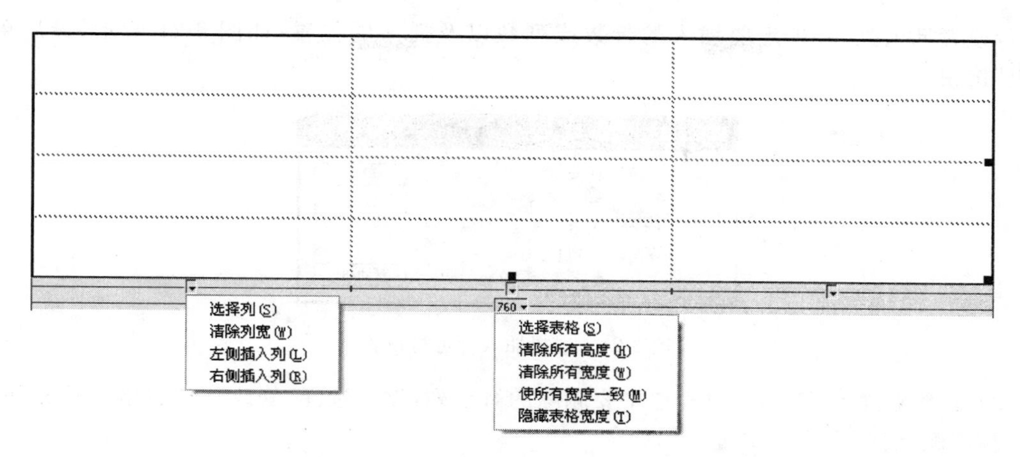

图 3-19　单击不同的下三角按钮就弹出不同的下拉菜单

要选择的单元格，直到所需要的单元格全部被选中为止。

(5) 选择整个表格。将鼠标指针移动到单元格的边框上，当鼠标指针变成十字花形状 的时候就可以选中整个表格。或者把鼠标指针移到表格的边框上，当鼠标指针后面出现一个小的表格形状 时，也可以选中整个表格。另外，还可以单击数字 760 旁边的绿色下三角按钮，在下拉菜单中选择“选择表格”命令即可。如果要取消整个表格的选择，只要在没有表格边框线的任意处单击即可。

专家点拨：除了以上介绍的选择表格或者单元格的方法外，还有一个高效的方法。首先在表格中的任意单元格单击，这时在“标签选择器”上就会显示表格对应的标签，然后根据需要单击相应的标签即可。选择整个表格，单击<table>标签；选择某一行，单击<tr>标签；选择单元格，单击相应的<td>标签。

2. 调整行和列的宽度、高度

(1) 要改变列的宽度，可以将鼠标指针移动到表格的列边框上，当鼠标指针变成十字花形状的时候，就可以左右拖动来改变列的宽度，如图 3-20 所示。

(2) 如果按 Shift 键并拖动，可以保留其他列的宽度，这样一来，整个表格的宽度就发生变化了。用同样的方法，可以改变行的高度。

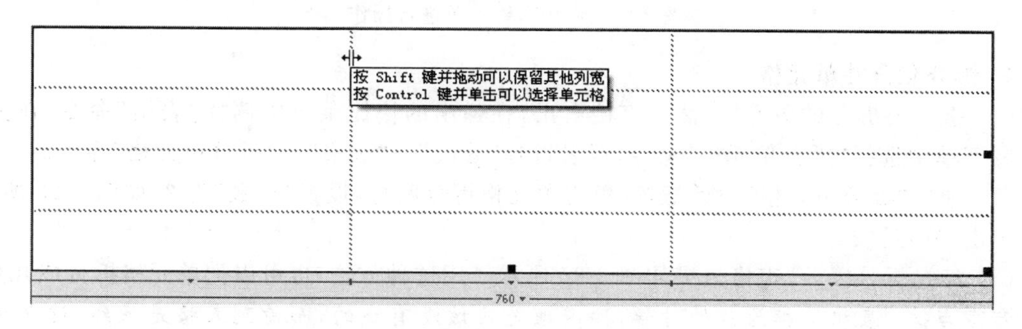

图 3-20　调整列的宽度

3. 插入行和列

(1) 有的时候，需要在已有的表格中插入行或列。只要将光标放置在需要插入的单元格内，再选择“修改”→“表格”→“插入行或列”命令，在弹出的“插入行或列”对话框中，可以选择

插入行或者插入列,并确定要插入的行数或列数以及插入的位置,如图 3-21 所示,最后单击"确定"按钮。

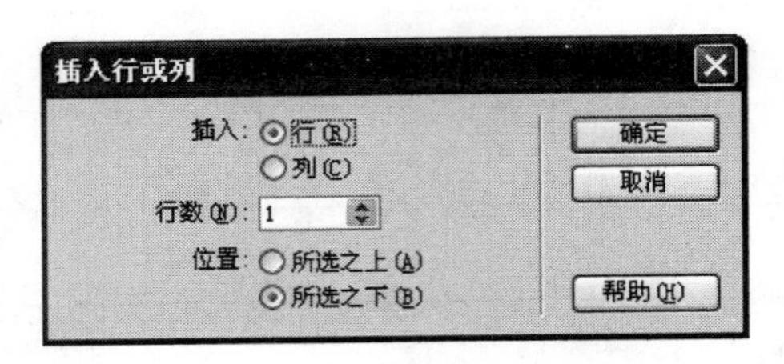

图 3-21　选择插入行进行设置

(2) 若要删除行或列,可以先选中要删除的行或列,然后选择"修改"→"表格"→"删除行"命令或者"删除列"命令来实现。

专家点拨:也可以直接在单元格中右击,在弹出的快捷菜单中选择"表格"命令,再在弹出的级联菜单中选择相应命令,如图 3-22 所示。

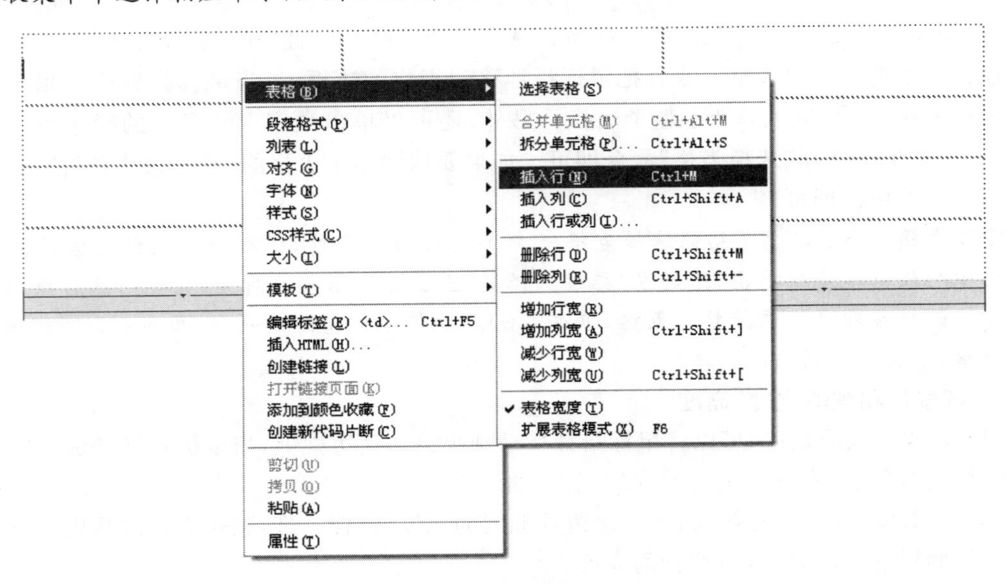

图 3-22　利用右键菜单进行操作

4. 拆分和合并单元格

(1) 选中要拆分的单元格,然后直接右击,在弹出的快捷菜单中选择"表格"命令,在弹出的级联菜单中选择"拆分单元格"命令,或者选择"修改"→"表格"→"拆分单元格"命令。

(2) 弹出"拆分单元格"对话框,这里将单元格拆分两行,设置"行数"为 2,如图 3-23 所示,然后单击"确定"按钮。

(3) 经过拆分以后,表格效果如图 3-24 所示。用这种方法,也可以把单元格拆分成几列。

专家点拨:表格边框为 0 的时候,按道理是应该没有线的,而看到表格是虚线,这是因为"可视化助理"右侧的"表格边框"命令在发挥作用,如果取消对其勾选,表格边框为 0 的时候根本看不到表格。

(4) 接下来将刚刚拆分的单元格进行合并。首先选中那两个单元格,然后右击,在弹出的快捷菜单中选择"表格"→"合并单元格"命令,或者选择"修改"→"表格"→"合并单元格"命令,

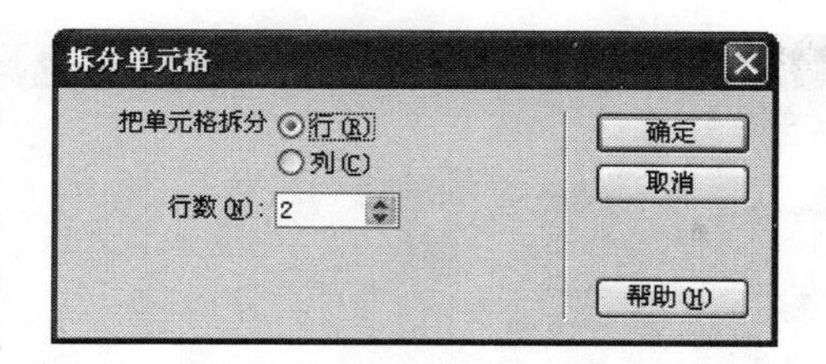

图 3-23　“拆分单元格”对话框

图 3-24　拆分单元格后的效果

这样又恢复到拆分单元格前的表格形状了。

(5) 为了更好地体现合并单元格的效果，可以给表格的每一个单元格编号，如图 3-25 所示。合并单元格 2、3，单元格 4、5、6，单元格 8、9，单元格 10、11、12，最后效果如图 3-26 所示。这样一来，可以清楚地看到单元格合并后的效果。

1	2	3
4	5	6
7	8	9
10	11	12

图 3-25　给每一个单元格编号

<table>
<tr><td>1</td><td>2
3</td></tr>
<tr><td colspan="2">4
5
6</td></tr>
<tr><td>7</td><td>8
9</td></tr>
<tr><td colspan="2">10
11
12</td></tr>
</table>

图 3-26　合并后效果

5. 表格的嵌套

所谓表格的嵌套，其实就是在一个表格的一个单元格里再插入一个表格。

(1) 例如在第三行第二列的单元格中插入一个表格，只要将光标放置到该单元格中，执行“插入记录”→“表格”命令，设置表格的参数如图 3-27 所示。

(2) 将插入的表格居中对齐，效果如图 3-28 所示。

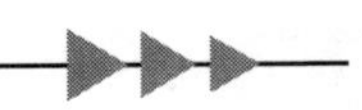

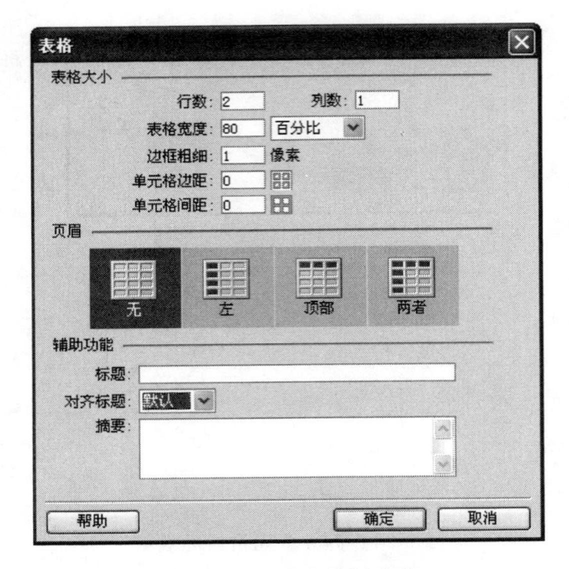

图 3-27 设置表格的参数

图 3-28 表格的嵌套效果

3.2.3 设置表格属性

在页面中插入表格后,可以在"属性"面板中对表格进行设置,包括表格的尺寸、边框和对齐方式等属性。选中表格以后,就会在"属性"面板中显示表格的各种属性,如图 3-29 所示。

图 3-29 表格属性面板

下面分别对表格中的属性进行说明。

(1) 表格:指的是表格名称,可以在这个选项栏里输入一个名称来为表格命名。

(2) 行和列:可以重新设置表格中行和列的数量。

(3) 宽:设定表格的宽度。宽度可以在"表格"对话框中进行设置,单位有"百分比"和"像素"两种。一般情况下,不需要设置表格高度。

(4) 填充:设置单元格内容与单元格边框之间的像素数。

(5) 间距：设置相邻的表格单元格之间的像素数。

(6) 对齐：可以设定表格的对齐方式。表格有三种对齐方式，分别为“左对齐”、“居中对齐”和“右对齐”。单击下拉菜单按钮，可以在下拉菜单中选择对齐方式。如果保持默认的话，表格会居左对齐。

(7) 边框：指定表格边框的宽度，和在“表格”对话框中的设置一样，它的单位为像素。如果没有明确指定边框的数值，则大多数浏览器按边框设置为1像素显示表格。如果要浏览器不显示表格边框，可以将“边框”数值设置为0像素。

(8) 清除列宽和清除行高：这两个按钮可以将表格中所有明确指定的行高或列宽删除，如图3-30所示。

(9) 将表格宽度转换成像素和将表格宽度转换成百分比：将表格中每列的宽度设置为以像素为单位的当前宽度，还将整个表格的宽度设置为以像素为单位的当前宽度。将表格中每列的宽度或高度设置为按占“文档”窗口宽度百分比表示的当前宽度，还将整个表格的宽度设置为按占“文档”窗口宽度百分比表示的当前宽度，如图3-31所示。

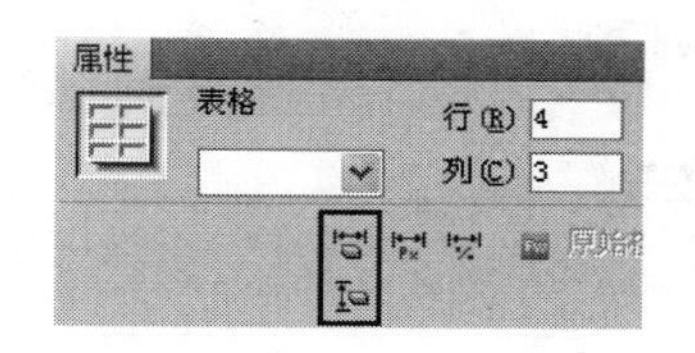

图3-30 清除列宽和清除行高

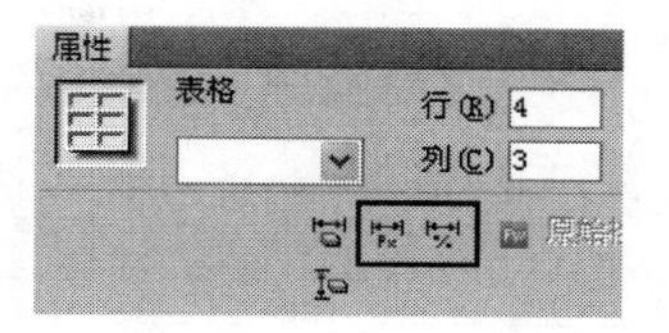

图3-31 转换表格宽度

3.2.4 课堂实例——创建一个复杂表格

先来看看这张汇款取款通知单的最终效果，如图3-32所示。虽然表格的结构看起来不是那么的有规则，但在整个制作过程中，只要利用几个简单的操作方法即可完成了，下面就来看看这个表格的具体制作方法。

中国邮政汇款取款通知单

请携带本人有效证件于 年 月 日 前到 局（所）取款				汇票号 收据号	
汇 款 金 额		汇 款 种 类		汇 款 日 期	
收款人 姓 名				填单 日戳 经办员	
收款人 地 址					
汇款人 地 址				兑付 日戳	
附 言					

图3-32 汇款取款通知单表格

(1) 执行“插入”→“表格”命令，或者直接按快捷键Ctrl＋Alt＋T，弹出“表格”对话框，如图3-33所示。分别在“行数”和“列数”文本框中输入7和4，将“表格宽度”的值设为570像素。然后在“标题”后的文本框中输入“中国邮政汇款取款通知单”，在“摘要”文本框中可随意输入一段文字。

(2) 单击“确定”按钮，这时在Dreamweaver的工作区中就多了一个表格，如图3-34所示，这便是制作的表格雏形了。

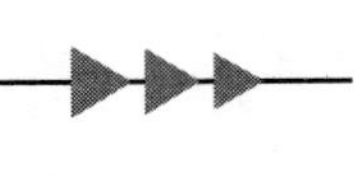

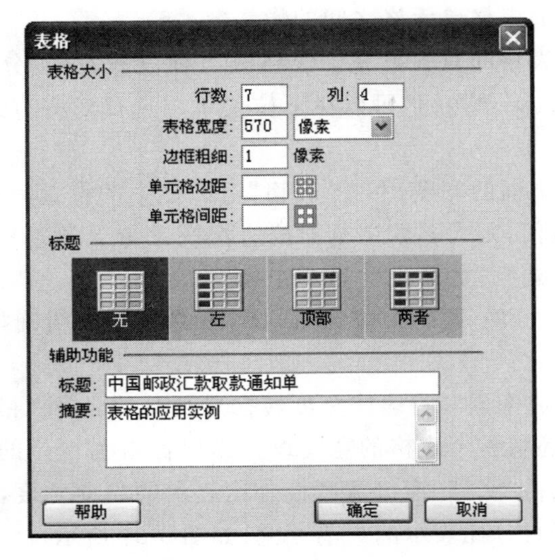

图 3-33 "表格"对话框

中国邮政汇款取款通知单

图 3-34 插入的表格

(3) 在表格的第一个单元格上单击并拖动鼠标,选取第一、第二行的前两个单元格,如图 3-35 所示。然后执行"修改"→"表格"→"合并单元格"命令,或者直接按快捷键 Ctrl+Alt+M,现在选中的这几个单元格就合并为一个单元格了,如图 3-36 所示。

中国邮政汇款取款通知单

图 3-35 选中表格中的 4 个单元格

中国邮政汇款取款通知单

图 3-36 合并单元格后的表格

(4) 移动鼠标到表格第一行和第二行的边界处,当光标变成÷状态后,按住鼠标左键向下拖动一个单元格高度的位置,再放开鼠标。以同样的方法,调整表格第二行到第七行的高度,调整后的效果如图 3-37 所示。

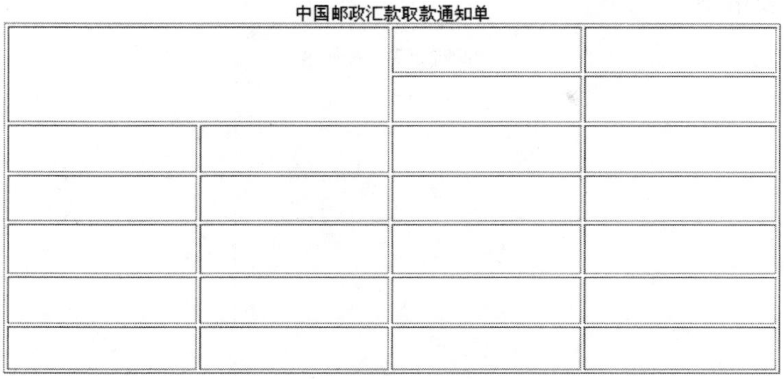

中国邮政汇款取款通知单

图 3-37　调整单元格高度后的表格

(5) 移动鼠标到表格第一列与第二列的边界处，当光标变成 ↔ 状态后，按住鼠标左键向右拖动，将单元格的宽度拖动到适当的位置，接着调整第二列与第四列的宽度，最后的效果如图 3-38 所示。

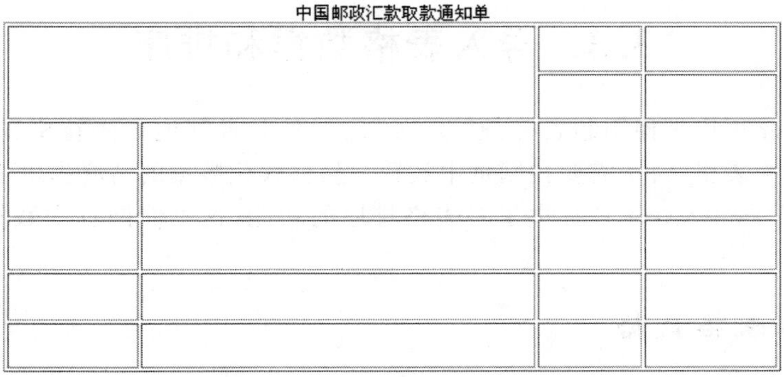

中国邮政汇款取款通知单

图 3-38　调整单元格宽度后的表格

(6) 将光标定位到表格的第三行第二列的单元格中，执行“修改”→“表格”→“拆分单元格”命令，或者直接按快捷键 Ctrl＋Alt＋S。弹出“拆分单元格”对话框，如图 3-39 所示。

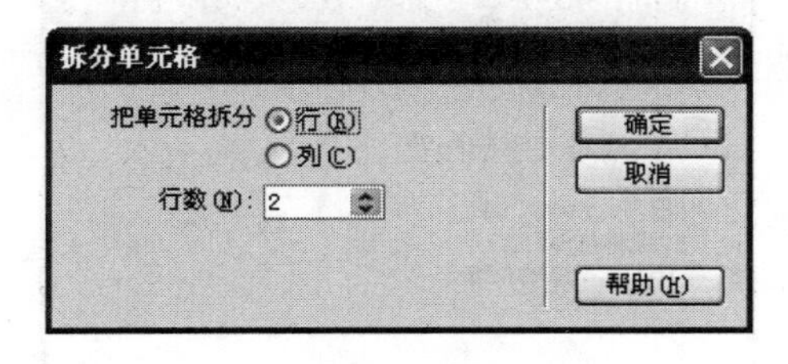

图 3-39　“拆分单元格”对话框

(7) 选择要拆分的单元格为列，并在“列数”微调按钮中将值改为 3，将这个单元格拆分为三列，最后单击“确定”按钮。

(8) 在将单元格拆分后，表格的宽度会有一定的变动，可按刚才调整单元格宽度的方法将变动后的单元格宽度调整好。

(9) 最后再将第三、四行，第三、四、五列的 6 个单元格以及第六、七行，第六、七列的 4 个

单元格分两次进行合并。到现在这个表格就基本上定形了，如图 3-40 所示。现在我们要做的就是将文字填入表格中。

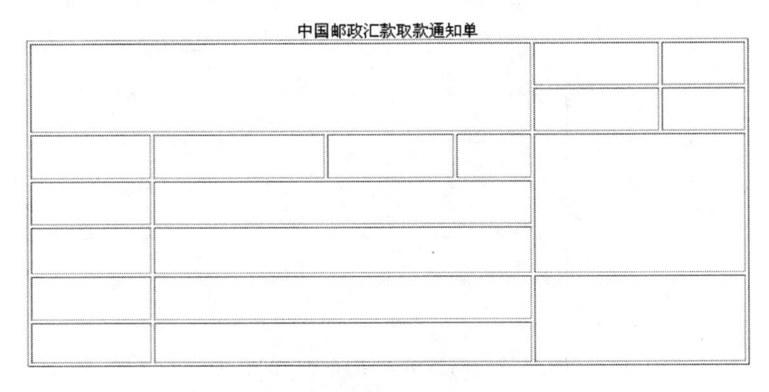

图 3-40　表格的最终结构

(10) 表格中文字的添加操作相对简单，只需先将光标定位到相应的单元格中进行文字录入即可。

3.3　导入表格数据和排序

Dreamweaver 可以把使用制表符、逗号、分号、引号或者其他分隔符格式化的文本，导入到网页文档中成为表格，对于需要在网页中放置大量格式化数据的情况提供了更加快捷、方便的方法。另外，Dreamweaver 还提供了对表格排序的功能，这也使网页中数据信息的管理更加高效。

3.3.1　导入表格数据

将格式化好的数据导入 Dreamweaver 中的步骤如下所述。

(1) 用记事本创建一个文本格式的文件，文字前后用英文符号中的逗号隔开，如图 3-41 所示。

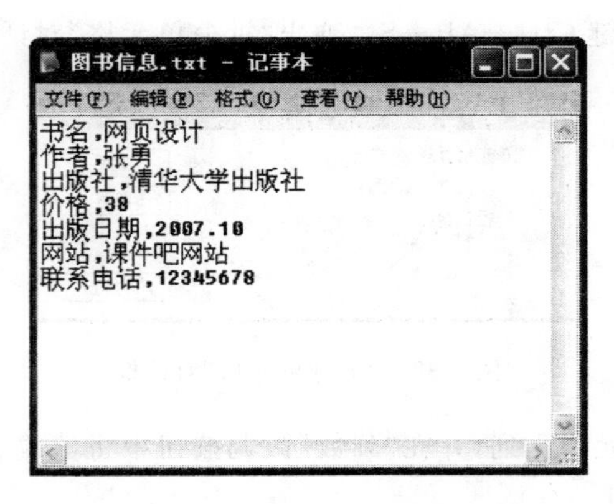

图 3-41　用记事本创建文本文件

(2) 选择“文件”→“导入”→“表格式数据”命令，打开“导入表格式数据”对话框，单击“数据文件”后面的“浏览”按钮，选择刚刚编辑的文本文件，并将“定界符”选项设置为“逗点”，如

图 3-42 所示。

(3) 单击“确定”按钮后，在文档窗口中就得到了一个如图 3-43 所示的表格。可以根据自己的需要，对表格进行“属性”设置。

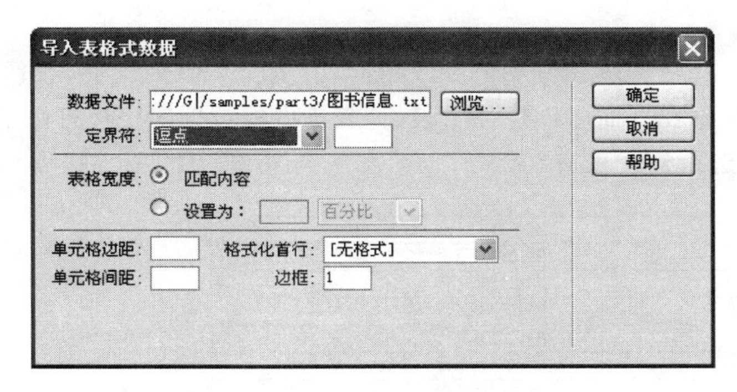

图 3-42　“导入表格式数据”对话框

书名	网页设计
作者	张勇
出版社	清华大学出版社
价格	38
出版日期	2007.10
网站	课件吧网站
联系电话	12345678

图 3-43　表格效果

专家点拨：也可以导入在 Microsoft Excel 中创建的表格。只需选择“文件”→“导入”→“Excel 文档”命令进行相应的操作即可。

3.3.2　导出表格

Dreamweaver 能够将格式化好的数据导入成为表格，也能将表格导出成为文本文件。导出表格的具体步骤如下所述。

(1) 选中要导出的表格，选择“文件”→“导出”→“表格”命令，弹出“导出表格”对话框，如图 3-44 所示。设置好定界符和换行符后，单击“导出”按钮。

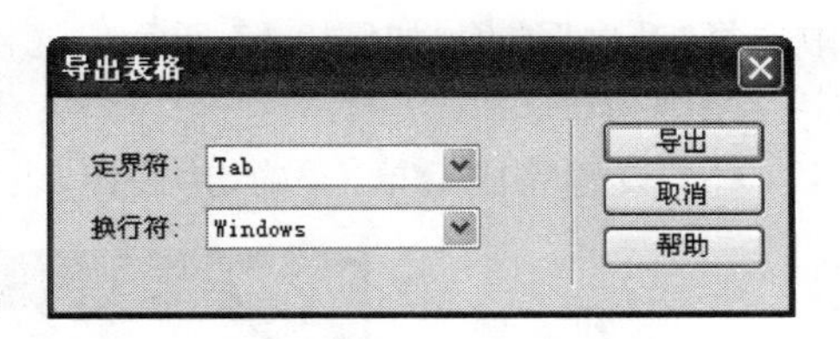

图 3-44　“导出表格”对话框

(2) 将表格导出到硬盘的某个目录下，并取名为 table2.txt，如图 3-45 所示。然后单击“保存”按钮。

图 3-45　将表格导出

专家点拨：当导出表格时，将导出整个表格，而不能选择导出部分表格。如果只需要表格中的某些数据(例如前 6 行或前 6 列)，可以复制包含这些数据的单元格，将这些单元格粘贴到表格外(创建新表格)，然后导出这个新表格。

3.3.3 表格排序

(1) 新建一个 HTML 网页文档，在页面中创建一个表格，表格中的数据次序被打乱了，如图 3-46 所示。在表格边框上单击选中整个表格。

	第一列	第二列
5	第一列第五行	第二列第五行
7	第一列第七行	第二列第七行
2	第一列第二行	第二列第二行
3	第一列第三行	第二列第三行
8	第一列第八行	第二列第八行
4	第一列第四行	第二列第四行
6	第一列第六行	第二列第六行
9	第一列第九行	第二列第九行

图 3-46 表格原始效果

(2) 选择“命令”→“排序表格”命令，这时将弹出“排序表格”对话框。在“排序按”下拉列表框中选择“列 1”选项，在“顺序”下拉列表框中选择“按数字顺序”选项，在后面的下拉列表框中选择“升序”选项，如图 3-47 所示。这样设置的效果是：表格中的数据行将根据第一列的数字顺序排列。

(3) 设置完成后单击“确定”按钮，表格中的数据行将按顺序排列，如图 3-48 所示。

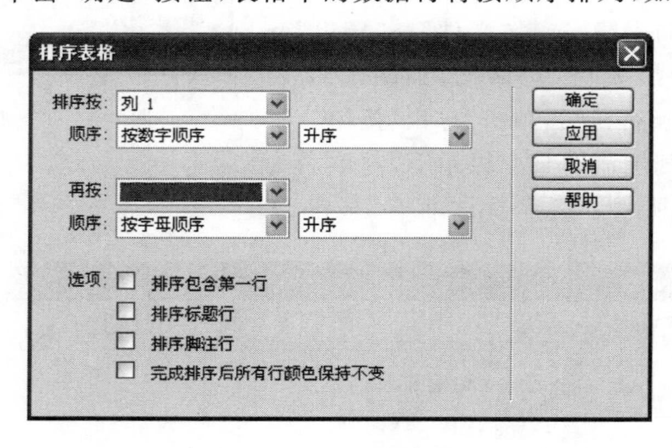

图 3-47 “排序表格”对话框

	第一列	第二列
2	第一列第二行	第二列第二行
3	第一列第三行	第二列第三行
4	第一列第四行	第二列第四行
5	第一列第五行	第二列第五行
6	第一列第六行	第二列第六行
7	第一列第七行	第二列第七行
8	第一列第八行	第二列第八行
9	第一列第九行	第二列第九行

图 3-48 表格数据排序后的效果

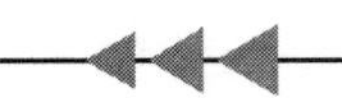

3.4　课堂实例——用表格布局网页

前面几节讲解了表格的创建和编辑的方法，本节通过一个综合案例讲解如何用表格设计页面布局，使网页能够达到更好的效果。

本实例是一个网站主页的制作，最终效果如图 3-49 所示。

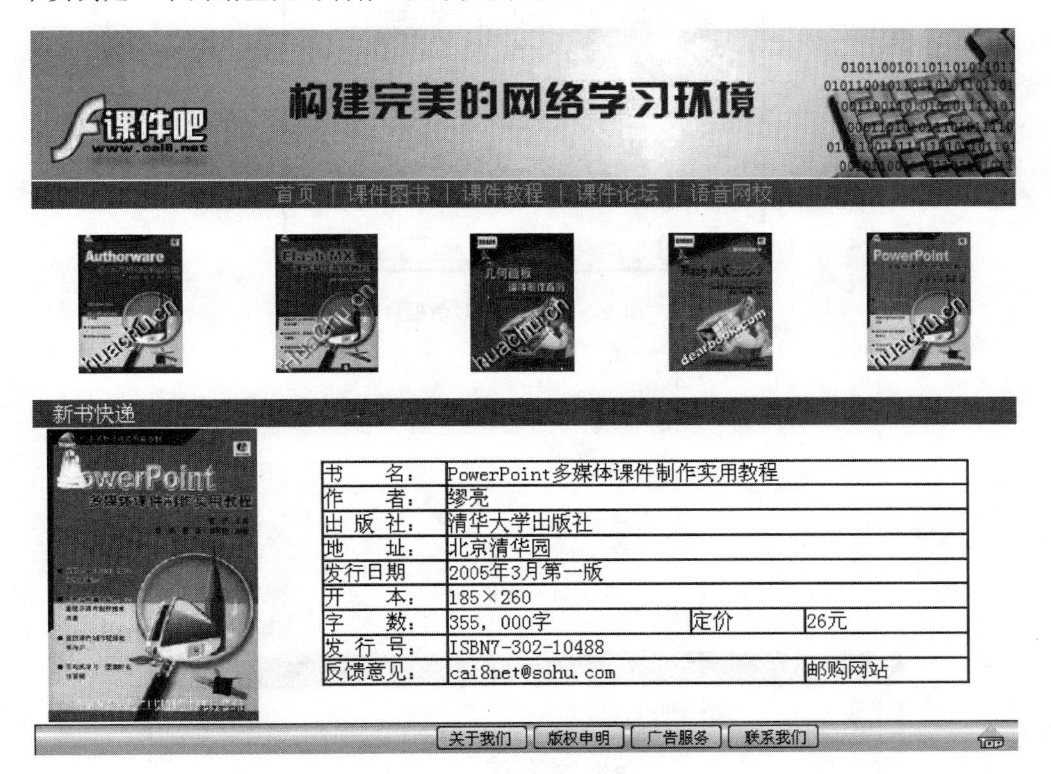

图 3-49　表格布局网页效果

这个网页所用到的动画、图像素材都已经提前制作好，并存放在 part3\images 的文件夹中了，读者可以在配套光盘上找到这些素材。

下面讲解具体的制作步骤。

3.4.1　插入表格并设置页面属性

(1) 新建一个 HTML 网页文档，并将其保存。

(2) 选择“插入记录”→“表格”命令，在弹出的“表格”对话框中设置新建表格的属性，如图 3-50 所示。创建一个 6 行 1 列，宽为 760 像素，边框粗细、单元格边距、单元格间距都为 0 的表格。

(3) 选中整个表格，打开“属性”面板，在其中设置表格高为 200 像素，对齐方式为“居中对齐”，背景颜色为白色。表格效果如图 3-51 所示。

(4) 选择“修改”→“页面属性”命令，或者直接单击“属性”面板上的“页面属性”按钮，在弹出的“页面属性”对话框中，选择“外观(HTML)”标签，将“背景颜色”设置为灰色(#999999)，“文本颜色”设置为黑色(#000000)，“左边距”和“上边距”都设置为 0，如图 3-52 所示。

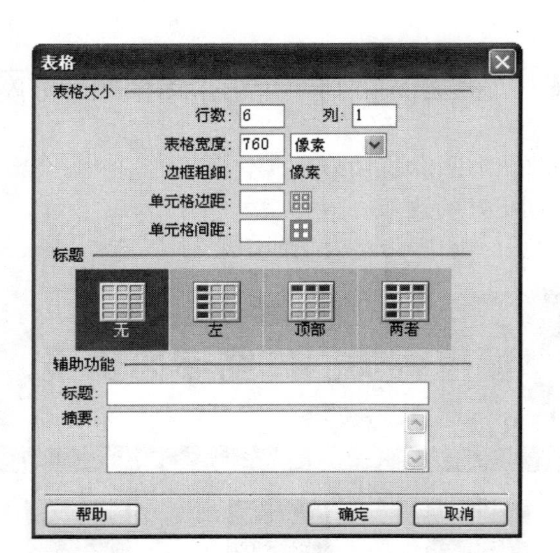

图 3-50　“表格”对话框

图 3-51　表格效果

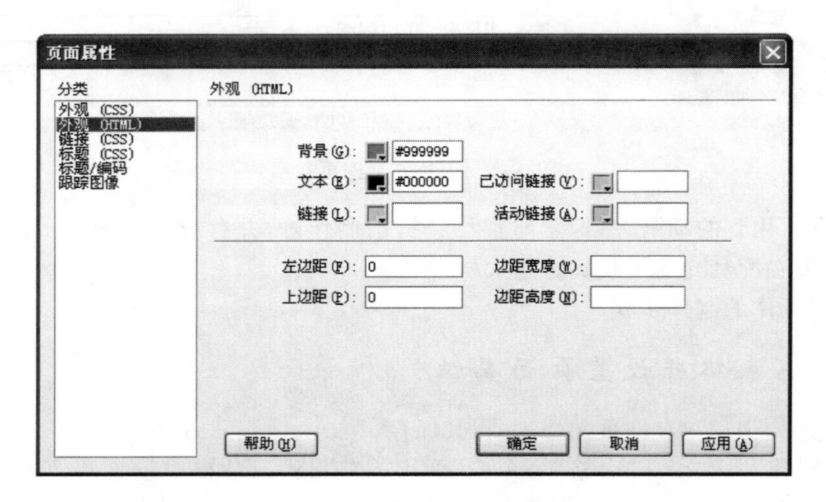

图 3-52　“页面属性”对话框

(5) 单击“确定”按钮。这时候,可以发现表格已经紧贴在文档上方了,因为设置的“上边距”为 0 像素。

3.4.2　布局 Banner 和导航条

(1) 下面先将制作好的图像文件(top.jpg)插入表格。将光标移动到第一行单元格,选择

“插入”→“图像”命令，弹出“选择图像源文件”对话框，选择 images 文件夹下的 top.jpg 文件，如图 3-53 所示。

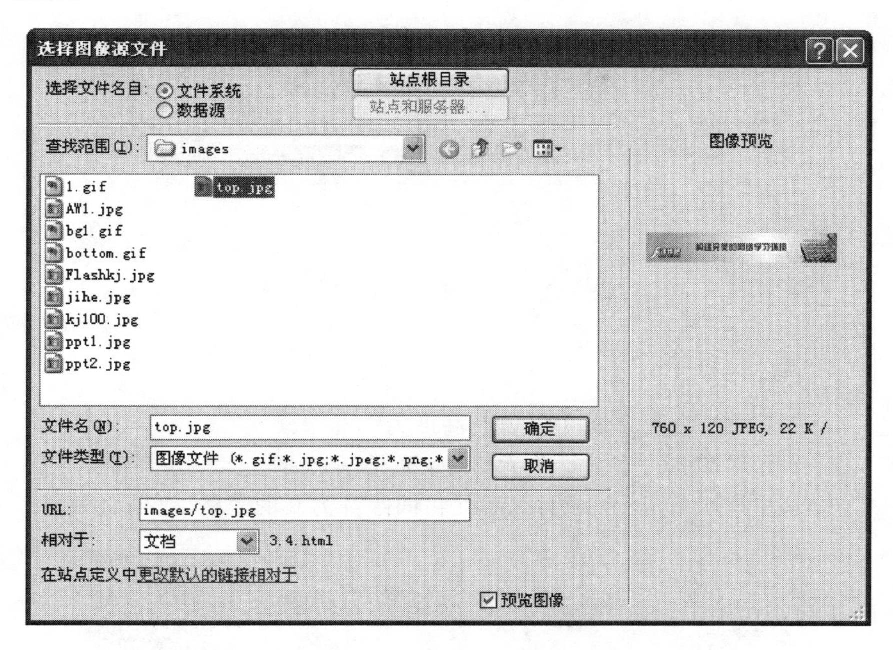

图 3-53　选择要插入的图像文件

（2）单击“确定”按钮，可以看到单元格中多了一个图像，如图 3-54 所示。

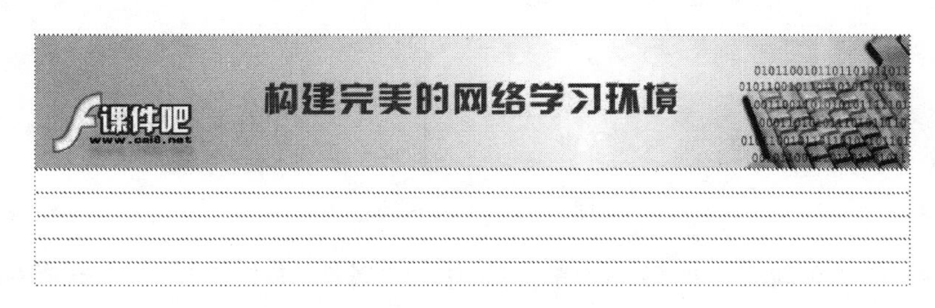

图 3-54　编辑文档中多了一个图像

专家点拨：可以设置“属性”面板中的宽和高的值来改变图像的尺寸大小，当然也可以通过在文档中拖动缩放手柄来改变其大小。

（3）将光标移动到表格的第二行单元格中，在“属性”面板中，单击 CSS 按钮切换到 CSS 属性检查器。设置这个单元格的高为 20 像素，并且设置背景颜色为蓝色、字体颜色为白色（定义 CSS 规则名称为 gz001），对齐方式为“居中对齐”，如图 3-55 所示。

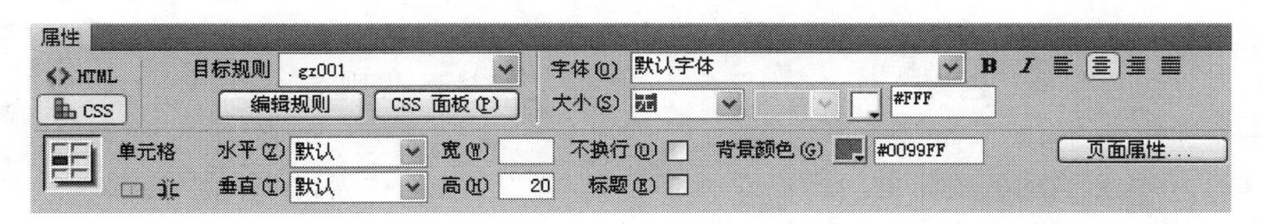

图 3-55　设置第二行单元格属性

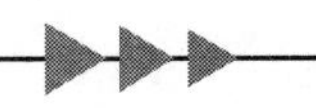

(4) 在第二行单元格中输入网页导航条内容：首页、课件图书、课件教程、课件论坛、语音网校，文字中间用|分隔开，效果如图 3-56 所示。

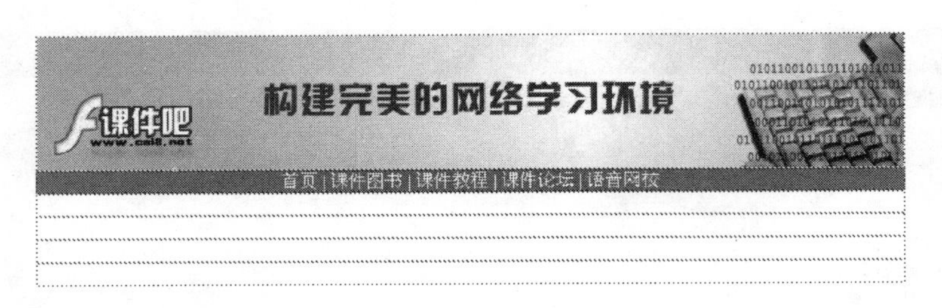

图 3-56 完成导航条后的效果

3.4.3 布局图像列表

(1) 选中第三行，在"属性"面板中设置其高度为 150 像素。

(2) 将光标移动到表格的第三行单元格中，选择"插入"→"表格"命令，插入一个 1 行 5 列，宽为 760 像素，边框粗细、单元格边距、单元格间距都为 0 的表格，效果如图 3-57 所示。

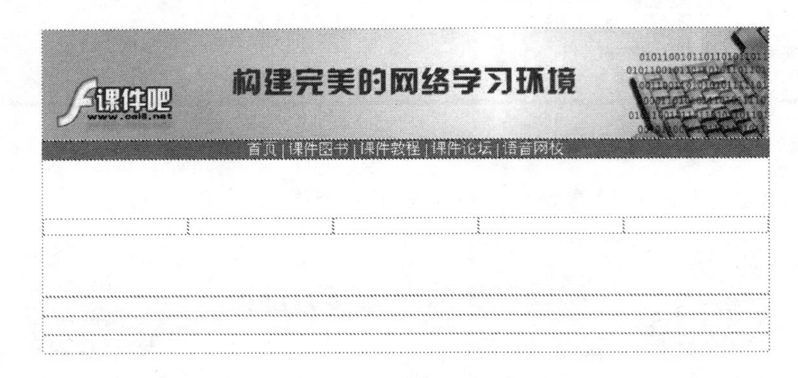

图 3-57 插入新表格

(3) 将光标定位在新表格的第一个单元格中，在"属性"面板中单击 CSS 按钮切换到 CSS 属性检查器。选择"目标规则"下拉列表中的 gz001(这是先前设置字体时定义的规则)，设置对齐方式为"居中对齐"。然后选择"插入"→"图像"命令，弹出"选择图像源文件"对话框，在其中选择要插入的图像文件(images\AW1.jpg)，如图 3-58 所示。

(4) 单击"确定"按钮，完成图像的插入。用同样的方法，在其他 4 个单元格中分别插入需要的图像。最后效果如图 3-59 所示。

3.4.4 布局详细内容

(1) 将光标移动到表格的第 4 行单元格中，在"属性"面板中，设置这个单元格的高为 20 像素，并且设置背景颜色为蓝色、字体颜色为白色(定义 CSS 规则名称为 gz002)。最后输入"新书快递"4 个字，效果如图 3-60 所示。

(2) 将光标移动到表格的第 5 行单元格中，选择"插入"→"表格"命令，插入一个 1 行 2 列，宽为 760 像素，边框粗细、单元格边距、单元格间距都为 0 的表格。调整两个单元格的宽度，并且在第一个单元格中插入图像。效果如图 3-61 所示。

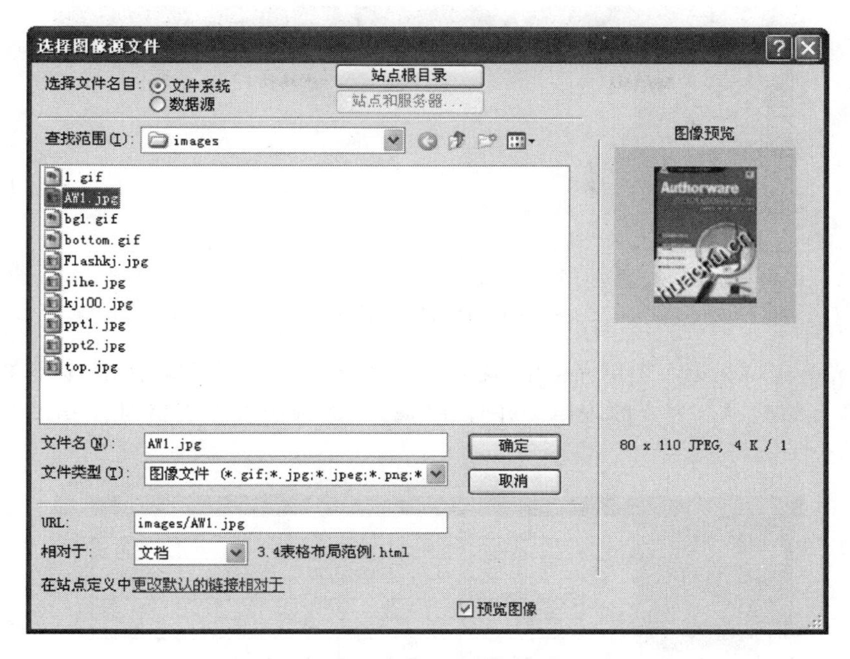

图 3-58 “选择图像源文件”对话框

图 3-59 完成插入图像后的效果

图 3-60 完成第 4 行单元格后的效果

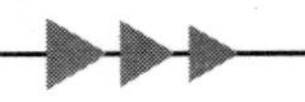

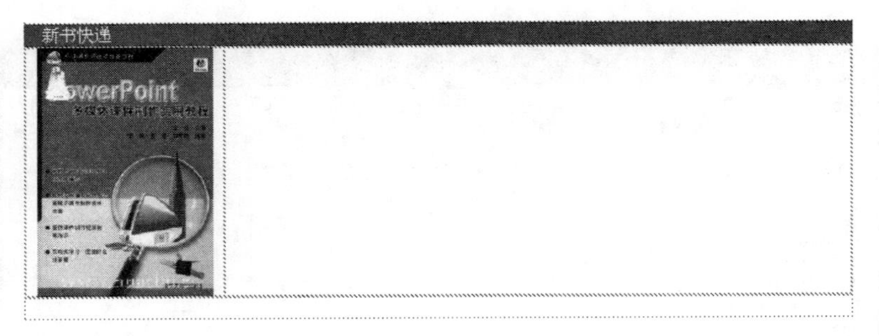

图 3-61 插入图像后的效果

(3) 将光标定位在第2个单元格中,插入一个9行4列,宽为500像素,边框粗细为1,单元格边距、单元格间距都为0的表格。并且在"属性"面板中设置表格对齐方式为居中对齐。表格效果如图3-62所示。

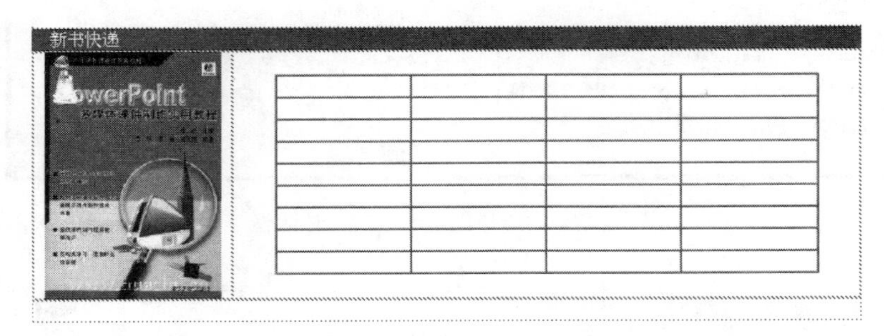

图 3-62 创建一个新表格

(4) 将新表格的单元格合并,然后调整宽度,最后效果如图3-63所示。

图 3-63 合并单元格并调整宽度

(5) 在单元格中分别输入相应的文字信息,效果如图3-64所示。

书　　名:	PowerPoint多媒体课件制作实用教程		
作　　者:	缪亮		
出 版 社:	清华大学出版社		
地　　址:	北京清华园		
发行日期	2005年3月第一版		
开　　本:	185×260		
字　　数:	355，000字	定价	26元
发 行 号:	ISBN7-302-10488		
反馈意见:	cai8net@sohu.com		邮购网站

图 3-64 输入图书信息

(6) 将光标移动到表格的第6行单元格中,选择"插入"→"图像"命令,将 images 文件夹下的 bottom.gif 图像文件插入。

至此,就完成了本实例的制作。通过表格布局,能更灵活地把页面布局设计好。

本章习题

一、选择题

1. 在定义表格的属性时,在<table>标签中设置________属性,可以设置表格的边框的颜色。

A. border　　B. bordercolor　　C. color　　D. colspan

2. Dreamweaver 提供了对表格数据进行排序的功能,选择________命令可以应用。

A. 插入记录菜单下的排序表格　　B. 命令菜单下的排序表格

C. 修改菜单下的排序表格　　D. 编辑菜单下的排序表格

3. 以下说法正确的是________。

A. 如果要选择多个非连续的单元格,只要按 Ctrl 键,依次单击要选择的单元格即可

B. 表格一旦创建,单元格就不能被合并和拆分了

C. 表格的列的宽度和行的高度不能重新设置

D. 以上都不正确

二、填空题

1. 一个表格主要由三种标签组成,分别是________、________、________,它们分别对应表格、行、单元格。

2. 在网页中创建一个新表格常用三种方法,第一种是选择"插入"→"表格"命令,第二种是____________________,第三种是____________________。

3. 在设置表格大小时,可以采用两种单位,一种是____________________,另外一种是____________________。

4. 设置表格的对齐方式时分为两种情况,一种情况是指定表格自身位置的对齐方法,另外一种情况是____________________。

上机练习

练习1 创建一个学生管理表

在网页中制作一个学生管理表,效果如图3-65所示。先插入一个7行4列的表格,设置表格宽度和高度,然后合并单元格,输入相应的文本即可。

练习2 用表格布局主页

制作一个用表格布局网站主页的实例,效果如图3-66所示。在本例中,采取了多种插入、修改表格的方法进行页面布局,旨在通过实例的操作练习,能够帮助读者更熟练地掌握表格布局的各个知识点,在今后的表格布局中灵活应用,方便快捷地完成页面布局。

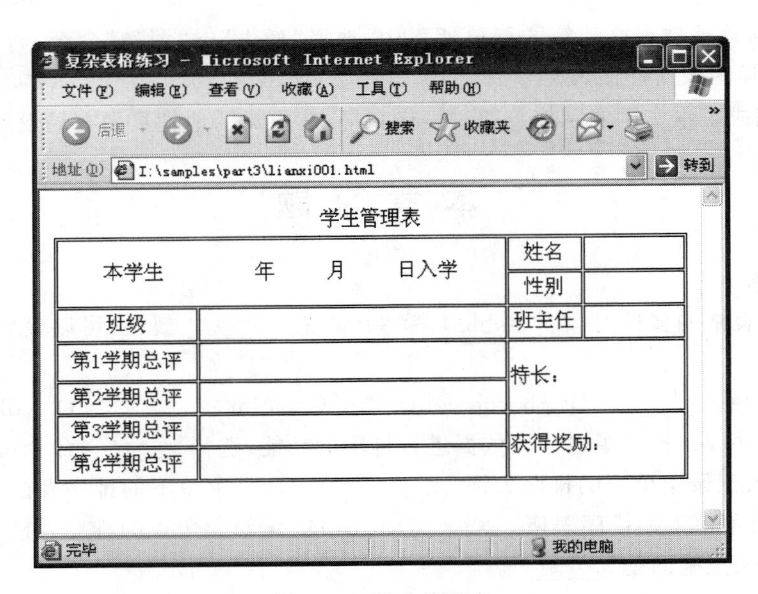

图 3-65 学生管理表

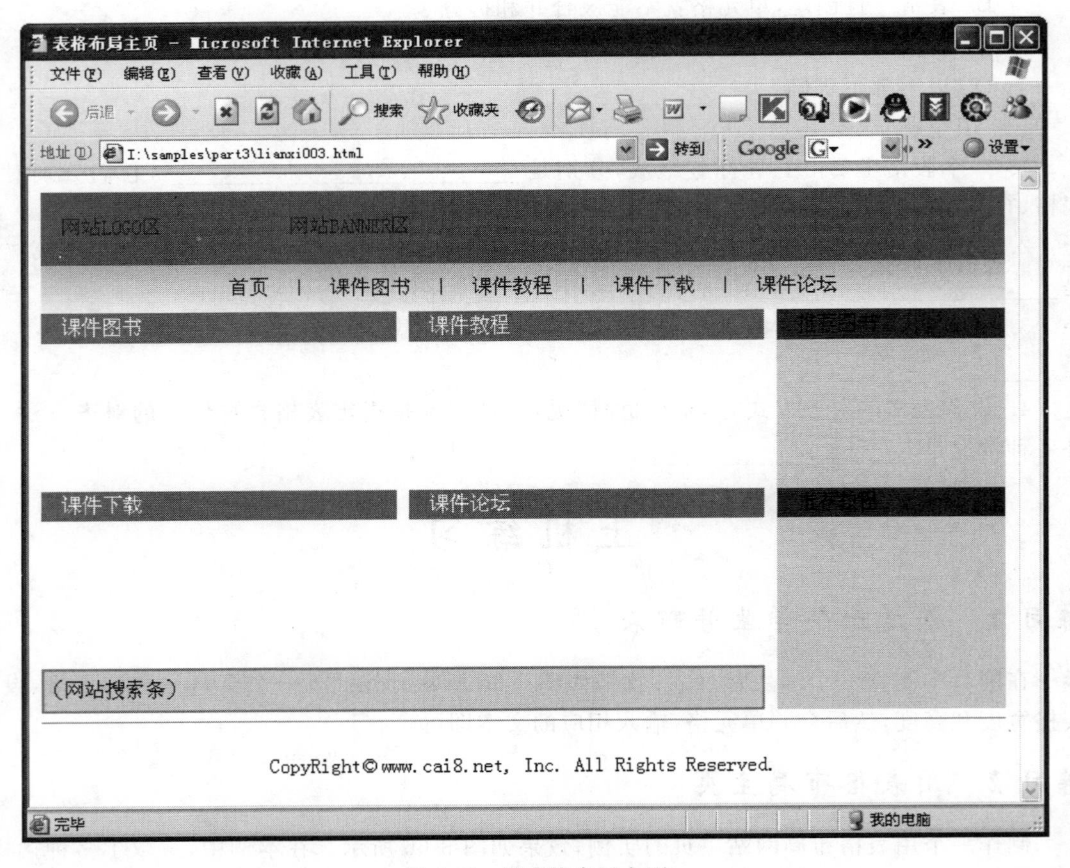

图 3-66 用表格布局主页

第4章

超级链接

超级链接是网页之间建立联系的基本途径，通常网页上都会有很多超级链接，指向各种相关的文件。通过超级链接可以将 Internet 上的各种相关信息有机地联系起来，能很方便地从一个网页跳转到另一个网页，从而可以更加方便地查询到所需的资源。

本章介绍超级链接在网页中的应用，主要内容包括：

- 在网页中创建超级链接的方法；
- 超级链接详解；
- 超级链接的典型应用；
- 在网页中创建导航条和跳转菜单。

4.1　在网页中创建超级链接的方法

一个网站是由多个网页组成的，站点和页面具备一定的链接关系才能正常运行，在制作网站时，需要建立站点与网页、网页与网页之间的链接关系。

所谓超级链接是指从一个网页指向一个目标的连接关系，这个目标可以是另一个网页(同一个网站内部的网页或者其他网站的网页)，也可以是同一个网页的不同位置，还可以是一个电子邮件地址、一个文件等。在网页中最常见的就是在文字或者图片上建立超链接，下面通过实例介绍给文字和图片添加超链接以及设置超级链接样式的方法。

4.1.1　课堂实例——给文字添加超级链接

(1) 事先制作好三个 HTML 文档，把它们存放在同一个文件夹下，“文件”面板中的文件结构如图 4-1 所示。

(2) 用 Dreamweaver 打开 4.1.1.html，这个页面中有三行文字，如图 4-2 所示。下面要给其中的两个文字分别加上超级链接，单击添加了超级链接的文字后打开相应的网页。

(3) 选中文字“登鹳雀楼”，打开“属性”面板，拖动“指向到文件”按钮 到右侧“文件”面板中的 gushi001.html 上。此时鼠标指针变成带箭头的形状，松开鼠标后一个超级链接就添加完成了，如图 4-3 所示。

(4) 此时可以发现在“属性”面板的“链接”文本框内已自动填写了 gushi001.html。另外，在编辑页面上可以看到，添加了超级链接的文字变成了蓝色，而且下面也添加了一条下划线，如图 4-4 所示。

图 4-1 “文件”面板

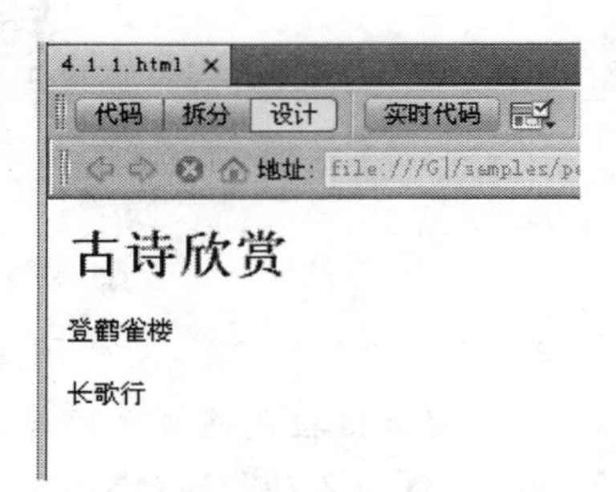

图 4-2 网页 4.1.1.html 的效果

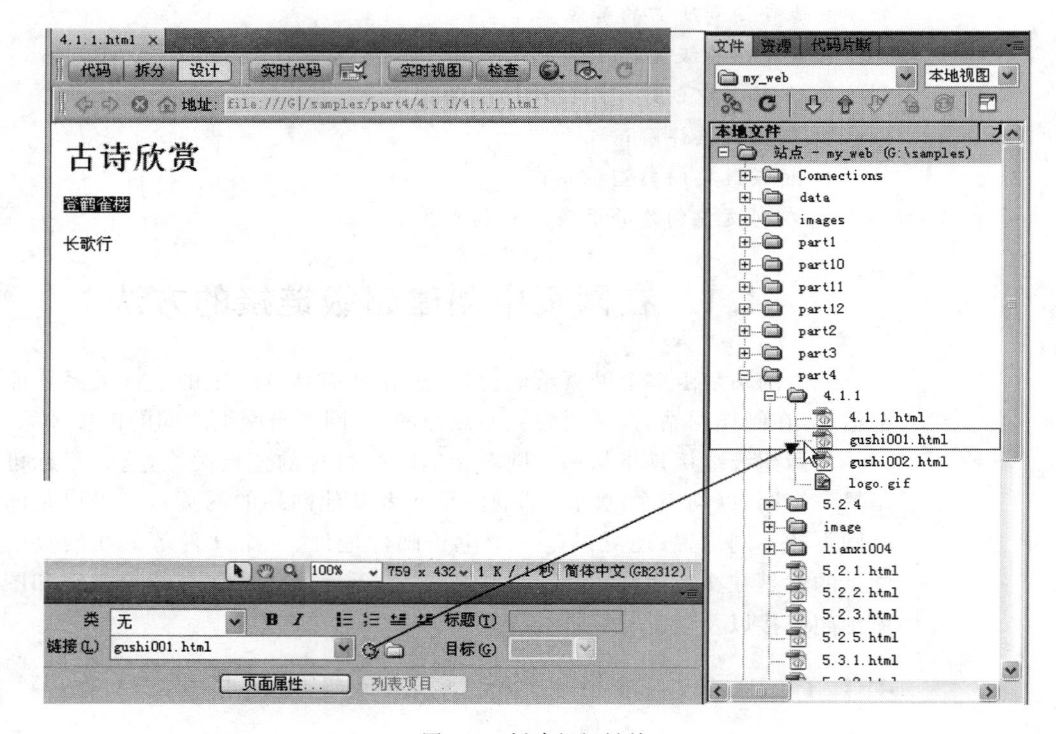

图 4-3 创建超级链接

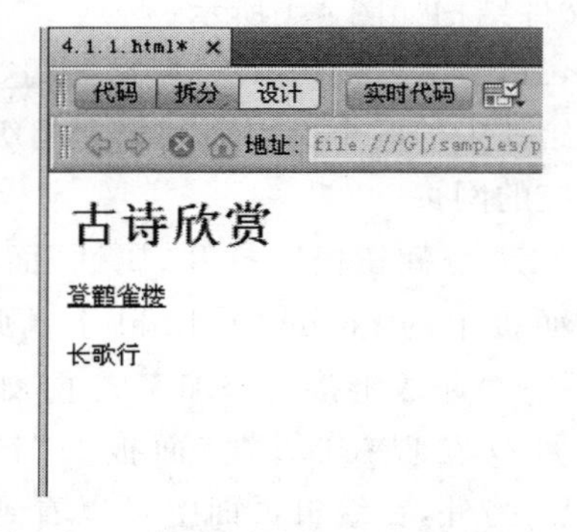

图 4-4 文字添加了超级链接后的效果

(5) 下面用另外一种方法给另一个文字添加超级链接。选中文字“长歌行”，在“属性”面板中单击“浏览文件”按钮 。

(6) 在弹出的“选择文件”对话框中，选择 gushi002.html，如图 4-5 所示。

(7) 单击“确定”按钮即可完成超级链接的定义。同样，编辑页面上的文字变成了蓝色，而且多了一条下划线。

(8) 保存文件，按 F12 键预览网页。单击超链接文字就可以打开相应的页面了，如图 4-6 所示。

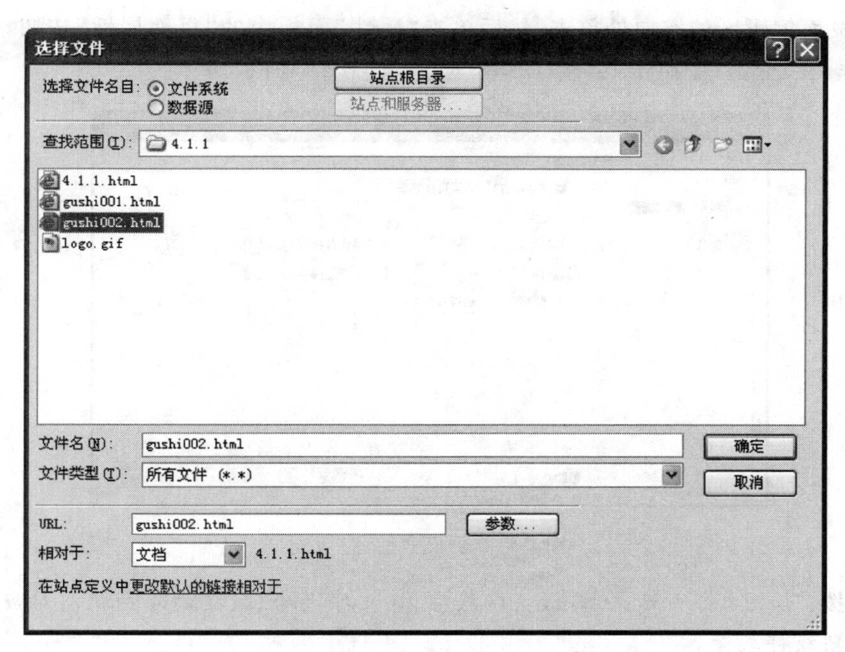

图 4-5　“选择文件”对话框

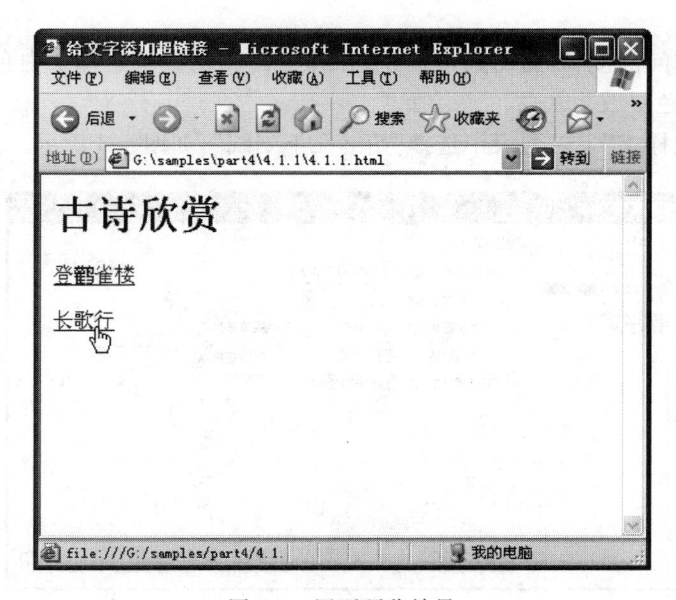

图 4-6　网页预览效果

4.1.2 课堂实例——设置超级链接样式

前面制作了一个文字超级链接的实例,通过这个实例可以知道,添加了超级链接的文字显示为蓝色,并且文字下面有一个下划线,当用户单击了文字链接以后,被访问过的链接文字就变成了紫红色。这就是默认的超级链接样式。如果设计者想更改超级链接的样式,可以通过"页面属性"对话框来完成。

(1) 打开文档 4.1.1.html,接着前面的步骤继续操作。

(2) 在页面编辑区的空白处单击,然后单击"属性"面板中的"页面属性"按钮,打开"页面属性"对话框,在"分类"中单击"链接(CSS)"标签,如图 4-7 所示。

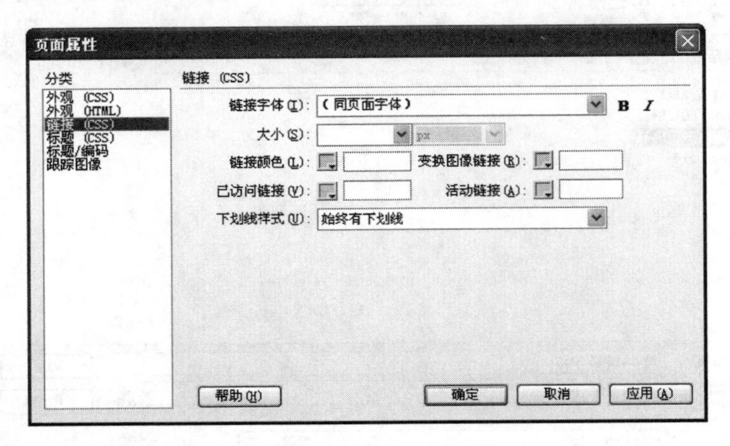

图 4-7 "页面属性"对话框

专家点拨:如图 4-7 所示,可以设置链接字体、文字大小、链接的 4 种状态对应的颜色,以及链接的下划线样式等。

(3) 单击"链接颜色"后面的颜色按钮,在弹出的调色板中选择橙色。这样就将蓝色的链接颜色更改为橙色。

(4) 单击"已访问链接"后面的颜色按钮,在弹出的调色板中选择灰白色。这样就将紫红色的已访问链接颜色更改为灰白色。

(5) 在"下划线样式"下拉列表中选择"始终无下划线",如图 4-8 所示。

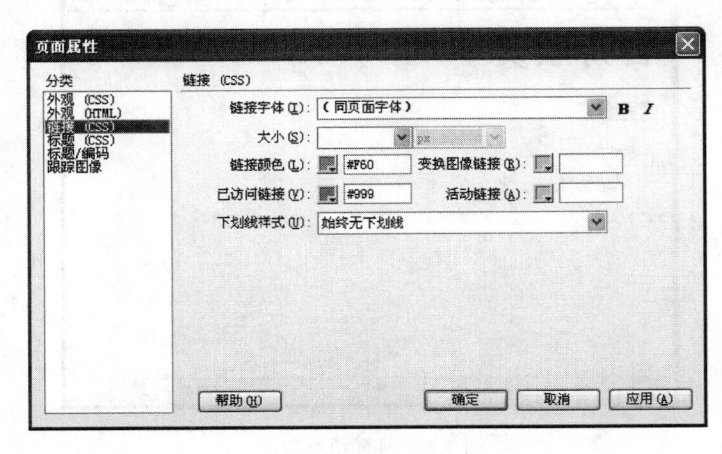

图 4-8 设置链接样式

(6) 单击"确定"按钮。保存文档并预览,可以看到,添加了超级链接的文字显示为橙色,并且文字下面没有下划线,当用户单击文字链接以后,被访问过的链接文字就变成了灰白色。

专家点拨:这里可以设置链接的4种状态对应的颜色,具体如下所述。

① 链接颜色:指定应用于链接文本的颜色。

② 已访问链接:指定应用于已访问链接的颜色。

③ 变换图像链接:指定当鼠标(或指针)位于链接上时应用的颜色。

④ 活动链接:指定当鼠标(或指针)在链接上单击时应用的颜色。

4.1.3　课堂实例——给图片添加超级链接

除了可以给文本添加超级链接外,还可以给图片添加超级链接。给图片添加超级链接的方法和给文字添加超级链接的方法类似。

(1) 下面在网页4.1.1.html中创建一个友情链接的栏目。在文档编辑区输入"友情链接"后选中它,在"属性"面板中设置其格式为"标题1"。接着再插入一个图片,如图4-9所示。

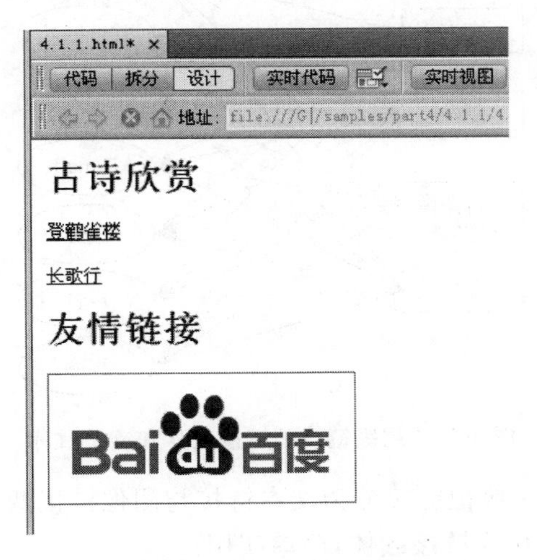

图4-9　插入文字和图片

(2) 单击选中图片,这里要给图片添加的是一个外部链接,是一个具体的网址。进入"属性"面板,在"链接"文本框中输入 http://www.baidu.com,如图4-10所示。

图4-10　在"链接"文本框中直接输入链接地址

专家点拨:在"链接"文本框中添加一个网址时,一定要输入包含协议(如http://)的绝对路径。如果直接写作www.baidu.com,Dreamweaver则会把网址当成一个文件名,单击链接后会出现"找不到服务器"的提示。

(3) 保存文件,按F12键预览网页。单击图片就链接到对应的网站上去了。

4.2　超级链接详解

前面通过实例介绍了在网页中给文字和图片添加超级链接的基本方法，本小节对超级链接的类型、路径、链接目标等知识进行详细的介绍。

4.2.1　超级链接的组成与分类

一般来讲，超级链接由两部分组成：链接载体（源端点）和链接目标（目标端点）。许多页面元素可以作为链接载体，如刚刚完成的实例中的文本、图像，除此之外，图像热区、轮替图像、动画等也可以作为链接载体。而链接目标可以是任意网络资源，如实例中的页面、其他网站等，除此之外，图像、声音、程序、E-mail 甚至是页面中的某个位置（锚点）等也都可以作为链接的目标，这些将在后面的几节中分别加以详细介绍。超级链接的结构如图 4-11 所示。

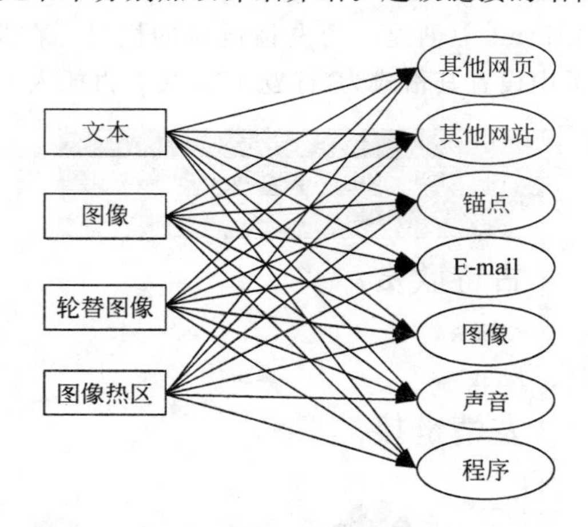

图 4-11　超级链接的链接载体和链接目标

根据链接载体的特点，一般把链接分为文本链接与图像链接两大类。

(1) 文本链接：用文本作为链接载体，简单实用。

(2) 图像链接：用图像作为链接载体能使网页美观、生动活泼，它既可以指向单个的链接，也可以根据图像不同的区域建立多个链接。

如果按链接目标分类，可以将超级链接分为以下几种类型。

(1) 内部链接：同一网站文档之间的链接。

(2) 外部链接：不同网站文档之间的链接。

(3) 锚点链接：同一网页或不同网页中指定位置的链接。

(4) E-mail 链接：发送电子邮件的链接。

4.2.2　超级链接的路径

每个网页甚至每个独立的网页元素（图像、声音、动画、视频等），都有一个唯一的地址，称为统一资源定位符(URL)。在网页的超链接中，正是以统一资源定位路径的方式来链接的。一般情况下，路径有三种表示方法：绝对路径、文档相对路径和站点根目录相对路径。

1. 绝对路径

绝对路径就是被链接文档的完整 URL，包括所使用的传输协议（对于网页通常是

http://)。例如上例中为图片创建的友情链接 http://www.baidu.com 就是一个绝对路径。在创建外部链接时,必须使用绝对路径。

2. 文档相对路径

文档相对路径是指以当前文档所在位置为起点到被链接文档经由的路径。创建内部链接时使用相对路径比较方便。与同文件夹内的文件链接只写文件名即可,例如,上例中对文字添加的超级链接就是使用了文档的相对路径。要与下一级文件夹里的文件链接,可以直接写出文件夹名称与文件名,如 images/google.gif,要与上一级文件夹里的文件链接,在文件名前加上../文件夹名,每个../表示在文件夹层次结构中上移一级。

3. 站点根目录相对路径

站点根目录相对路径是指所有路径都开始于当前站点的根目录。站点根目录相对路径以一个正斜杠开始,该正斜杠表示站点根文件夹,如/images/google.gif。移动含有根目录相对链接的文档时,不需要更改这些链接,不过,如果不熟悉此类型的路径,最好使用文档相对路径。

可以在"选择文件"对话框中设置相对路径类型。在"选择文件"对话框中,"相对于"下拉列表中有两个选项:文档和站点根目录,可以根据需要进行选择,如图 4-12 所示。

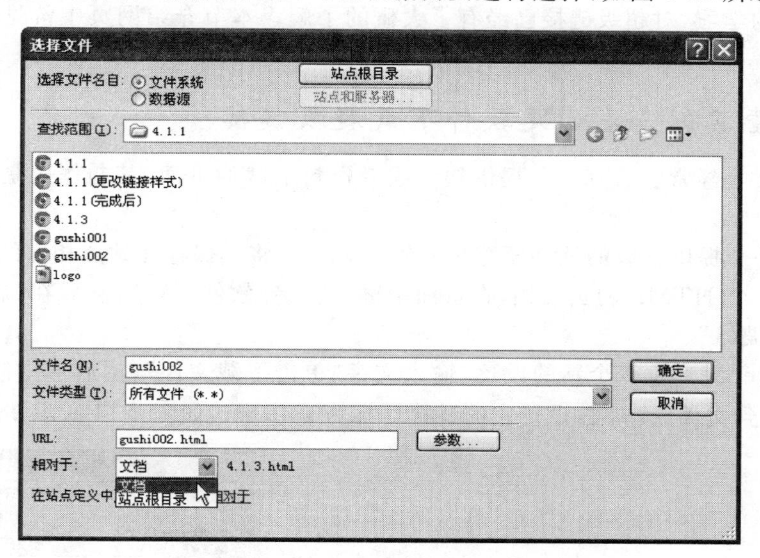

图 4-12　设置相对路径类型

4.2.3 链接目标

链接目标是指当一个链接打开时,被链接的文件打开的位置,例如链接的页面可以在当前窗口中打开,或者在新建窗口中打开。

"属性"面板中的"目标"下拉列表框可以进行链接目标的设置,如图 4-13 所示。

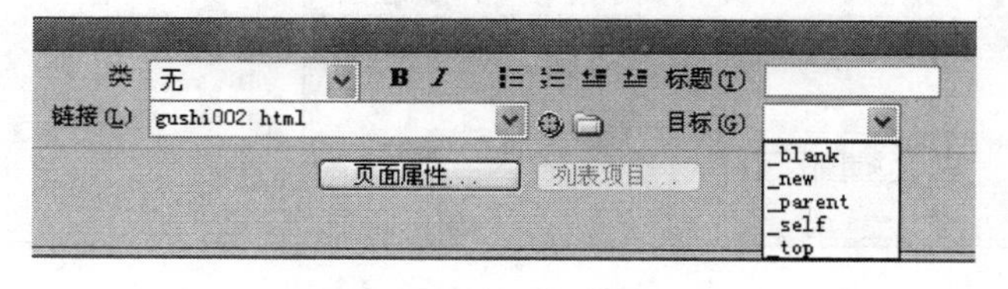

图 4-13　"目标"下拉列表中的 5 个选项

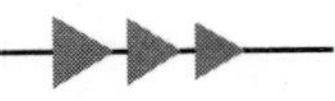

下拉列表中有 5 个选项,它们的功能分别如下所述。

(1) _blank:新的浏览器窗口中打开链接的文档,同时保持当前窗口不变。

(2) _new:将链接的文档载入一个新浏览器窗口。它和_blank 的不同之处在于,如果同一个页面中其他的超链接的目标也设置成_new,那么只打开一个新浏览器窗口。

(3) _parent:将链接的文档载入该链接所在框架的父框架或父窗口。如果包含链接的框架不是嵌套框架,则所链接的文档载入整个浏览器窗口。

(4) _self:将链接的文档载入链接所在的同一框架或窗口。此目标是默认的,所以通常不需要指定它。

(5) _top:将链接的文档载入整个浏览器窗口,从而删除所有框架。

专家点拨:_parent、_self、_top 三个选择都和框架网页有关,有关框架网页的相关知识请参考第 7 章的内容。

4.3　超级链接的典型应用

通过前面的学习,对超级链接已经有了大概的了解。本节介绍网页中常见的几种超级链接的制作方法。

4.3.1　课堂实例——创建软件下载超级链接

在 Internet 上经常会看到一些提供软件或者资料下载的页面,其制作也是用超级链接来完成的。

(1) 准备一个提供下载的软件压缩包文件 soft.rar,将其保存在站点相应的文件夹中。

(2) 新建一个 HTML 网页文档,在页面中输入文字“软件下载”,然后在“属性”面板中设置其格式为“标题 1”。

(3) 按 Enter 键产生一个新的段落,输入文字“单击下载文件”,然后选中它,在“属性”面板中利用“指向到文件”按钮设置它的链接目标为 soft.rar,如图 4-14 所示。

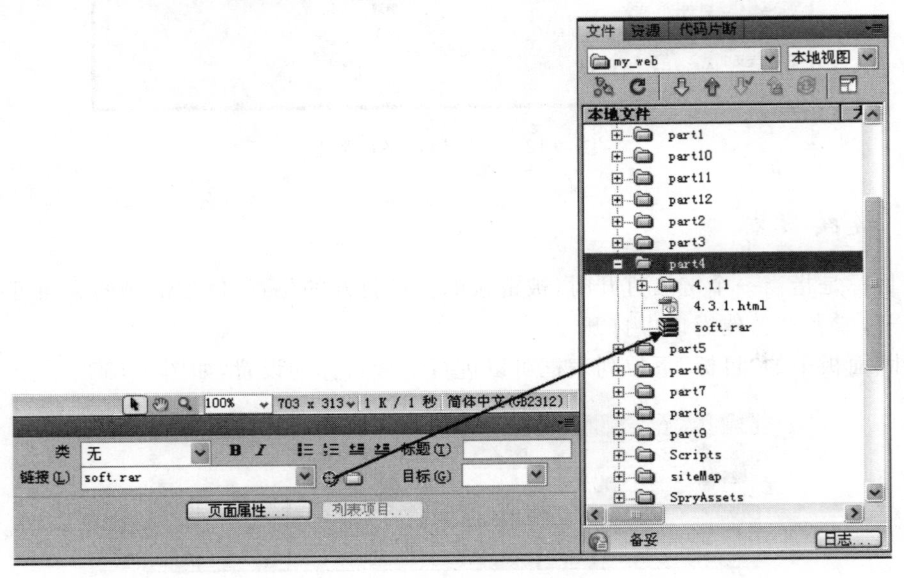

图 4-14　设置链接目标

(4) 保存网页，按F12键预览。单击超链接文本“单击下载文件”后，弹出“文件下载”对话框，如图4-15所示。

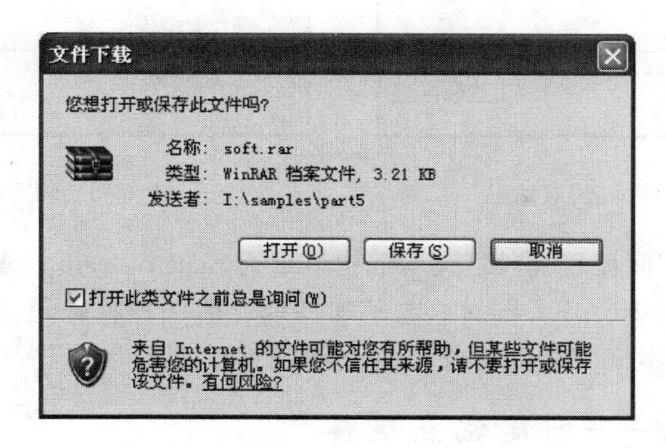

图4-15 “文件下载”对话框

(5) 单击“保存”按钮，弹出“另存为”对话框，如图4-16所示。选择合适的下载路径后，单击“保存”按钮完成下载。

图4-16 “另存为”对话框

4.3.2 课堂实例——创建电子邮件链接

在浏览网页的时候，经常看到网页中有个联系站长的链接，单击后会启动Outlook发新邮件，并在“收件人”文本框中自动填写了电子邮件链接中指定的邮件地址，这就是电子邮件链接。

(1) 在需要添加电子邮件链接的网页中输入文本，例如“联系站长”，并选中它。单击常用工具栏上的“电子邮件链接”按钮，弹出“电子邮件链接”对话框，如图4-17所示。

(2) 因为刚刚已经选中了文字“联系站长”，所以在“文本”文本框中自动填写了“联系站长”4个字，现在只要在E-mail文本框中直接输入电子邮件地址就行了，例如cai8_net@126.com，单击“确定”按钮完成设置，如图4-18所示。

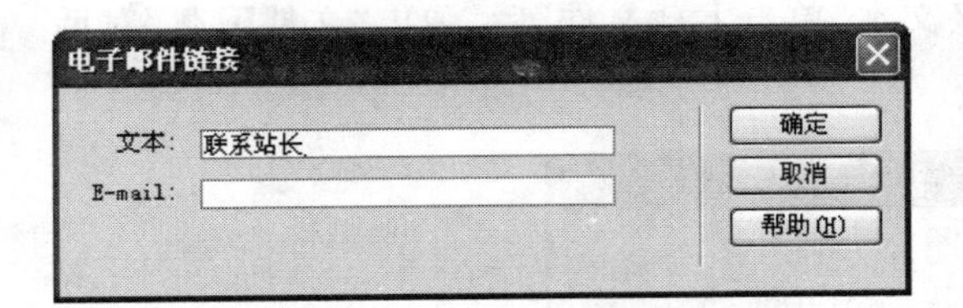

图 4-17 “电子邮件链接”对话框

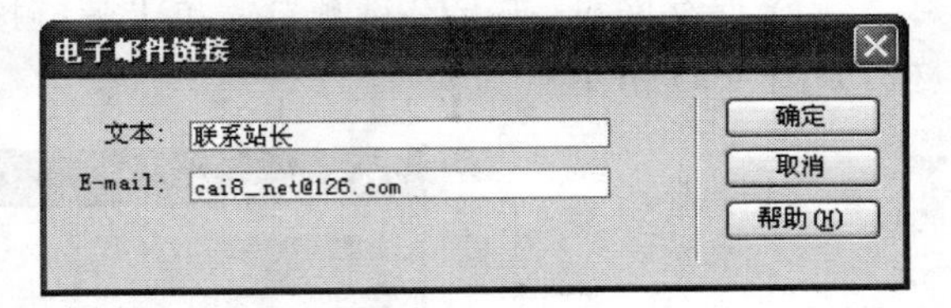

图 4-18 输入电子邮件地址

(3) 这时,在“属性”面板的“链接”文本框中显示为 mailto: cai8_net@126.com,说明电子邮件链接实际上是以 mailto:开头再加上电子邮件地址的一种特殊超级链接。因此也可以在“属性”面板的“链接”文本框中直接输入“mailto:电子邮件地址”来设置电子邮件链接。

4.3.3 课堂实例——创建锚点链接

当浏览很长的网页页面时,需要不断拖动浏览器的滚动条才能浏览下面的内容,很不方便。如果需要寻找特定的内容就会比较麻烦。可以建立一些锚点链接,当浏览者单击锚点链接时就能自动跳转到相应的位置,这样能使浏览者快速找到相应的内容。

1. 创建命名锚点

(1) 事先创建一个网页文件 4.3.3.html,里面包括很多歌词,内容比较长。

(2) 将光标插入点放在歌词内容部分的标题“天上人间”之前,如图 4-19 所示。

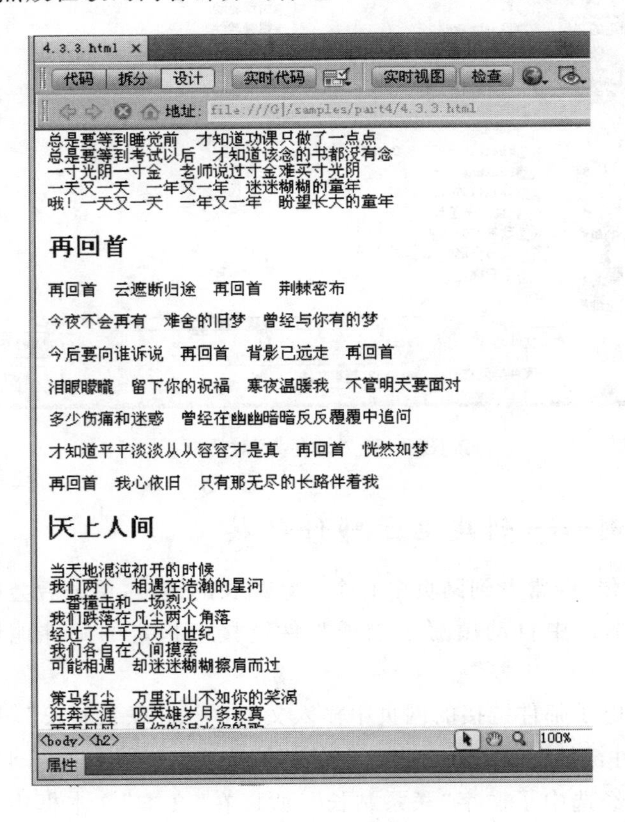

图 4-19 定位光标

(3) 单击常用工具栏上的“命名锚记”按钮，弹出“命名锚记”对话框，在“锚记名称”文本框内输入锚记名称 tsrj，如图 4-20 所示。

(4) 单击“确定”按钮关闭对话框。这时标题“天上人间”前面会出现一个“锚记标记”，如图 4-21 所示。

图 4-20 “命名锚记”对话框

多少伤痛和迷惑　曾经在幽幽暗暗反反覆覆中追问
才知道平平淡淡从从容容才是真　再回首　恍然如梦
再回首　我心依旧　只有那无尽的长路伴着我

天上人间

当天地混沌初开的时候
我们两个　相遇在浩瀚的星河
一番撞击和一场烈火
我们跌落在凡尘两个角落
经过了千千万万个世纪
我们各自在人间摸索
可能相遇　却迷迷糊糊擦肩而过

图 4-21 定义了锚记标记的效果

2. 创建到该命名锚记的链接

下面给歌词欣赏目录部分的文字“3. 天上人间”设置超级链接。

(1) 选中目录部分的文字“3. 天上人间”，在“属性”面板的“链接”文本框中输入符号 # 和锚记名称 tsrj，如图 4-22 所示。

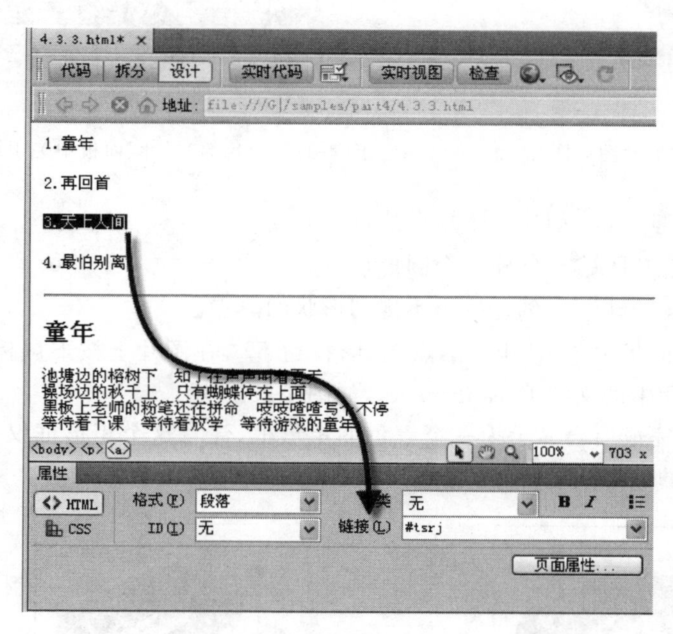

图 4-22 创建到该命名锚记的链接

(2) 保存网页，按 F12 键预览网页。单击超链接文字“3. 天上人间”，网页自动跳转到相应的位置。

专家点拨：在创建锚点链接时，如果要链接到当前文档中的名为 tsrj 的锚点，只要直接输入 # 和锚记名称就可以了。如果要链接到同一文件夹内其他文档中的锚点，就要在锚记名称前面加上文件名。例如，filename.html # 锚记名称。

4.3.4　课堂实例——创建图像热区链接

图像热区链接主要用来在一幅图片内部的不同区域上设置超链接，设置图像热区链接时，要在图片上添加一系列的“热点”，这些热点可以具有各自不同的形状，而且可以为它们分别设置超链接。

1. 绘制矩形热点

(1) 打开事先制作好的一个网页文件 part4\4.3.4\imageMap.html，这个文件中含有一幅图片，要在其中设置地图区域，如图 4-23 所示。

(2) 在设计视图中单击选择图片(图片被选中后，其周围将会出现边框)，进入“属性”面板，面板左下方的“地图”下显示了三种热点类型，分别是矩形、椭圆形和多边形，如图 4-24 所示。

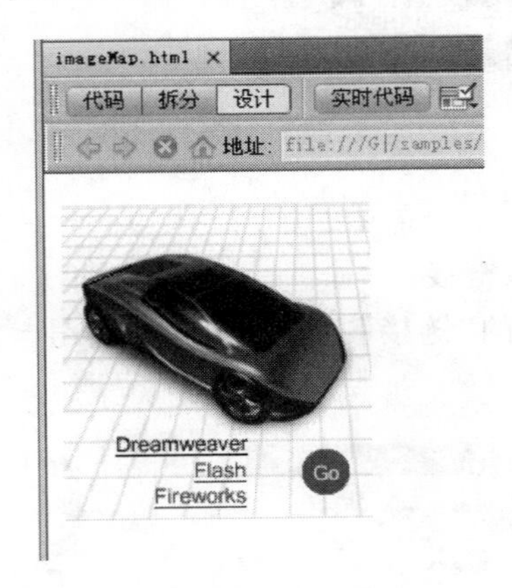

图 4-23　需要添加地图的图片

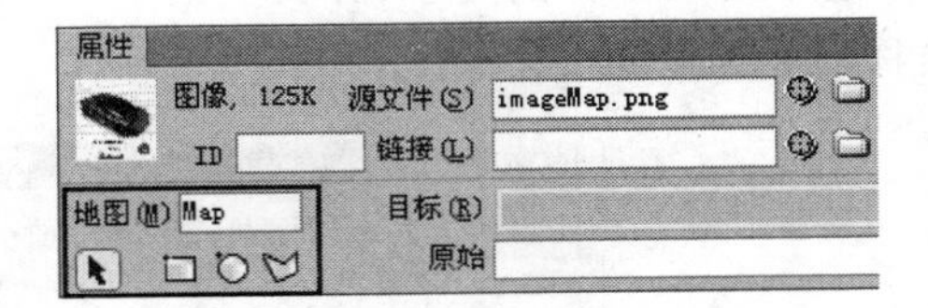

图 4-24　图片的“属性”面板中关于设置地图的部分

① 矩形热点工具：创建一个矩形热点。

② 椭圆形热点工具：创建一个圆形热点。

③ 多边形热点工具：创建一个不规则形状的热点。

(3) 在“属性”面板中单击“矩形热点工具”按钮，在图片上按下鼠标左键并拖动，绘制一个矩形，覆盖图片中的文字 Dreamweaver，如图 4-25 所示。

(4) 热点绘制完成后会显示为一个青色的矩形框，注意这个矩形框仅仅在网页的编辑状态中显示，在网页的最终效果中并不会显示出来，如图 4-26 所示。

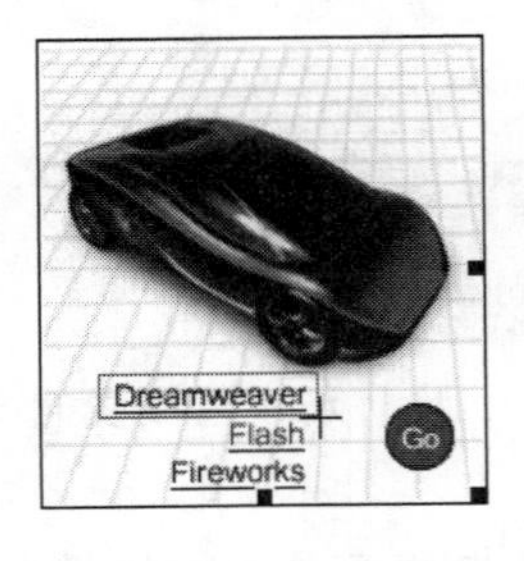

图 4-25　拖动鼠标绘制热点

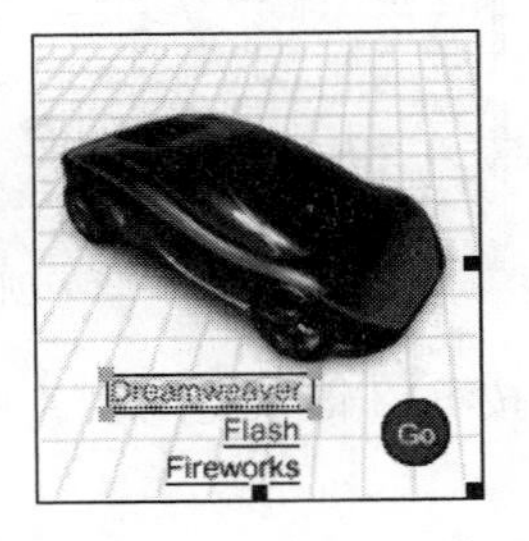

图 4-26　热点在编辑状态下的显示效果

(5) 保持对热点的选择状态(当热点被选择时，其周围会有青色的控制点)，这时“属性”面板中的内容将发生变化，设置“链接”为 dreamweaver.html，如图 4-27 所示。

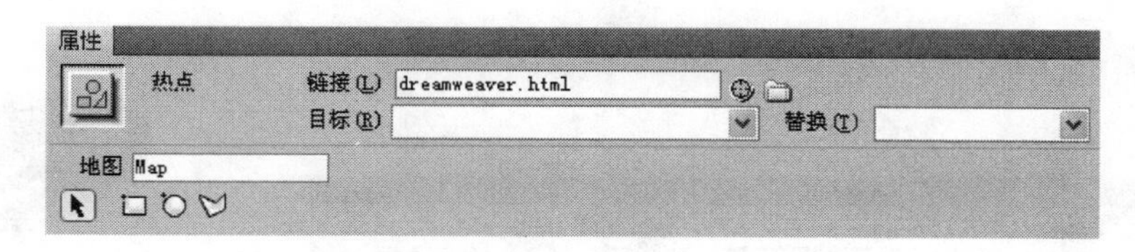

图 4-27　设置热点链接

(6) 按照同样的方法，为剩下的两行文字建立矩形热点，并设置超级链接，分别指向 Flash.html 和 Fireworks.html 两个网页文件，如图 4-28 所示。

专家点拨：如果需要绘制正方形的热点，在拖动鼠标的过程中，按 Shift 键即可。

2. 绘制椭圆形热点

(1) 选中图片，在"属性"面板中，单击"椭圆形热点工具"按钮，按住 Shift 键，在图片中单击并进行拖放，绘制一个圆形的热点，覆盖图片中的 Go 按钮，如图 4-29 所示。

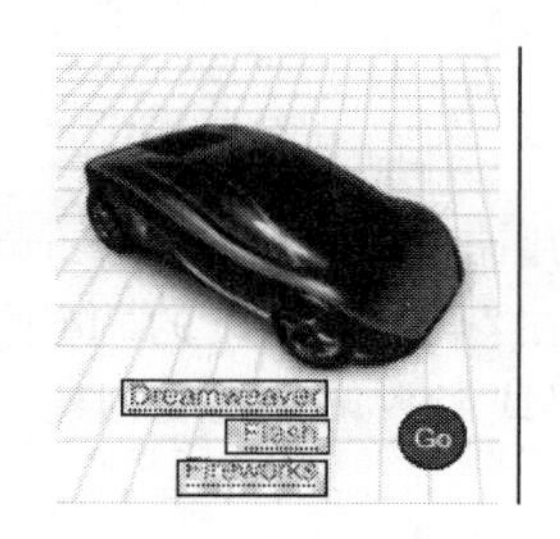

图 4-28　设置多个矩形热点

图 4-29　绘制圆形热点

(2) 保持这个圆形热点的选择状态，进入其"属性"面板，设置"链接"为 go.html，如图 4-30 所示。

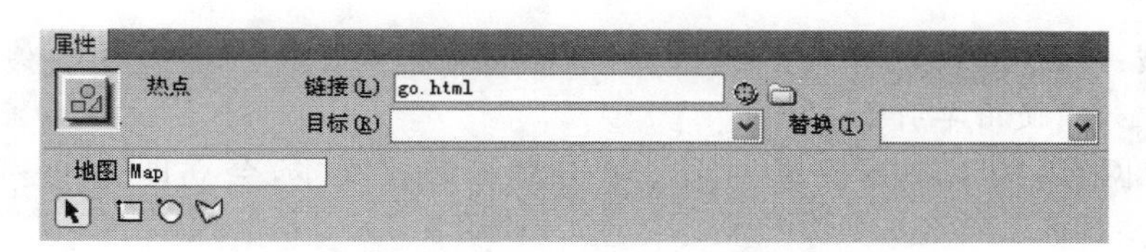

图 4-30　设置圆形热点的链接

3. 绘制多边形热点

(1) 在设计视图中选择图片，进入"属性"面板，单击"多边形热点工具"按钮，在图片上进行绘制，使多边形尽量覆盖图片中的汽车，如图 4-31 所示。

(2) 保持多边形热点的选择状态，进入"属性"面板，设置其"链接"为 polygon.html、"替换"文字为"多边形热点区域"，如图 4-32 所示。

图 4-31　绘制多边形热点

(3) 按 F12 键进行预览，将鼠标指针放在多边形热点区域上方，这时将会弹出信息提示窗口，如图 4-33 所示。对于图片的另外 4 个热点(三个矩形热点和一个圆形热点)，当鼠标指针在它们上方悬停的时候不会显示信息提示窗口(因为在它们的属性中没有设置"替换"文本)，但是单击将会分别打开对应的文件。

图 4-32 设置多边形热点区域

图 4-33 图片热点的预览效果

专家点拨:图片地图中热点绘制具有一定的技巧,尤其多边形热点的绘制更是如此,需要进行适当的练习才能比较好地掌握。另外,热点的链接设置和普通链接完全一样,只不过设置的时候必须单击选中热点,然后再到"属性"面板中进行设置,必须搞清楚究竟在为哪个热点设置链接。

4.3.5 课堂实例——创建脚本链接

链接不仅能够用来实现页面之间的跳转,也可以用来直接调用 JavaScript 语句,这种单击链接,执行 JavaScript 语句的链接称为脚本链接。在"属性"面板的"链接"文本框中输入"javascript:",然后再输入一些简单的 JavaScript 代码或函数调用就能创建一个脚本链接。

1. 创建弹出对话框的脚本链接

(1) 新建一个 HTML 网页文档,在页面中输入文字"单击我",选中这个文本。

(2) 在"属性"面板的"链接"文本框中直接输入:

```
javascript:alert('你单击了我!')
```

专家点拨:因为在 HTML 中 JavaScript 代码需放在双引号中(作为 href 属性的值),所以在脚本代码中必须使用单引号。

(3) 保存网页,按 F12 键测试网页。单击超级链接文本,会立即弹出一个对话框,如图 4-34 所示。

图 4-34 单击脚本链接弹出的对话框

2. 创建收藏网站的脚本链接

单击收藏链接，可以将当前页面的标题和地址添加到浏览器的收藏夹中。可以通过 JavaScript 的 AddFavorite 函数来实现。该函数包含两个参数，第一个参数是要收藏的 URL 地址；第二个参数是在该 URL 地址被添加到收藏夹中时，显示在收藏夹中的菜单项文字。例如，假设 URL 地址是 http://www.cai8.net，希望收藏菜单项文字是“课件吧”，具体制作步骤如下。

(1) 在文档窗口中输入文字“加入收藏”，然后选中这几个字。

(2) 在“属性”面板的“链接”文本框中输入如下代码：

```
javascript:window.external.AddFavorite('http://www.cai8.net ','课件吧')
```

(3) 保存文件，按 F12 键预览一下效果，单击该文字链接，可以弹出“添加到收藏夹”对话框，如图 4-35 所示。

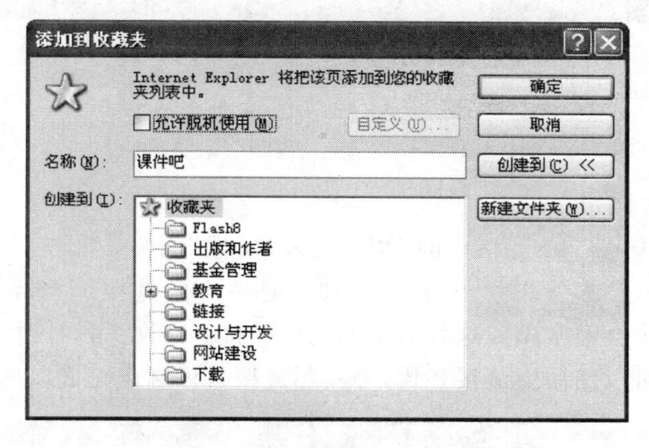

图 4-35　“添加到收藏夹”对话框

(4) 单击“确定”按钮后，可以将当前页面的标题和网址添加到浏览器的收藏夹中。

4.4　在网页中创建导航条和跳转菜单

导航条和跳转菜单是网页中的重要元素，在几乎所有的网站设计中，页面上都需要导航条和跳转菜单。本节通过实例介绍制作导航条和跳转菜单的方法。

4.4.1　课堂实例——创建文字导航条

1. 创建布局表格

(1) 新建一个 HTML 网页文档，在页面中插入一个 2 行 9 列没有边框的表格，如图 4-36 所示。

(2) 选中第一行，将所有的单元格合并成一个单元格，并设置背景色为深灰色、高度为 60 像素。选中第二行，设置背景色为浅灰色、高度为 20 像素，然后设置第 2、4、6、8 单元格的宽度为 10 像素。效果如图 4-37 所示。

2. 输入导航文字并定义超链接

(1) 在第一行单元格中输入网站标题。在第二行单元格中输入导航文字和文字之间的分

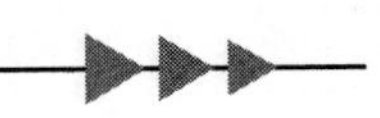

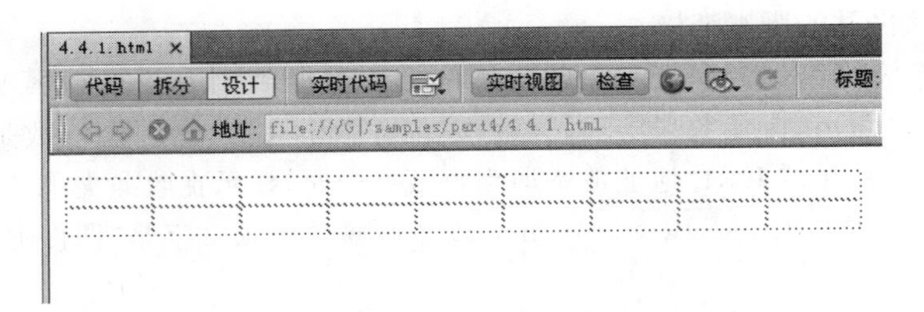

图 4-36　插入表格

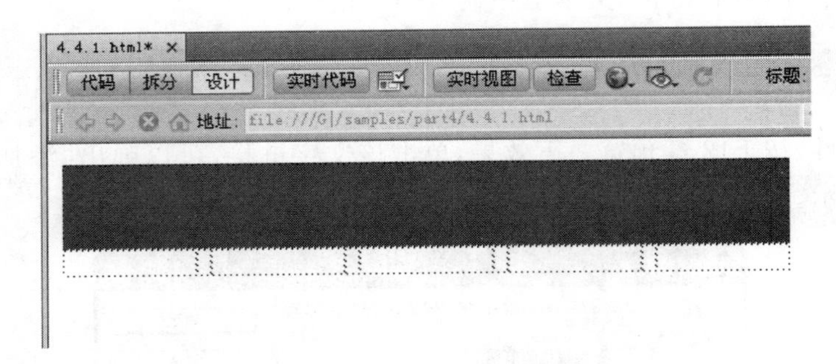

图 4-37　合并单元格并设置表格属性

隔线|,效果如图 4-38 所示。

(2) 选择第二行第一个单元格中的文字,进入"属性"面板,在"链接"文本框中输入 #,如图 4-39 所示。这里输入一个符号 #,表示添加的是一个空链接。空链接也是超级链接的一种,在网页设计过程中会经常用到这种类型的超级链接。在网页设计过程中,有些链接目标还没有最终制作完成,可以使用空链接替代,等实际链接目标制作完成以后再替换过来。

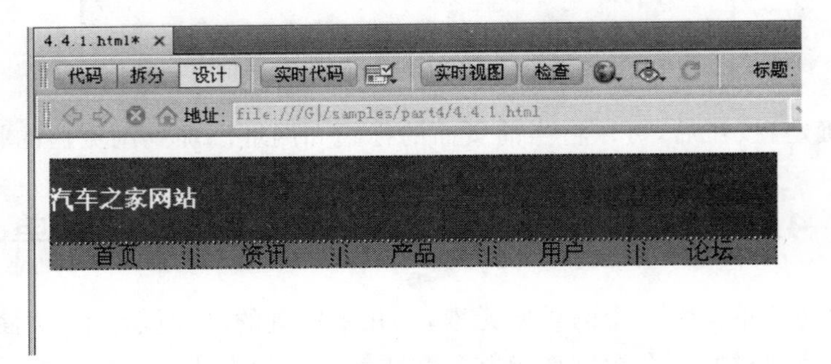

图 4-38　输入文字

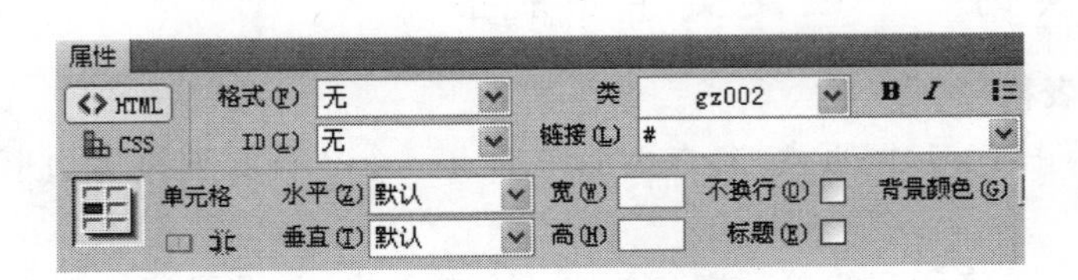

图 4-39　定义空链接

(3) 按照同样的方法,对其他几个导航文字也添加空链接。网页的最终预览效果如图 4-40 所示。

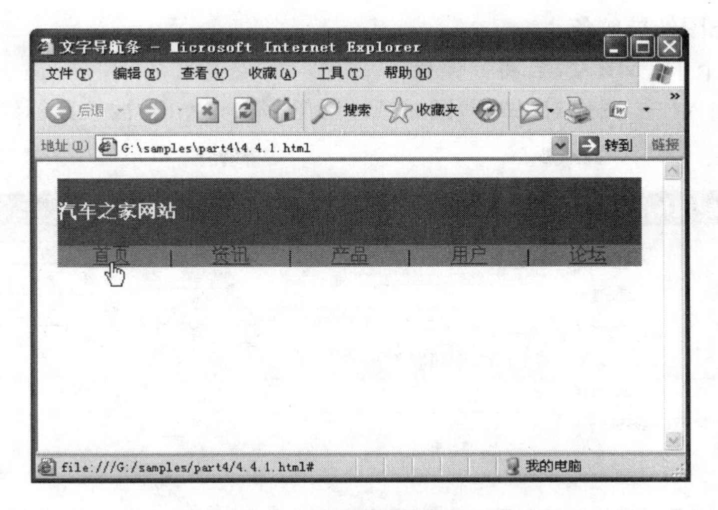

图 4-40　文字导航条效果

4.4.2　课堂实例——创建动态图像导航条

Dreamweaver CS6 提供了插入“鼠标经过图像”的功能，利用这个功能可以制作动态图像导航条。下面通过实例讲解具体的制作方法。

1. 制作组成导航条的图像素材

在创建动态图像导航条之前，必须设计制作好组成导航条的图像文件，一般可以使用 Photoshop 或者 Fireworks 等图像编辑软件进行制作。

每个导航按钮需要准备两个图像文件，一个是原始图像，另一个是鼠标经过图像。这里事先制作好了一些图像文件，可以直接使用它们制作动态图像导航条，如图 4-41 所示。

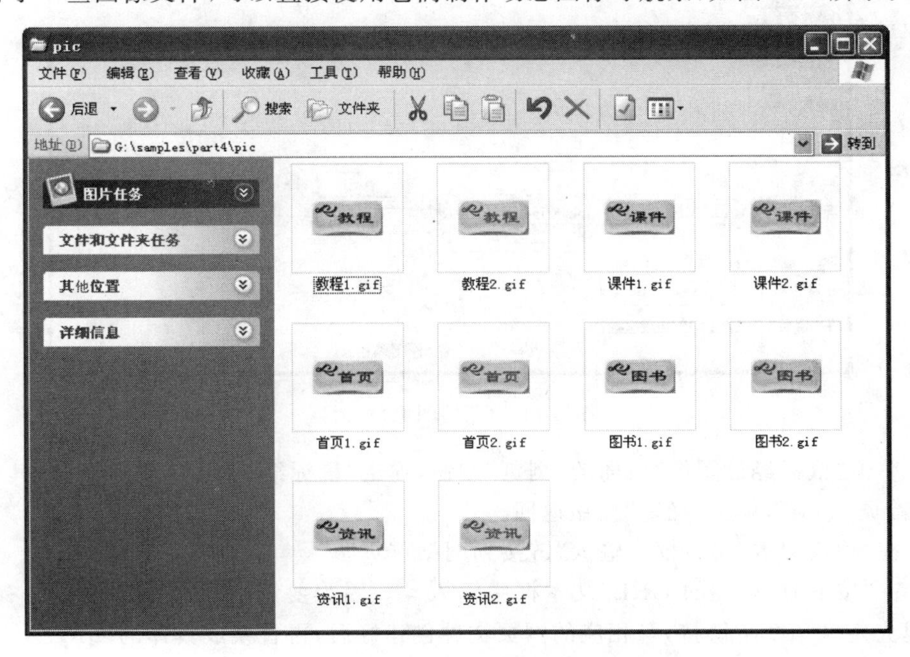

图 4-41　图像素材

2. 创建动态图像导航条

(1) 新建一个 HTML 文档,将其保存。

(2) 选择"插入"→"图像对象"→"鼠标经过图像"命令,弹出"插入鼠标经过图像"对话框,如图 4-42 所示。

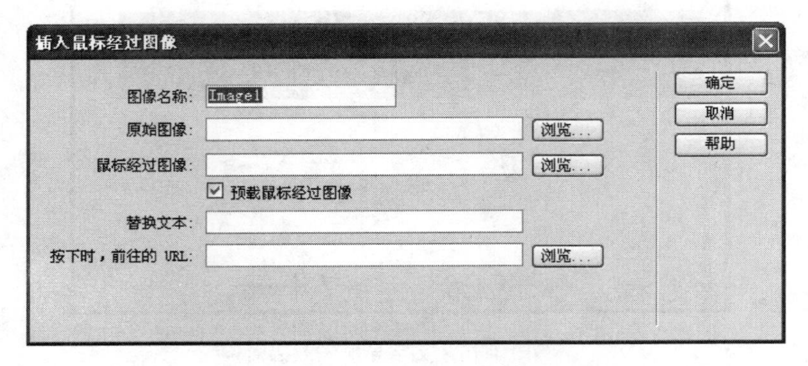

图 4-42 "插入鼠标经过图像"对话框

(3) 单击"原始图像"后面的"浏览"按钮,弹出"原始图像"对话框,在其中选择图像文件"首页 1. gif",如图 4-43 所示。单击"确定"按钮返回。

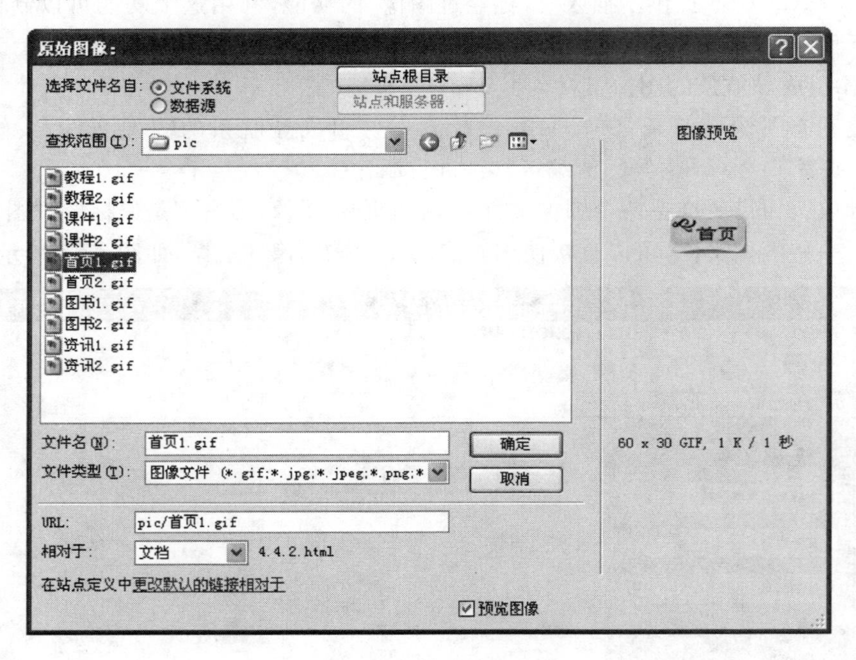

图 4-43 "原始图像"对话框

(4) 单击"鼠标经过图像"后面的"浏览"按钮,弹出"鼠标经过图像"对话框,在其中选择图像文件"首页 2. gif",单击"确定"按钮返回。

(5) 在"替换文本"文本框中输入"链接到网站首页"。

(6) 在"按下时,前往的 URL"文本框中输入 #。因为要链接的网页文件还没有创建好,所以这里先定义一个空链接,等相应的网页文件创建好后,再替换成具体的 URL。

专家点拨:可以单击"按下时,前往的 URL"后面的"浏览"按钮,弹出"单击后,转到 URL"

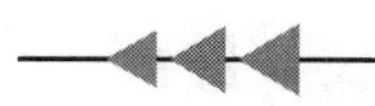

对话框，在其中选择一个网页文件，单击“确定”按钮返回。

(7) 单击“确定”按钮。这样在页面中就创建好了一个导航按钮，如图 4-44 所示。

(8) 单击“实时视图”按钮预览网页效果，当鼠标指向导航按钮时，鼠标指针变为手形，并且按钮图像也发生了动态的改变，如图 4-45 所示。

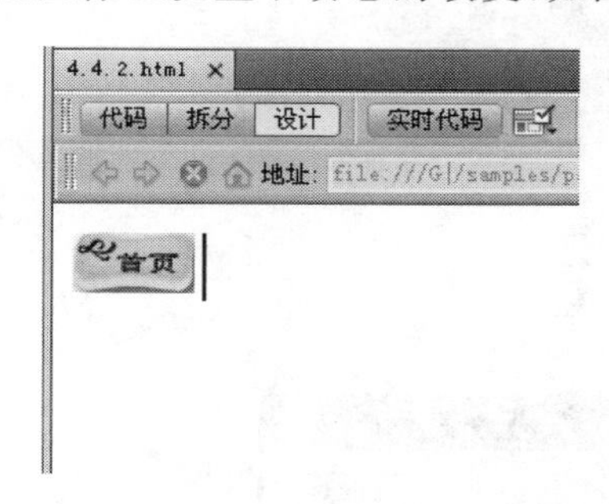

图 4-44　创建好一个导航按钮

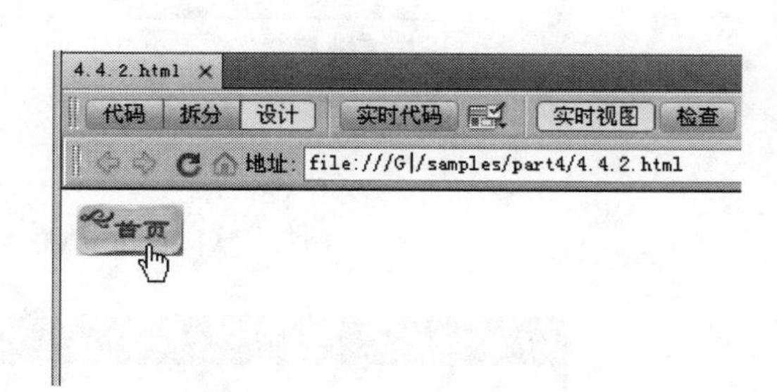

图 4-45　在实时视图下预览页面效果

(9) 按照上面的步骤，再通过插入鼠标经过图像，创建其他导航按钮，最后形成一个动态图像导航条。网页效果如图 4-46 所示。

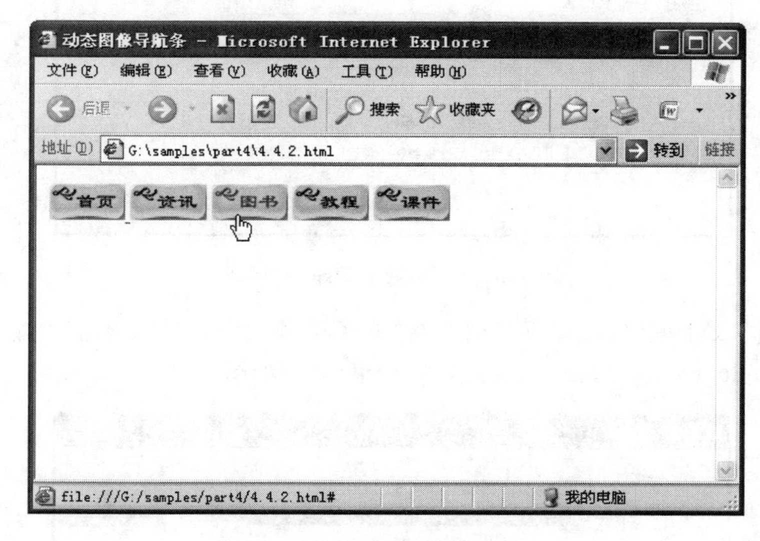

图 4-46　动态图像导航条页面效果

4.4.3　课堂实例——创建跳转菜单

跳转菜单是一种弹出式菜单，将若干导航链接组合在一个跳转菜单中，可以有效节约网页的版面，下面通过实例讲解跳转菜单的指针方法。

1. 插入跳转菜单

(1) 新建一个 HTML 文档，将其保存。

(2) 在页面中输入文字“友情链接”，并将其设置为“标题 3”格式。将光标定位在文字下面一行。

(3) 将“插入”面板切换到“表单”工具栏，单击“跳转菜单”按钮，如图 4-47 所示。弹出“插入跳转菜单”对话框，如图 4-48 所示。

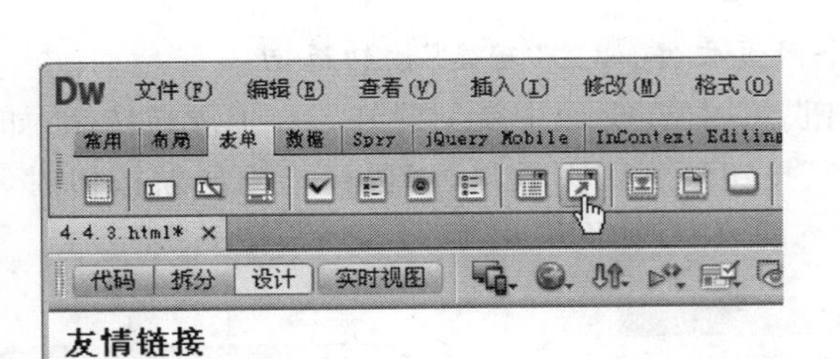

图 4-47　单击“跳转菜单”按钮

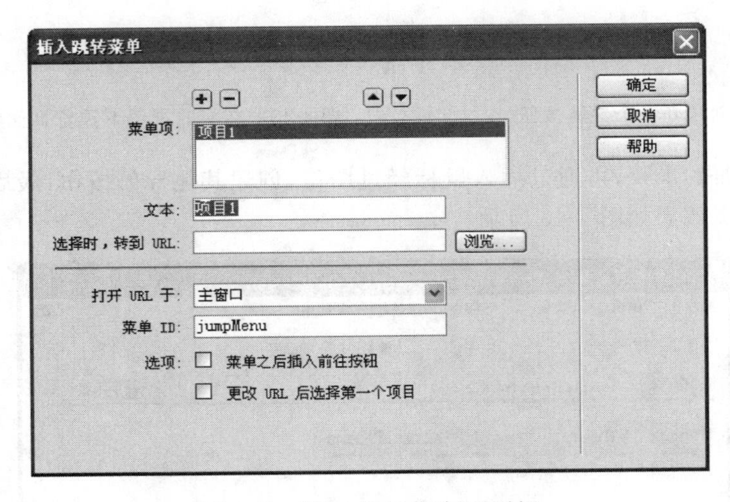

图 4-48　“插入跳转菜单”对话框

(4) 在“文本”文本框中输入“百度网”，在“选择时，转到 URL”文本框中输入百度的网址 http://www.baidu.com。这样就建立好了一个菜单项，如图 4-49 所示。

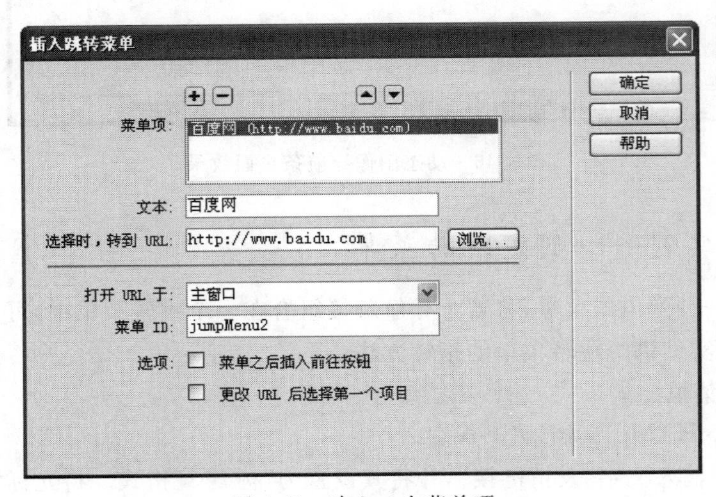

图 4-49　建立一个菜单项

(5) 单击“添加项按钮”[+]添加一个新项目，然后按照前面的方法在“文本”文本框中输入一个网站名称，在“选择时，转到 URL”文本框中输入相应的网址。

(6) 按照同样的方法，继续添加若干菜单项，如图 4-50 所示。

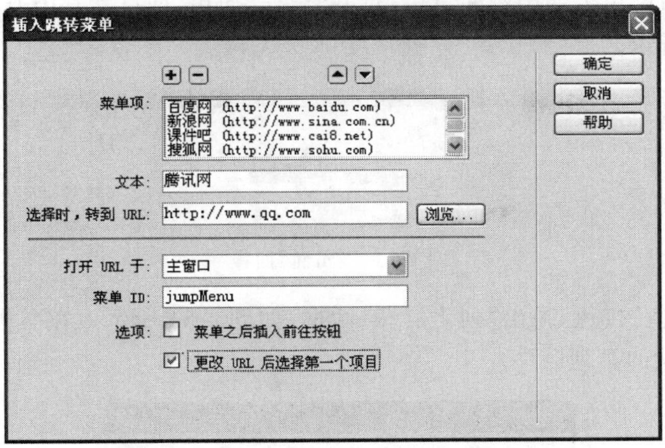

图 4-50　建立若干菜单项

(7) 单击“确定”按钮，可以看到页面中出现一个跳转菜单，如图 4-51 所示。

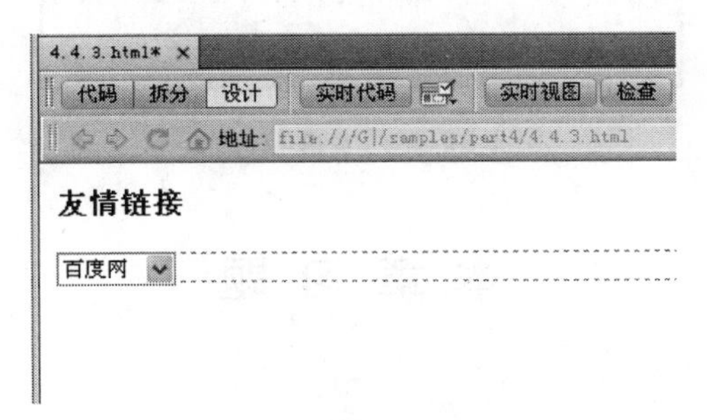

图 4-51　创建好的跳转菜单

(8) 保存网页文档并预览，可以看到如图 4-52 所示的网页效果。单击跳转菜单可以弹出下拉菜单，单击其中的菜单项即可转到相应的 URL。

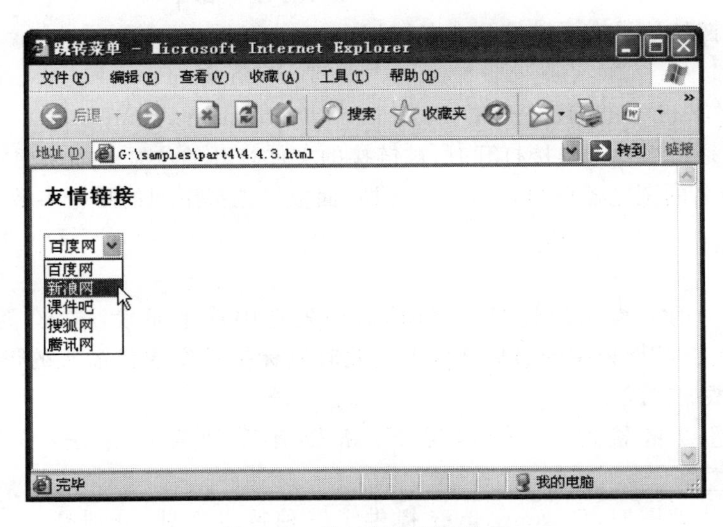

图 4-52　跳转菜单网页效果

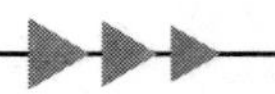

2. 编辑跳转菜单

(1) 在页面编辑区单击选中跳转菜单,打开“属性”面板,即可在其中对选中的跳转菜单进行编辑,如图 4-53 所示。

图 4-53　“属性”面板

(2) 单击“列表值”按钮,弹出“列表值”对话框,如图 4-54 所示。在其中可以添加菜单项,并且可以更改菜单项的排列顺序。

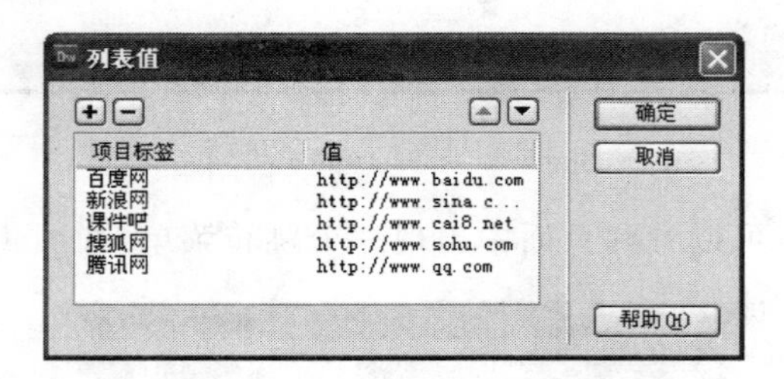

图 4-54　“列表值”对话框

本 章 习 题

一、选择题

1. 如果要给图片添加一个外部链接,该链接是一个具体的网址。下列写法正确的是________。

A. www.cai8.net　　　　B. http://www.cai8.net

C. # www.cai8.net　　　　D. 以上都不对

2. 下列哪个链接地址表示链接到命名锚记?________

A. #　　　　B. javascript:

C. mailto:cai8_net@126.com　　　　D. filename.html#abc

3. 链接目标是指当一个链接打开时,被链接的文件打开的位置。如果想将链接的文档载入一个新的、未命名的浏览器窗口,应该在“属性”面板中选择下面的哪个参数?________

A. _self　　B. _top　　C. _parent　　D. _blank

二、填空题

1. 在给网页中的元素添加超级链接时,需要先选中这个元素,进入“属性”面板,拖动________到右侧“文件”面板中的目标文件上。此时鼠标指针变成带箭头的形状,松开鼠标后一个超级链接就添加完成了。

2. 在添加超级链接时,一般情况下,路径有三种表示方法,分别是________、________________和____________________。

3. 在制作图片地图时,Dreamweaver 提供了三种特点工具,分别是________、________和________。

上机练习

练习 1　脚本链接——关闭网页窗口

制作一个关闭网页窗口的脚本链接。当单击网页中的“关闭窗口”文字链接时，弹出一个提示关闭窗口的对话框，效果如图 4-55 所示。单击“是”按钮即可关闭网页窗口。

图 4-55　关闭网页窗口的脚本链接

在这个练习中定义脚本链接时，需要在“属性”面板的“链接”文本框中直接输入：

```
javascript:window.close()
```

练习 2　纵向文字导航条

制作一个纵向文字导航条，效果如图 4-56 所示。在制作这个实例时，需要先进行表格布局并设置表格属性，然后输入纵向的导航文字，最后添加超级链接。

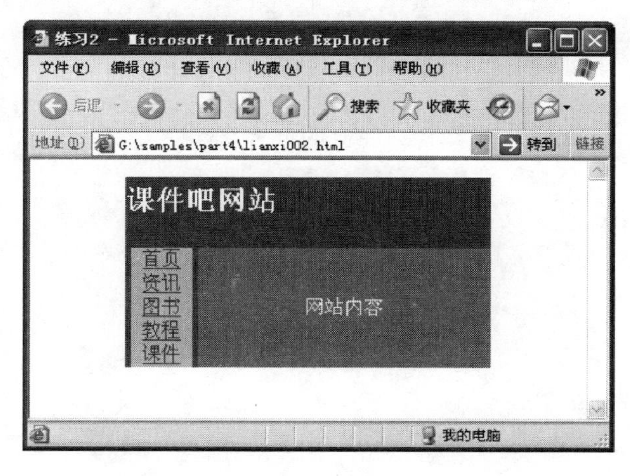

图 4-56　纵向文字导航条

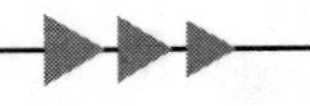

练习 3 纵向动态导航条

利用 Dreamweaver 的插入“鼠标经过图像”功能，制作一个纵向的动态图像导航条，效果如图 4-57 所示。

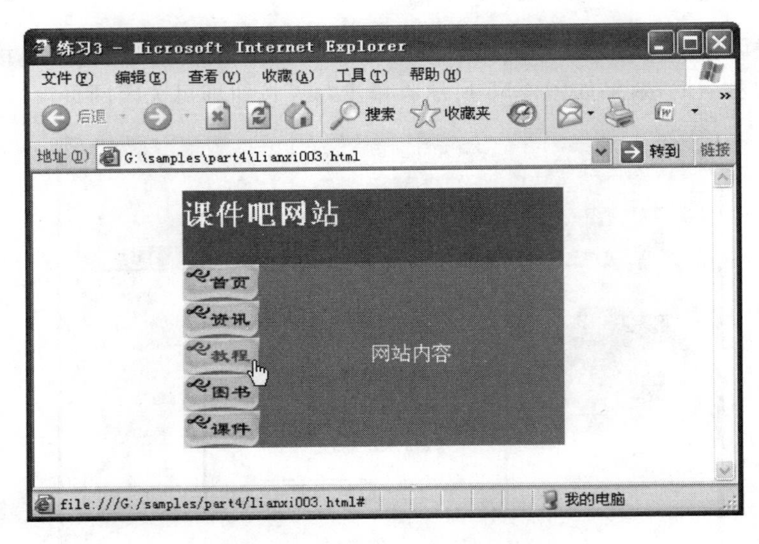

图 4-57 纵向动态图像导航条

第5章 网页中的多媒体

多媒体技术是当今 Internet 持续流行的一个重要动力。早期的网页大多是由文字或者图像构成，由于多媒体技术的发展，音乐、动画、视频等媒体的应用越来越广泛。音乐网站、电影网站、播客等融合多媒体技术的网站越来越多。

本章介绍多媒体在网页中的应用，主要内容包括：

- 在网页中应用 Flash 动画；
- 在网页中应用视频；
- 在网页中应用音频。

5.1 在网页中应用 Flash 动画

Flash 动画以小巧、动感、富有交互性而风靡网络。在制作网页时，将 Flash 动画应用到网页中，能使网页更具动感，更富有感染力。

5.1.1 关于 FLA 和 SWF 文件类型

在网页中应用 Flash 前，有必要先了解一下 Flash 文件的类型。

1. Flash 源文件(FLA)

此类文件的扩展名为 fla，是在 Flash 程序中创建的 Flash 动画源文件。此类型的文件只能在 Flash 中打开进行编辑(而不是在 Dreamweaver 或浏览器中打开)。一般情况下，需要在 Flash 软件中打开 Flash 源文件，然后将它导出为 SWF 或 SWT 文件，最后再把 SWF 或者 SWT 文件插入到网页中以在浏览器中使用。

2. Flash 播放文件(SWF)

此类文件的扩展名是 swf，是在 Flash 中导出的播放文件。这种类型的文件已进行了压缩并进行了优化以便在 Web 上查看。此文件可以在浏览器中播放并且可以在 Dreamweaver 中进行预览，但不能在 Flash 软件中直接编辑此文件。一般情况下，会将 SWF 文件插入 Dreamweaver 网页文档中。

5.1.2 课堂实例——在网页中应用 Flash 动画

Flash 动画在网页设计中的使用非常普遍，在 Dreamweaver 中插入 Flash 动画(.swf 文件)的方法很简单，和插入图片的方法类似。

1. 插入 SWF

(1) 新建一个 HTML 网页文档，在页面中输入文字“Flash 动画欣赏”，然

后将光标定位到文字下面,如图 5-1 所示。

(2) 保存文档。在“常用”子工具栏中,单击“媒体”按钮,在弹出的下拉菜单中选择 SWF,如图 5-2 所示。

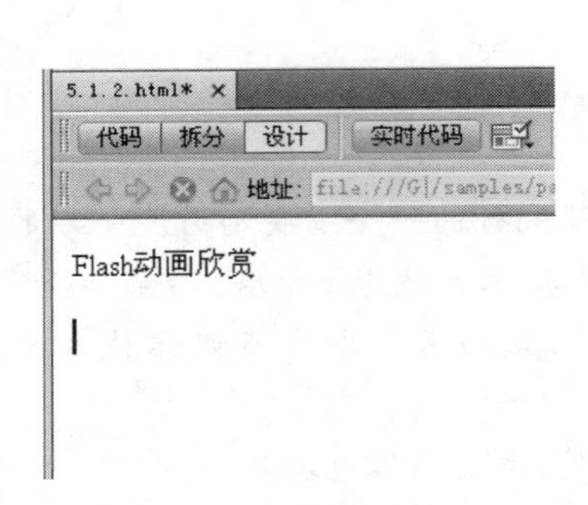

图 5-1　在设计视图中定位光标

图 5-2　插入 Flash

(3) 在弹出的“选择 SWF”对话框中,选择文件 images\banner.swf,然后单击“确定”按钮,如图 5-3 所示。

(4) Flash 影片插入完成后,在设计视图中会显示为灰色的 SWF 文件占位符,网页浏览的时候,Flash 影片将在这个区域中播放。另外,在文档名称标签(这里是 5.1.2.html)下面会显示一个 js 文件名称,这是系统自动生成的 JavaScript 文件,如图 5-4 所示。

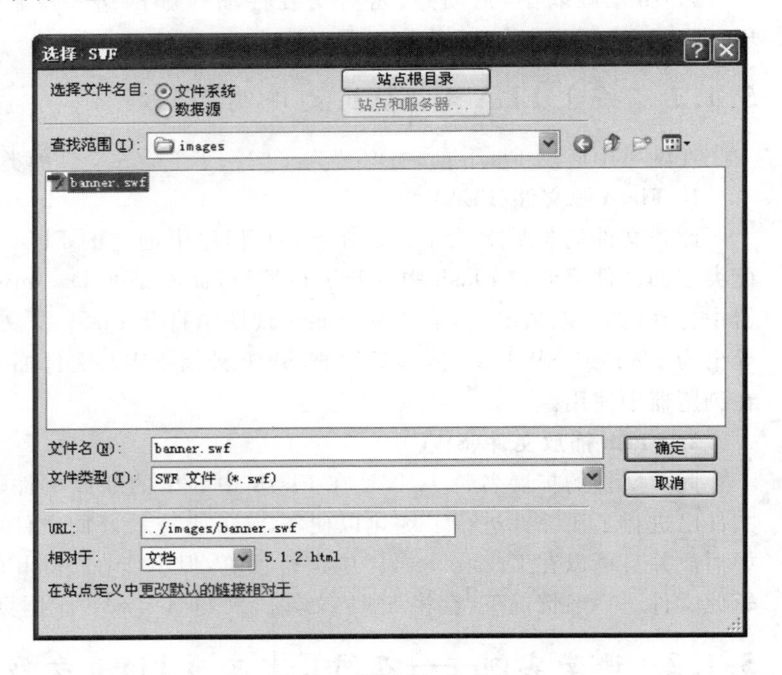

图 5-3　选择 Flash 文件

专家点拨: SWF 文件占位符有一个选项卡式蓝色外框,此选项卡指示资源的类型(SWF 文件)和 SWF 文件的 ID。此选项卡还显示一个眼睛图标,此图标可用于在 SWF 文件和用户在没有正确的 Flash Player 版本时看到的下载信息之间的切换。

(5) 保存文档并预留，可以看到如图 5-5 所示的页面效果。

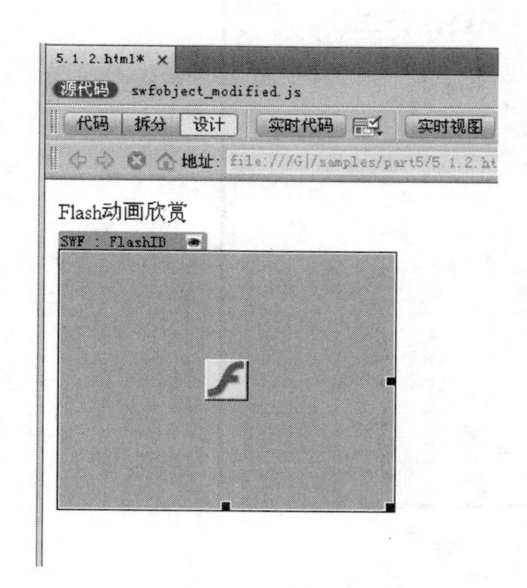

图 5-4　Flash 在设计视图中的显示效果

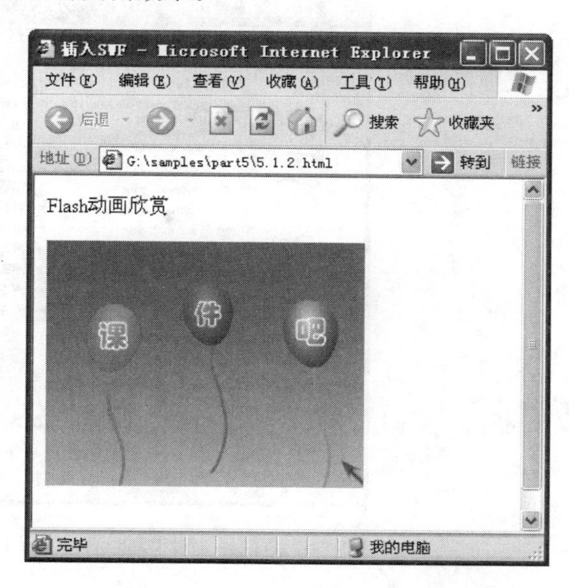

图 5-5　插入 SWF 的页面效果

2. 设置 SWF 的尺寸

(1) 保持页面编辑区的 SWF 处于选中状态，展开“属性”面板，如图 5-6 所示。

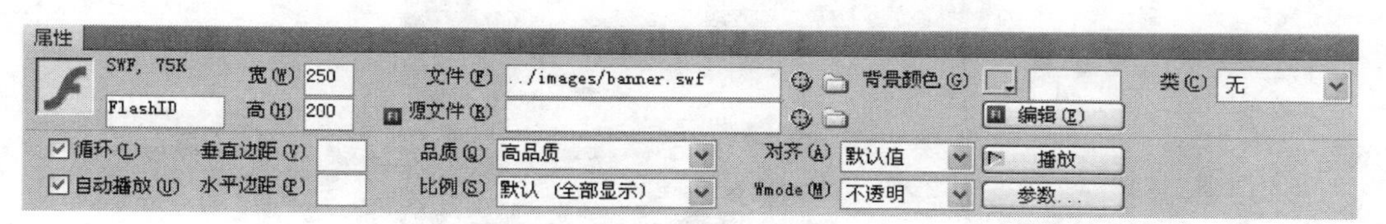

图 5-6　“属性”面板

(2) 设置“宽”和“高”分别为 320 和 240，如图 5-7 所示。这样就将 SWF 的尺寸更改为 320×240。

专家点拨：也可以直接拖动 SWF 上面的手柄来调整其尺寸。单击“属性”面板中的按钮可以恢复到原来的尺寸。

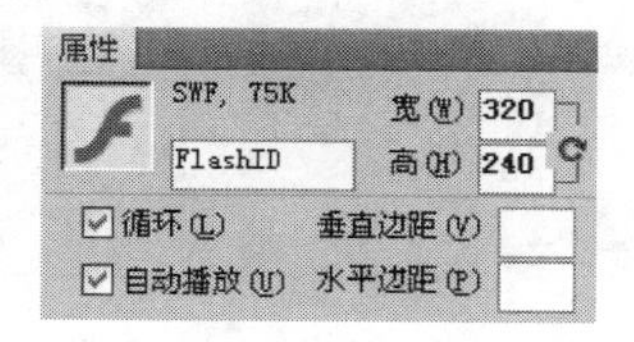

图 5-7　设置影片的大小

3. 控制 SWF 的播放和停止

(1) 刚插入到页面上的 SWF 并不真正显示效果和播放动画，只需在“属性”面板中单击“播放”按钮 [播放] 即可显示并播放 Flash 动画。

(2) 单击“停止”按钮 [停止] 可以停止播放 Flash 动画。

4. 在 Dreamweaver 中编辑 FLA 文件

Dreamweaver 提供在编辑区直接启动 Flash 软件编辑动画的功能。如果对编辑区的 SWF 不满意，可以启动 Flash 软件对其进行编辑处理。

(1) 单击选中编辑区的 SWF，在“属性”面板中单击“编辑”按钮 [编辑(E)]，弹出“查找 FLA 文件”对话框，在其中查找到相应的 FLA 文件，如图 5-8 所示。

(2) 单击“打开”按钮，即可启动 Flash CS6 软件对 FLA 文件进行编辑，处理完成后，单击“完成”按钮 [完成]，如图 5-9 所示。

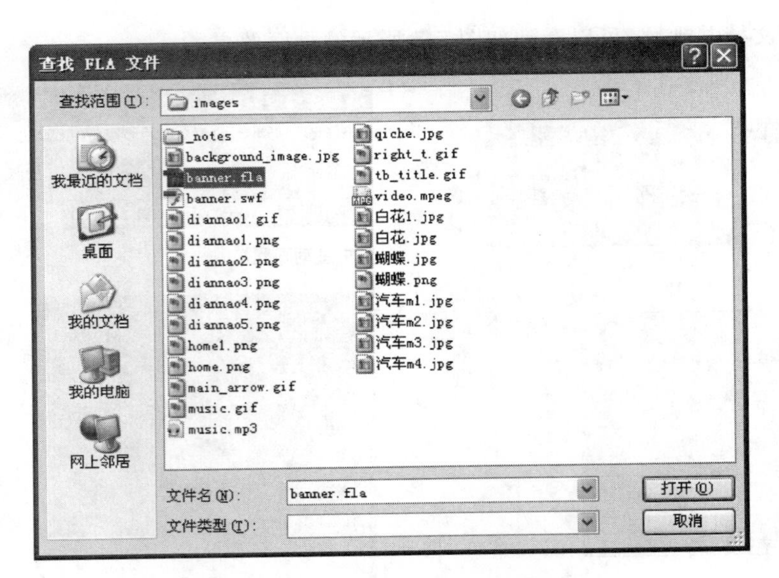

图 5-8 “查找 FLA 文件”对话框

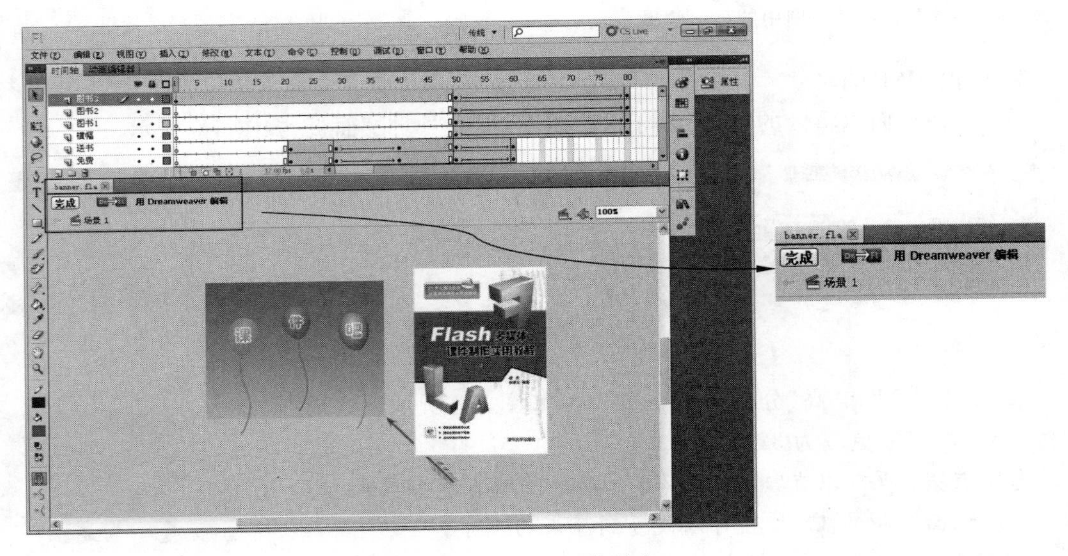

图 5-9 Flash CS6 软件窗口

(3) 系统将 FLA 文件重新保存并且生成 SWF 文件后,自动返回到 Dreamweaver 编辑区。编辑区的 SWF 得到相应的更改。

5. 使 SWF 背景透明

在页面中插入 SWF 时,常常会出现网页的背景色和 SWF 的背景色不一致的情况,这样就影响了页面的显示效果。可以在 Dreamweaver 中为 SWF 设置成透明背景来解决这个问题。

(1) 在文档编辑区插入一个一行一列的表格,设置这个表格的高度为 350 像素、背景颜色为蓝色。

(2) 在这个表格中插入一个 SWF 文件(images\trans.swf)。在“属性”面板中单击“播放”按钮,可以在编辑区看到如图 5-10 所示的效果。会发现 SWF 的背景色为白色,而表格的背景色为蓝色，没有融合在一起，效果很不好。

图 5-10　编辑区的 SWF

（3）单击“停止”按钮停止 SWF 的播放，在 Wmode 下拉菜单中选择“透明”选项。保存文档并预览，可以看到 SWF 的背景变成透明色，效果很好，如图 5-11 所示。

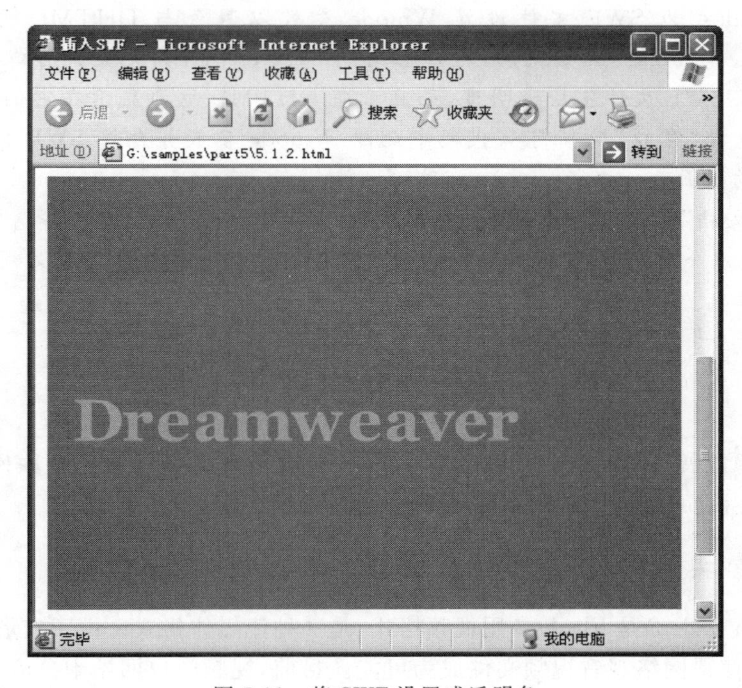

图 5-11　将 SWF 设置成透明色

专家点拨：在“属性”面板中可以指定 SWF 的属性，下面是详细的功能叙述。

（1）ID：为 SWF 文件指定唯一 ID。在属性面板最左侧的未标记文本框中输入 ID。

（2）宽和高：以像素为单位指定影片的宽度和高度。

（3）文件：指定 SWF 文件的路径。单击文件夹图标以浏览到某一文件，或者输入路径。

（4）源文件：指定源文档（FLA 文件）的路径（如果计算机上同时安装了 Dreamweaver 和 Flash）。若要编辑 SWF 文件，请更新影片的源文档。

(5) 背景：指定影片区域的背景颜色。在不播放影片时(在加载时和在播放后)也显示此颜色。

(6) 编辑：启动Flash以更新FLA文件(使用Flash创作工具创建的文件)。如果计算机上没有安装Flash,则会禁用此选项。

(7) 类：可用于对影片应用CSS类。

(8) 循环：使影片连续播放。如果没有选择循环,则影片将播放一次,然后停止。

(9) 自动播放：在加载页面时自动播放影片。

(10) 垂直边距和水平边距：指定影片上、下、左、右空白的像素数。

(11) 品质:在影片播放期间控制抗失真。高品质设置可改善影片的外观。但高品质设置的影片需要较快的处理器才能在屏幕上正确呈现。低品质设置会首先照顾到显示速度,然后才考虑外观,而高品质设置首先照顾到外观,然后才考虑显示速度。自动低品质会首先照顾到显示速度,但会在可能的情况下改善外观。自动高品质开始时会同时照顾显示速度和外观,但以后可能会根据需要牺牲外观以确保速度。

(12) 比例：确定影片如何适合在宽度和高度文本框中设置的尺寸。"默认"设置为显示整个影片。

(13) 对齐：确定影片在页面上的对齐方式。

(14) Wmode：为SWF文件设置Wmode参数以避免与DHTML元素(例如Spry Widget)相冲突。默认值是不透明的,这样在浏览器中,DHTML元素就可以显示在SWF文件的上面。如果SWF文件包括透明度,并且希望DHTML元素显示在它们的后面,请选择"透明"选项。选择"窗口"选项可从代码中删除Wmode参数并允许SWF文件显示在其他DHTML元素的上面。

播放：在"文档"窗口中播放影片。

参数：打开一个对话框,可在其中输入传递给影片的附加参数。影片必须已设计好,可以接收这些附加参数。

5.2 在网页中应用视频

随着网络的发展,视频在网页中的应用越来越广泛,视频类网站是互联网重要的网站类型。本节介绍在网页中应用视频的方法。

5.2.1 课堂实例——在网页中应用FLV视频

FLV(Flash Video)是Flash专用视频格式,是一种流媒体格式。由于它形成的文件极小、加载速度极快,使得网络观看视频文件成为可能。目前,视频门户网站十分流行,例如优酷、土豆等视频网站提供了大量的视频素材,这些视频大部分都是FLV格式的文件。

1. 插入FLV文件

(1) 新建一个HTML网页文档,在页面中输入文字"播放FLV视频",然后将光标定位到文字后面,如图5-12所示。

(2) 在"常规"子工具栏中,单击展开"媒体"按钮,在弹出的下拉菜单中选择FLV命令,如图5-13所示。

专家点拨：.flv是Flash视频格式文件的扩展名,要获得.flv文件,可以使用Riva FLV

Encoder 将其他格式的视频(例如 MPEG、AVI)转换成 FLV 文件。

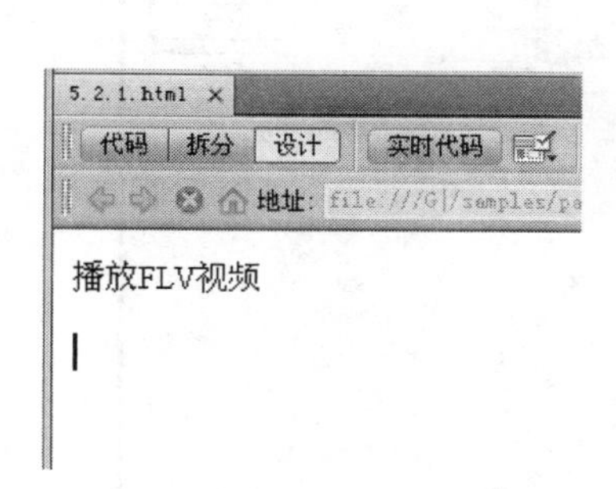

图 5-12　定位光标

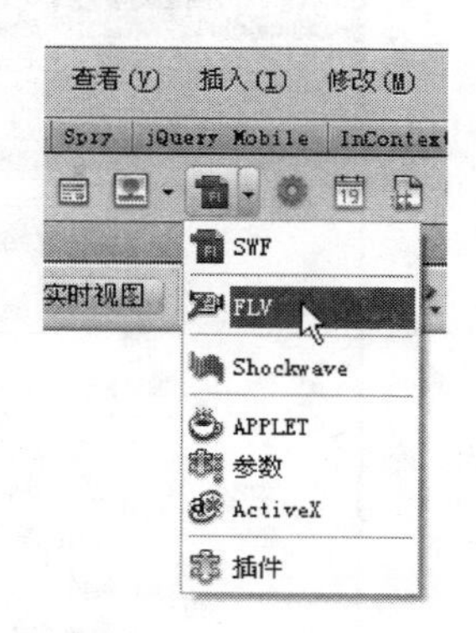

图 5-13　插入 Flash 视频

(3) 在弹出的“插入 FLV”对话框中,在“视频类型”下拉列表框中选择“累进式下载视频”选项,单击 URL 文本框后面的“浏览”按钮,选择文件 part5\ video. flv,在“外观”下拉列表框中选择一种控制栏外观,例如 Clear Skin 3,在列表下方有控制栏的外观预览,如图 5-14 所示。

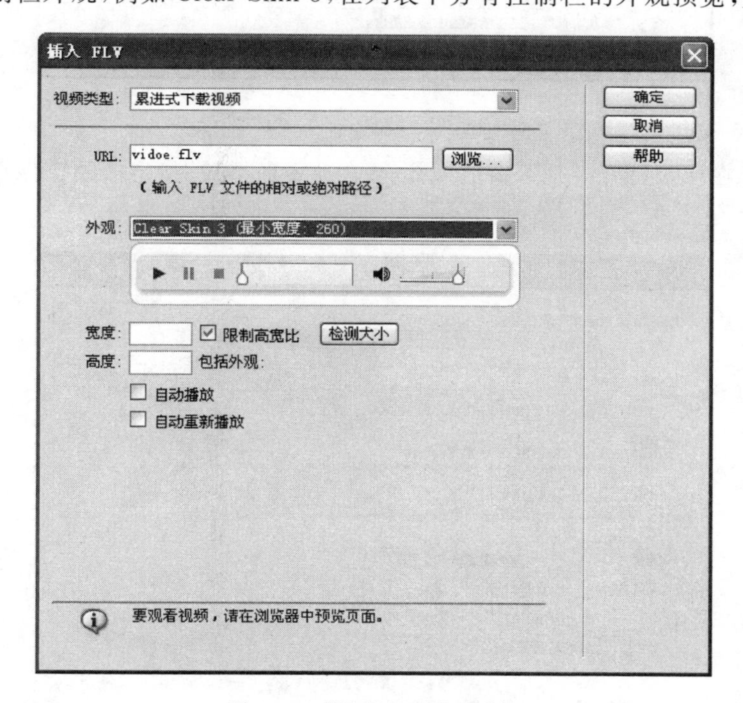

图 5-14　“插入 FLV”对话框

专家点拨:在“插入 FLV”对话框中,视频类型有两种,一种是“累进式下载视频”,另外一种是“流视频”。前者可以用于普通的 Web 服务器,而要使用后一种类型则必须有专门的流媒体服务器。

2. 设置 FLV 文件的播放

(1) 在“插入 FLV”对话框中,单击“检测大小”按钮,检测 FLV 视频的尺寸,检测结果将显示在“宽度”和“高度”中,如图 5-15 所示。

(2) 选择“自动播放”和“自动重新播放”复选框,最后单击“确定”按钮,如图 5-16 所示。

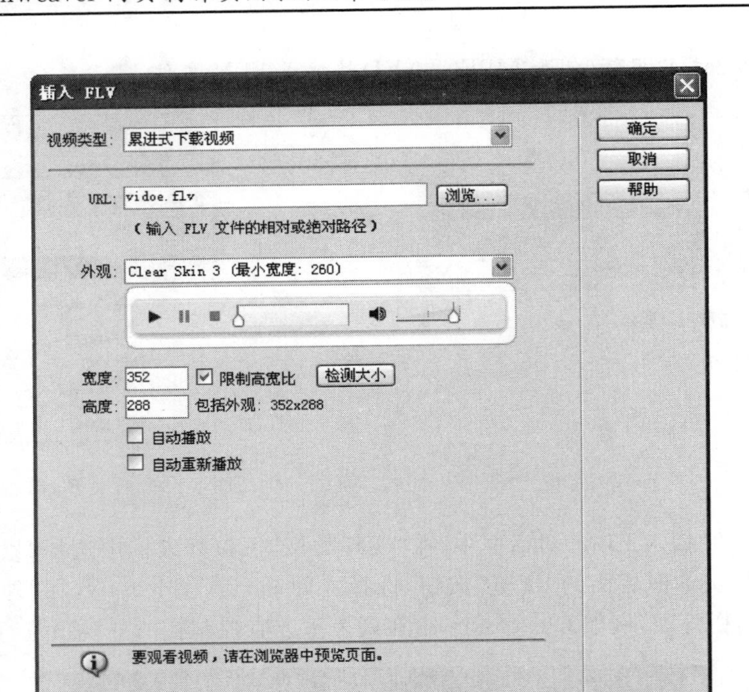

图 5-15 检测大小

“自动播放”指定在网页打开时是否播放视频；“自动重新播放”指定播放控件在视频播放完之后是否返回起始位置。

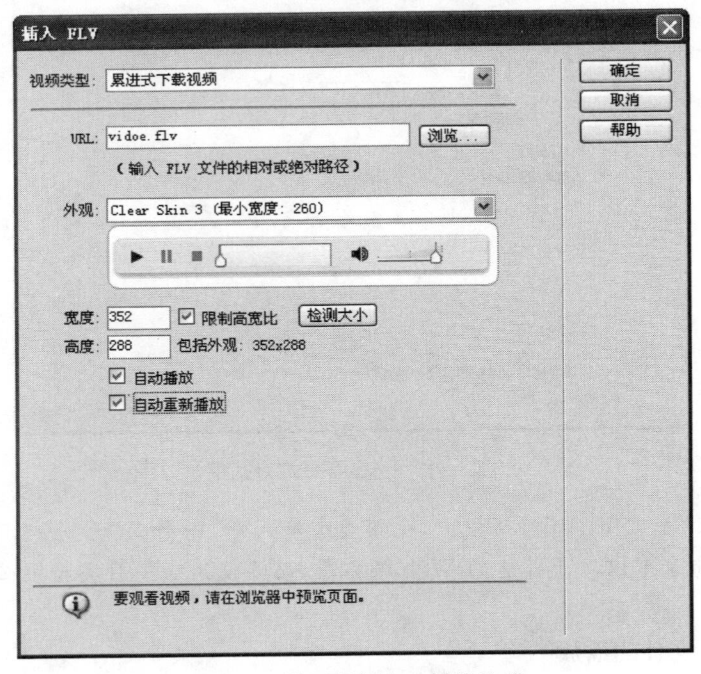

图 5-16 设置视频自动播放选项

(3) Flash 视频插入完成后，在设计视图中会显示为灰色占位标志，网页浏览的时候，Flash 视频将在这个区域中播放，如图 5-17 所示。

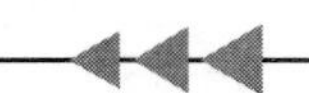

（4）预览网页，效果如图 5-18 所示。在浏览器窗口中播放刚才插入的 Flash 视频，这个视频的下端有一个视频播放控制条，单击上面的按钮可以控制视频的播放。

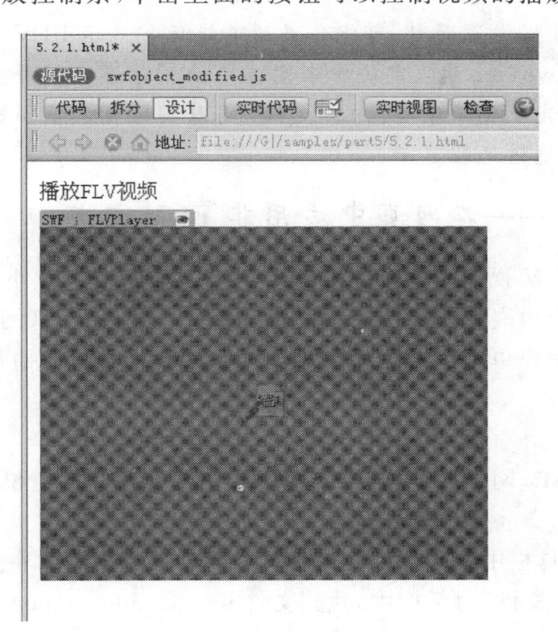

图 5-17　插入 Flash 视频后的页面效果

图 5-18　预览网页效果

专家点拨：在网页中完成插入 FLV 视频的操作以后，在当前网页文档所在的文件夹下会自动产生两个文件：Clear_Skin_3.swf 和 FLVPlayer_Progressive.swf。另外，系统还会自动产生两个文件：swfobject_modified.js 和 expressInstall.swf，这两个文件保存在站点根目录

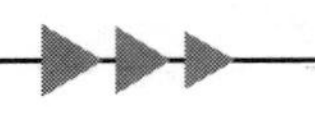

的 Scripts 文件夹下。要想网页文件正常播放 FLV 视频,必须保证这 4 个文件都存在,缺一不可。

在本地预览包含 FLV 的页面时,可能会遇到不能正常显示 FLV 视频的情况。大部分情况是因为用户在 Dreamweaver 站点定义中未定义本地测试服务器并且使用该测试服务器来预览页面。解决方法是定义测试服务器(安装 IIS)并使用该测试服务器来预览页面,或者将文件上传到远程服务器并通过远程显示。

5.2.2 课堂实例——在网页中应用非 FLV 视频

在网页中应用非 FLV 视频文件有两种方式,一种是嵌入式,另外一种是链接式。对于嵌入式视频,网页打开后会内嵌一个播放控制器对视频进行播放;而对于链接式视频,网页中仅仅提供一个超链接,当用户单击打开这个链接后,Windows 的媒体播放器会自动启动并播放这个文件。

1. 嵌入式视频

(1) 新建一个 HTML 网页文档,输入一些文字信息。将光标定位到文字"播放非 FLV 视频"下方,如图 5-19 所示。

(2) 在"常用"子工具栏中,单击"媒体"按钮,在弹出的下拉菜单中选择"插件"命令。

(3) 在弹出的"选择文件"对话框中,找到文件 image\video. mpeg,单击"确定"按钮。

(4) 插件插入之后,设计视图中将会出现插件图标,如图 5-20 所示,这个图标相当于一个占位符,页面预览的时候,视频就将在这个图标所在的位置播放,视频窗口的大小和图标的大小相同。

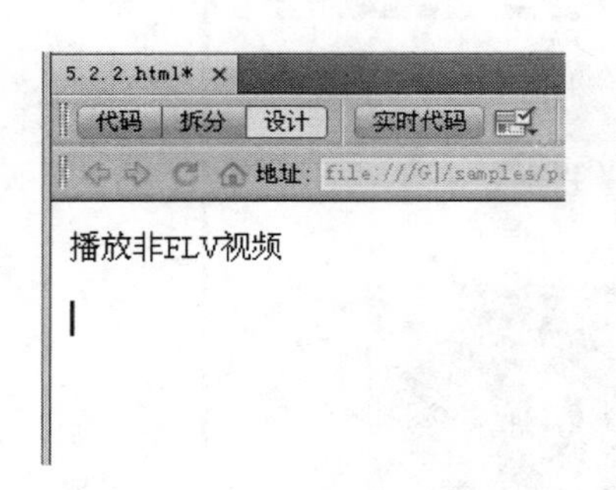

图 5-19 定位光标

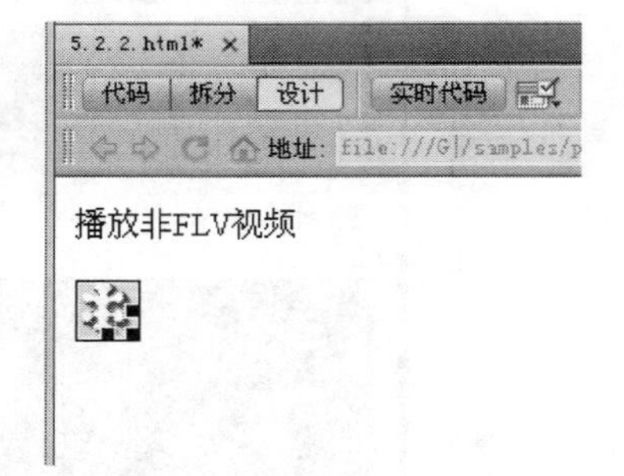

图 5-20 "插件"图标

(5) 保持"插件"图标处于选中状态,进入"属性"面板,设置"宽"为 352、"高"为 288,如图 5-21 所示,这个尺寸就是视频节目的原始大小。

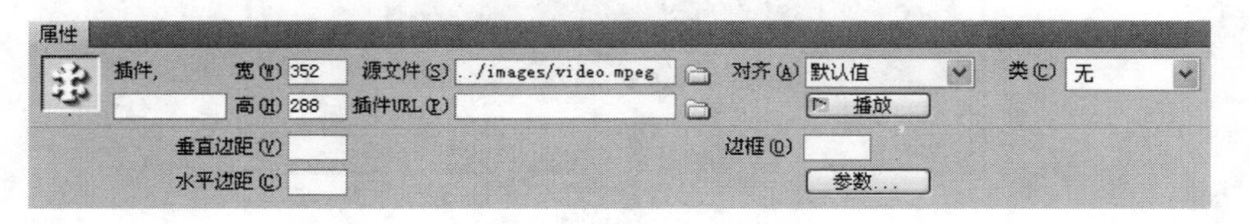

图 5-21 设置插件的宽和高

专家点拨: 在"属性"面板中可以对插件进行属性设置,具体如下所述。

① 名称:指定用来标识插件以撰写脚本的名称。在最左侧的未标记文本框中输入名称。

② 宽和高：以像素为单位指定在页面上分配给对象的宽度和高度。

③ 源文件：指定源数据文件。单击文件夹图标以浏览某一文件，或者输入文件名。

④ 插件 URL：指定插件的 URL。输入站点的完整 URL，用户可通过此 URL 下载插件。如果浏览页面的用户没有插件，浏览器将尝试从此 URL 下载插件。

⑤ 对齐：确定对象在页面上的对齐方式。

⑥ 垂直边距和水平边距：以像素为单位指定插件上、下、左、右的空白量。

⑦ 边框：指定环绕插件四周的边框的宽度。

⑧ 参数：打开一个用于输入要传递给插件的其他参数的对话框，在其中可以输入一些特殊参数。

(6) 按 F12 键进行预览，可以看到浏览器启动后立刻开始播放视频，如图 5-22 所示。

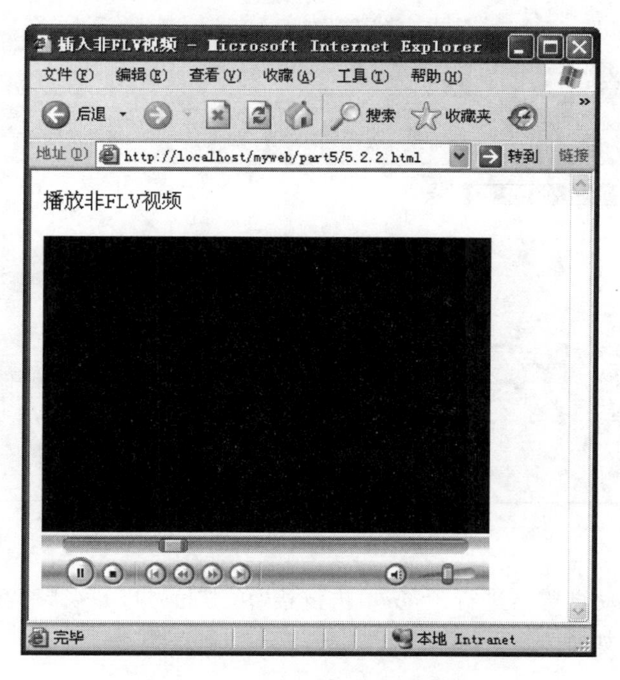

图 5-22　嵌入式视频的播放效果

(7) 在设计视图中，选择插件图标，进入“属性”面板，单击“参数”按钮，这时将弹出“参数”对话框，如图 5-23 所示。

(8) 在“参数”对话框中，单击“添加”按钮 [+]，在“参数”列下面输入 LOOP，在“值”列下面输入 TRUE，如图 5-24 所示。LOOP 参数设置为 TRUE 的含义是让视频循环播放。

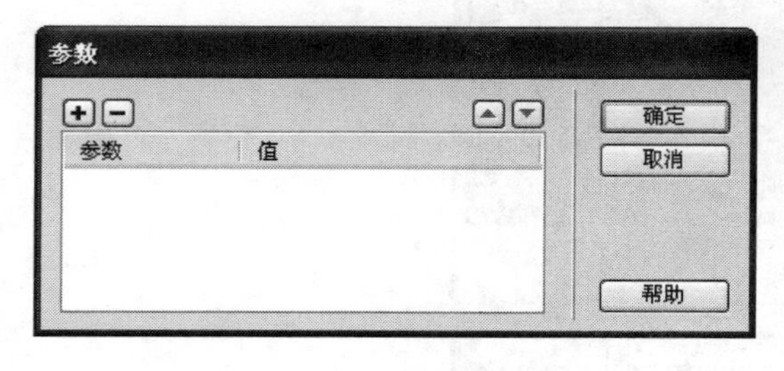

图 5-23　“参数”对话框

图 5-24　设置 LOOP 参数

(9) 按照同样的方法添加更多的参数,调整对视频的控制。设置 Autoplay 为 FALSE,这样页面打开之后视频不会立刻播放,用户必须单击“播放”按钮视频才会开始播放;设置 Volume 为 50,也就是将音量设置成 50%。设置完成后单击“确定”按钮,如图 5-25 所示。

参数	值
LOOP	TRUE
Autoplay	FALSE
Volume	50

图 5-25　设置更多参数

2. 链接式视频

(1) 新建一个 HTML 网页文档,在设计视图中输入文字“单击此处打开视频”,然后选择文字。

(2) 进入“属性”面板,单击“链接”后面的“浏览文件”按钮,在弹出的“选择文件”对话框中选择文件 images\video.mpeg,单击“确定”按钮,如图 5-26 所示。

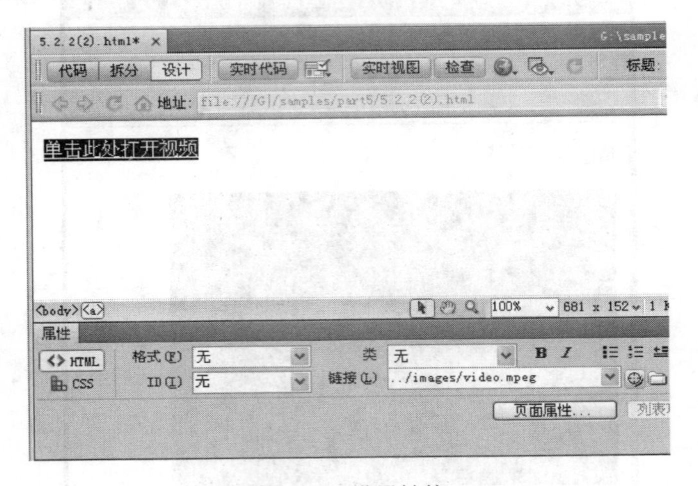

图 5-26　设置链接

(3) 按 F12 键启动浏览器进行预览,单击链接“单击此处打开视频”,这时 RealPlayer 将会自动启动,播放视频,如图 5-27 所示。

图 5-27　播放器自动启动播放视频

专家点拨：这里自动启动 RealPlayer 播放视频，是因为 RealPlayer 被设置为系统默认的播放器。一般情况下，Windows Media Player 是系统默认的播放器，这时就会自动启动 Windows Media Player 播放视频。

5.3　在网页中应用音频

音频在网页中的应用越来越广泛，一些音乐网站在这方面的应用更典型。本节介绍在网页中应用音频的方法和技巧。

5.3.1　音频文件格式

在向网页添加声音时，有多种不同类型的声音文件和格式可供选择，例如.wav、.midi 和.mp3 等。在确定采用哪种格式和方法添加声音前，需要考虑以下一些因素：添加声音的目的、页面访问者、文件大小、声音品质和不同浏览器的差异。

下面介绍一些较为常见的音频文件格式以及每一种格式在 Web 设计中的一些优缺点。

1. MIDI 格式

.midi 或.mid(Musical Instrument Digital Interface，乐器数字接口)，此格式用于乐器。许多浏览器都支持 MIDI 文件，并且不需要插件。尽管 MIDI 文件的声音品质非常好，但也可能因访问者的声卡而异。很小的 MIDI 文件就可以提供较长时间的声音剪辑。MIDI 文件不能进行录制，并且必须使用特殊的硬件和软件在计算机上合成。

2. WAV 格式

.wav(波形扩展)文件具有良好的声音品质，许多浏览器都支持此类格式文件并且不需要插件。可以从 CD、磁带、麦克风等录制需要的 WAV 文件。但是，其较大的文件大小严格限制了可以在网页上使用的声音剪辑的长度。

3. AIFF 格式

.aif(Audio Interchange File Format，音频交换文件格式，也称为 AIFF)格式与 WAV 格式类似，也具有较好的声音品质，大多数浏览器都可以播放它并且不需要插件。也可以从 CD、磁带、麦克风等录制 AIFF 文件。但是，其较大的文件大小严格限制了可以在网页上使用的声音剪辑的长度。

4. MP3 格式

.mp3(Motion Picture Experts Group Audio Layer-3，运动图像专家组音频第 3 层，或称为 MPEG 音频第 3 层)是一种压缩格式，它可使声音文件明显缩小。如果正确录制和压缩 MP3 文件，其音质甚至可以和 CD 相媲美。MP3 技术使用户可以对文件进行“流式处理”，以便访问者不必等待整个文件下载完成即可收听该文件。但是，其文件大小要大于 Real Audio 文件，因此通过典型的拨号(电话线)调制解调器连接下载整首歌曲可能仍要花较长的时间。若要播放 MP3 文件，访问者必须下载并安装辅助应用程序或插件，例如 QuickTime、Windows Media Player 或 RealPlayer。

5. RA 格式

.ra、.ram、.rpm 或 Real Audio 格式具有非常高的压缩度，文件大小要小于 MP3。全部歌曲文件可以在合理的时间范围内下载。因为可以在普通的 Web 服务器上对这些文件进行“流式处理”，所以访问者在文件完全下载完之前就可听到声音。访问者必须下载并安装 RealPlayer 辅助应用程序或插件才可以播放这种文件。

6. MOV 格式

.qt、.qtm、.mov 或 QuickTime 格式是由 Apple Computer 开发的音频和视频格式。Apple Macintosh 操作系统中包含了 QuickTime,并且大多数使用音频、视频或动画的 Macintosh 应用程序都使用 QuickTime。PC 也可播放 QuickTime 格式的文件,但是需要特殊的 QuickTime 驱动程序。QuickTime 支持大多数编码格式,如 Cinepak、JPEG 和 MPEG。

5.3.2　课堂实例——网页背景音乐

制作网页背景音乐主要有两个步骤,第一是插入音乐文件,其次是隐藏音乐的播放条。而在 Dreamweaver 中插入媒体文件的基本方法是通过插入插件的方法来实现的。

1. 插入音乐

(1) 新建一个 HTML 网页文档,并将其保存。在这个页面中插入文字和图片。将光标定位在最后一行,如图 5-28 所示。

(2) 在"常用"子工具栏中,单击展开"媒体"按钮,在弹出的下拉菜单中选择"插件"命令,如图 5-29 所示。

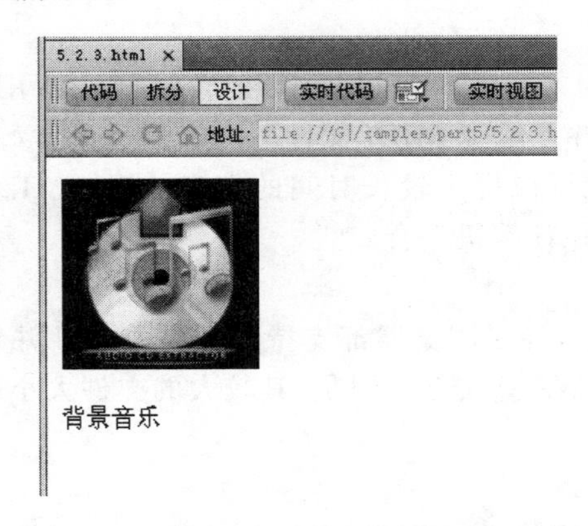

图 5-28　定位光标

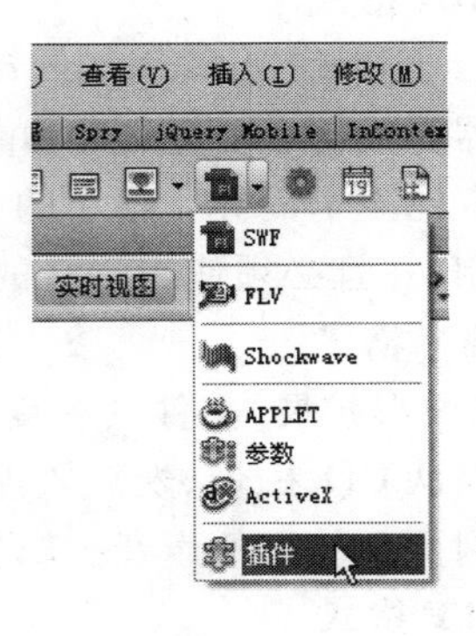

图 5-29　插入插件

(3) 从弹出的"选择文件"对话框中选择文件 images\music.mp3,然后单击"确定"按钮,如图 5-30 所示。

图 5-30　选择声音文件

专家点拨：可以用作网页文档的背景音乐的声音文件格式有 mid、wav、mp3 等。但是采用 mp3 格式时，文件容量过大，并且要在本地计算机上安装另外的专用播放器，因此，考虑到计算机配置较低的用户，设计者最好选择负荷相对少的 mid 声音格式。

(4) 声音文件插入完成后，在设计视图中会显示为一个灰色的插件标志，浏览网页的时候，将在这个区域显示一个声音播放控制条，如图 5-31 所示。

(5) 选择插件标志，在“属性”面板中，将它的“宽”和“高”分别设置为 400 和 50，如图 5-32 所示。这样可以使网页中显示的音乐播放控制条更清楚。

图 5-31 插入声音后的网页效果

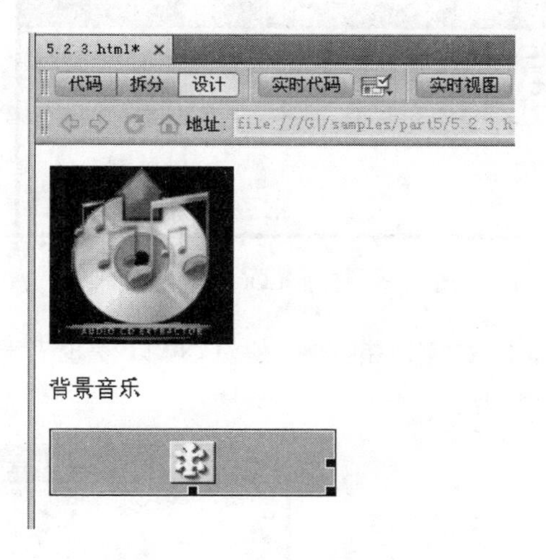

图 5-32 改变插件标志的尺寸

(6) 按 F12 键进行预览，页面加载后将会听到音乐，音乐只播放一遍，并且页面上会有一个播放条，如图 5-33 所示。

图 5-33 播放音乐的页面

2. 设置参数

(1) 回到 Dreamweaver 的界面中,进入"设计"视图,选择音频文件的插件图标。

(2) 进入"属性"面板,单击"参数"按钮,在弹出的"参数"对话框中单击"添加"按钮[+],设置参数为 LOOP,值为 TRUE,如图 5-34 所示。这样设置是让音乐不断循环,形成背景音乐。

(3) 再次单击"参数"对话框中的"添加"按钮[+],添加一个新参数 HIDDEN,设置其值为 TRUE,如图 5-35 所示。设置这个参数的作用是隐藏音频播放条,让它不显示在页面上。

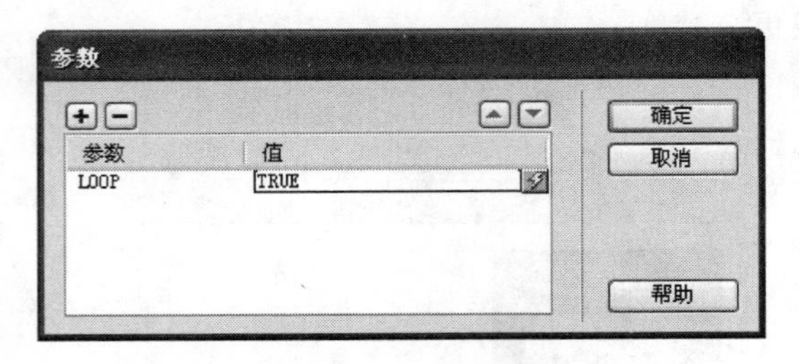

图 5-34 添加 LOOP 参数

图 5-35 添加 HIDDEN 参数

(4) 按 F12 键进行预览,可以发现背景音乐不断重复,同时页面上没有了播放条,如图 5-36 所示。

图 5-36 具有背景音乐的页面

专家点拨:在 Dreamweaver 中,使用多媒体内容(包括音频和视频)主要是通过插入"插件"的方式来实现的,当浏览网页的时候,浏览器会自动根据媒体内容的格式显示播放界面。由于在这个实例中需要制作的效果是背景音乐,因此为插件设置参数(HIDDEN 为 TRUE)将播放器的界面隐藏起来。

本 章 习 题

一、选择题

1. 在 Dreamweaver 中可以直接制作________。

A. 视频　　B. 音频　　C. Flash 按钮　　D. 以上都不对

2. 设置插入到网页的 Flash 动画背景透明的参数为________。

A. hidden=true　　B. wmode=transparent

C. wmode=true　　D. transparent=true

3. 如果想让插入到网页中的音频或者视频循环播放，需要设置的参数为________。

A. autoplay=true　　B. loop=false

C. loop=true　　D. wmode=true

二、填空题

1. 刚插入到编辑页面上的 Flash 动画并不真正显示效果和播放动画，只需在“属性”面板中单击________即可显示并播放 Flash 动画。

2. 在网页中比较常用的音频文件格式有 WAV、MIDI、________、WMA 等。

3. 在网页中插入视频文件有两种方式，一种是嵌入式，另外一种是________。对于嵌入式视频，网页打开后会显示一个播放窗口播放文件；而对于后一种视频，网页中仅仅提供一个超链接，当用户单击打开这个链接后，Windows 的媒体播放器会自动启动并播放这个文件。

上 机 练 习

练习 1　Flash 导航条

利用配套光盘上提供的 SWF 素材(samples\ part5\lianxi002\ *. swf)，制作一个动感的 Flash 导航条，效果如图 5-37 所示。

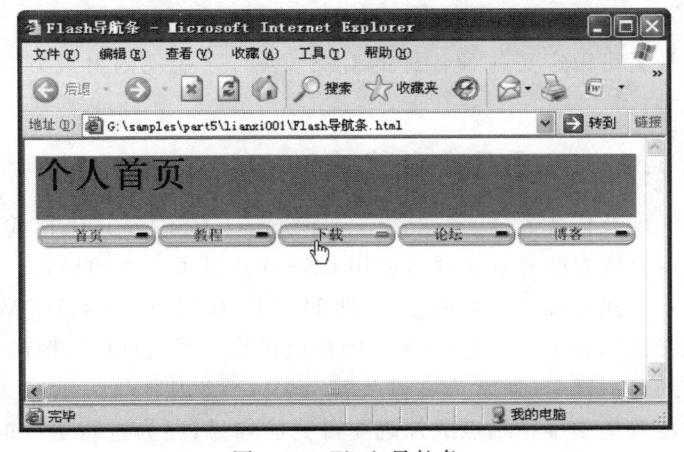

图 5-37　Flash 导航条

练习 2　在网页中插入视频

从网上搜索下载一个 FLV 视频和一个非 FLV 视频，将它们分别嵌入到一个网页中。

练习 3　循环播放的网页背景音乐

利用在 Dreamweaver 中插入插件的功能，制作一个网页，使这个网页具备循环播放背景音乐的功能。

第6章 用CSS美化网页

对于网页设计者来说，HTML是网页制作的基础，但是如果希望网页美观、大方，并且升级方便、维护轻松，那么仅仅只用HTML是不够的，还必须使用CSS，CSS在这中间扮演着举足轻重的角色。本章介绍CSS在网页设计中的应用技术，主要内容有：

- CSS基础；
- 创建CSS；
- CSS基本应用；
- 链接外部CSS样式文件。

6.1 CSS基础

CSS的基本功能是可以将网页要展示的内容与样式设定分开，也就是将网页的外观设定信息从网页内容中独立出来，并集中管理。这样，当要改变网页外观时，只需更改样式设定的部分，HTML文件本身并不需要更改。

Dreamweaver是最早支持CSS开发网页的软件之一。通过直观的界面，设计者可以定义各种各样的CSS规则，这些规则可以影响到网页中的任何元素。

6.1.1 关于层叠样式表

层叠样式表(Cascading Style Sheets，CSS)是一组格式设置规则，用于控制网页内容的外观。通过使用CSS样式设置页面的格式，可将页面的内容与表示形式分离开。页面内容(即HTML代码)存放在HTML文件中，而用于定义代码表示形式的CSS规则存放在另一个文件(外部样式表)或HTML文档的另一部分(通常为文件头部分)中。将内容与表示形式分离可以使从一个位置集中维护站点的外观变得更加容易，因为进行更改时无须对每个页面上的每个属性都进行更新。将内容与表示形式分离还会可以得到更加简练的HTML代码，这样将缩短浏览器加载时间，并为存在访问障碍的人员(例如，使用屏幕阅读器的人员)简化导航过程。

使用CSS可以非常灵活并更好地控制页面的确切外观。使用CSS可以控制许多文本属性，包括特定字体和字大小，粗体、斜体、下划线和文本阴影，文本颜色和背景颜色，链接颜色和链接下划线等。通过使用CSS控制字体，还可以确保在多个浏览器中以更一致的方式处理页面布局和外观。

除设置文本格式外，还可以使用CSS控制网页中块级别元素的格式和定位。块级元素是一段独立的内容，在HTML中通常由一个新行分隔，并在视觉上设置为块的格式。例如，h1标签、p标签和div标签都在网页上产生块级元素。可以对块级元素执行以下操作：为它们设置边距和边框、将它们放置在特定位置、向它们添加背景颜色、在它们周围设置浮动文本等。对块级元素进行操作的方法实际上就是使用CSS进行页面布局设置的方法。

6.1.2　关于CSS规则

CSS格式设置规则由两部分组成：选择器和声明(大多数情况下为包含多个声明的代码块)。选择器是标识已设置格式元素的术语(如p、h1、类名称或ID)，而声明块则用于定义样式属性。

例如下面的CSS规则示例：

```
h1 {
font - size: 16 pixels;
font - family: "宋体";
font - weight:bold;
}
```

在这个CSS规则中，h1是选择器，介于大括号{}之间的所有内容都是声明块。

各个声明由两部分组成：属性(如font-family)和值(如16 pixels)。在这个CSS规则中，已经为h1标签创建了特定样式：所有链接到此样式的h1标签的文本大小为16像素、字体为宋体、样式为粗体。

样式(由一个规则或一组规则决定)存放在与要设置格式的实际文本分离的位置(通常在外部样式表或HTML文档的文件头部分中)。因此，可以将h1标签的某个规则一次应用于许多标签(如果在外部样式表中，则可以将此规则一次应用于多个不同页面上的许多标签)。通过这种方式，CSS可提供非常便利的更新功能。若在一个位置更新CSS规则，使用已定义样式的所有元素的格式设置将自动更新为新样式。

CSS规则可以位于以下位置。

(1) 外部CSS样式表：存储在一个单独的外部CSS(.css)文件(而非HTML文件中的若干组CSS规则)中。此文件利用文档头部分的链接或@import规则链接到网站中的一个或多个页面。

(2) 内部(或嵌入式)CSS样式表：若干组包括在HTML文档头部分的style标签中的CSS规则。

(3) 内联样式：在整个HTML文档中的特定标签实例内定义。不建议使用内联样式。

6.1.3　“CSS样式”面板

在Dreamweaver中，“CSS样式”面板是新建、编辑、管理CSS的主要工具。选择“窗口”→“CSS样式”命令可以打开或者关闭“CSS样式”面板。

“CSS样式”面板提供了两种模式：全部模式和当前模式。全部模式可以跟踪文档可用的所有规则和属性，当前模式可以跟踪影响当前所选页面元素的CSS规则和属性。

1. 全部模式下的“CSS样式”面板

在没有定义CSS前，“CSS样式”面板显示空白。如果在Dreamweaver中定义了CSS，那

么"CSS样式"面板中会显示定义好的CSS规则,如图6-1所示。

在"全部"模式下,"CSS样式"面板显示两个窗格:"所有规则"窗格(顶部)和"属性"窗格(底部)。"所有规则"窗格显示当前文档中定义的规则以及附加到当前文档的样式表中定义的所有规则的列表。使用"属性"窗格可以编辑"所有规则"窗格中任何所选规则的CSS属性。

专家点拨:可以通过拖动窗格之间的边框调整窗格的大小,通过拖动"属性"列的分隔线调整这些列的大小。

在"所有规则"窗格中选择某个规则时,该规则中定义的所有属性都将出现在"属性"窗格中。然后可以使用"属性"窗格快速修改CSS,而无论它是嵌入在当前文档中还是链接到附加的样式表。默认情况下,"属性"窗格仅显示那些先前已设置的属性,并按字母顺序排列它们。

2. 当前模式下的"CSS样式"面板

单击"CSS样式"面板中的"当前"按钮可以切换到当前模式。只有在文档编辑区选择了一个使用CSS样式的元素,"CSS样式"面板中才能显示这个元素当前正在使用的CSS规则,如图6-2所示。

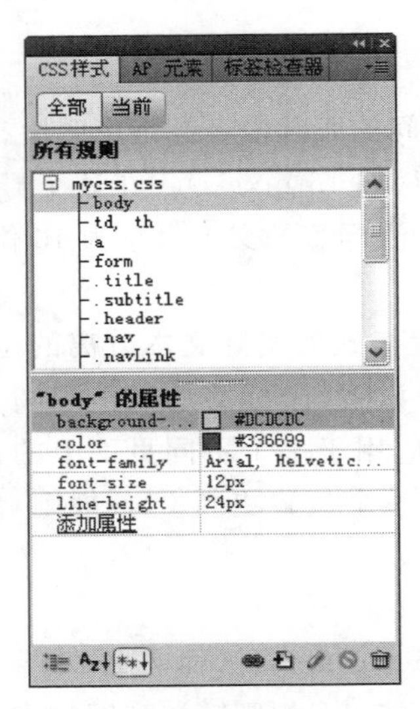

图6-1 "全部"模式下的"CSS样式"面板

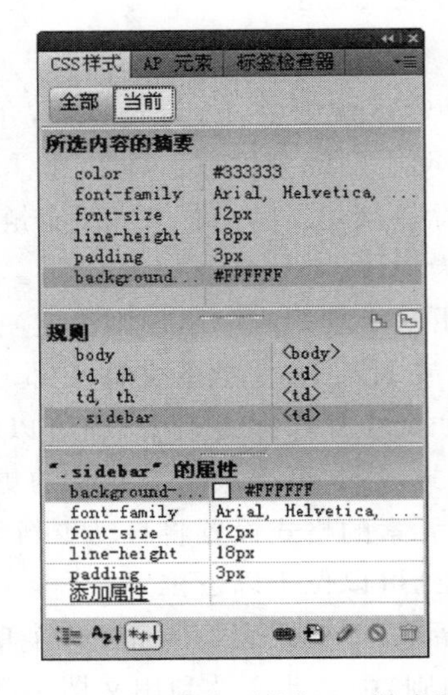

图6-2 "当前"模式下的"CSS样式"面板

在"当前"模式下,"CSS样式"面板将显示三个窗格:"所选内容的摘要"窗格,其中显示文档中当前所选内容的CSS属性;"规则"窗格,其中显示所选属性的位置(或所选标签的一组层叠的规则);"属性"窗格,它允许用户编辑应用于所选内容的规则的CSS属性。

"规则"窗格根据用户的选择显示两个不同视图:"关于"视图或"规则"视图。在"关于"视图(默认视图)中,此窗格显示定义所选CSS属性的规则的名称,以及包含该规则的文件的名称。在"规则"视图中,此窗格显示直接或间接应用于当前所选内容的所有规则的层叠(或层次结构)。用户可以通过单击"规则"窗格右上角的"显示信息"按钮和"显示层叠"按钮在两种视图之间切换。

专家点拨:单击"实时视图"按钮并且单击"检查"按钮,切换到实时视图和检查模式一起使用的状态,然后在"当前"模式下打开"CSS样式"面板,并将鼠标悬停在页面上的元素上方,此时"CSS样式"面板中的规则和属性将自动更新,以显示该元素的规则和属性。

3. “CSS 样式”面板按钮和视图

在“CSS 样式”面板中，可以较为直观地管理 CSS。“CSS 样式”面板的最下边是一排工具按钮，它们的功能介绍如下。

(1) “显示类别视图”按钮 ：单击此按钮可以切换到显示类别视图模式下，如图 6-3 所示。

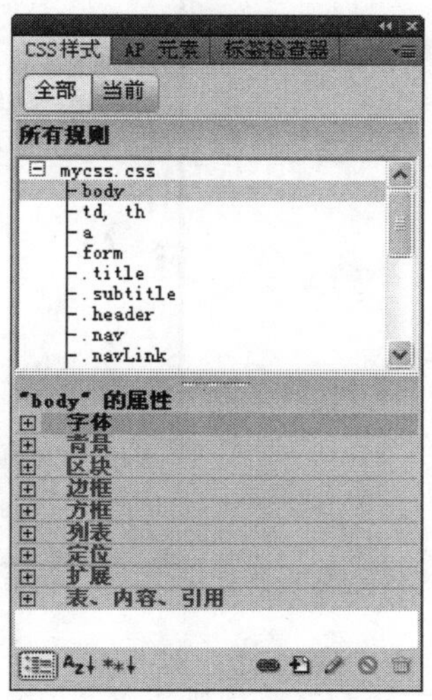

图 6-3　显示类别视图

专家点拨：*在显示类别视图下，可以通过“字体”、“背景”、“区块”、“边框”、“方框”、“列表”、“定位”、“扩展”、“表、内容、引用”等类别进行 CSS 规则属性的设置。单击每个类别名前面的＋按钮即可展开这个类别。*

(2) “显示列表视图”按钮 ：单击这个按钮可以切换到显示列表视图模式下，在这个视图下会显示所有的属性列表。

(3) “只显示设置属性”按钮 ：单击这个按钮可以切换到只显示设置属性视图模式下，这是系统默认的视图模式。在这个视图下只显示已经设置了属性值的属性列表。如果想增加设置新的属性，可以选择“添加属性”命令。

(4) “附加样式表”按钮 ：单击这个按钮可以设置链接外部的样式表文件。

(5) “新建 CSS 规则”按钮 ：单击这个按钮可以新建一个 CSS 规则。

(6) “编辑样式”按钮 ：在“CSS 样式”面板中选择一个 CSS 规则，然后单击这个按钮，可以编辑选中的 CSS 规则。

(7) “禁用/启用 CSS 属性”按钮 ：在“属性”窗格中选择一个属性后，此按钮变为可用状态。单击这个按钮，可以禁用所选择的 CSS 属性。并且在这个 CSS 属性前面会显示一个红色的禁用标志 ，如果想重新启用这个 CSS 属性，可以单击它前面的禁用标志使之消失。

(8) “删除 CSS 规则”按钮 ：在“CSS 样式”面板中选择一个 CSS 规则，然后单击这个按钮可以删除选中的 CSS 规则。

6.1.4　课堂实例——定义 CSS 规则的方法

一般情况下，可以在 HTML 网页文档(内部 CSS)或者独立的 CSS 样式表文档(外部 CSS)中新建 CSS 规则。下面以在 HTML 网页文档中新建 CSS 规则加以说明。

新建一个 HTML 网页文档，打开“CSS 样式”面板，单击“新建 CSS 规则”按钮 ，弹出“新建 CSS 规则”对话框，如图 6-4 所示。

下面叙述定义一个 CSS 规则的具体步骤。

(1) 在“新建 CSS 规则”对话框中设置“选择器类型”，下拉列表中有 4 个选项，根据所要定义的 CSS 规则的需要任意选择一个类型。例如这里保持默认设置“类(可应用于任何 HTML 元素)”。

(2) 在“选择器名称”文本框中选择或者输入一个 CSS 规则名称。这里需要注意的是，不同的选择器类型，CSS 规则名称的命名格式和方法是不一样的。因为前一个步骤设置的选择器类型是“类”，所以这里在“名称”文本框中输入.mycss1(名称以.开始)。

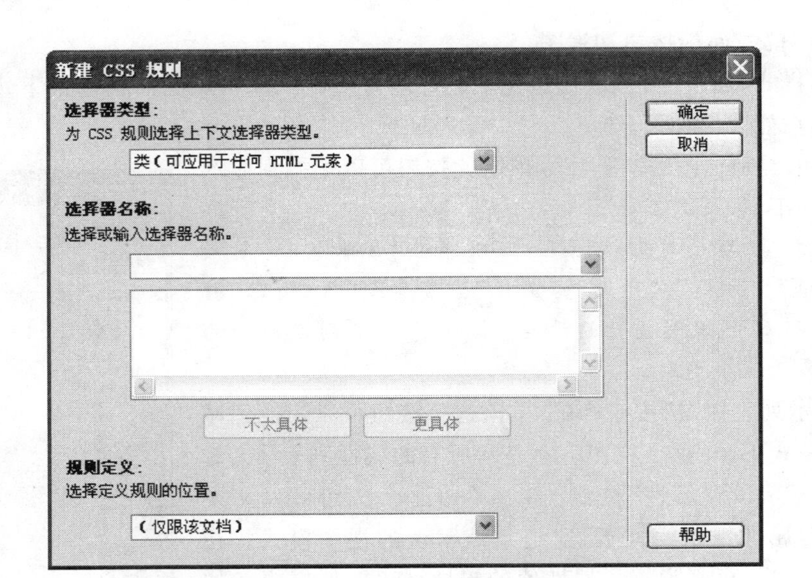

图 6-4 “新建 CSS 规则”对话框

(3) 在“规则定义”下拉列表中有两个选项,可以设置 CSS 规则定义在本文档内还是定义在外部样式表文件中。这里选择“(仅限该文档)”选项,如图 6-5 所示。

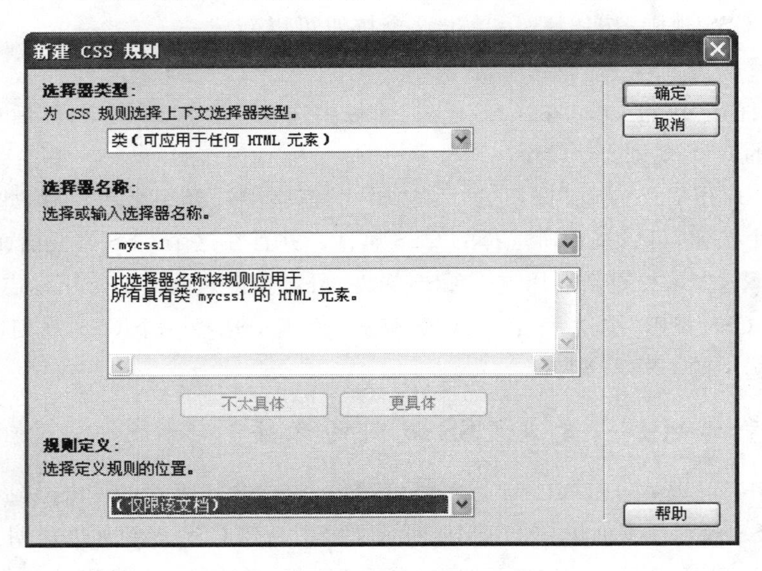

图 6-5 新建一个 CSS 规则

(4) 单击“确定”按钮,弹出“.mycss1 的 CSS 规则定义”对话框,如图 6-6 所示。在该对话框中可以分类设置 CSS 规则的属性。

(5) 这里任意设置字体、字体粗细、字体颜色等属性。设置完成后单击“确定”按钮即可完成一个 CSS 规则的定义,这时在“CSS 样式”面板中就可以看到定义好的 CSS 规则名称,以及对应这个 CSS 规则的属性列表,如图 6-7 所示。

(6) 切换到“代码”视图,可以看到 HTML 代码中新增了一段 CSS 样式代码,如图 6-8 所示。

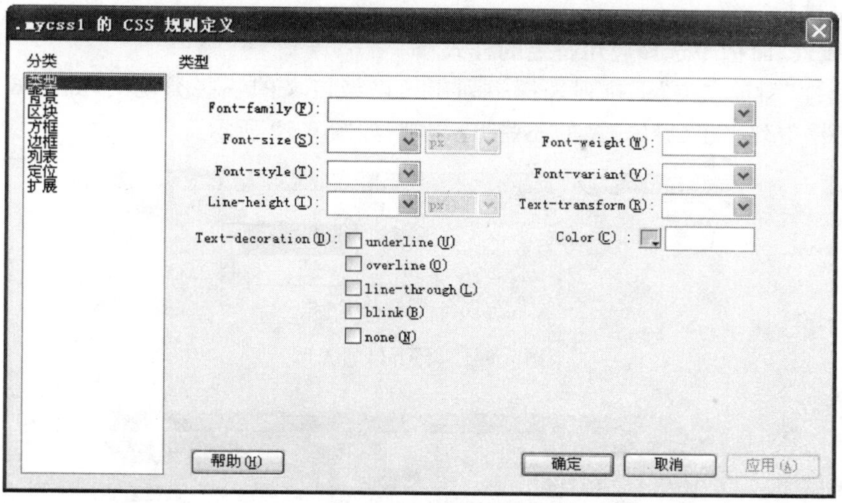

图 6-6　“. mycss1 的 CSS 规则定义”对话框

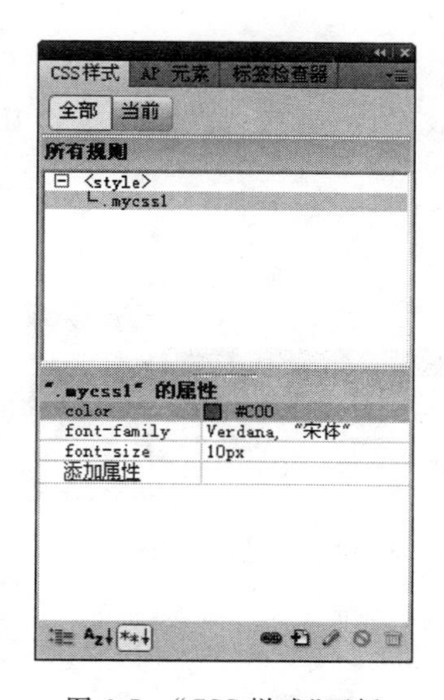

图 6-7　“CSS 样式”面板

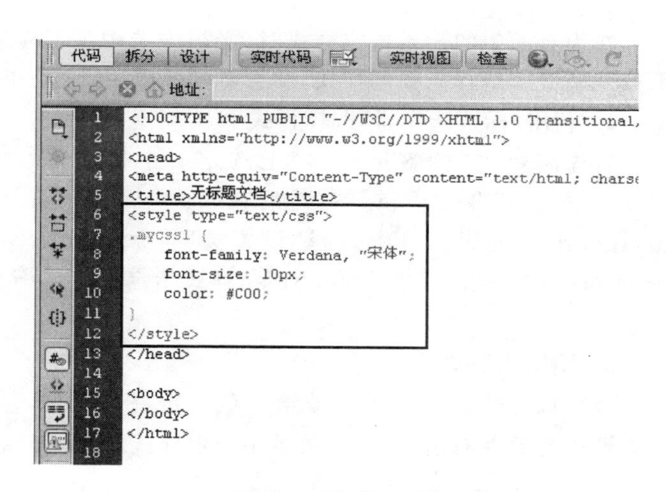

图 6-8　“代码”视图

从“代码”视图中可以看出，CSS 代码应该位于<head>和</head>标签之间。定义样式表规则的部分用<style>和</style>标签来表示。样式表的代码一般格式如下：

```
CSS 规则名称
{
属性 1:值;
属性 2:值;
…
…
}
```

6.1.5　在网页中应用 CSS 样式

定义好 CSS 样式后，就可以在网页文档中套用这些样式了。套用样式表的方法主要有三种,下面分别进行介绍。

1. 在“属性”面板中选择应用特定的样式

打开“属性”面板,“类”下拉列表框中列出了已经定义的一些类规则,如图 6-9 所示。在 ID 下拉列表框中列出了已经定义的一些 ID 规则,如图 6-10 所示。

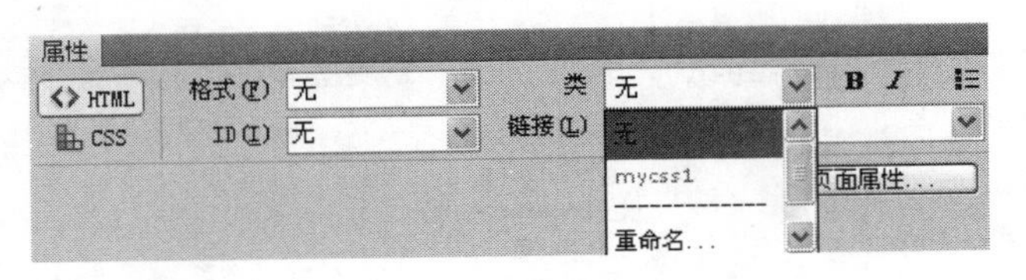

图 6-9 “类”下拉列表框

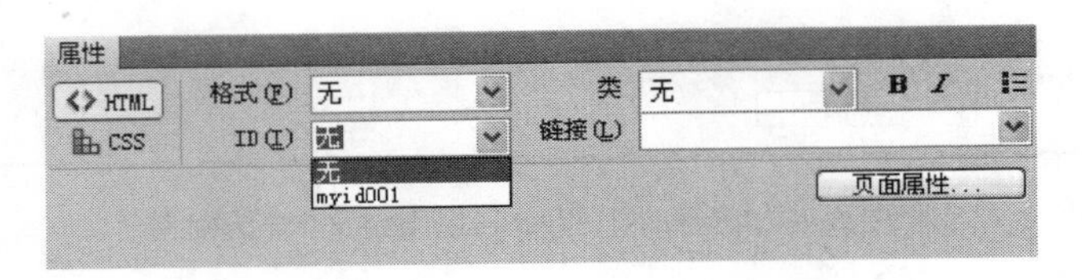

图 6-10 ID 下拉列表框

在为页面中的元素指定样式时,必须先选中将要应用此样式的内容,然后在“类”或者 ID 下拉列表框中选择需要的样式,即可将样式应用于选定内容。

2. 利用“标签选择器”选择样式

首先需要在“标签选择器”上选定一个标签,如图 6-11 所示中的＜p＞标签,然后在＜p＞标签上右击,在弹出的快捷菜单中选择“设置类”→mycss1 命令,则可以快速把已经定义的 mycss1 样式指定给＜p＞标签。

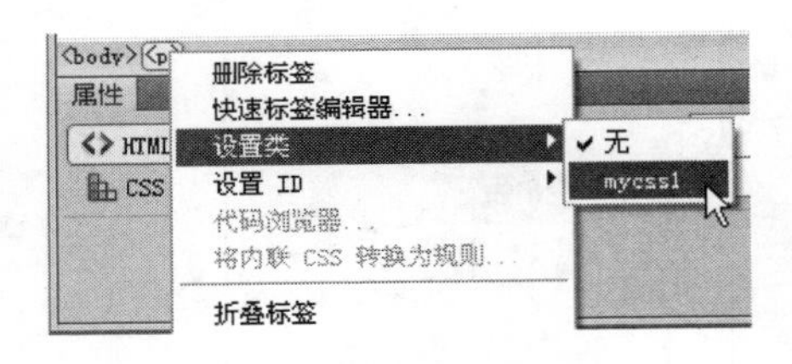

图 6-11 利用“标签选择器”使用样式

3. 使用快捷菜单

也可以在快捷菜单中直接给对象指定一个样式,首先选中对象并右击,在快捷菜单中指定样式,如图 6-12 所示。

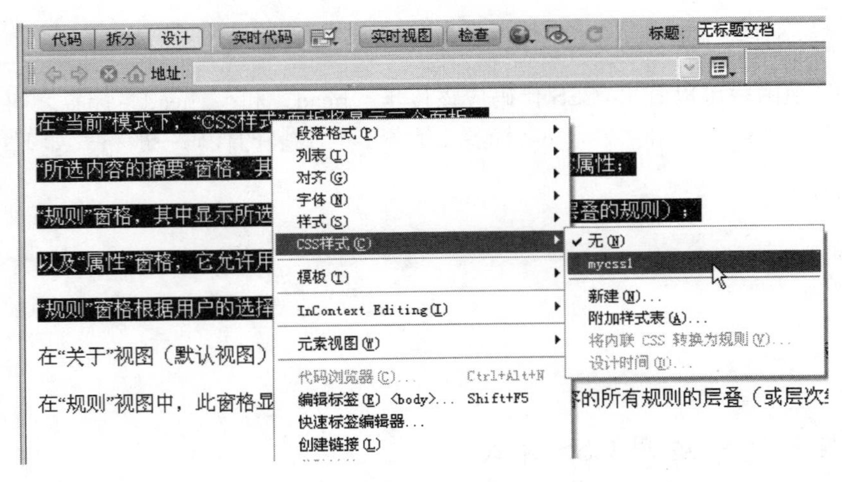

图 6-12 在快捷菜单中直接给对象指定样式

专家点拨：如果想清除网页对象上应用的某个类规则，可以先选中对象，在“属性”面板的“类”下拉列表框中选择“无”，即可清除原有的样式。如果想清除网页对象上应用的某个 ID 规则，可以先选中对象，在“属性”面板的 ID 下拉列表框中选择“无”，即可清除原有的样式。

6.2　创建 CSS

创建 CSS 样式时，在“新建 CSS 规则”对话框中，设置不同的“选择器类型”可以创建不同类型的 CSS 规则。一般情况下，经常创建的 CSS 规则类型包括类（可应用于任何 HTML 元素）、ID（仅应用于一个 HTML 元素）、标签（重新定义 HTML 元素）、复合内容（基于选择的内容）等。

6.2.1　类选择器

CSS 选择器有类选择器和 ID 选择器两种。类选择器以英文句点（.）开头，而 ID 选择器以英文井号（#）开头。类选择器和 ID 选择器的不同之处在于，类选择器用在不止一个的元素上，而 ID 选择器一般只用在唯一的元素上。

下面定义一个类选择器，建立一个设置了边框属性的 CSS 样式，并将其分别赋予文本和图片，体会类选择器 CSS 样式的灵活性。

1. 建立类选择器 CSS 规则

（1）打开示例文件 part6\6.2.1.html，这个文件中含有一段文本和一幅图片，如图 6-13 所示。

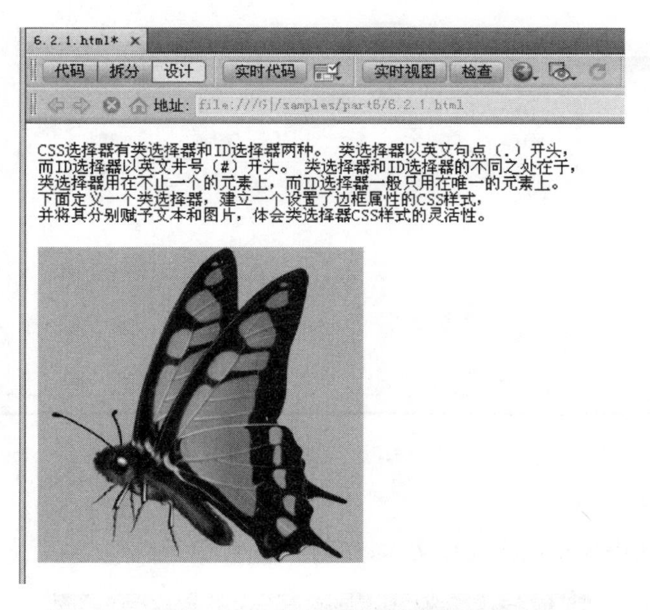

图 6-13　示例文件的原始效果

（2）进入“CSS 样式”面板，单击“新建 CSS 规则”按钮，在弹出的“新建 CSS 规则”对话框中，设置“选择器类型”为“类（可应用于任何 HTML 元素）”、“选择器名称”为.myCSS_Class、“规则定义”为“（仅限该文档）”，然后单击“确定”按钮，如图 6-14 所示。

（3）在弹出的“.myCSS_Class 的 CSS 规则定义”对话框中，在“分类”列表框中选择“边

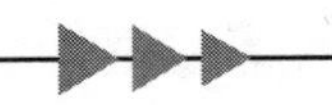

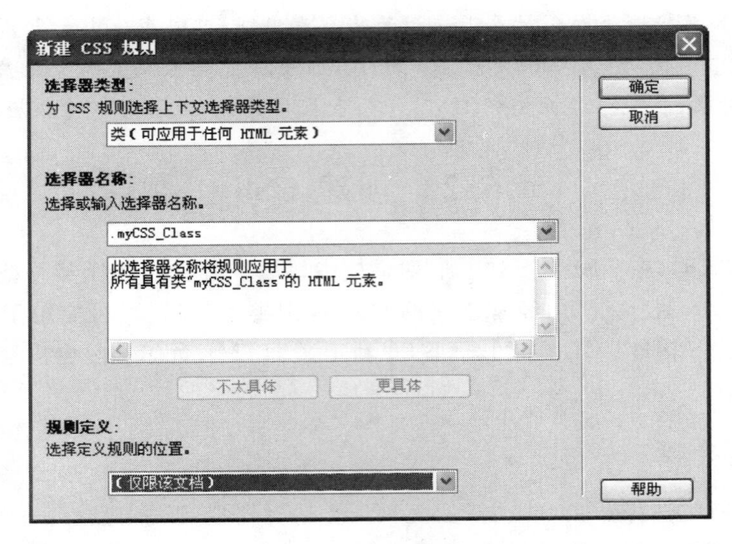

图 6-14　"新建 CSS 规则"对话框

框",在右侧将三个"全部相同"复选框全部选中,然后在 Style(样式)栏中选择 solid(实线),在 Width(宽度)栏中选择 thin(细),在 Color(颜色)栏中设置为黑色,完成对样式的设置后单击"确定"按钮,如图 6-15 所示。

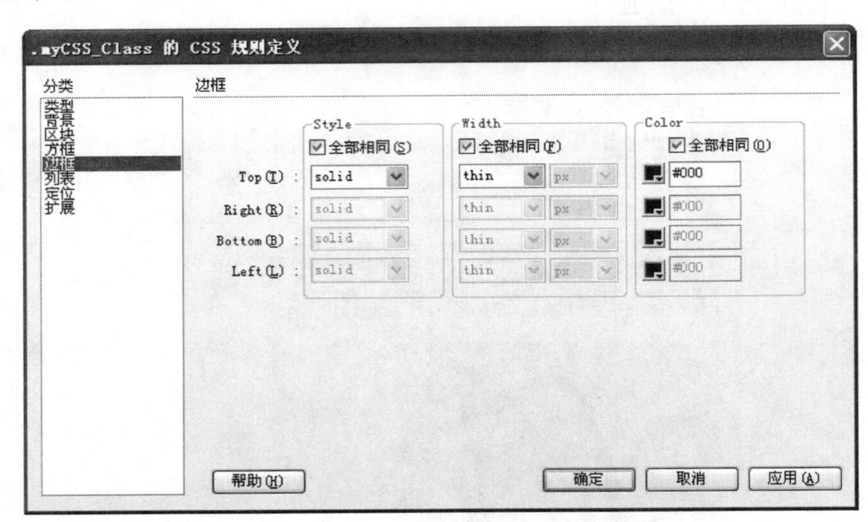

图 6-15　设置 CSS 样式

2. CSS 规则应用于文本

(1) 在设计视图中拖动鼠标选择文本,如图 6-16 所示。

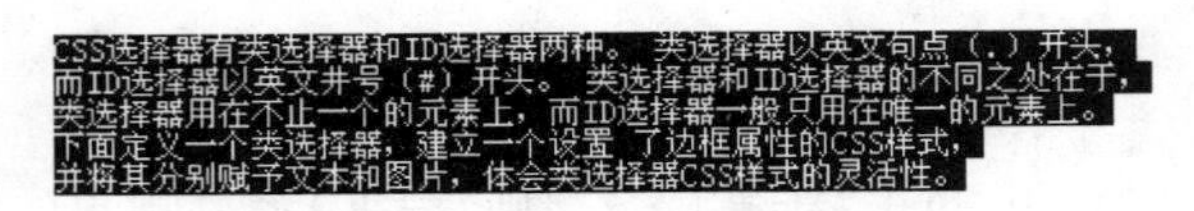

图 6-16　选择文本

(2) 进入"属性"面板,在"类"下拉列表框中选择 myCSS_Class 选项,如图 6-17 所示。

(3) 在设计时,可以看到文本被指定 CSS 样式之后的效果,如图 6-18 所示。

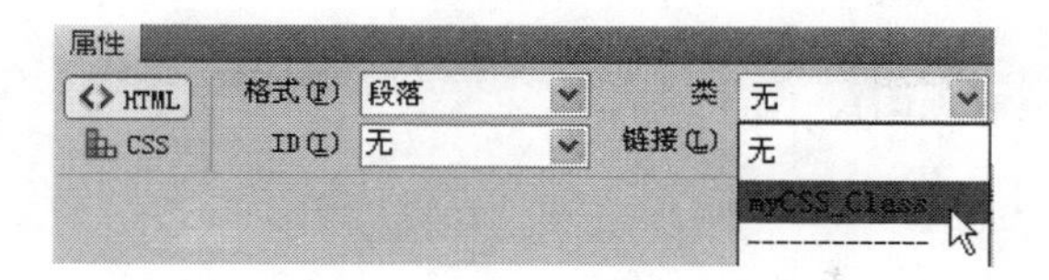

图 6-17　为文本指定 CSS 样式

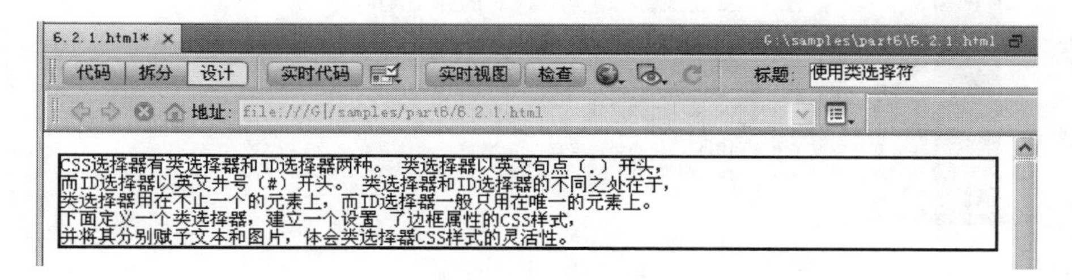

图 6-18　文本被指定 CSS 样式后的效果

3. CSS 规则应用于图片

(1) 在设计视图中选中图片，进入“属性”面板，在“类”下拉列表框中选择 myCSS_Class。

(2) 在设计视图中可以看到，图片周围增加了边框，和上面的文字边框效果相似，这表明类选择器可以将同样的效果应用于多个不同的页面元素，如图 6-19 所示。

图 6-19　类选择器 CSS 规则作用于不同页面元素的效果

4. 理解类选择器的 CSS 代码

切换到“代码视图”下，可以观察到网页的代码。如图 6-20 所示是部分代码的截图。

从图 6-20 中可以看出，在<head>标签中定义了一个名字为.myCSS_Class 的 CSS 规则，在<body>标签中应用了两次该规则。一次应用是在第一个<p>标签中，另一次应用是在<img>标签中，应用类选择器规则时，都是通过 class 属性的设置实现的：

```
class = "myCSS_Class"
```

```
3  <head>
4  <meta http-equiv="Content-Type" content="text/html; charset=gb2312" />
5  <title>使用类选择符</title>
6  <style type="text/css">
7  .myCSS_Class {
8      border: thin solid #000;
9  }
10 </style>
11 </head>
12
13 <body>
14 <p class="myCSS_Class">CSS选择器有类选择器和ID选择器两种。
15 类选择器以英文句点（.）开头，<br />
16 而ID选择器以英文井号（#）开头。
17 类选择器和ID选择器的不同之处在于，<br />
18 类选择器用在不止一个的元素上，而ID选择器一般只用在唯一的元素上。<br />
19 下面定义一个类选择器，建立一个设置
20 了边框属性的CSS样式，<br />
21 并将其分别赋予文本和图片，体会类选择器CSS样式的灵活性。</p>
22 <p><img src="../images/蝴蝶.jpg" width="256" height="256" class="myCSS_Class" /></p>
23 </body>
24 </html>
```

图 6-20　代码视图

专家点拨：在"代码视图"下，通过手动添加代码，编辑某个 HTML 标签的 class 属性，就可以让这个 HTML 标签控制范围内的元素应用类选择器样式。

6.2.2　ID 选择器

ID 选择器又可以称为标识选择器，它的名字以英文井号(#)开头，这种选择器样式一般在页面中只用在一个元素上。当然也可以用在多个元素上，但是在某些操作中有可能引起地址(ID 属性)冲突。

下面定义一个 ID 选择器，建立一个设置了背景图像属性的 CSS 样式，然后将这个 ID 选择器应用到单元格上。

1. 建立 ID 选择器规则

(1) 新建一个网页文档，保存为 6.2.2.html。插入一个三行一列、宽为 200 像素的表格，如图 6-21 所示。

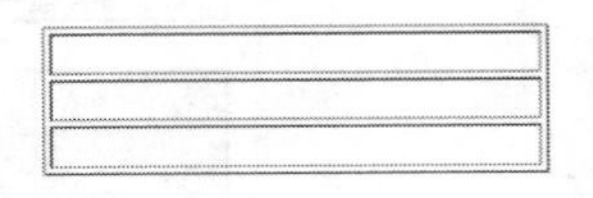

图 6-21　插入表格

(2) 进入"CSS 样式"面板，单击"新建 CSS 规则"按钮，在弹出的"新建 CSS 规则"对话框中，设置"选择器类型"为"ID(仅应用于一个 HTML 元素)"、"选择器名称"为 #myCSS_ID、"规则定义"为"(仅限该文档)"，然后单击"确定"按钮，如图 6-22 所示。

(3) 在弹出的"#myCSS_ID 的 CSS 规则定义"对话框中，在"分类"列表中选择"背景"，在右侧的窗格中，单击 Background-image(背景图像)右侧的"浏览"按钮，设置背景图像文件的路径；在 Background-repeat(背景重复)下拉列表框中选择 no-repeat(不重复)选项；在 Background-position(X)(背景水平位置)和 Background-position(Y)(背景垂直位置)下拉列表框中都选择 center(居中)选项，如图 6-23 所示。

(4) 完成对 CSS 规则的设置后，单击"确定"按钮，"CSS 样式"面板中就出现了一个名字叫作 #myCSS_ID 的 CSS 规则。

2. 在单元格中应用样式

(1) 将光标定位在表格的第一个单元格中。

(2) 在"标签选择器"中右击<td>标签，在弹出的快捷菜单中选择"设置 ID"→myCSS_ID 命令，如图 6-24 所示。

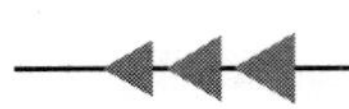

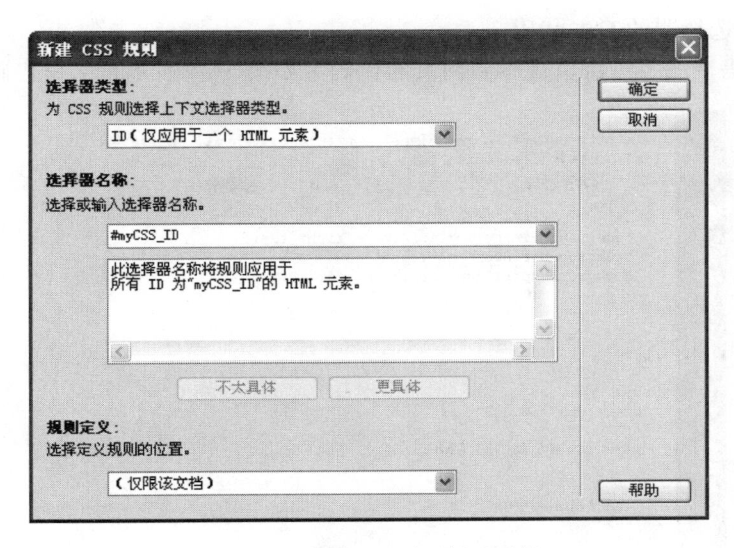

图 6-22　"新建 CSS 规则"对话框

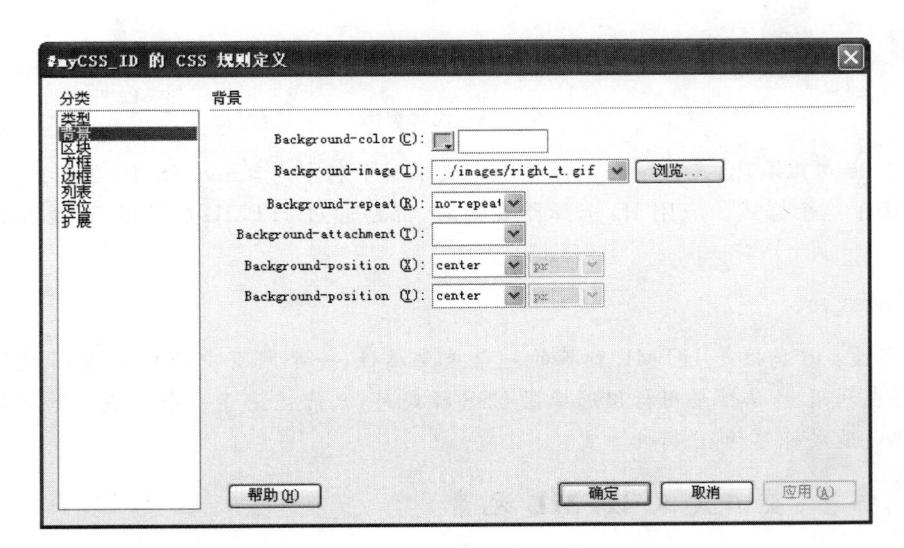

图 6-23　设置 CSS 规则

(3) 这时表格的第一个单元格中出现图像背景，如图 6-25 所示。

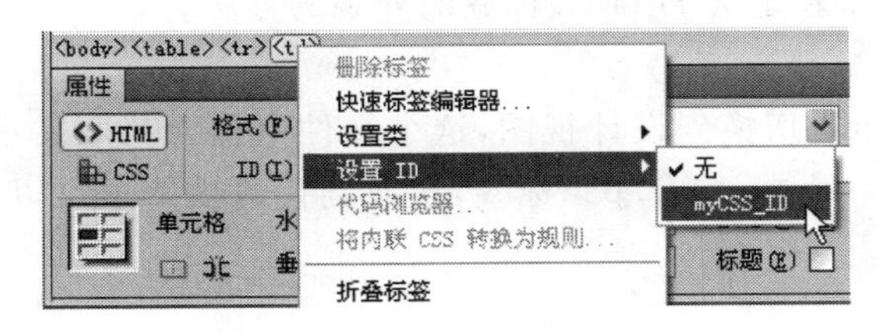

图 6-24　将样式应用于标签

图 6-25　单元格出现背景图像

专家点拨：为了更加深入地理解 CSS，可以对"CSS 面板"中的 # myCSS_ID 样式进行编辑，重新设置它的规则，观察网页效果的变化情况。

3. 理解 ID 选择器的 CSS 代码

切换到"代码视图"下,可以观察到网页的代码。如图 6-26 所示是部分代码的截图。

```
3  <head>
4  <meta http-equiv="Content-Type" content="text/html; charset=gb2312" />
5  <title>无标题文档</title>
6  <style type="text/css">
7  <!--
8  #myCSS_ID {
9      background-image: url(../image/right_t.gif);
10     background-repeat: no-repeat;
11     background-position: center center;
12 }
13 -->
14 </style>
15 </head>
16
17 <body>
18 <table width="200" border="1">
19   <tr>
20     <td id="myCSS_ID"> </td>
21   </tr>
22   <tr>
23     <td> </td>
24   </tr>
25   <tr>
26     <td> </td>
27   </tr>
28 </table>
29 </body>
30 </html>
```

图 6-26 代码视图

从图 6-26 可以看出,在<head>标签中定义了一个名字为#myCSS_ID 的样式,在<td>标签中应用了这个样式。应用 ID 选择器规则时,都是通过 HTML 标签的 id 属性的设置实现的:

```
id = "myCSS_ID"
```

专家点拨:id 属性是 HTML 标签的一个重要属性,一个网页中的标签的 id 属性值不能重复,因此在利用 id 属性应用标识选择器 CSS 样式时,只能应用于一个标签。如果应用于多个标签,就会造成标签的 id 属性冲突。

6.2.3 标签(重新定义 HTML 元素)

创建 CSS 样式时,在"新建 CSS 规则"对话框中,将"选择器类型"设置为"标签(重新定义 HTML 元素)",可以实现用 CSS 重新定义 HTML 标签的外观的功能。

下面以<p>标签为例讨论用 CSS 重新定义 HTML 标签的外观的方法。

1. 修改 HTML 标签<p></p>

(1) 打开示例文件 part6\6.2.3.html,切换到设计视图,这个文件中包含几段文本,通过前面的知识可以知道,每段文本对应了一对<p></p>标签,切换到代码视图中可以看到如图 6-27 所示的内容。

```
<p>
Dreamweaver是Macromedia公司出品的一款"所见即所得"的网页编辑工具。与
Frontpage不同, Deamweaver采用的是Mac机浮动面版的设计风格, 对于初
学者来说可能会感到不适应。但当你习惯了其操作方式后, 就会发现Dream
weaver的直观性与高效性是Frontpage所无法比拟的。</p>
```

图 6-27 代码视图中看到的<p></p>标签

(2) 在“CSS 样式”面板中单击右下角的“新建 CSS 规则”按钮，这时将弹出“新建 CSS 规则”对话框，在“选择器类型”下拉列表中选择“标签(重新定义 HTML 元素)”，在“选择器名称”下拉列表框中选择 p 选项(也就是 HTML 标签＜p＞＜/p＞)，设置“规则定义”为“(仅限该文档)”，然后单击“确定”按钮，如图 6-28 所示。

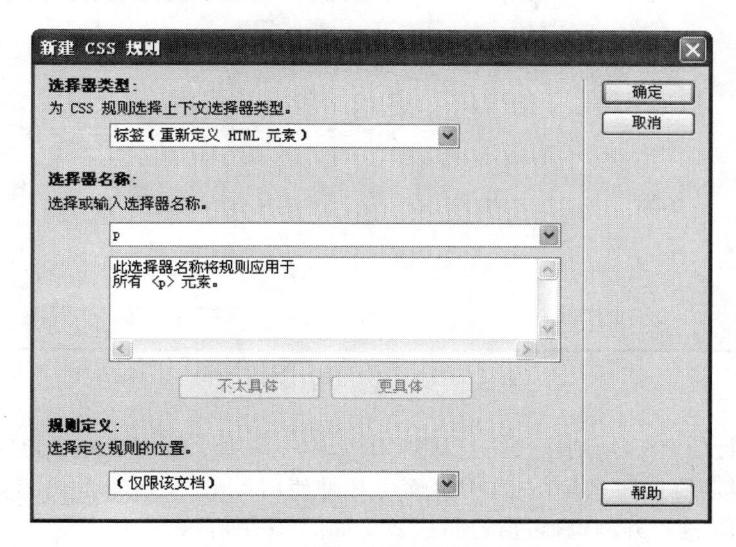

图 6-28 “新建 CSS 规则”对话框

2. 设置标签的属性

(1) 在“p 的 CSS 规则定义”对话框中，选择“分类”列表中的“边框”，在右侧的窗格中，设置 Style(样式)为 dashed(虚线)、Width(宽度)为 1px、Color(颜色)为灰色，注意选中所有的“全部相同”复选框，如图 6-29 所示。

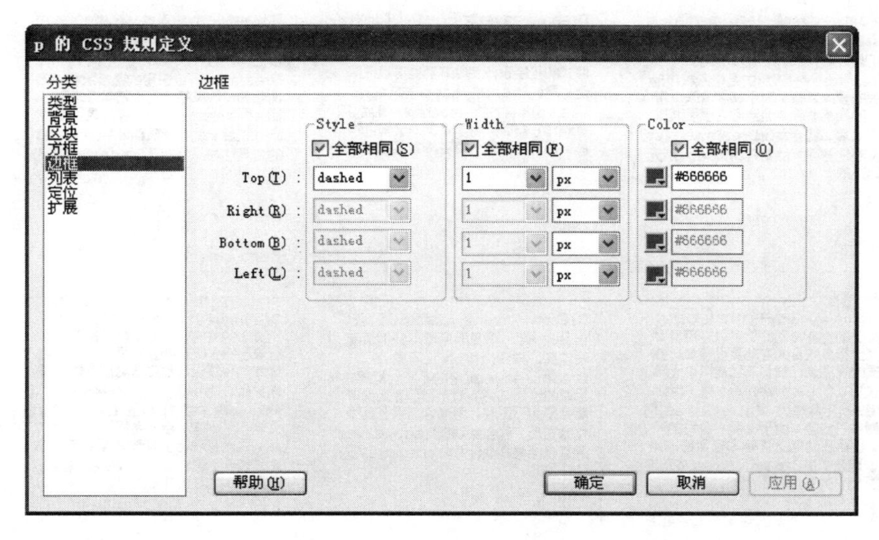

图 6-29 设置边框属性

(2) 在左侧的“分类”列表中选择“方框”，在右侧的窗格中，设置 Width(宽)和 Height(高)分别为 200px，在 Float(浮动)下拉列表框中选择 left(左对齐)选项。将 Padding(填充)和 Margin(边界)均设置为 10px，选中所有的“全部相同”复选框，然后单击“确定”按钮，如图 6-30 所示。

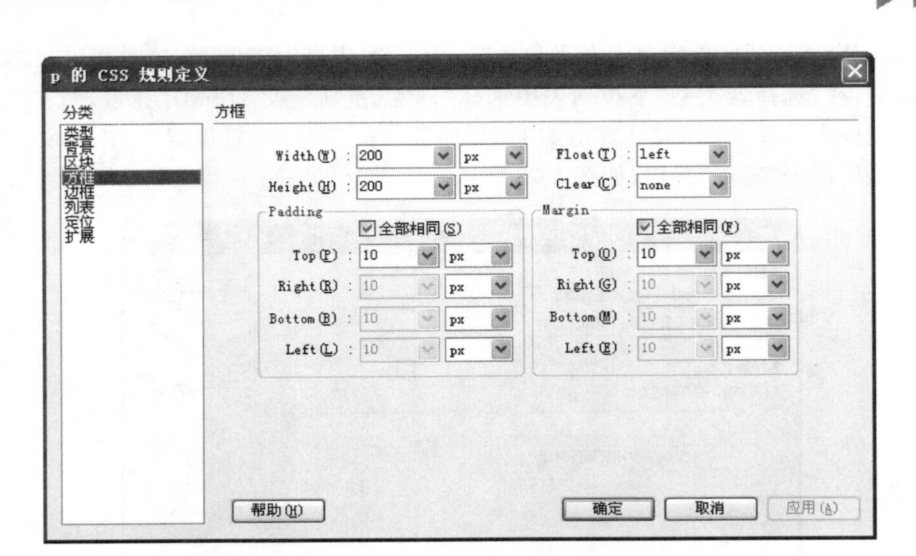

图 6-30 设置方框属性

(3) 因为进行的 CSS 规则定义是直接针对<p>标签的,所以在样式定义之后不需要手动将 CSS 样式制定给页面元素,在这个页面中凡是使用<p></p>的内容都将会立刻受到影响。直接按 F12 键打开浏览器进行预览,效果如图 6-31 所示。

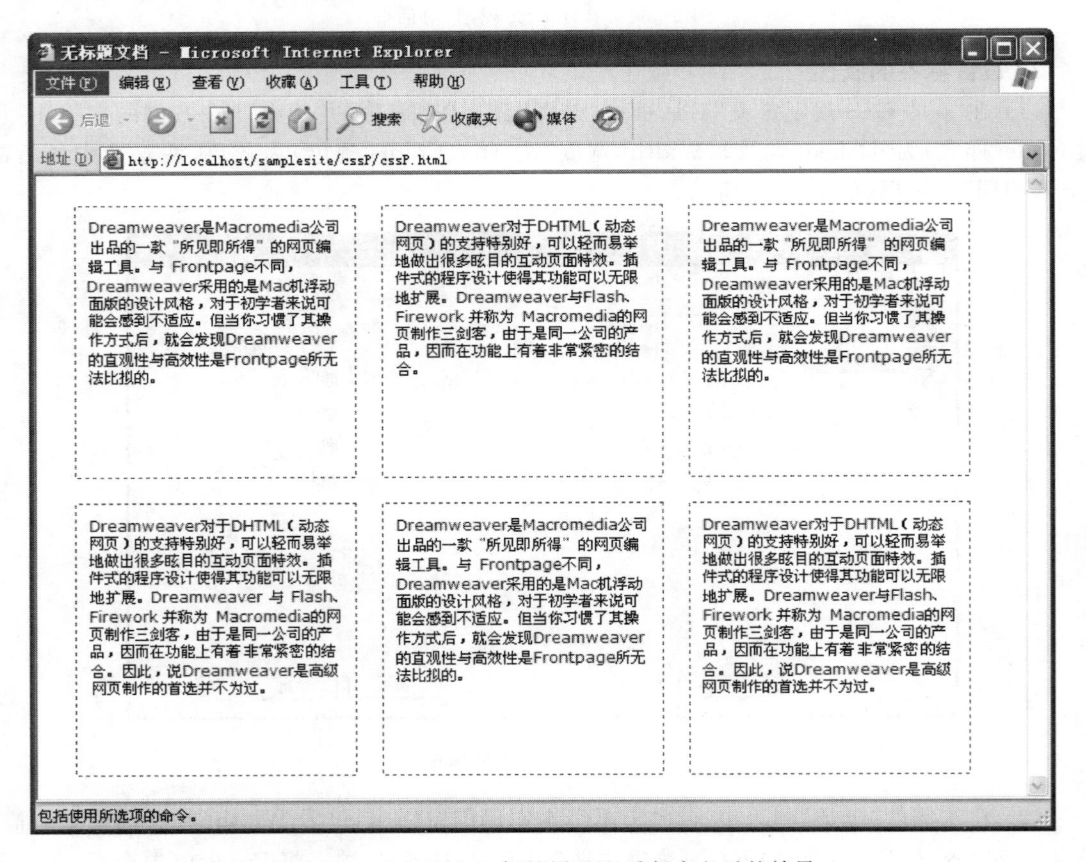

图 6-31 <p></p>标签用 CSS 重新定义后的效果

(4) 切换到代码视图，可以看到在<head></head>标签中有一段关于<p>标签的 CSS 重新定义，如图 6-32 所示。

```
1   <!DOCTYPE html PUBLIC "-//W3C//DTD XHTML 1.0 Transitional//EN" "http:/
2   <html xmlns="http://www.w3.org/1999/xhtml">
3   <head>
4   <meta http-equiv="Content-Type" content="text/html; charset=gb2312" />
5   <title>用CSS重定义HTML标签</title>
6   <style type="text/css">
7   p {
8       border: 1px dashed #666666;
9       padding: 10px;
10      float: left;
11      height: 200px;
12      width: 200px;
13      margin: 10px;
14      clear: none;
15      font-family: Verdana, "宋体";
16      font-size: 9pt;
17  }
18  </style>
19  </head>
20
21  <body>
22  <p>Dreamweaver是Macromedia公司出品的一款"所见即所得"的网页编辑工具。
    Frontpage不同，Dreamweaver采用的是Mac机浮动面版的设计风格，对于初学者来
    eamweaver的直观性与高效性是Frontpage所无法比拟的。</p>
23  <p>
```

图 6-32　对<p>标签的 CSS 重新定义代码

6.2.4　复合内容(基于选择的内容)

若要定义同时影响两个或多个标签、类或 ID 的复合规则，需选择"复合内容"选项并输入用于复合规则的选择器。例如，下面的代码中就同时对<body>标签、<th>标签、<td>标签重新进行了 CSS 规则定义。这样就不用针对一个个标签进行同样的 CSS 规则定义，较大地提高了工作效率。

```
< style type = "text/css">
body, th, td {
    font - family: Verdana, "宋体";
    font - size: 12px;
    color: #C00;
}
</style >
```

下面通过一个实例介绍同时对多个规则进行复合定义的方法。

(1) 打开事先制作好的一个网页文档(part6\6.2.4.html)，切换到"拆分"视图，可以看到如图 6-33 所示的内容。

这里包含 6 个文字行，前 3 行分别用<h1>、<h2>、<h3>标签进行定义，后 3 行用<p>标签进行定义，并且第 5 行的<p>标签中添加了 class 属性(属性值为 mycla001)，第 6 行的<p>标签中添加了 id 属性(属性值为 myid001)，也就是说第 5 行的文字格式用类选择器规则进行控制，第 6 行的文字格式用 ID 选择器规则进行控制。

(2) 在"CSS 样式"面板中单击右下角的"新建 CSS 规则"按钮，这时将弹出"新建 CSS 规则"对话框，在"选择器类型"下拉列表中选择"复合内容(基于选择的内容)"，在"选择器名称"文本框中输入 h1,h2,h3，设置"规则定义"为"(仅限该文档)"，然后单击"确定"按钮，如图 6-34 所示。

(3) 在"h1,h2,h3 的 CSS 规则定义"对话框中，设置文本颜色为绿色，单击"确定"按钮。

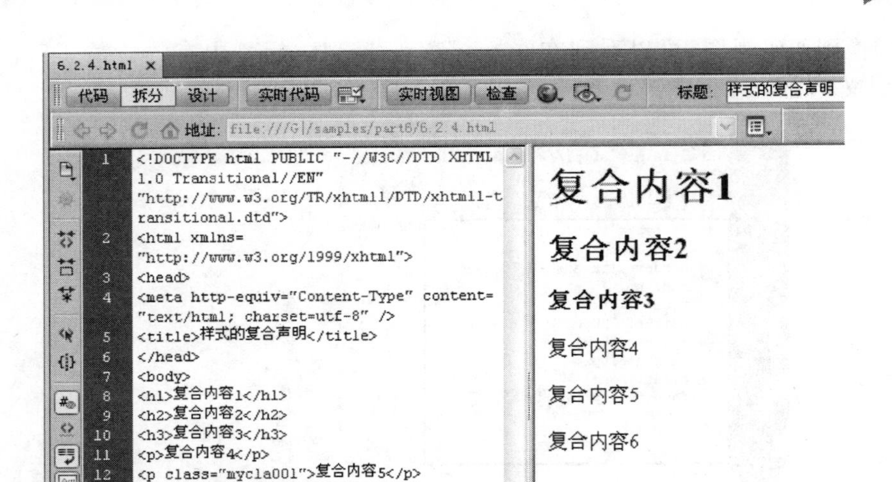

图 6-33 事先制作好的网页文档

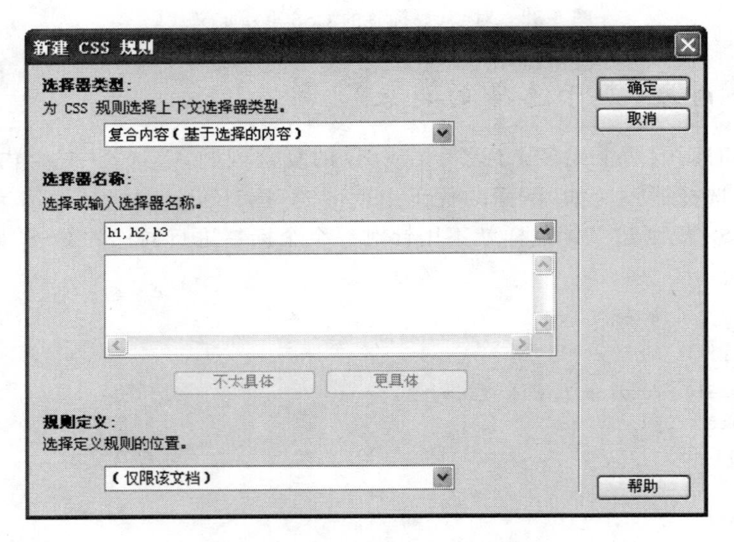

图 6-34 “新建 CSS 规则”对话框

(4) 这时“代码”视图的＜head＞＜/head＞标签中添加了如下的 CSS 代码:

```
<style type="text/css">
h1, h2, h3 {
color: #090;
}
</style>
```

在“设计”视图中可以看到,前 3 行文字的颜色都变成了绿色。

(5) 除了 HTML 标签可以同时被复合定义外,类选择器、ID 选择器以及 HTML 标签选择器都可以同时被复合定义。

(6) 在“CSS 样式”面板中单击右下角的“新建 CSS 规则”按钮 ,这时将弹出“新建 CSS 规则”对话框,在“选择器类型”下拉列表中选择“复合内容(基于选择的内容)”,在“选择器名称"文本框中输入"p,. mycla001，# myid001"，设置"规则定义"为"(仅限该文档)"，然后单击"确定"按钮，如图 6-35 所示。

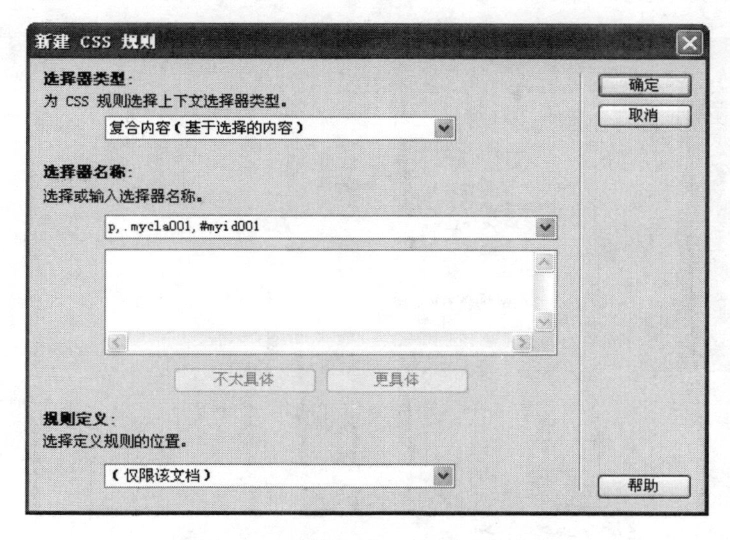

图 6-35　"新建 CSS 规则"对话框

(7) 在"p,. mycla001，# myid001 的 CSS 规则定义"对话框中，设置文本颜色为红色，单击"确定"按钮。

(8) 这时"代码"视图的＜head＞＜/head＞标签中的 CSS 代码为：

```
<style type="text/css">
h1, h2, h3 {
color: #090;
}
p, .mycla001, #myid001 {
color: #900;
}
</style>
```

在"设计"视图中可以看到，后 3 行文字的颜色都变成了红色。

6.2.5　CSS 的嵌套和继承

CSS 的嵌套和继承是比较晦涩难懂的概念，本节通过实例介绍 CSS 的嵌套和继承在网页中的应用。

1. CSS 的嵌套

(1) 打开事先制作好的一个网页文档(part6\6.2.5(1).html)，切换到"拆分"视图，可以看到如图 6-36 所示的内容。

这里包含两个文字行，分别用＜p＞标签进行定义，并且第 1 行的＜p＞标签中添加了 id 属性(属性值为 myid001)，也就是说第 1 行的文字格式用 ID 选择器规则进行控制。

(2) 选中第 1 行的文字"嵌套"，在"属性"面板中，设置格式为斜体。同样选中第 2 行的文字"继承"，在"属性"面板中，设置格式为斜体。

(3) 这时，HTML 代码变为：

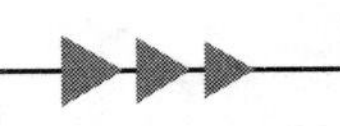

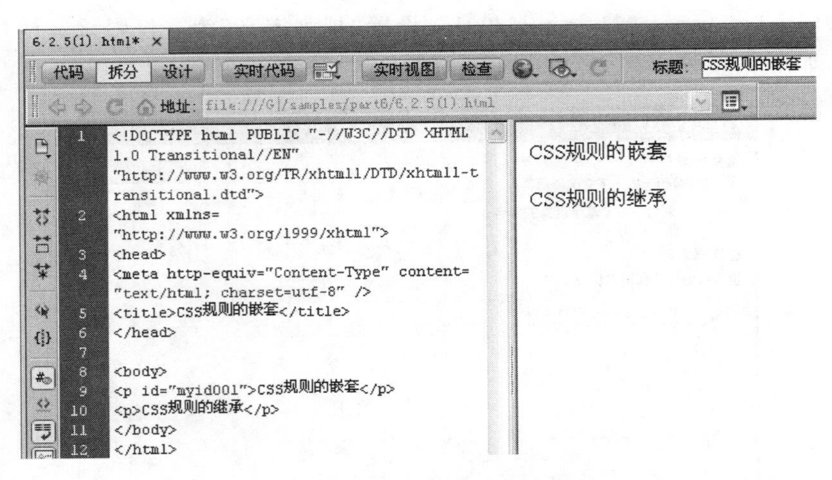

图 6-36　事先制作好的网页文档

```
<body>
<p id="myid001">CSS 规则的<em>嵌套</em></p>
<p>CSS 规则的<em>继承</em></p>
</body>
```

可以看出，代码中添加了两对<em>标签。下面的制作目标是，让第 1 行文字中的斜体字的颜色为红色，而第 2 行文字中的斜体字的颜色保持不变。

(4) 在“CSS 样式”面板中单击右下角的“新建 CSS 规则”按钮，这时将弹出“新建 CSS 规则”对话框，在“选择器类型”下拉列表中选择“复合内容(基于选择的内容)”，在“选择器名称”文本框中输入“#myid001 em”，设置“规则定义”为“(仅限该文档)”，然后单击“确定”按钮，如图 6-37 所示。

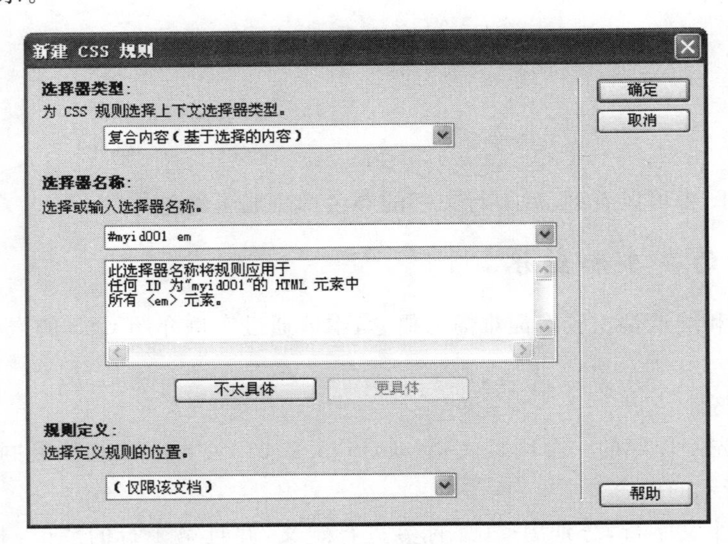

图 6-37　“新建 CSS 规则”对话框

专家点拨： 在“选择器名称”文本框中输入名称时要注意，#myid001 和 em 中间要添加一个空格。下面的列表框中显示了对此选择器名称的说明：此选择器名称将规则应用于任何 ID 为 myid001 的 HTML 元素中所有<em>元素。

(5) 在"＃myid001 em 的 CSS 规则定义"对话框中，设置文本颜色为红色，单击"确定"按钮。

(6) 这时"代码"视图的＜head＞＜/head＞标签中的 CSS 代码为：

```
<style type="text/css">
#myid001 em {
color: #F00;
}
</style>
```

在"设计"视图中可以看到，第 1 行文字中的斜体字的颜色变为红色，而第 2 行文字中的斜体字的颜色保持不变。

2. CSS 的继承

所谓 CSS 继承就是将各个 HTML 标签看作一个个容器，其中被包含的小容器会继承所包含它的大容器的风格样式。

(1) 打开事先制作好的一个网页文档(part6\6.2.5(2).html)，切换到"拆分"视图，可以看到如图 6-38 所示的内容。

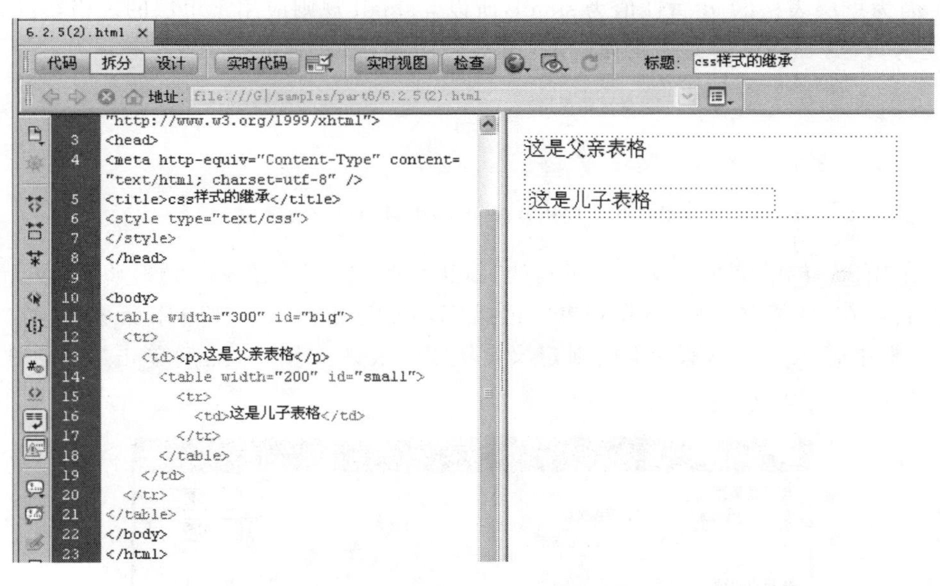

图 6-38　事先制作好的网页文档

这里包含两个表格，外层是一个父亲表格，里面嵌套一个儿子表格，两个表格是父子关系。其中外层表格设置了一个 id 属性，属性值为 big，里层表格设置了一个 id 属性，属性值为 small。

(2) 在"CSS 样式"面板中单击右下角的"新建 CSS 规则"按钮 ，这时将弹出"新建 CSS 规则"对话框，在"选择器类型"下拉列表中选择"ID(仅应用于一个 HTML 元素)"，在"选择器名称"文本框中输入＃small，设置"规则定义"为"(仅限该文档)"，然后单击"确定"按钮，如图 6-39 所示。

(3) 在"＃small 的 CSS 规则定义"对话框中，设置文本颜色为蓝色。单击"背景"类别，设置 Background-color(背景颜色)为黄色。单击"确定"按钮。

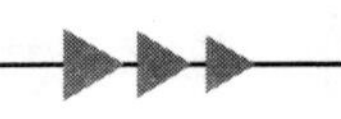

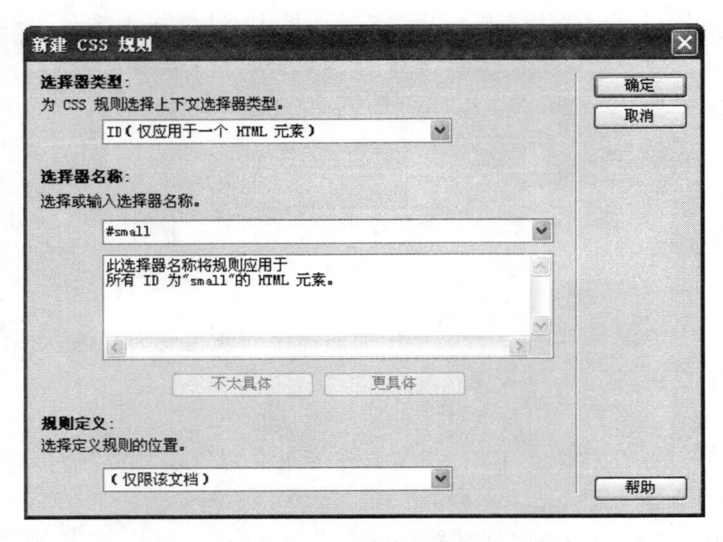

图 6-39 “新建 CSS 规则”对话框

(4) 因为里层表格的 id 属性值为 small,所以 # small 规则应用于里层的表格,可以看到表格背景变为黄色,表格里的文字变为蓝色,如图 6-40 所示。

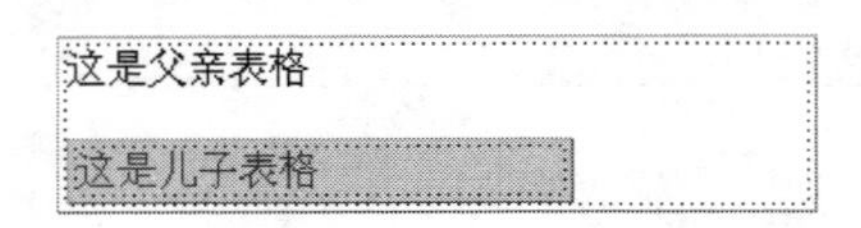

图 6-40 应用 # small 规则后的页面效果

(5) 在“CSS 样式”面板中单击右下角的“新建 CSS 规则”按钮 ,这时将弹出“新建 CSS 规则”对话框,在“选择器类型”下拉列表中选择“ID(仅应用于一个 HTML 元素)”,在“选择器名称”文本框中输入 # big,设置“规则定义”为“(仅限该文档)”,然后单击“确定”按钮,如图 6-41 所示。

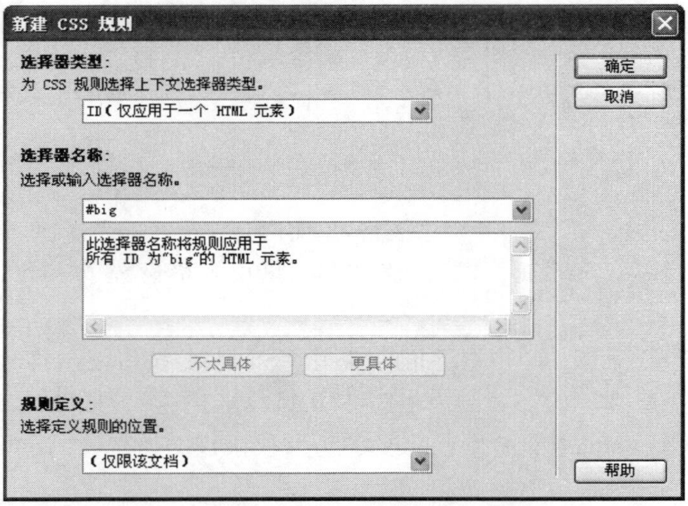

图 6-41 “新建 CSS 规则”对话框

(6) 在"#big 的 CSS 规则定义"对话框中,设置 Text-decoration(文本修饰)为 underline(下划线),如图 6-42 所示。

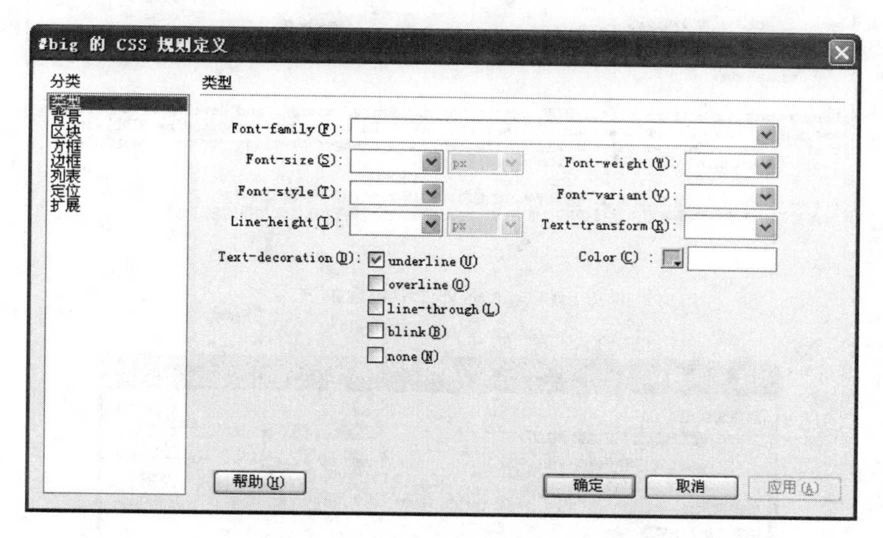

图 6-42　设置文字样式为下划线

(7) 单击"确定"按钮,可以看到外层表格中的文字添加了下划线效果。因为 CSS 继承,所以里层表格中的文字也添加了下划线效果,如图 6-43 所示。

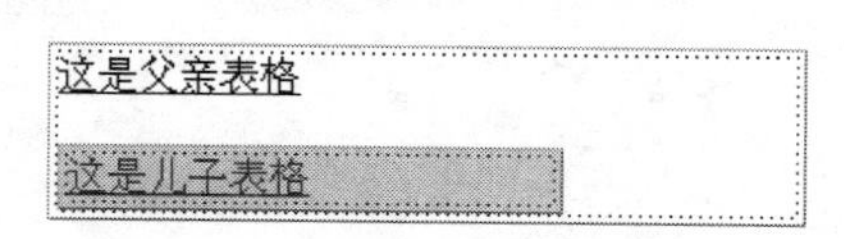

图 6-43　应用#big 规则后的页面效果

6.3　CSS 基本应用

前面学习了创建 CSS 样式的基本方法以及 CSS 样式的类型,本节将分门别类地对 CSS 样式提供的各类属性进行讨论,并通过一些实例讲解 CSS 在网页制作中的基本应用。

6.3.1　课堂实例——用 CSS 格式化文本

1. 创建内部 CSS 规则

(1) 打开示例文件 part6\6.3.1.html,切换到设计视图,示例文件中包含一些文本,如图 6-44 所示。下面将通过 CSS 样式对文本格式进行控制。

(2) 选择"窗口"→"CSS 样式"命令,打开"CSS 样式"面板。单击"CSS 样式"面板右下角的"新建 CSS 规则"按钮 ,在弹出的"新建 CSS 规则"对话框中,设置"选择器类型"为"类(可应用于任何 HTML 元素)",设置"选择器名称"为.textCSS,设置"规则定义"为"(仅限该文档)",然后单击"确定"按钮,如图 6-45 所示。

(3) 在弹出的".textCSS 的 CSS 规则定义"对话框中,在左侧的"分类"列表中选择"类型",然后到右侧窗格中进行文字格式相关的设置。这里对这些参数进行一些设置,设置完成后单击"确定"按钮,如图 6-46 所示。

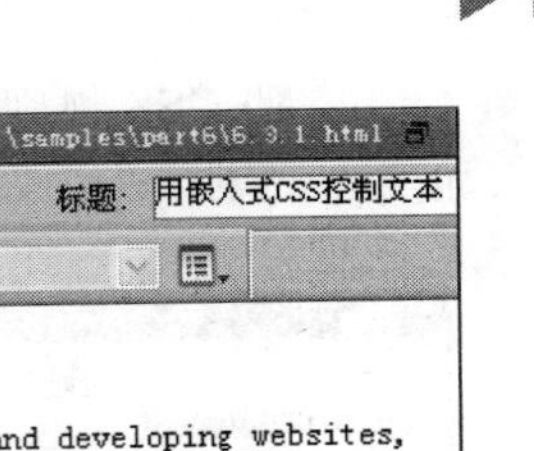

图 6-44　示例文件中包含的文本

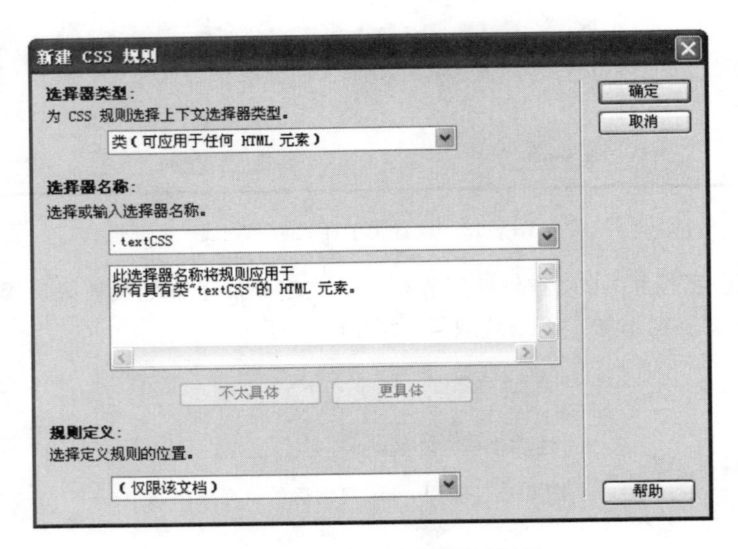

图 6-45　“新建 CSS 规则”对话框

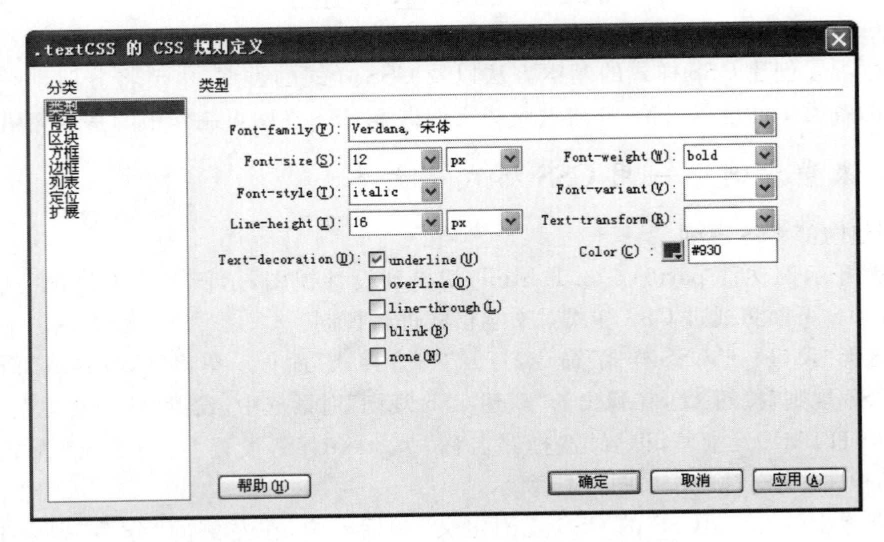

图 6-46　“.textCSS 的 CSS 规则定义”对话框

(4) 再来看一下 CSS 样式在代码视图中的情况。单击“文档”工具栏中的“代码”按钮 代码，切换到代码视图。在 HTML 标签<head></head>之间可以看到<style></style>标签，这里包含了 CSS 规则的定义，从 CSS 代码中可以看出都是一些文字属性的设置，如图 6-47 所示。

```
7   <style type="text/css">
8   .textCSS {
9       font-family: Verdana, "宋体";
10      font-size: 12px;
11      font-style: italic;
12      line-height: 16px;
13      font-weight: bold;
14      color: #930;
15      text-decoration: underline;
16  }
17  </style>
```

图 6-47　代码视图中看到的 CSS 规则

2. 应用 CSS 规则

(1) 进入设计视图，选择一部分文本，如图 6-48 所示。

(2) 进入“属性”面板，在“类”下拉列表框中选择 textCSS 选项，如图 6-49 所示。

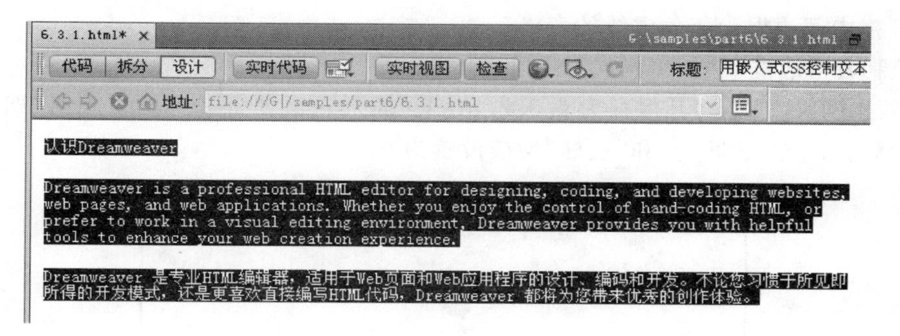

图 6-48　选择需要使用 CSS 样式的文本

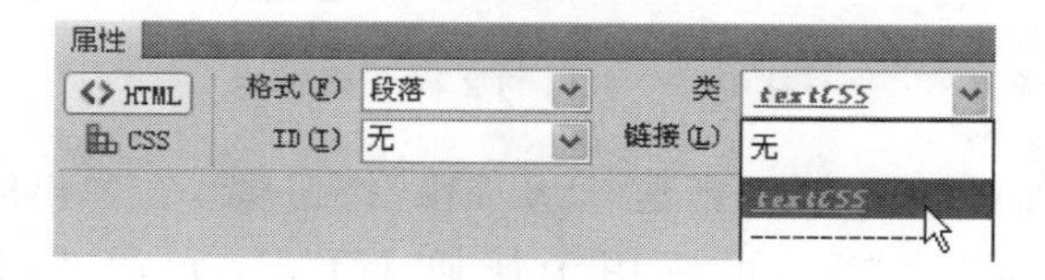

图 6-49　为文字指定样式

(3) 按 F12 键打开浏览器进行预览，可以看到 CSS 作用于文本的效果，如图 6-50 所示。

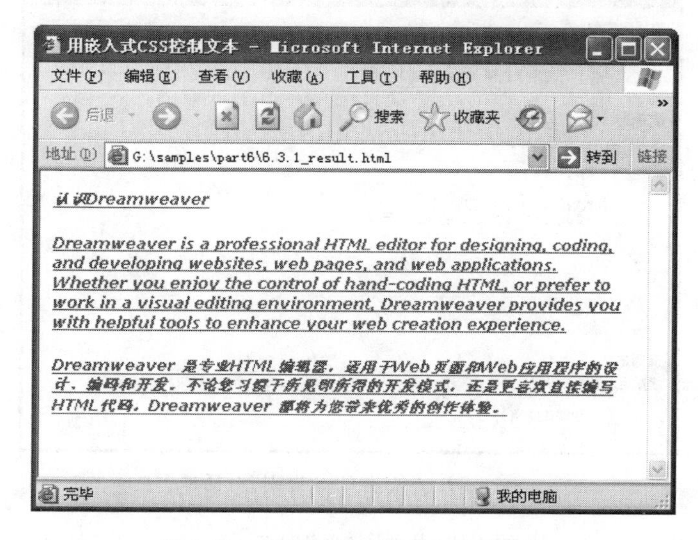

图 6-50　网页在浏览器中的显示效果

专家点拨:如果对定义的CSS样式不满意,可以编辑规则。进入"CSS样式"面板,在"所有规则"下展开"样式",选中.textCSS,然后单击面板右下角的"编辑样式"按钮,即可重新打开".textCSS的CSS规则定义"对话框。另外,还可以在"CSS样式"面板的属性列表视图中直接对CSS属性进行编辑。

6.3.2 课堂实例——用CSS控制表格

前面学习过在代码视图中设置表格以及单元格的各种属性,从代码提示工具弹出的那个冗长列表中就能知道,这是一件相当烦琐复杂的事情,如果要为多个表格设置属性,就更加不胜其烦了。现在通过CSS可以非常方便地设置表格样式。下面将通过CSS制作边框为黑色细实线、表格内部边框为灰色虚线的表格。

1. 控制表格边框

(1) 新建网页文档,将其保存为6.3.2.html。插入一个2行2列的空表格,如图6-51所示。该表格的"填充"、"间距"和"边框"均被设置为0。

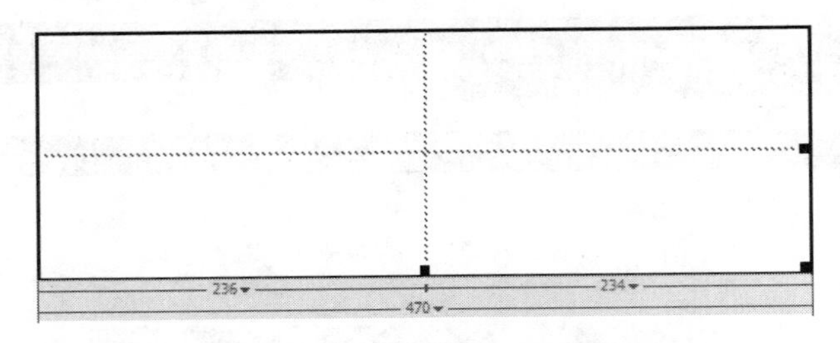

图6-51 空白的2行2列表格

(2) 在"CSS样式"面板中,单击"新建CSS规则"按钮,在弹出的"新建CSS规则"对话框中,设置"选择器类型"为"类(可应用于任何HTML元素)",设置"选择器名称"为.cssTable,设置"规则定义"为"(仅限该文档)",然后单击"确定"按钮,如图6-52所示。

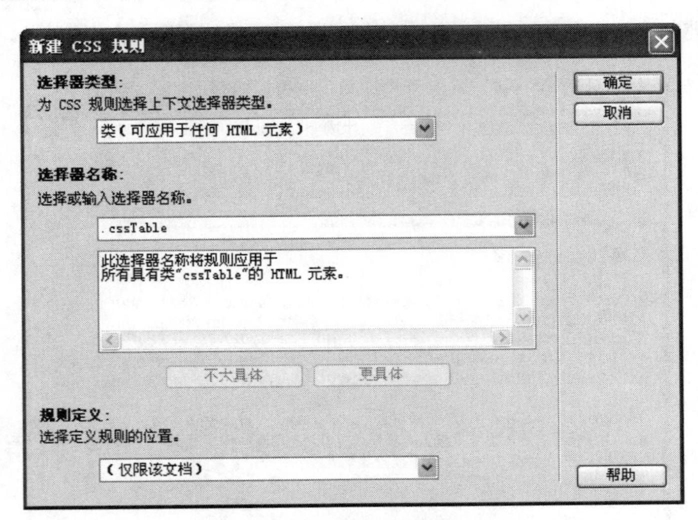

图6-52 "新建CSS规则"对话框

(3) 这时将弹出".cssTable的CSS规则定义"对话框,在"分类"列表中选择"边框",在右侧的Style(样式)下选中"全部相同"复选框,在Top下拉列表框中选择solid(实线)选项;在

Width(宽度)下选中“全部相同”复选框，展开后面的单位列表，设置单位为 px(像素)，在前面输入数字 1；在 Color(颜色)下选中“全部相同”复选框，单击下面的调色板，选择黑色，如图 6-53 所示。设置完成后单击“确定”按钮。

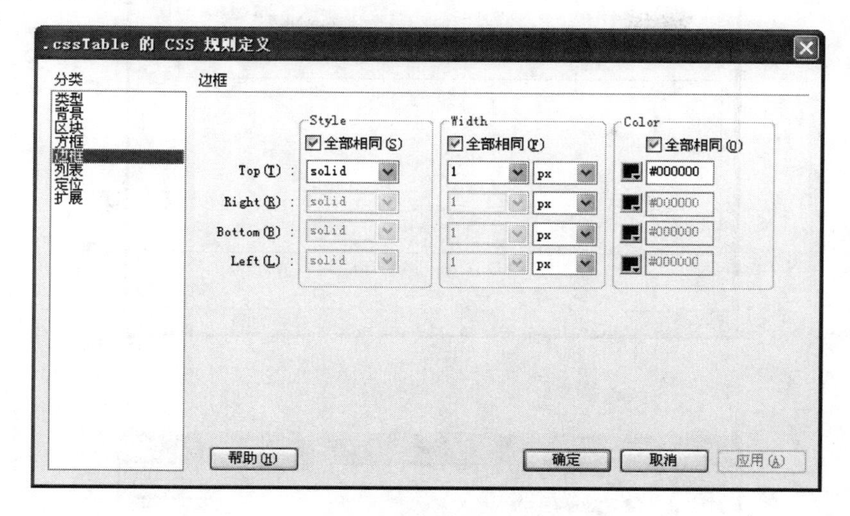

图 6-53　定义表格的黑色细线外边框

(4) 现在将刚才制作的 CSS 规则赋予表格，进入设计视图，选择整个表格，如图 6-54 所示。

专家点拨：CSS 规则应用时必须搞清楚要添加 CSS 规则的对象，这里要选中整个表格。

(5) 进入“属性”面板，在“类”下拉列表框中选择 cssTable 选项，如图 6-55 所示。

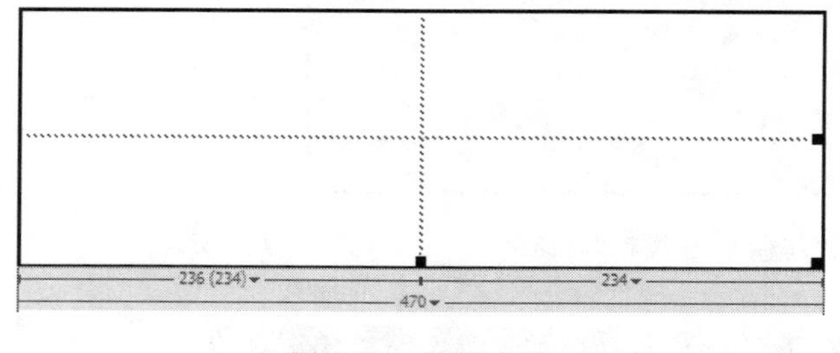

图 6-54　选择表格

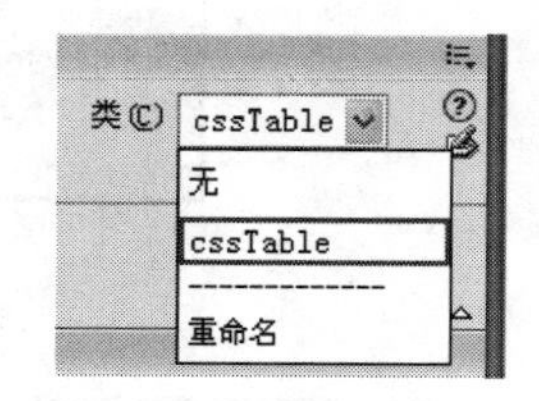

图 6-55　将 CSS 规则应用表格

(6) 按 F12 键，打开浏览器进行预览，可以看到外边框为黑色细线的表格效果，如图 6-56 所示。

2. 左上角的单元格边框

(1) 在“CSS 样式”面板中，单击“新建 CSS 规则”按钮 ，在弹出的“新建 CSS 规则”对话框中，设置“选择器类型”为“类(可应用于任何 HTML 元素)”、“选择器名称”为. cellTopLeft、“规则定义”为“(仅限该文档)”，然后单击“确定”按钮，如图 6-57 所示。

(2) 这时将弹出“. cellTopLeft 的 CSS 规则定义”对话框，在“分类”列表中选择“边框”，在右侧将 Style(样式)、Width(宽度)和 Color(颜色)下面的“全部相同”复选框全部取消勾选。然后，在 Style 下，在 Right(右)和 Bottom(下)下拉列表框中选择 dashed(虚线)选项；在 Width 下设置边框宽度为 1px；在 Color 下设置边框颜色为灰色，然后单击“确定”按钮，如图 6-58 所示。

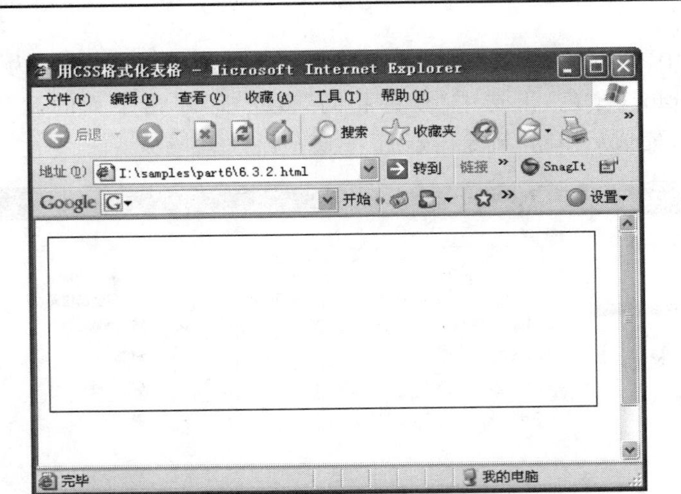

图 6-56 表格外边框为黑色细线

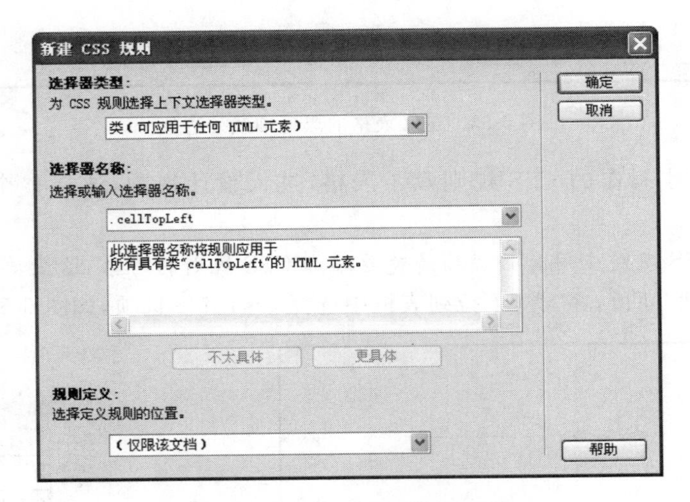

图 6-57 "新建 CSS 规则"对话框

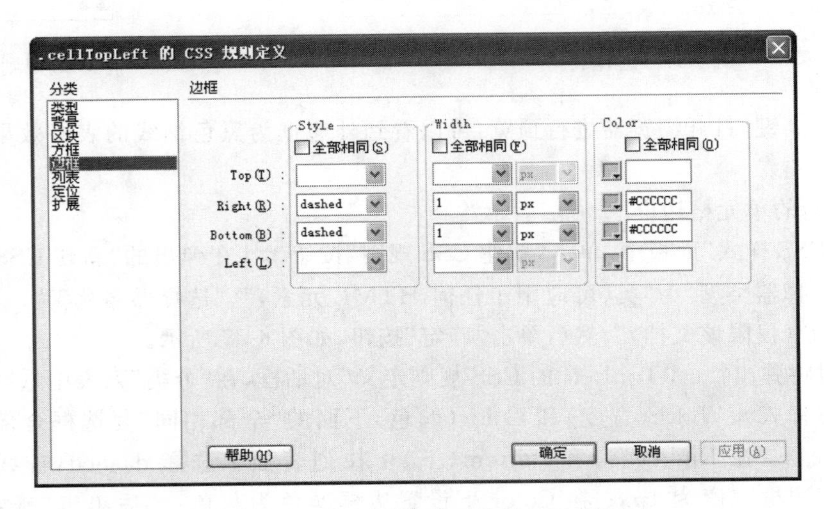

图 6-58 设置左上角单元格的 CSS 规则

（3）进入设计视图，将光标定位到表格左上角的单元格内部，在文档窗口左下角的标签选择器中单击＜td＞，选中这个单元格，选中时单元格效果如图 6-59 所示。

（4）进入“属性”面板，在“类”下拉列表框中选择 cellTopLeft 选项，如图 6-60 所示。

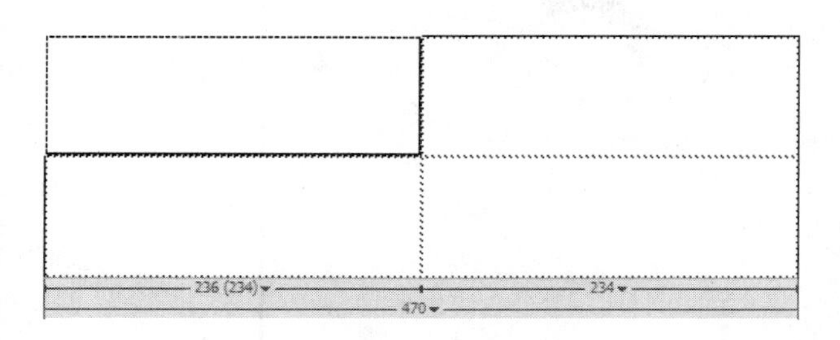

图 6-59　选择左上角的单元格

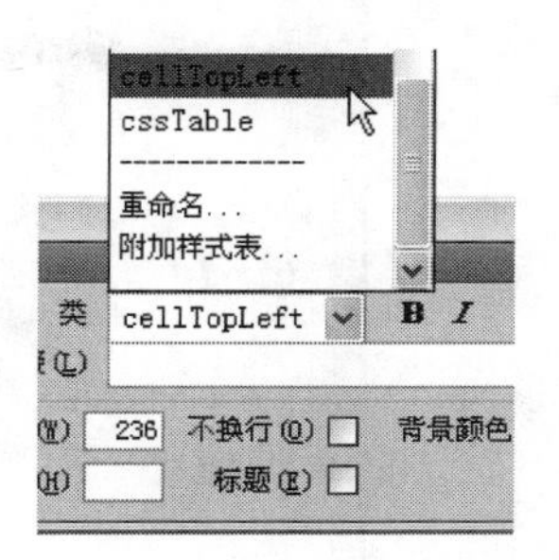

图 6-60　设置左上角单元格的 CSS 规则

3. 右下角的单元格边框

（1）在“CSS 样式”面板中，单击“新建 CSS 规则”按钮，在弹出的“新建 CSS 规则”对话框中，设置“选择器类型”为“类(可应用于任何 HTML 元素)”，设置“选择器名称”为 . cellBottomRight，设置“规则定义”为“(仅限该文档)”，然后单击“确定”按钮，如图 6-61 所示。

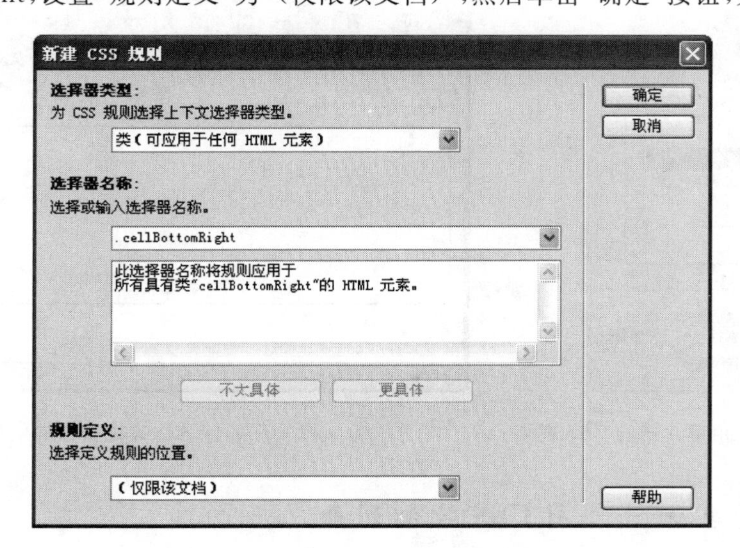

图 6-61　“新建 CSS 规则”对话框

（2）这时将弹出“. cellBottomRight 的 CSS 规则定义”对话框，在“分类”列表中选择“边框”，在右侧将 Style(样式)、Width(宽度)和 Color(颜色)下面的“全部相同”复选框全部取消勾选，然后，在 Style 下，在 Top(上)和 Left(左)下拉列表框中选择 dashed(虚线)选项，在 Width 下设置边框宽度为 1px，在 Color 下设置边框颜色为灰色，然后单击“确定”按钮，如图 6-62 所示。

（3）进入设计视图，将光标定位到表格右下角的单元格内部，在文档窗口左下角的标签选择器中单击＜td＞，选中这个单元格。

（4）进入“属性”面板，在“类”下拉列表框中选择 cellBottomRight 选项，如图 6-63 所示。

（5）按 F12 键打开浏览器窗口进行预览，可以看到效果如图 6-64 所示。

图 6-62 设置用于右下角单元格的 CSS 规则

图 6-63 设置右下角单元格的 CSS 规则

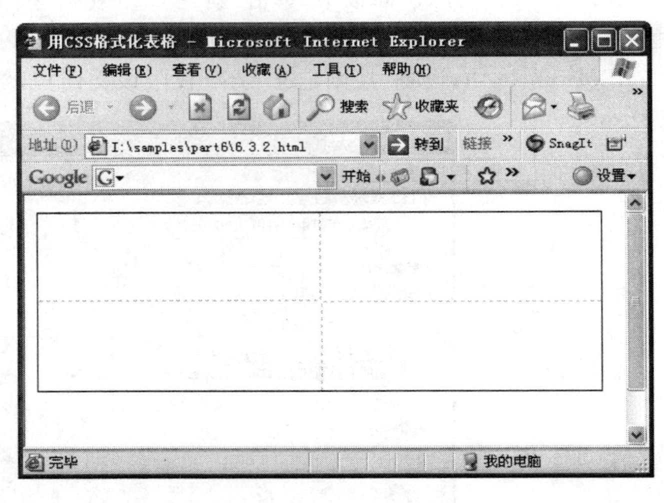

图 6-64 CSS 格式化表格的效果

6.3.3 课堂实例——用 CSS 控制列表

前面已经学习过，在 Dreamweaver 的“属性”面板中有“项目列表”和“编号列表”的图标按钮，能够产生自动列表功能。在默认状态下，它有两种形式：圆点和阿拉伯数字。

利用点或者数字制作一般的列表项目时，只要在“属性”面板中直接选择相应的设置按钮即可。但是，如果想利用镂空的圆形或者方形、漂亮图标来编排列表项目，就要利用 CSS 样式表来定义。

1. 建立段落列表

(1) 新建一个网页文档，保存为 6.3.3.html。在网页文档中输入一些文字，效果如图 6-65 所示。

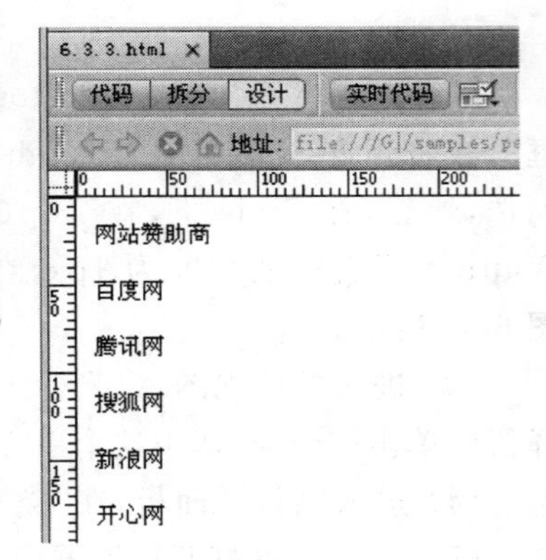

图 6-65 输入文本信息

(2) 从第 2 行开始选中网页文档中的部分文本，然后在

“属性”面板中单击“项目列表”，这时，所选内容转变为圆点项目列表，如图 6-66 所示。

(3) 再次选中文本，在“属性”面板中单击“编号列表”，这时，所选内容转变为阿拉伯数字编号的有序列表，如图 6-67 所示。

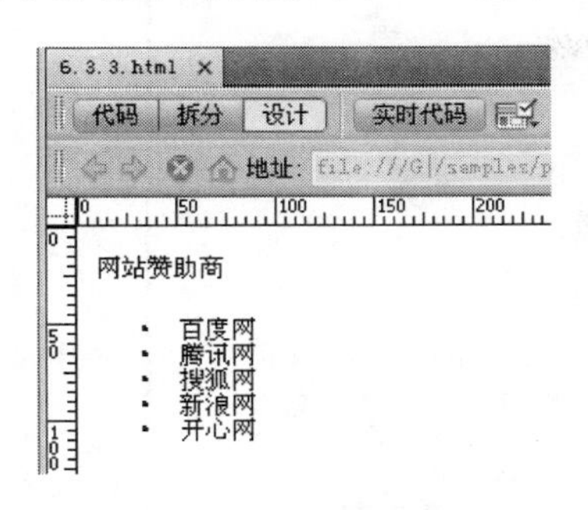

图 6-66　圆点项目列表效果

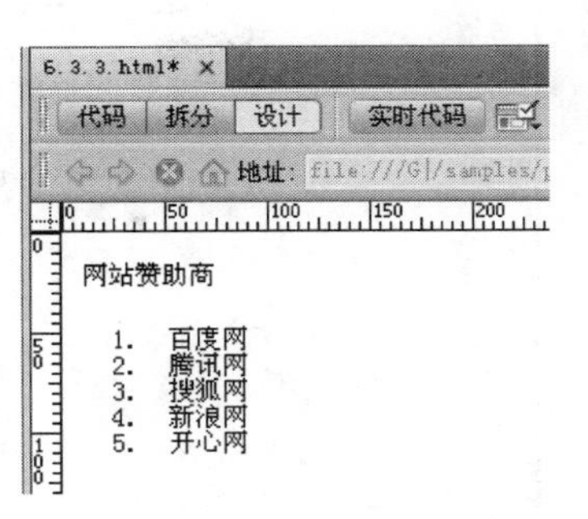

图 6-67　阿拉伯数字编号的有序列表效果

2. 用 CSS 自定义段落列表

(1) 单击“CSS 样式”面板中的“新建 CSS 规则”按钮，弹出“新建 CSS 规则”对话框，设置“选择器类型”为“类(可应用于任何 HTML 元素)”，在“选择器名称”文本框中输入.list，设置“规则定义”为“(仅限该文档)”，如图 6-68 所示。

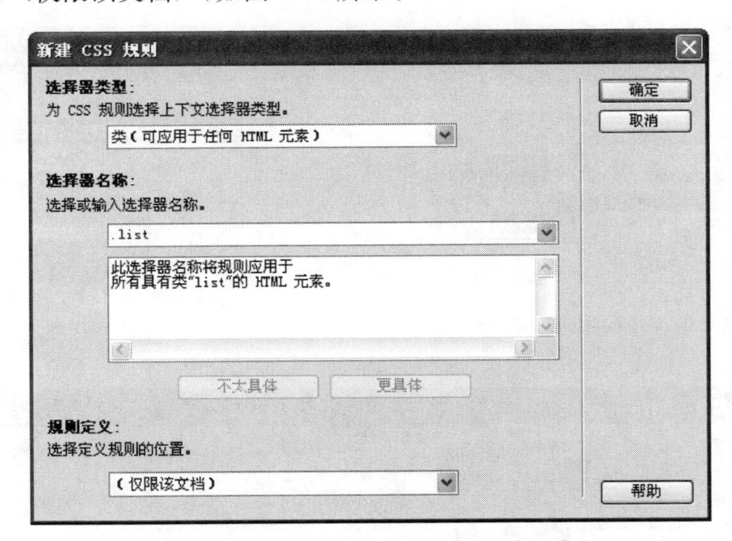

图 6-68　新建.list 规则

(2) 单击“确定”按钮，在弹出的“.list 的 CSS 规则定义”对话框中，选择左侧“分类”列表中的“列表”，在右侧的窗格中选择 List-style-type(列表样式类型)下拉列表框中的 upper-roman(大写罗马数字)选项，其他选项暂时不定义，如图 6-69 所示。单击“确定”按钮，完成项目符号的定义。

(3) 在标签选择器中选择<ol>标签(编号列表)，然后右击这个标签，在弹出的快捷菜单中选择“设置类”→list，如图 6-70 所示。这时页面效果如图 6-71 所示。

(4) 下面重新编辑.list 样式，用一个图片作为项目列表图标。在“CSS 样式”面板中，选择.list 规则，单击“编辑样式”按钮，会弹出“.list 的 CSS 规则定义”对话框。

(5) 选择左侧“分类”列表中的“列表”，在右侧的窗格中，选择 List-style-type(列表样式类型)

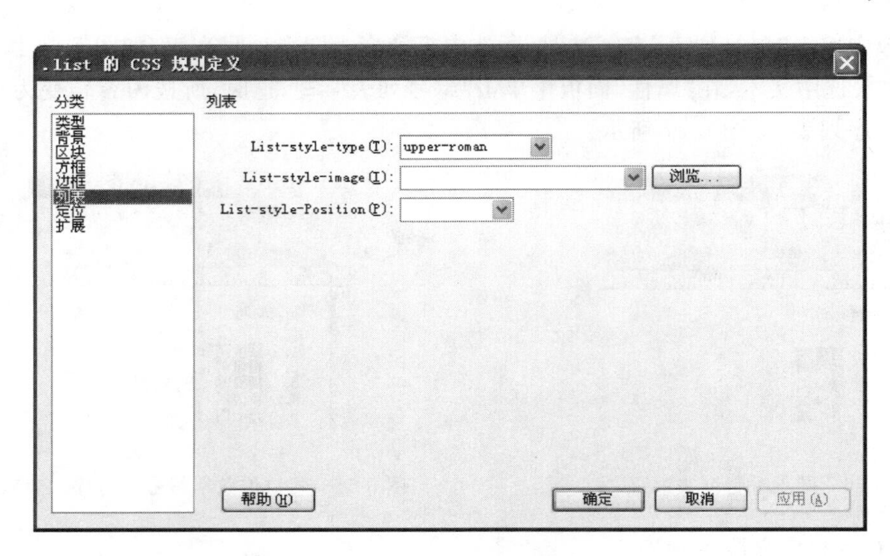

图 6-69 .list 的 CSS 规则定义

下拉列表框中的 none(无)选项。单击 List-style-image(列表样式图像)右侧的“浏览”按钮,弹出“选择图像源文件”对话框,在其中选择 images 文件夹下的 main_arrow.gif,如图 6-72 所示。

图 6-70 将自定义的样式应用到<ol>标签

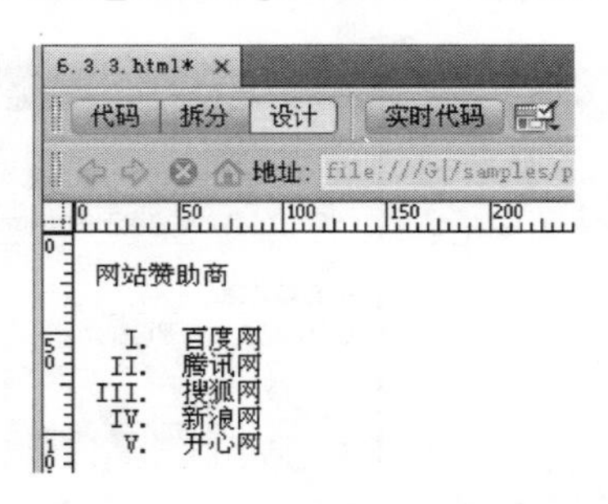

图 6-71 应用了 list 规则后的项目列表效果

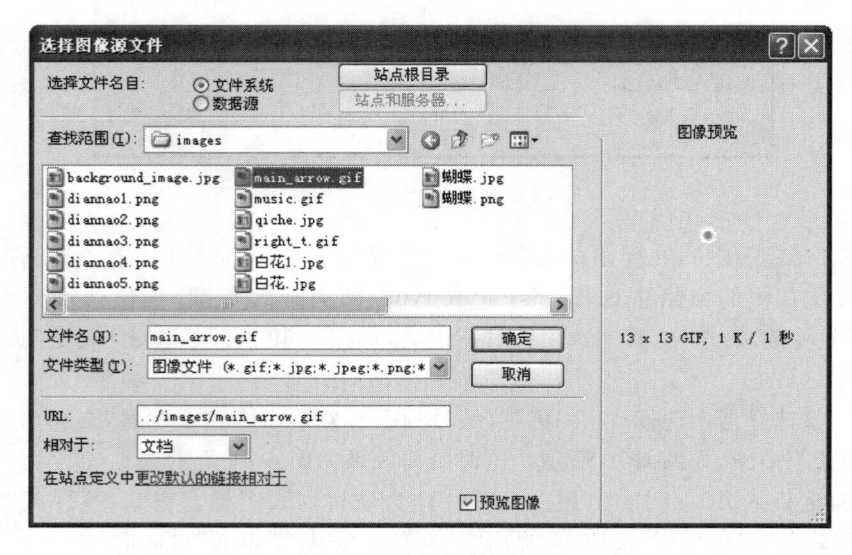

图 6-72 选择图像源文件

（6）单击“确定”按钮，返回“.list 的 CSS 规则定义”对话框。选择 List-style-Position（列表样式位置）下拉列表框中的 outside（外）选项，如图 6-73 所示。

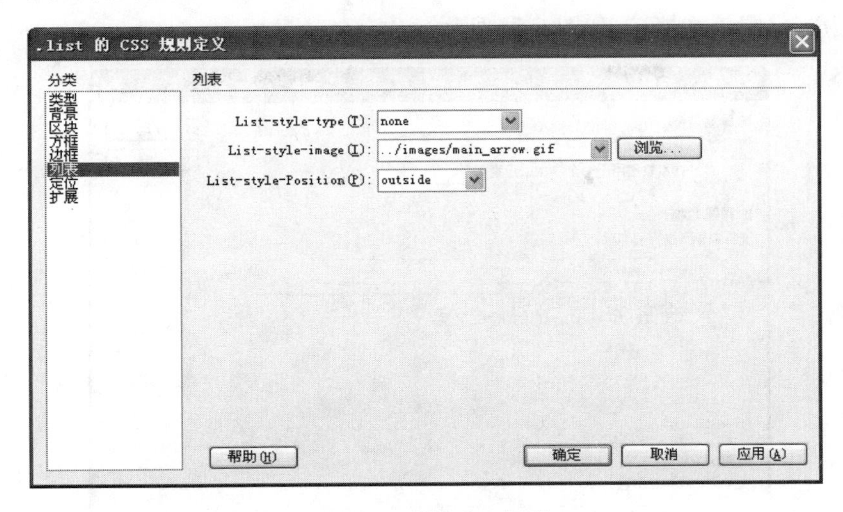

图 6-73　编辑.list 规则

专家点拨：如图 6-73 所示的“.list 的 CSS 规则定义”对话框中，List-style-Position（列表样式位置）决定列表项的左对齐位置。这里有两个选项：inside（内）和 outside（外），可以尝试选择不同的选项观察效果。

（7）单击“确定”按钮后，网页文档就发生了变化，段落项目列表显示一个自定义的图像标志，效果如图 6-74 所示。

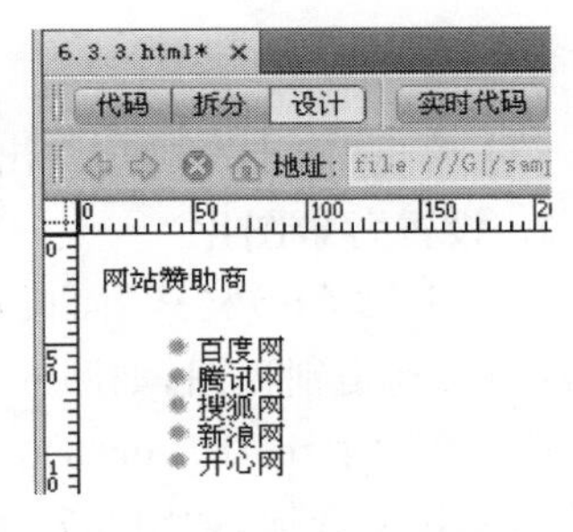

图 6-74　自定义项目列表图标效果

6.3.4　课堂实例——用 CSS 控制背景

背景可以用于很多页面元素，例如表格、表格的单元格、页面、层等，都可以有自己的背景图片，一般在“属性”面板中也能进行背景的设置，但是如果使用 CSS 进行背景图片的设置，选项可以更加丰富，而且能够反复使用。

1. 建立 ID 选择器

（1）打开示例文件 part6\6.3.4.html，切换到设计视图。这个文件中包含一对<div></div>标签，内部有一些文本，如图 6-75 所示。

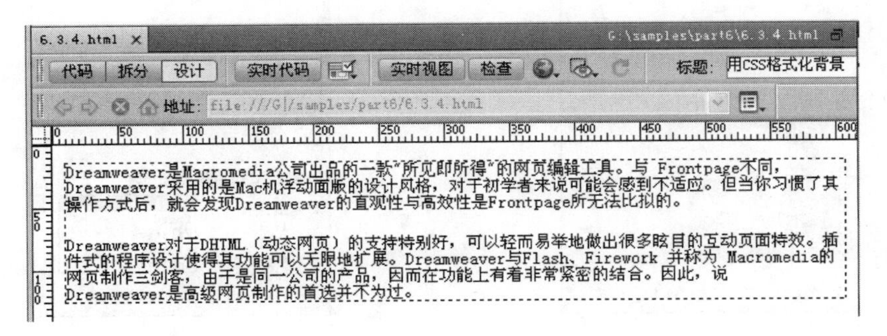

图 6-75　示例文件

(2) 进入“CSS 样式”面板,单击“新建 CSS 规则”按钮,在弹出的“新建 CSS 规则”对话框中,设置“选择器类型”为“ID(仅应用于一个 HTML 元素)”、“选择器名称”为 #testLayer、“规则定义”为“(仅限该文档)”,如图 6-76 所示。

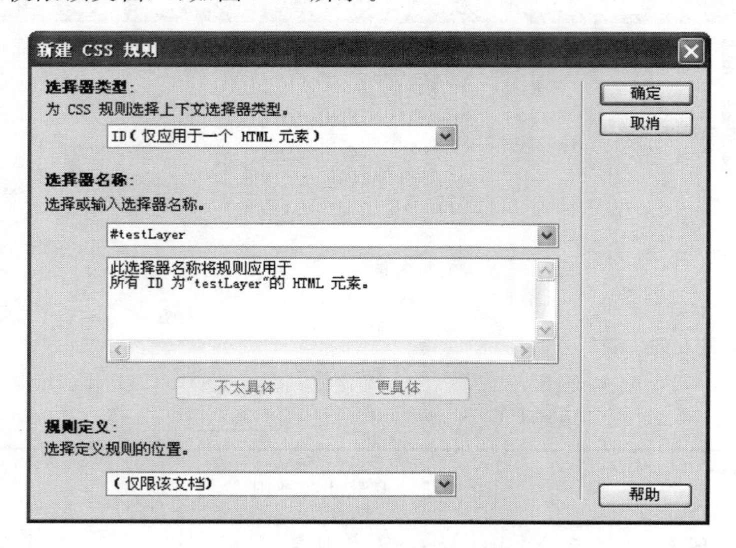

图 6-76　“新建 CSS 规则”对话框

(3) 单击“确定”按钮,弹出“#testLayer 的 CSS 规则定义”对话框,直接单击“确定”按钮。

2. 设置背景图片

(1) 进入“CSS 样式”面板,单击右下角的“显示类别视图”按钮,将“‘#testLayer’的属性”栏切换到类别视图,如图 6-77 所示。

(2) 在“‘#testLayer’的属性”栏中,展开“定位”,选择 position,在其右侧的下拉列表框中选择 absolute 选项,如图 6-78 所示。

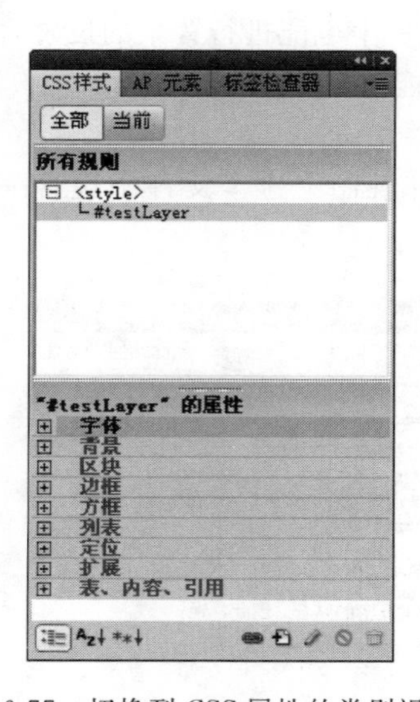

图 6-77　切换到 CSS 属性的类别视图

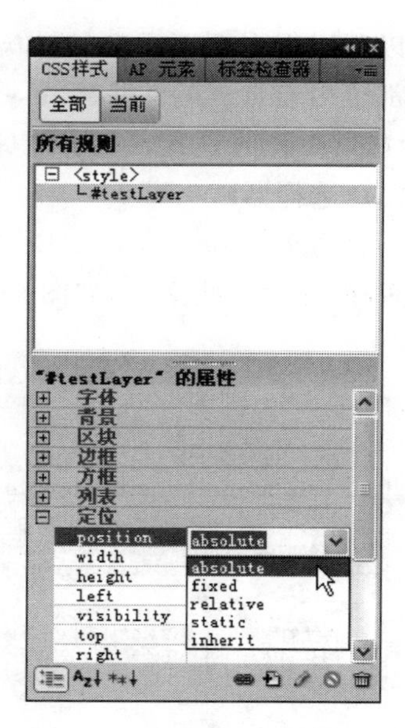

图 6-78　设置 position 属性

(3) 展开“背景”,选择 background-image,单击右侧的“浏览”按钮,从弹出的“选择图像源文件”对话框中选择图片 images\home. png,设置完成后,background-image 属性的设置值如图 6-79 所示。

(4) 仍然在“背景”下,单击选择 background-repeat,在其右侧的下拉列表框中选择 no-repeat 选项,如图 6-80 所示。

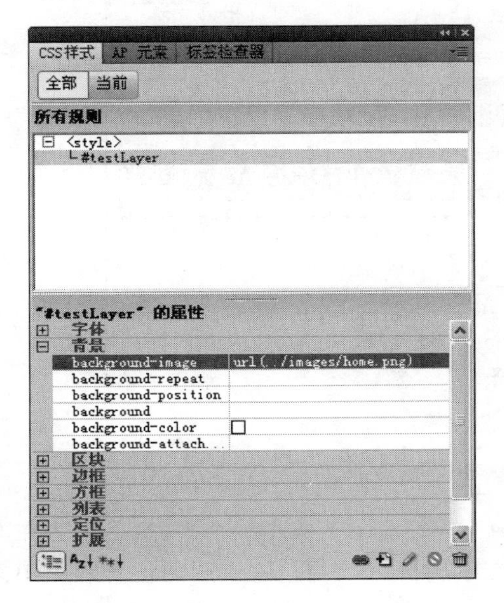

图 6-79　设置 background-image 属性

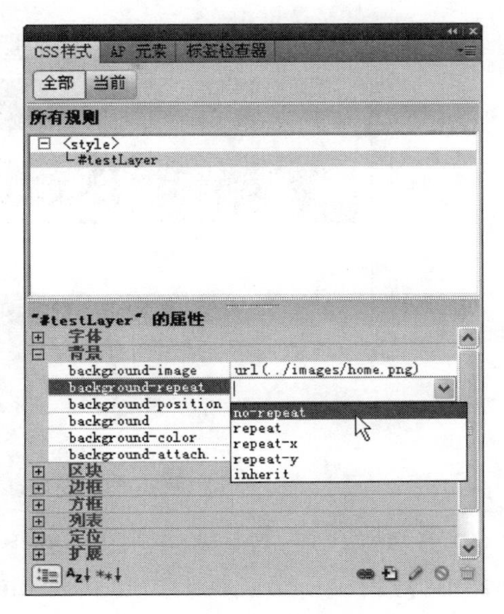

图 6-80　设置背景为不重复

(5) 在“背景”下单击选择 background-position,在右边的文本框中输入 right bottom,表示背景图片定位在右下角,如图 6-81 所示。

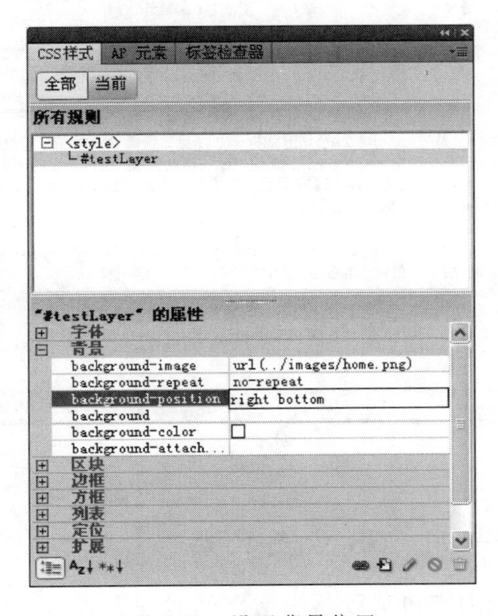

图 6-81　设置背景位置

3. 应用 ID 选择器

(1) 进入设计视图,选择整个<div></div>标签。

(2) 在"属性"面板中,在 Div ID 下拉列表框中选择 testLayer 选项,如图 6-82 所示。

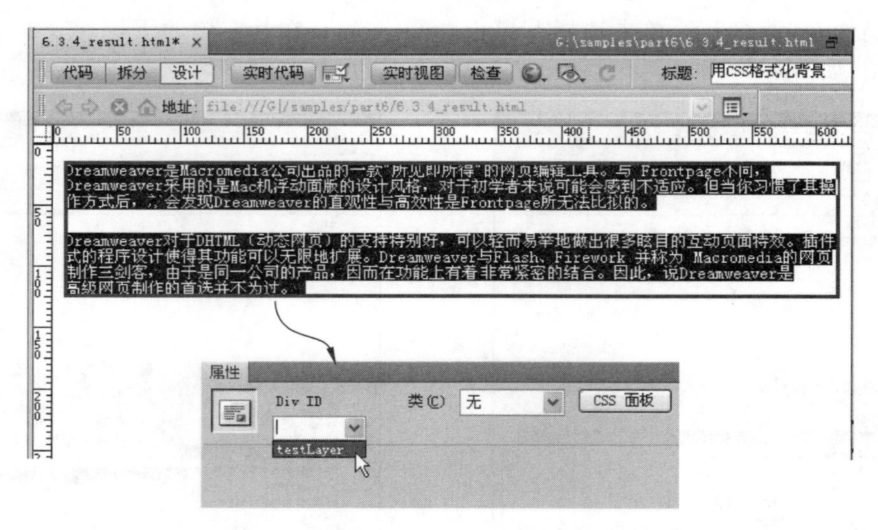

图 6-82 设置<div></div>标签的 ID

(3) 设置完成后,网页文档中的<div></div>标签实际上成了一个层(这是因为在 CSS 选择器中将其 position 属性设置成了 absolute),在编辑区可以调整这个层的位置和大小。按 F12 键,在浏览器中查看预览效果,如图 6-83 所示,注意其中的背景图片没有自动重复,而是被固定在层的右下角。

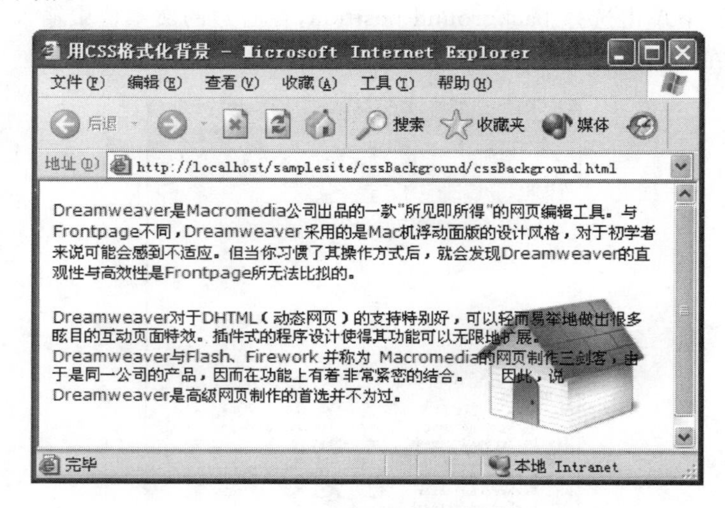

图 6-83 层的背景效果

6.3.5 课堂实例——用 CSS 控制区块

CSS"区块"规则的设置内容包括段落内文字的对齐方式、首行缩进、字符间距等,运用于图片的"区块"规则还可以控制图片和文本的对齐方式。

1. 创建 CSS 规则

(1) 新建一个网页文档，将其保存为 6.3.5.html。在这个文档中创建两段文字，第二段文字中含有一幅图片，如图 6-84 所示。

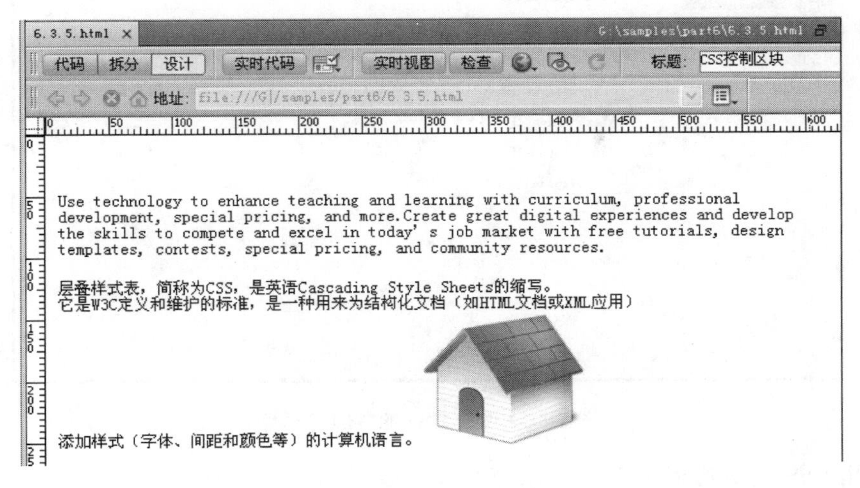

图 6-84　创建网页文档

(2) 进入“CSS 样式”面板，单击“新建 CSS 规则”按钮，弹出“新建 CSS 规则”对话框，设置“选择器类型”为“类(可应用于任何 HTML 元素)”，在“选择器名称”文本框中输入.cssBlock，设置“规则定义”为“仅限该文档”，如图 6-85 所示。

新建 CSS 规则
选择器类型：
为 CSS 规则选择上下文选择器类型。
类（可应用于任何 HTML 元素）
选择器名称：
选择或输入选择器名称。
.cssBlock
此选择器名称将规则应用于
所有具有类“cssBlock”的 HTML 元素。
不太具体　更具体
规则定义：
选择定义规则的位置。
（仅限该文档）
确定　取消　帮助

图 6-85　“新建 CSS 规则”对话框

(3) 在弹出的“.cssBlock 的 CSS 规则定义”对话框中，在“分类”列表中选择“区块”，然后在右侧窗格中设置 Letter-spacing(字母间距)为 0.2，单位选择为 cm(厘米)；在 Vertical-align(垂直对齐)下拉列表框中选择 top(顶部)选项；设置 Text-indent(文字缩进)为 1，单位选择为 cm(厘米)，如图 6-86 所示。设置完成后单击“确定”按钮。

专家点拨：只有当 CSS 规则应用于图片时，Vertical-align(垂直对齐)的设置才会起作用，这里选择 top(顶部)可以让图片和文本的顶端对齐。

.cssBlock 的 CSS 规则定义
分类
类型
背景
区块
方框
边框
列表
定位
扩展
区块
Word-spacing(S):
em
Letter-spacing(L): 0.2
cm
Vertical-align(V): top
%
Text-align(T):
Text-indent(I): 1
cm
White-space(W):
Display(D):
帮助(H)
确定
取消
应用(A)

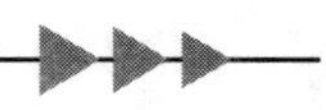

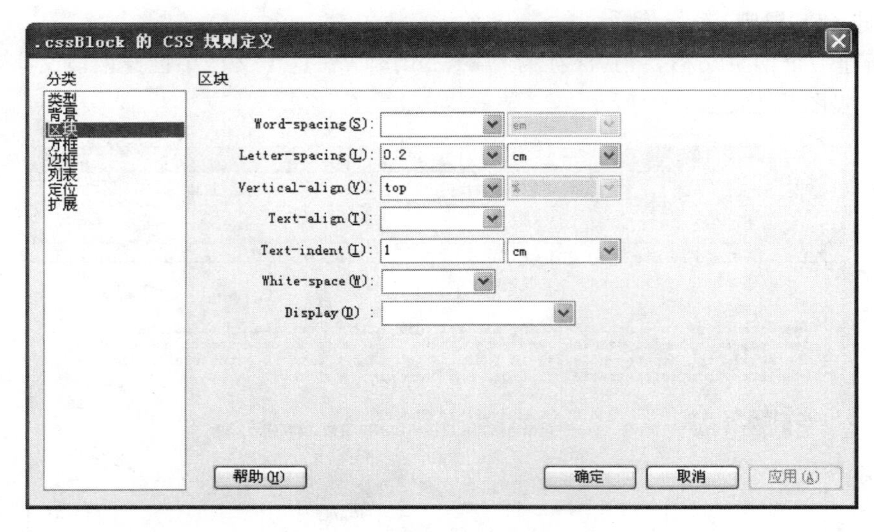

图 6-86　设置 CSS 的“区块”属性

2. 应用 CSS 规则到文本

(1) 在设计视图中,拖动鼠标选择一段文本,如图 6-87 所示。

Use technology to enhance teaching and learning with curriculum,
professional development, special pricing, and more.
Create great digital experiences and develop the skills to compete
and excel in today' s job market with free tutorials,
design templates, contests, special pricing, and community resources.

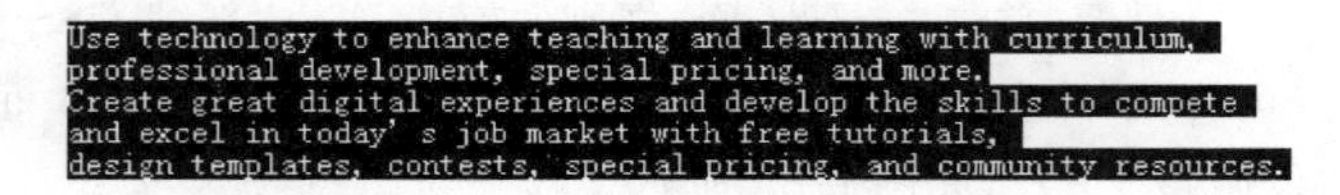

图 6-87　选中文本

(2) 进入“属性”面板,在“类”下拉列表框中选择 cssBlock 选项。

(3) 在设计视图中可以看到样式的作用效果,注意段落的首行缩进以及字母之间距离的增大,如图 6-88 所示。

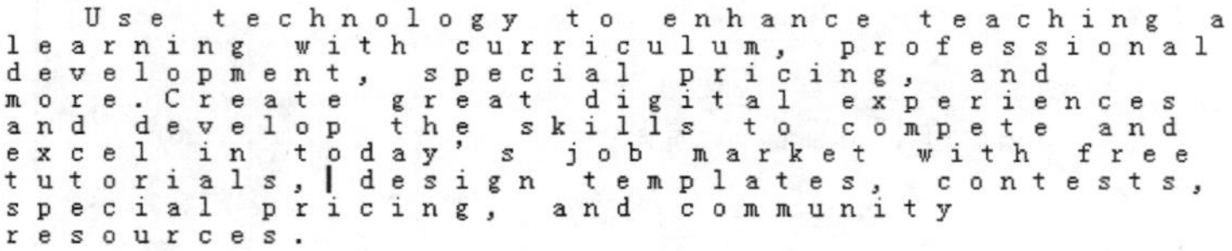

Use technology to enhance teaching a
learning with curriculum, professional
development, special pricing, and
more.Create great digital experiences
and develop the skills to compete and
excel in today' s job market with free
tutorials, design templates, contests,
special pricing, and community
resources.

图 6-88　cssBlock 的作用效果

3. 应用 CSS 规则到图片

(1) 在设计视图中,单击选择图片,图片选中后周围会出现控制点。注意,图片和左侧文本之间是底端对齐的,如图 6-89 所示。

层叠样式表,简称为CSS,是英语Cascading Style Sheets的缩写。
它是W3C定义和维护的标准,是一种用来为结构化文档(如HTML文档或XML应用)
添加样式(字体、间距和颜色等)的计算机语言。

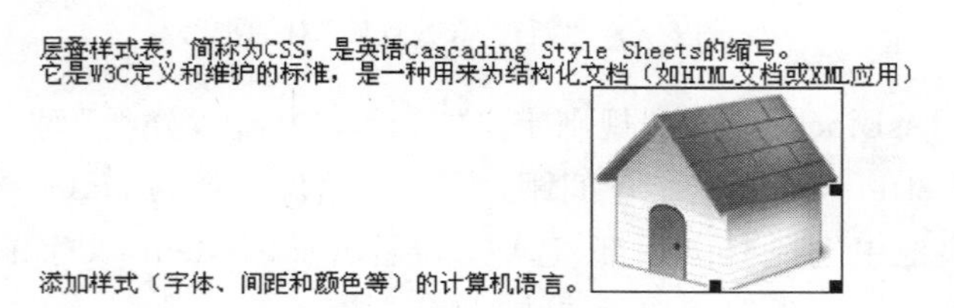

图 6-89　选中图片

（2）进入“属性”面板，在“类”下拉列表框中选择 cssBlock 选项。

（3）在设计视图中可以看到图片和文本的对齐方式发生了变化，由原来的底部对齐变成了顶部对齐，如图 6-90 所示。

图 6-90　图片应用 CSS 规则之后的效果

6.3.6　课堂实例——用 CSS 控制超级链接

网页中的文本上建立超级链接后，文字就会变成蓝色，同时还出现下划线，这是 HTML 默认的超级链接外观。如果想改变超级链接的默认外观，可以利用 CSS 样式进行处理。

1. 创建超级链接

（1）新建一个网页文档，保存为 6.3.6.html。插入一个 1 行 5 列的表格，在单元格中输入相应的文字，并设置表格背景颜色为蓝色。将单元格中的文字颜色都设置为白色，这样可以得到更好的显示效果，如图 6-91 所示。

首页	新闻	下载	留言	论坛

图 6-91　创建表格

（2）选择第一个单元格中的文字“首页”，在“属性”面板的“链接”文本框中输入相应的链接文件（这里可以输入一个假设的网页地址），定义一个文字超级链接。同样，也分别定义另外几个文本的超级链接。这时，文字都变成了蓝色，并且都出现了下划线。在浏览器中预览的效果如图 6-92 所示。

首页	新闻	下载	留言	论坛

图 6-92　定义了文字链接后的效果

很明显，由于蓝色文字外观和表格的蓝色背景颜色冲突，目前的文字链接效果很不符合网页的整体风格，文字看起来也很模糊。

2. 用 CSS 样式重新定义超级链接的外观

（1）单击“CSS 样式”面板的“新建 CSS 规则”按钮，弹出“新建 CSS 规则”对话框，在此对话框的“选择器类型”下拉列表中选择“复合内容（基于选择的内容）”，在“选择器名称”下拉列表框中选择 a:link 选项，设置“规则定义”为“仅限该文档”，如图 6-93 所示。

专家点拨：在如图 6-93 所示的“新建 CSS 规则”对话框中，“选择器名称”下拉列表框中共有 4 个有关超级链接的选择器名称。

① a:link：超级链接的正常状态，没有任何动作时的状态。

② a:visited：访问过的超级链接状态。

③ a:hover：鼠标指针指向超级链接的状态。

④ a:active：选中超级链接状态。

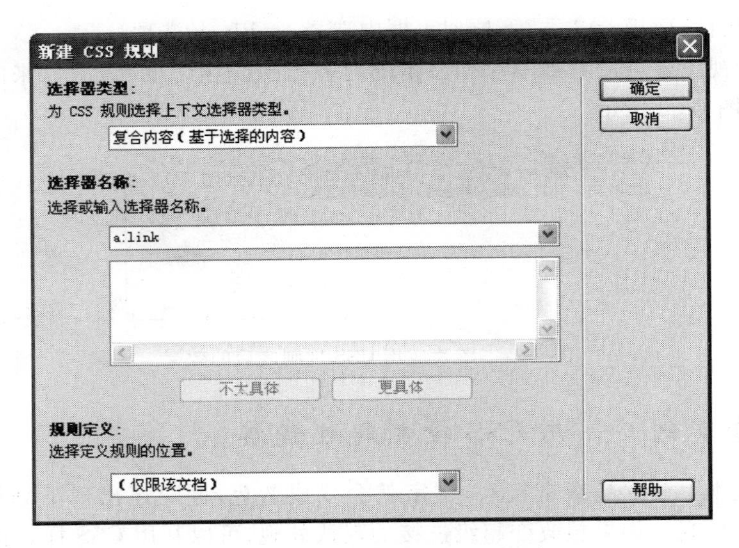

图 6-93 新建 a:link 的 CSS 规则

(2) 单击“确定”按钮，弹出“a: link 的 CSS 规则定义”对话框。在“分类”列表中选择“类型”，在右侧的窗格中可以设置超级链接的字体、字号、样式、行高、颜色、修饰等。这里将字体设置为宋体，大小设置为 12px，颜色设置为白色，Text-decoration(文本修饰)设置为 none(无)，如图 6-94 所示。

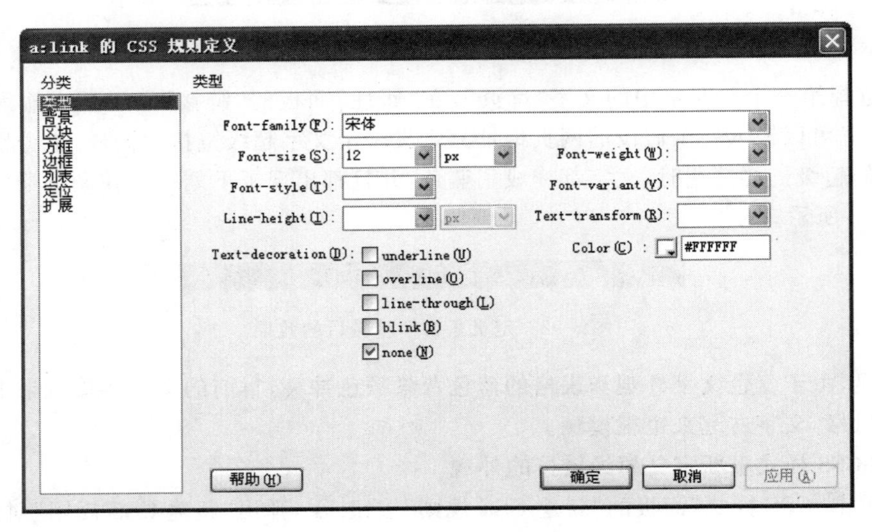

图 6-94 a:link 的 CSS 规则定义

(3) 单击“确定”按钮，此时在 Dreamweaver 的工作区域内已经看不到超级链接的下划线了，在浏览器中预览一下，效果如图 6-95 所示。

图 6-95 设置超链接无下划线后的效果图

(4) 单击“CSS 样式”面板中的“新建 CSS 规则”按钮，弹出“新建 CSS 规则”对话框，在此对话框的“选择器类型”下拉列表中选择“复合内容(基于选择的内容)”，在“选择器名称”下拉列表框中选择 a:hover 选项,设置“规则定义”为“仅限该文档”,如图 6-96 所示。

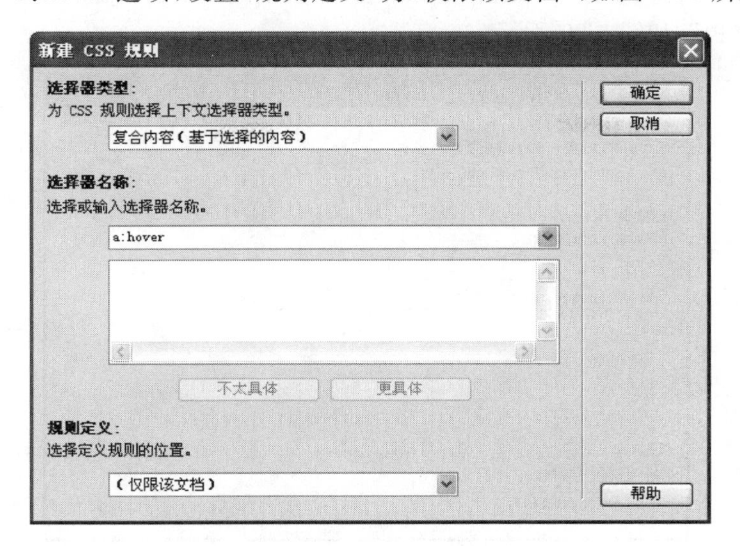

图 6-96　新建 a:hover 的 CSS 样式

(5) 单击“确定”按钮,弹出“a:hover 的 CSS 规则定义”对话框。在“分类”列表中选择“类型”,在右侧的窗格中,设置“颜色”的 RGB 值为黄色。

(6) 单击“确定”按钮,a:hover 样式已经应用到网页的超级链接中了,在浏览器中预览效果,当鼠标指针指向超级链接文字时,文字颜色变为黄色,如图 6-97 所示。

图 6-97　应用 CSS 规则后的超链接效果

专家点拨:一旦定义了被访问过的链接的颜色(a: visited),则当链接被访问过后,该链接的颜色不再改变,即定义鼠标指针在超级链接上的颜色(a:hover)将不起作用了。若不定义被访问过的链接的颜色(a:visited),则当鼠标指针在超级链接上时显示 a:hover 中定义的颜色,当鼠标指针移开时显示 a:link 中定义的颜色。

6.3.7　课堂实例——CSS 滤镜的应用

CSS 提供了滤镜功能,在制作网页的时候,即使不用图片,通过 CSS 滤镜,只需简单的操作,也同样可以使网页中的文字、图片或者按钮鲜艳无比、充满生气,从而增强网页的视觉效果。

下面通过制作一个文字的模糊效果,讲解利用 CSS 滤镜增加网页视觉效果的方法。

(1) 新建一个网页文档,保存为 6.3.7.html。在网页文档中输入一行文字,并插入一个图像,效果如图 6-98 所示。

图 6-98　输入文字和插入图像

(2) 单击“CSS 样式”面板中的“新建 CSS 规则”按钮,弹出“新建 CSS 规则”对话框。设置“选择器类

型”为“类(可应用于任何 HTML 元素)”,在“选择器名称”文本框中输入.wenzi,设置“规则定义”为“仅限该文档”,如图 6-99 所示。

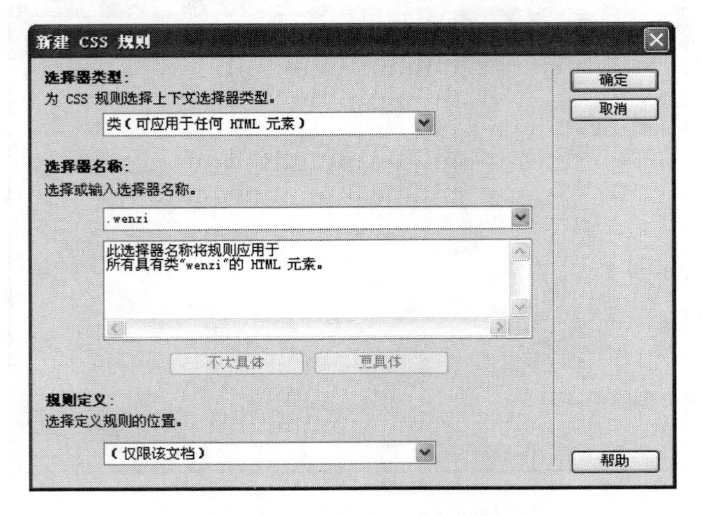

图 6-99 “新建 CSS 规则”对话框

(3) 单击“确定”按钮,弹出“.wenzi 的 CSS 规则定义”对话框,在“分类”列表中选择“扩展”,在右侧的窗格中,打开 Filter(滤镜)下拉列表框,就可以看到若干 CSS 滤镜选项,如图 6-100 所示。

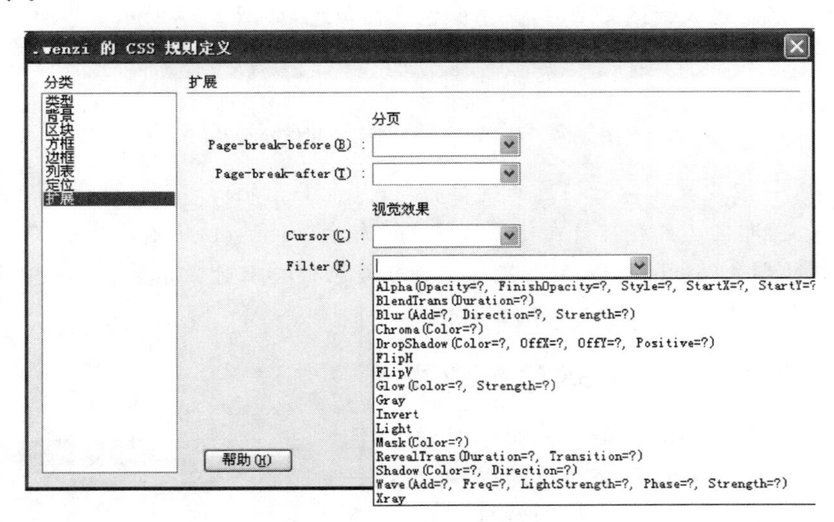

图 6-100 各种 CSS 滤镜

专家点拨:各个滤镜的功能如下所述。

① Alpha:设置透明度。

② Blur:建立模糊效果。

③ Chroma:把指定的颜色设置为透明。

④ DropShadow:建立一种偏移的影像轮廓,即投射阴影。

⑤ FlipH:水平反转。

⑥ FlipV:垂直反转。

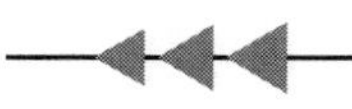

⑦ Glow：为对象的外边界增加光效。

⑧ Gray：降低图片的彩色度。

⑨ Invert：将色彩、饱和度及亮度值完全反转建立底片效果。

⑩ Light：在一个对象上进行灯投影。

⑪ Mask：为一个对象建立透明膜。

⑫ Shadow：建立一个对象的固体轮廓，即阴影效果。

⑬ Wave：在 X 轴和 Y 轴方向用正弦波纹打乱图片。

⑭ Xray：只显示对象的轮廓。

(4) 在 Filter(滤镜)下拉列表框中选择 Blur 选项，可以看到 Blur 的语法是这样的：Blur(Add=?,Direction=?,Strength=?)，其中有三个参数 Add、Direction、Strength，这里设置参数 Add=true、Direction=135、Strength=10，如图 6-101 所示。

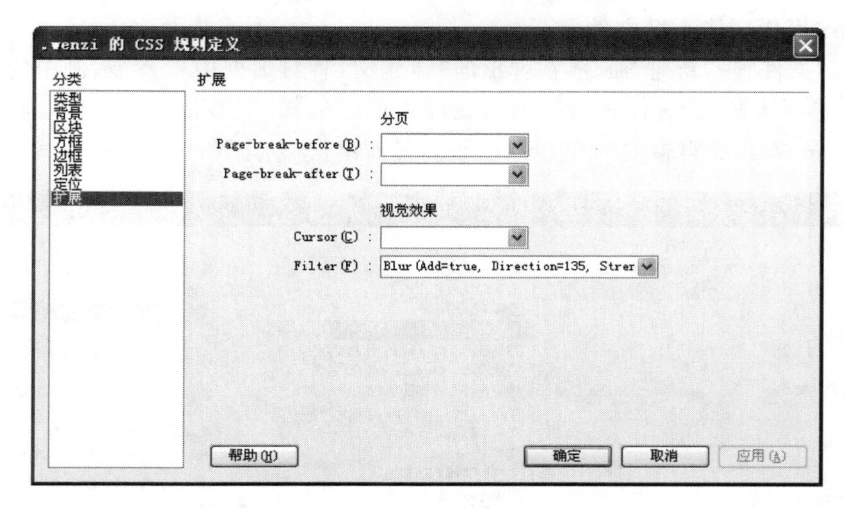

图 6-101　设置 Blur 滤镜

专家点拨：Add 参数有两个参数值 true 和 false，意思是指定元素是否被改变成模糊效果；Direction 参数用来设置模糊的方向，模糊效果是按照顺时针方向进行的，其中 0 度代表垂直向上，每 45 度一个单位，默认值是向左的 270 度；Strength 参数值只能使用整数来指定，它代表有多少像素的宽度将受到模糊影响，默认值是 5px。

(5) 单击“确定”按钮，.wenzi 的 CSS 规则就被定义好了。

(6) 将.wenzi 样式应用到<body>标签上，这样 CSS 滤镜就已经应用到网页的文字和图像上了。在 Dreamweaver 的设计视图中并没有发现网页效果的变化，这是因为滤镜的效果只能在浏览器中看到。在浏览器中预览一下，效果如图 6-102 所示。

图 6-102　模糊滤镜效果

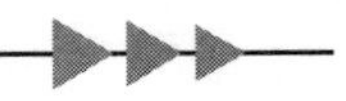

专家点拨：只有 IE 4.0 或者 Netscape 6.0 以上的浏览器才支持 CSS 滤镜效果。

6.4　链接外部 CSS 样式文件

前面在创建 CSS 样式时，都是直接将 CSS 样式嵌入到网页文档中，这属于网页文档的内部 CSS 样式应用。CSS 样式不但可以直接嵌入在页面中，而且可以保存为独立的样式文件(扩展名为.css)，需要引用样式文件中的 CSS 样式时，可以将其链接到网页文档中。多个网页文件可以共享一个.css 样式文件，对.css 样式文件的修改将会影响所有以链接方式调用这个.css 样式文件的网页文件。

6.4.1　制作 CSS 样式文件

1. 从 CSS 模板新建 CSS 文件

(1) 选择"文件"→"新建"命令，在弹出的"新建文档"对话框中选择"示例中的页"，在"示例文件夹"列表中选择"CSS 样式表"，然后在列表框中选择"完整设计：Arial，蓝色/绿色/灰色"(这是 Dreamweaver 自带的一个 CSS 模板)，最后单击"创建"按钮，如图 6-103 所示。

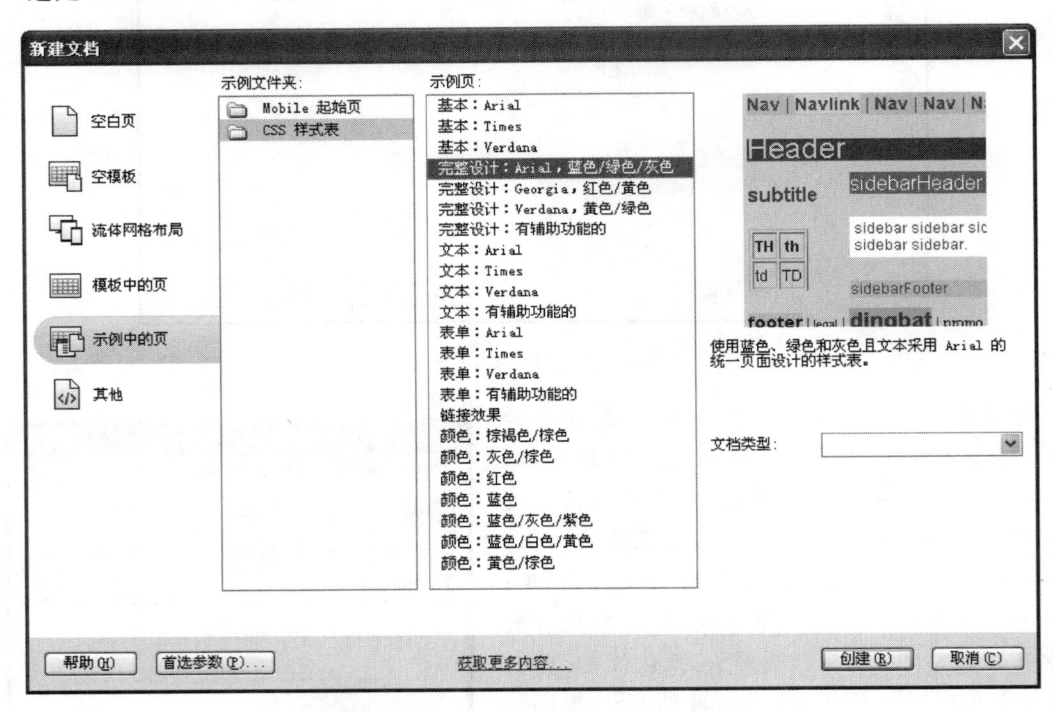

图 6-103　从模板新建 CSS 样式表文件

(2) 这时代码视图中出现了一些 CSS 代码。按 Ctrl+S 组合键，弹出"另存为"对话框，在"文件名"文本框中输入 mycss.css，在"保存类型"下拉列表框中选择"样式表(*.css)"选项，然后单击"保存"按钮，如图 6-104 所示。

2. 修改 CSS 规则

(1) myCSS.css 仍然处于打开状态，注意查看"文档"工具栏可以发现，拆分视图和设计视图都是不可用的，对于 CSS 文件，只能在代码视图中直接编辑其源代码，这和普通 HTML 文

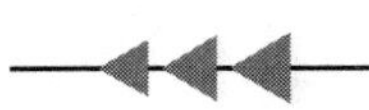

图 6-104　保存 CSS 文件

件是不同的，如图 6-105 所示。

(2) 在代码视图中可以对这里的 CSS 样式进行修改，这时应该充分利用 Dreamweaver 提供的代码提示工具，这里仅举一个例子来说明。在代码视图中，找到.title 内的 font-family，将“:”后面的字体列表删除，定位光标到“:”后面，按空格键，这时将弹出字体列表代码提示窗口，从中选择“Verdana,宋体”，并双击，如图 6-106 所示。

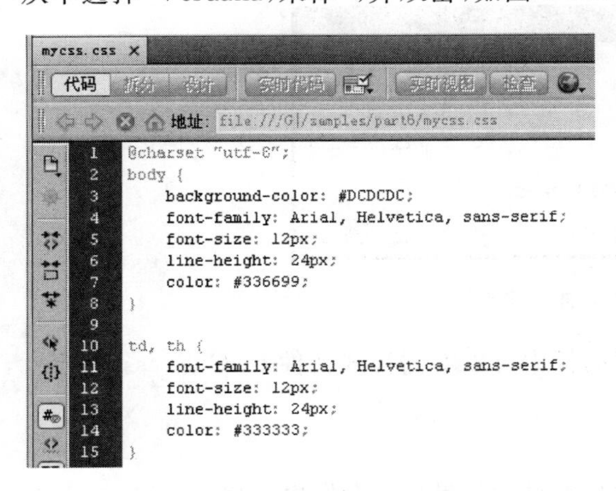

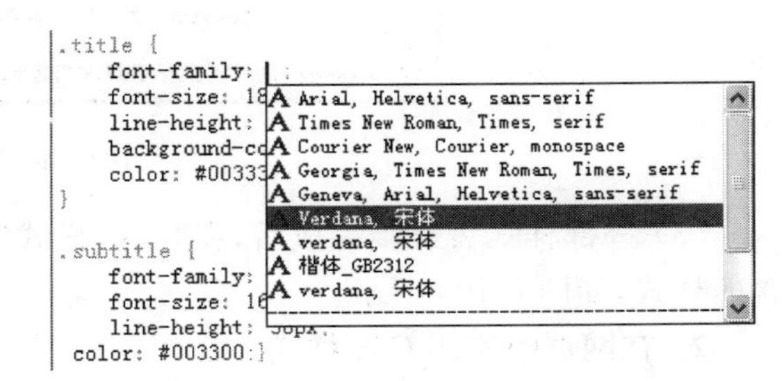

图 6-105　代码视图中显示的 CSS 文件　　　图 6-106　利用代码提示工具设置 CSS 属性值

(3) 完成对 myCSS.css 的修改之后，按 Ctrl+S 组合键保存文件，然后将其关闭。

专家点拨：以上步骤是通过 Dreamweaver 提供的 CSS 模板创建了一个 CSS 文档，这种方式比较高效，但也有一定的局限性。也可以直接新建一个空白 CSS 文档，然后通过在“CSS 样式”面板中添加 CSS 规则来完成 CSS 文档的创建。

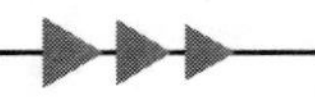

6.4.2 通过链接使用外部样式表

1. 链接外部 CSS 文件

(1) 打开示例文件 part6\6.4.html,这个文件中包含简单的页面,如图 6-107 所示。

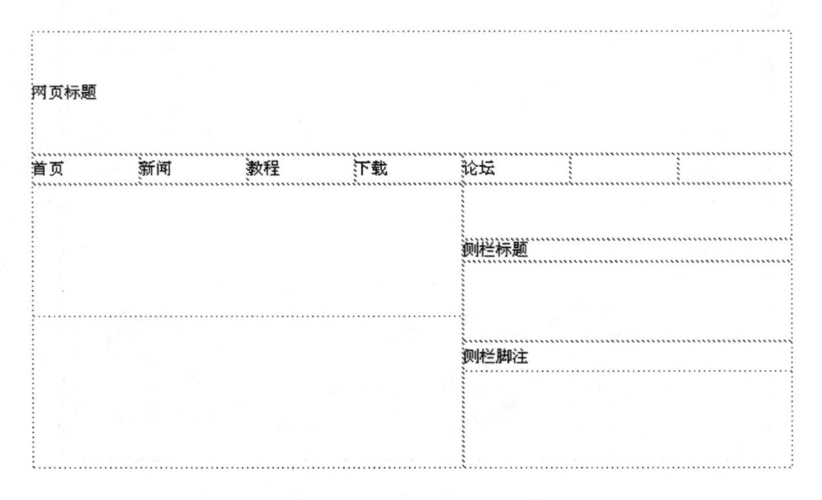

图 6-107 使用 CSS 样式之前的页面效果

(2) 在"CSS 样式"面板中单击右下角的"附加样式表"按钮,在弹出的"链接外部样式表"对话框中,单击"文件/URL"下拉列表框后面的"浏览"按钮,在弹出的"选择样式表文件"对话框中选择 myCSS.css 文件,选择完成后回到"链接外部样式表"对话框中,设置"添加为"为"链接",然后单击"确定"按钮,如图 6-108 所示。

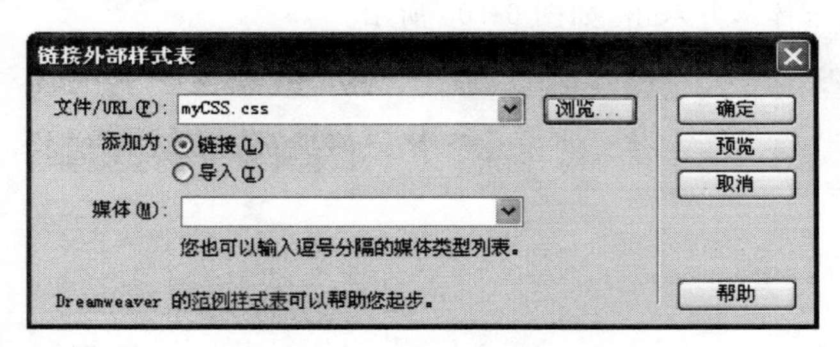

图 6-108 链接外部样式表

(3) 外部样式表链接完成后,在"CSS 样式"面板中可以看到样式文件 myCSS.css 中所包含的样式,如图 6-109 所示。

2. 在网页中应用 CSS 样式

(1) 将外部 CSS 文件链接到网页文档后,网页的显示效果马上会发生变化,CSS 样式文件中定义的 CSS 规则已经对网页产生了影响。

(2) 进入设计视图,将鼠标光标定位在文字"网页标题"后面,进入"属性"面板,可以看到在"类"下拉列表框中显示为 header,这是应用的 CSS 类规则,如图 6-110 所示。

(3) 可以根据需要,分别为页面上的其他内容应用相应的 CSS 规则。这里得到的页面效果如图 6-111 所示。

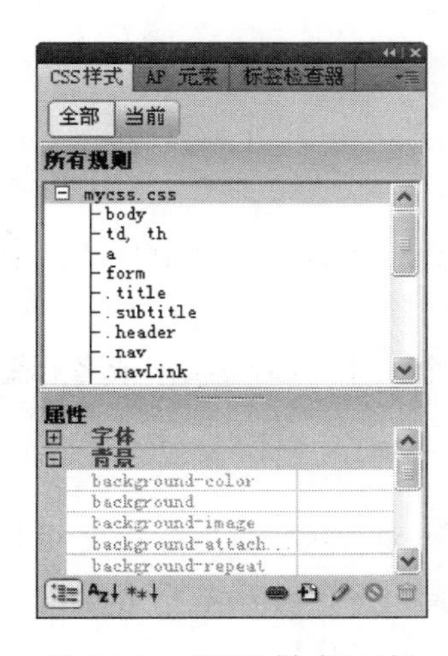

图 6-109　“CSS 样式”面板

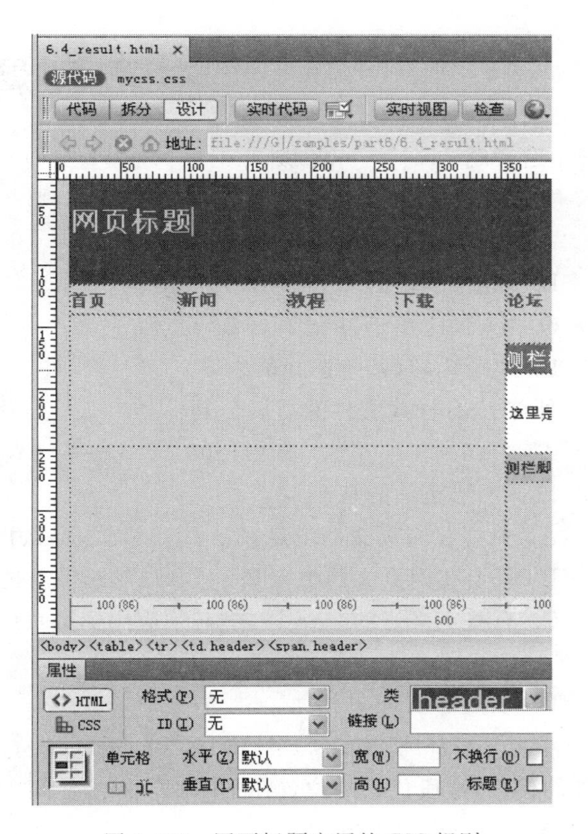

图 6-110　网页标题应用的 CSS 规则

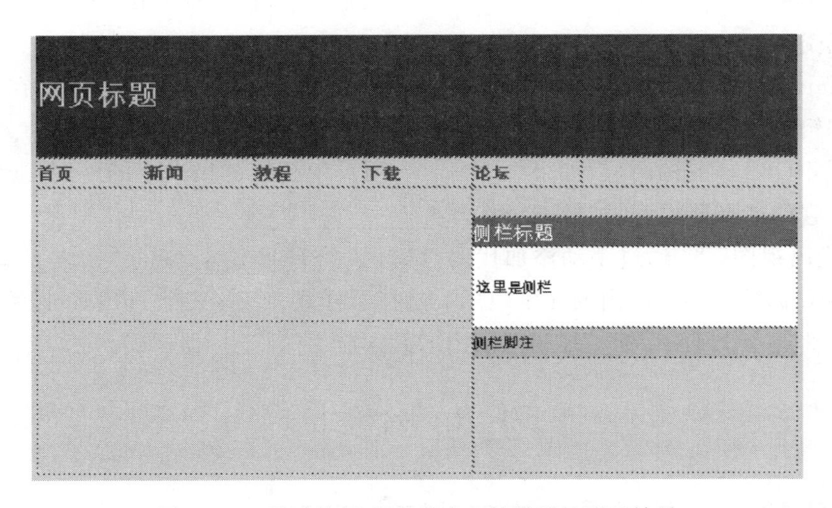

图 6-111　通过外部 CSS 样式文件设置的页面效果

专家点拨：网页文档链接了外部 CSS 样式文件后，在代码视图中，可以观察到 head 标签中增加了一行代码：

```
<link href = "mycss.css" rel = "stylesheet" type = "text/css" />
```

这就是链接外部 CSS 样式文件的代码。

本章习题

一、选择题

1. 如果定义了一个名称为.text的CSS样式,那么这个样式的"选择器类型"为________。

A. 类(可应用于任何HTML元素)

B. 标签(重新定义HTML元素)

C. ID(仅应用于一个HTML元素)

D. 复合内容(基于选择的内容)

2. 外部CSS样式文件的扩展名是________。

A. .htm　　B. .html　　C. .css　　D. .asp

3. 以下说法正确的是________。

A. 只要在网页文档中定义了CSS样式,那么样式效果就可以在网页中自动显示出来

B. 只要在网页文档中定义了CSS样式,就不能把它清除了

C. 有些定义好的CSS样式,必须应用到网页中的某个元素(文字、段落或者标签等),CSS样式表效果才能显示出来

D. 以上都不对

4. <link href="mycss.css" rel="stylesheet" type="text/css"/>是链接外部CSS样式文件的代码,这段代码的位置在________标签之间。

A. <head></head>　　B. <title></title>

C. <body></body>　　D. <table></table>

二、填空题

1. Dreamweaver把管理CSS样式的相关功能都汇集到了________面板。在这个面板中可以新建、编辑、删除CSS样式。

2. 在定义CSS样式的时候,如果想统一改变网页中超级链接文字的外观,通常会定义一种样式类型,它的选择器类型需要设置为________________。

3. 在"代码视图"下,通过手动添加代码,编辑某个HTML标签的________属性,就可以让这个HTML标签控制范围内的元素应用类选择器样式;编辑某个HTML标签的________属性,就可以让这个HTML标签控制范围内的元素应用ID选择器样式。

上机练习

练习1　用CSS控制网页文字和段落

创建一个包含若干文字段落的网页文档,在这个网页文档中定义一个类选择器CSS样式,利用这个CSS样式控制网页中的文字和段落格式。

练习2　用CSS控制表格的背景、边框、尺寸

新建一个网页文档,在其中插入一个三行一列的表格。在这个网页文档中定义三个标识

选择器 CSS 样式，分别用来控制三个单元格的背景、边框、尺寸等属性。

练习 3　用外部 CSS 文件控制网页整体效果

首先创建一个 CSS 文件，定义若干 CSS 规则，接着创建一个网页效果，尽量让网页包括常用的一些元素(文字、图像、表格、导航条等)，最后将外部 CSS 文件链接到这个网页上，并应用相应的 CSS 样式。

第7章 框架和AP元素

当遨游 Internet 时，一幅幅漂亮的网页令人流连忘返，网页的精彩和色彩的搭配、文字的变化、图片的处理等关系密切，除此之外，还有一个非常重要的因素——网页的布局。虽然网站的内容很重要，但只有当网页布局和网页内容成功接合时，这种网页或者说站点才是受人喜欢的。主要内容有：

- 框架；
- AP 元素；
- 用框架和 AP 元素布局网页。

7.1 框　　架

在网页设计中，框架是组织复杂页面的一种重要方法。框架可以将浏览器显示窗口分割成几个不同的小窗口，每个窗口可以独立显示不同的网页，而且在替换窗口中的网页文件时，各个窗口之间没有影响。

7.1.1 课堂实例——用框架布局一个简单页面

要制作框架网页，就要建立框架集。框架集是组织页面内容的常见方法，通过框架集可以将网页的内容组织到相互独立的 HTML 页面内，相对固定的内容（比如导航栏、标题栏）和经常变动的内容分别以不同的文件保存将会大大提高网页设计和维护的效率。

本节制作一个简单的框架网页，先对框架集和框架等概念有一个概括的认识。

1. 建立框架集

(1) 新建一个网页文档，并保存为 mainFrame. html，在这个网页中输入一些文字，效果如图 7-1 所示。

图 7-1　创建一个网页文档

(2) 选择“插入”→HTML→“框架”→“对齐上缘”命令，如图 7-2 所示。

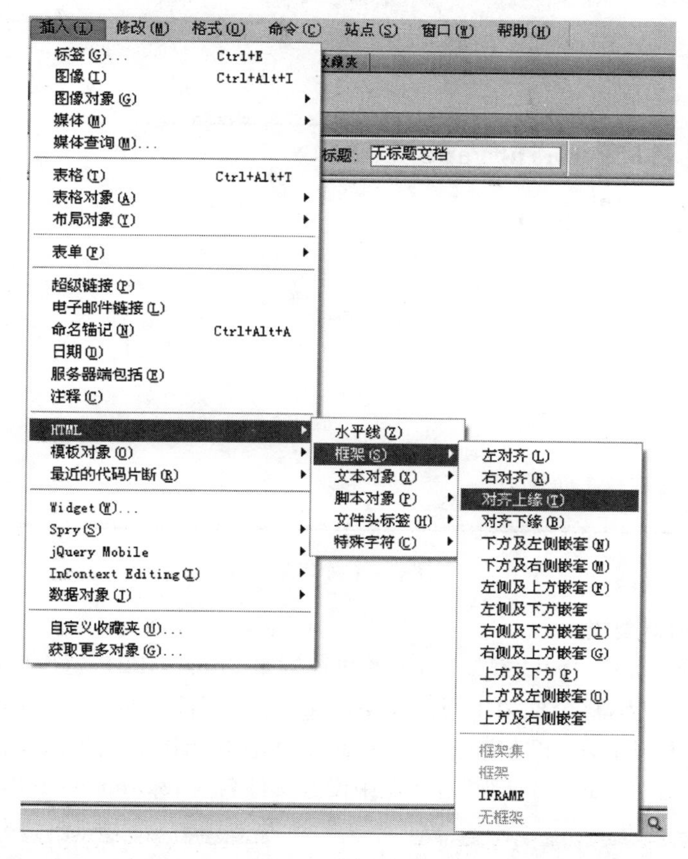

图 7-2　插入框架

(3) 这时将弹出“框架标签辅助功能属性”对话框，“框架”下拉列表框中列出了当前框架集中所包含的框架名称，这个框架集由两个框架组成。展开列表，分别为两个框架设置“标题”属性，将 mainFrame 的“标题”设置为 mainFrame，将 topFrame 的“标题”设置为 topFrame，如图 7-3 示。

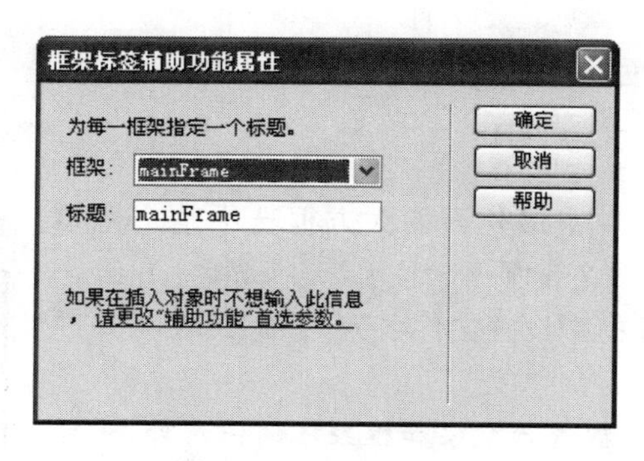

图 7-3　设置框架标题

(4) 单击“确定”按钮，设计视图被分成了两个区域(两个框架)，如图 7-4 所示。目前是整个框架集被选中状态，边框呈虚线显示。

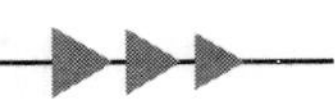

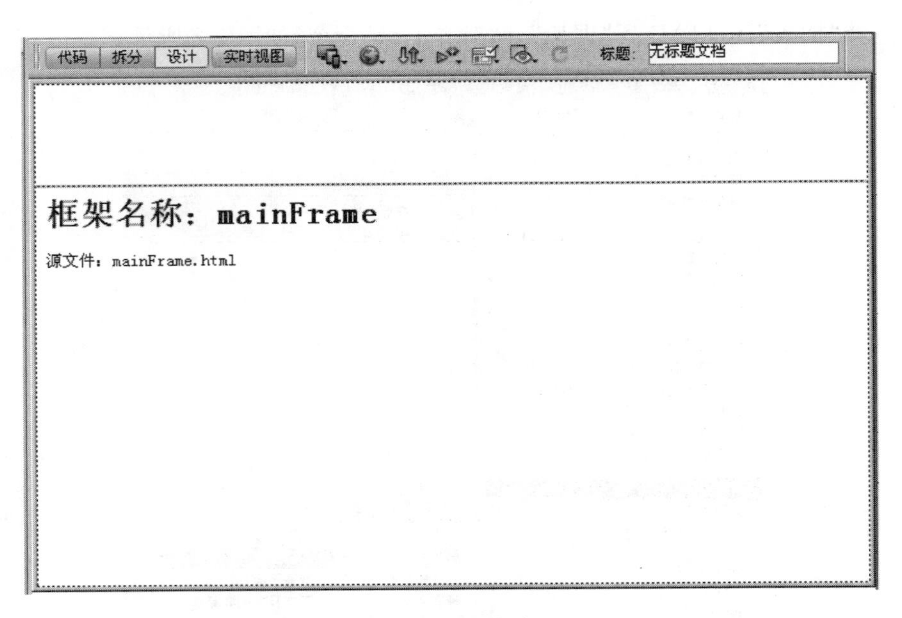

图 7-4　两个框架

2. 保存框架和框架集

(1) 进入"框架"面板(打开"框架"面板的快捷键是 Shift +F2),这里以缩略图的形式列出了框架集和内部的框架,每个框架中间的文字就是框架的名称,如图 7-5 所示。

(2) 在"框架"面板中,单击选中框架 topFrame(注意其周围的黑色细线框),如图 7-6 所示。按 Ctrl+S 组合键,在弹出的"另存为"对话框中设置文件名为 topFrame.html,并进行保存。

图 7-5　"框架"面板

图 7-6　选中框架 topFrame

(3) 在"框架"面板中,单击最外面的大方框选中整个框架集,即黑色的粗线方框,如图 7-7 所示。按 Ctrl+Shift+S 组合键,在弹出的"另存为"对话框中设置文件名为 7.1.1.html,并进行保存。

专家点拨:除了用快捷键进行框架和框架集的保存外,还可以选择"文件"菜单下的相应保存命令进行操作。

(4) 在设计视图中,单击框架 topFrame 内部,在这个框架中输入相应的文字,最终的框架集及其内部框架对应的 HTML 文件如图 7-8 所示。

图 7-7　选择框架集

图 7-8　框架集及其内所包含的框架

专家点拨：通过前面的操作制作了一个包含两个框架的网页效果，一个框架是topFrame，另一个框架是mainFrame。这个包含两个框架的网页效果共对应三个网页文件，一个是框架集文件 7.1.1.html，另两个是框架文件 topFrame.html 和 mainFrame.html。

3. 理解框架集 HTML 代码

打开文件 part7\7.1.1\7.1.1.html，单击"文档"工具栏上的"代码"按钮 代码，进入代码视图，如图 7-9 所示，为了便于阅读，对图中的代码进行了折叠。定义框架集的 HTML 标签是<frameset></frameset>，含有这对标签的源代码存放在框架集文件中。

```
<frameset rows="120,*" frameborder="yes" border="1" framespacing="1">
  <frame ...
  <frame ...
</frameset>
```

图 7-9　框架集源代码

<frameset></frameset>中含有<frame/>标签，每个<frame/>标签定义一个框架，并为框架设置名称、源文件等属性，如图 7-10 所示。

```
<frameset rows="120,*" frameborder="yes" border="1" framespacing="1">
  <frame ...
  <frame src="mainFrame.html" name="mainFrame" id="mainFrame" title="mainFrame" />
</frameset>
```

图 7-10　<frame/>标签

7.1.2　创建框架和框架集

通过上一节的学习，对框架和框架集有了一个初步的认识，这节继续深入学习框架和框架集的创建方法。所谓框架集就是指定义网页结构与属性的 HTML 页面，这其中包含了显示在页面中框架数目、框架尺寸及装入框架的页面来源，以及其他一些可定义的属性的相关信

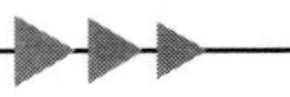

息。框架集页面不会在浏览器中显示(noframes 部分除外),它只是向浏览器提供如何显示一组框架以及在这些框架中应显示哪些文档的有关信息。

1. 在现在有文档中创建预定义的框架集

在现有网页文档中创建框架集,可以通过以下两种方法来实现:

(1) 将光标置于文档中,确定要插入框架的位置,执行"插入"→HTML→"框架"命令,在子菜单中选择一种框架格式。

(2) 执行"修改"→"框架集"命令,在弹出的子菜单中,选择想要的框架格式,如"拆分左框架"、"拆分上框架"等。当前的文档将出现在其中的一个框架中。

2. 拆分和删除框架

当创建好框架后,如果想对框架进行局部分割,可以将一个框架拆分成更小的几个框架。拆分框架有以下几种方法:

(1) 将光标放置在要拆分的框架中,在"修改"→"框架集"的子菜单中选择拆分项。

(2) 在"设计"视图中,将框架边框从视图的边缘拖入视图的中间,以垂直或水平方式拆分一个框架或一组框架,如图 7-11 所示。

专家点拨:如不显示框架边框,可执行"查看"→"可视化助理"→"框架边框"命令来显示框架边框。

(3) 如果要使用不在视图边缘的框架边框来拆分框架,可以按住 Alt 键并同时拖动框架边框。要将一个框架拆分成 4 个框架,可将框架边框从"设计"视图一角拖入框架的中间,如图 7-12 所示。

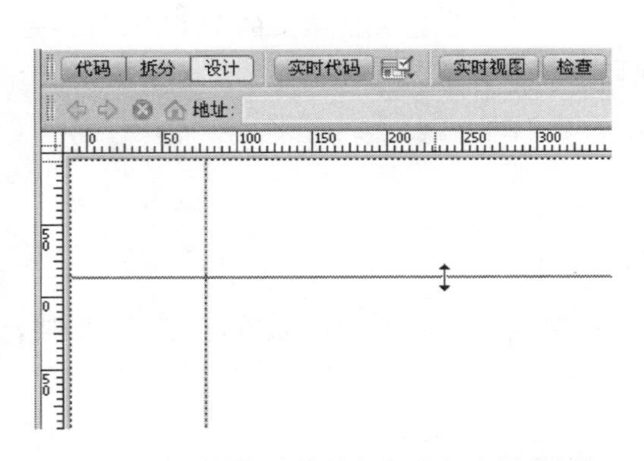

图 7-11 拖动视图边缘的框架边框来拆分框架

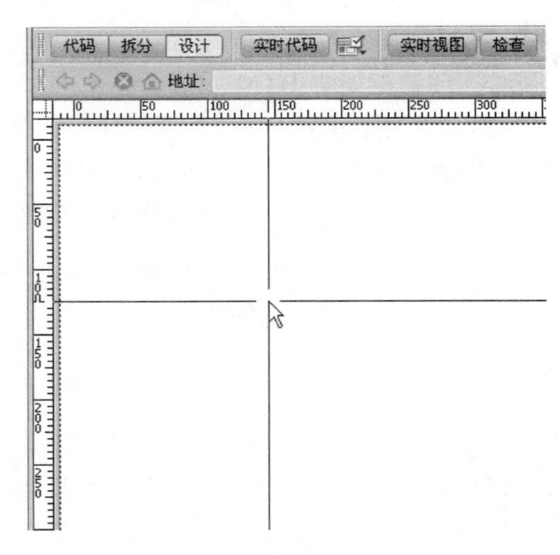

图 7-12 拖动视图一角来拆分成 4 个框架

如果要删除一个框架,只需将它的边框拖动到页面之外或拖动到父框架的边框上即可。如果要删除的框架中的文档有未保存的内容,Dreamweaver 将提示保存该文档。

专家点拨:不能通过拖动边框完全删除一个框架集。要删除一个框架集,必须关闭显示它的"文档"窗口。如果该框架集文件已保存,则删除该文件。

7.1.3 设置框架和框架集的属性

框架和框架集是一些独立的 HTML 文档。可以通过设置框架或框架集的属性来对框架或框架集进行修改。对于框架和框架集的设置，既可以通过在框架集文件的源代码中修改标签<frameset></frameset>和<frame/>的属性来完成，也可以在“属性”面板中进行，后者更加直观。

1. 选中框架和框架集

框架和框架集是独立的HTML文档，如果要对其进行修改，首先要选中它们。可以在“框架”面板中选择框架和框架集，执行“窗口”→“框架”命令，打开“框架”面板，如图7-13所示。

图7-13　“框架”面板

“框架”面板是以一种在设计视图窗口中不能显示的方式显示框架集的层次结构的。在“框架”面板中，框架集边框是粗三维边框，而框架边框则是细灰线边框，每个框架是用框架名来识别的。

在“框架”面板中单击某个框架，就可以选中这个框架，当框架或框架集在“框架”面板中被选中时，设计视图窗口中对应的框架或框架集的边框会出现表示被选中的轮廓线。单击最外面的大方框可以选中整个框架集，显示为黑色的粗线方框。

专家点拨：在设计视图窗口中单击某个框架的边框，就可以选中该框架所属的框架集。当一个框架集被选中时，框架集内所有的框架的边框带有点线轮廓。

2. 设置框架的属性

框架的背景颜色可以在页面属性中进行设置，而框架的其他属性，例如确定各个框架集内各个框架的名称、源文件、链接、边距、滚动、边框和能否调整大小等，要在自己的“属性”面板中进行设置。

选取框架，打开框架的“属性”面板，如图7-14所示。

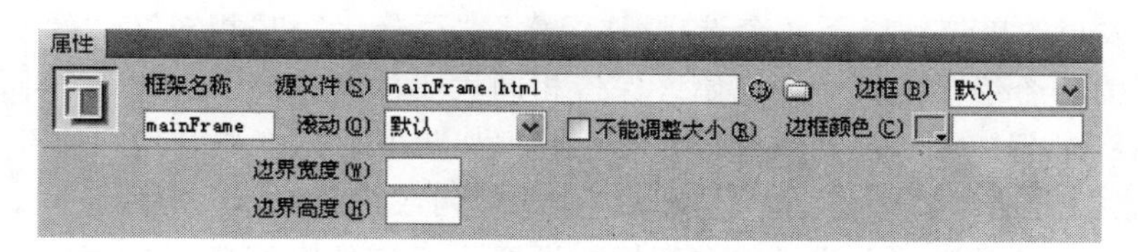

图7-14　框架的“属性”面板

(1) 框架名称：为当前框架命名(为了便于确定超链接应给框架命名)。

(2) 源文件：确定框架的源文档。可以直接输入文件路径，也可以单击文件夹图标查找并选取文件。还可以通过将插入点放在框架内并执行“文件”→“在框架中打开”命令来打开文件。

(3) 边框：用来控制当前框架有无边框，选项有“是”(显示边框)、“否”(隐藏边框)和“默认”。大多数浏览器默认为显示边框，除非父框架集已将“边框”设置为“否”。只有当共享该边框的所有框架都将“边框”设置为“否”时，或者当父框架集的“边框”属性设置为“否”并且共享该边框的框架都将“边框”设置为“默认值”时，边框才是隐藏的。

(4) 滚动：确定当框架内的内容显示不下的时候是否出现滚动条。选项有“是”、“否”、“自动”和“默认”。“是”表示显示滚动条，“否”表示不显示滚动条，“自动”则是自动显示，也就是当该框架内的内容超过当前屏幕上下或左右边界时，滚动条才会显示，否则不显示。“默认”将不设置相应属性的值，从而使各个浏览器使用其默认值。

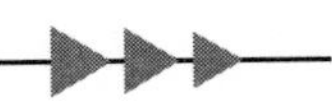

(5) 不能调整大小：限定框架尺寸，令访问者无法通过拖动框架边框在浏览器中调整框架大小。注意，在 Dreamweaver 设计视图中始终可以调整边框大小，该选项仅适用于在浏览器中查看框架的访问者。

(6) 边框颜色：设置与当前框架相邻的所有边框的颜色，此项选择覆盖框架集的边框颜色设置。

(7) 边界宽度：以像素为单位设置框架边框和内容之间的左右边距。

(8) 边界高度：以像素为单位设置框架边框和内容之间的上下边距。

3. 设置框架集的属性

使用框架集“属性”面板可以设置边框和边框大小。设置框架属性会覆盖在框架集中设置的相应属性。例如，设置某框架的边框属性，将覆盖在框架集中对该框架设置的边框属性。

选取框架集，打开框架集的“属性”面板，如图 7-15 所示。

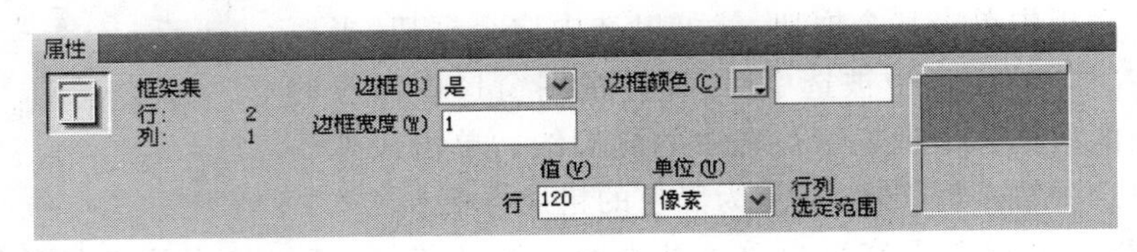

图 7-15　框架集的“属性”面板

(1) 边框：设置文档在浏览器中查看时是否显示框架边框。

(2) 边框颜色：设置边框的颜色。

(3) 边框宽度：指定框架集中所有边框的宽度。

(4) 框架大小：单击“行列选定范围”区域左侧或顶部的选项卡，然后在“值”文本框中，输入高度或宽度。

(5) 行列大小的单位有以下几个选项：“像素”、“百分比”和“相对”。“像素”将选定列或行的大小设置为一个绝对值。对于应始终保持相同大小的框架(例如导航条)而言，此选项是最佳选择。“百分比”指定选定列或行应相当于其框架集的总宽度或总高度的百分比。“相对”指定在为“像素”和“百分比”框架分配空间后，为选定列或行分配其余可用空间。

设置框架大小最常用的方法是将左侧框架设置为固定像素宽度，将右侧框架大小设置为相对大小，这样在分配像素宽度后，能够使右侧框架伸展以占据所有剩余空间。当从“单位”下拉列表框中选择“相对”选项时，在“值”文本框中输入的所有数字均消失；如果想要指定一个数字，则必须重新输入。不过，如果只有一行或一列设置为“相对”，则不需要输入数字，因为该行或列在其他行和列已分配空间后，将接受所有剩余空间。为了确保完全与浏览器兼容，可以在“值”字段中输入 1。

专家点拨： 嵌套框架是指在框架内部再进一步包含框架集。使用嵌套框架可以为一个网页文档设置多个框架，而且它们都有独立的 HTML 文档和框架文档。利用嵌套框架可以实现比较复杂的网页框架结构。

7.1.4　课堂实例——框架集中的超链接

要在一个框架内使用链接打开另一个框架中的文档，必须设置链接目标。可以使用“属性”面板中的“目标”下拉列表框，指定被链接的目标。在前面章节中介绍超级链接时，已经尝试过设置链接目标，但是由于当时没有使用框架页，因此一些链接目标的设置没有效果。本节通过实例讲解在框架页的背景下设置超级链接的目标。

1. 相对链接目标_top

（1）新建一个网页文档，将其保存为 7.1.4.html。在这个网页中创建一个框架集，这个文件中含有三个框架，分别是 topFrame、leftFrame 和 mainFrame，如图 7-16 所示。

（2）在 leftFrame 框架中插入一个 7 行 1 列的表格，并在表格中输入一列文字，将根据要求为它们设置超链接。选择文字“测试_top”，如图 7-17 所示。

图 7-16　包含三个框架的网页

图 7-17　选择链接文字

（3）选择“插入”→“超级链接”命令，在弹出的“超级链接”对话框中单击“链接”下拉列表框后面的“浏览文件”按钮，在弹出的“选择文件”对话框中选择文件 topWindow.html。在“目标”下拉列表框中选择_top 选项，然后单击“确定”按钮，如图 7-18 所示。

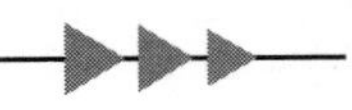

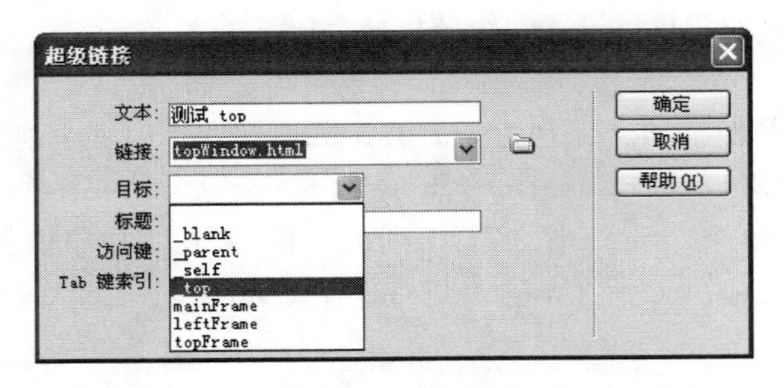

图 7-18　"超级链接"对话框

专家点拨：topWindow.html 是事先制作好的一个简单网页文件，这里设置超级链接的目的是当用户单击超级链接文本时，在顶层窗口显示 topWindow.html 文件的内容。

(4) 按 F12 键进行预览，在浏览器窗口中单击链接"测试_top"，topWindow.html 的内容将会显示在浏览器窗口中，如图 7-19 所示。

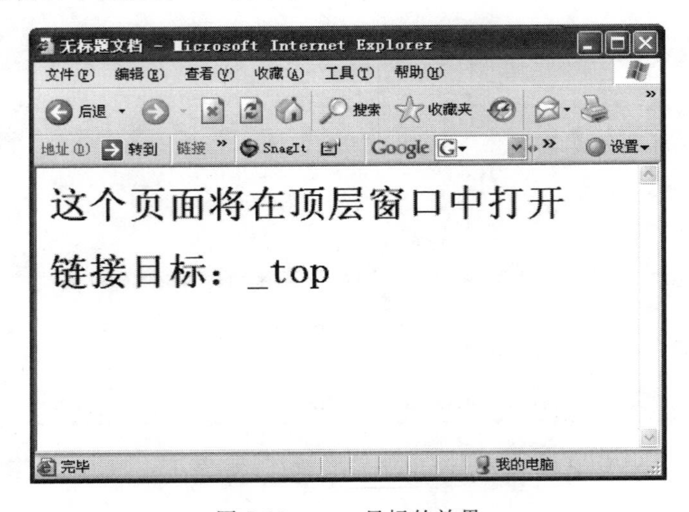

图 7-19　_top 目标的效果

专家点拨：这里对链接目标_top 的应用进行了操作，可以尝试_blank、_parent、_self 等链接目标的应用，设置相应文本的超级链接。

(1) _blank：在新的浏览器窗口中打开被链接文档，并保持当前窗口可用。

(2) _parent：在链接所在的父框架集中打开链接文档。

(3) _self：在当前框架打开链接文档，替换该框架中的内容。

(4) _top：在当前文档的最外层框架集中打开链接文档，替换所有框架。

2. 绝对链接目标

(1) 在框架 leftFrame 中选择文字"测试 mainFrame"，如图 7-20 所示。

(2) 在"属性"面板中，设置"链接"为 mainframeWindow.html，设置"目标"为 mainFrame，如图 7-21 所示。

专家点拨：只有在框架集内部设置超级链接时，在"目标"下拉列表框中才会显示框架名称，否则只会显示相对链接目标(也就是以_开始的目标)。

(3) 按 F12 键进行预览，在浏览器中单击打开链接"测试 mainFrame"，可以看到如图 7-22 所示的效果。

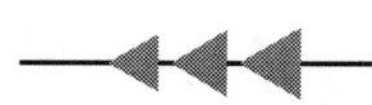

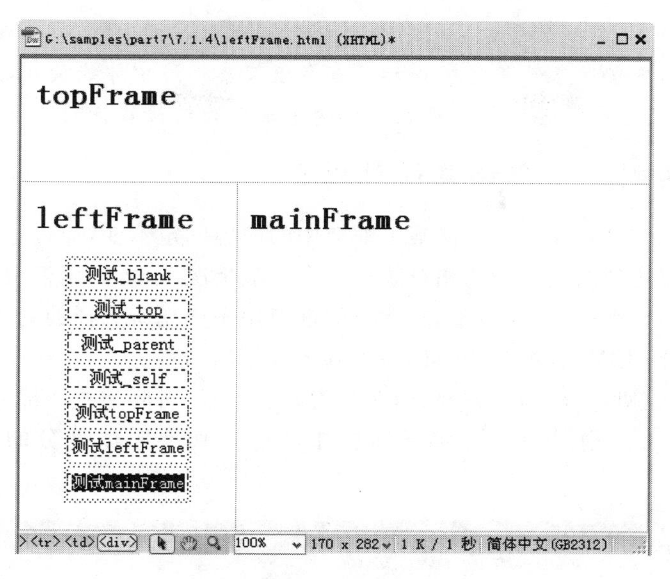

图 7-20　选择链接文字

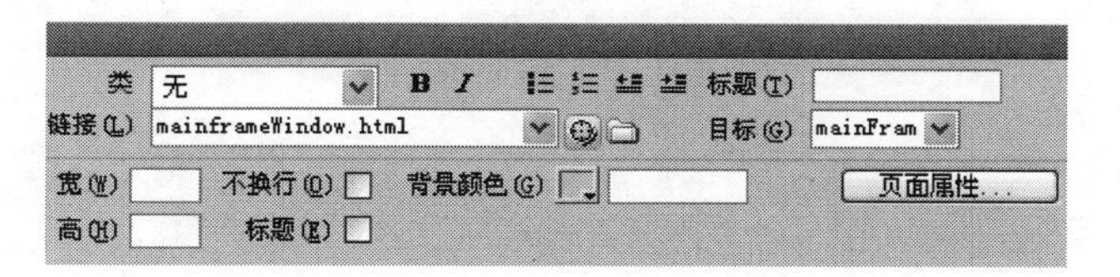

图 7-21　设置超链接的"目标"为 mainFrame

图 7-22　链接目标设置为 mainFrame 时的效果

专家点拨：超级链接目标的设置有绝对目标和相对目标两种，在设计的过程中应该根据具体要求进行选择，应当注意的是绝对目标只有在框架集环境中才能使用，绝对目标的名称就是框架的名称。这里可以再尝试一下设置其他两个框架为链接目标的网页效果。

7.1.5 课堂实例——用框架设计网页

访问者在浏览框架网页时，可以使某个框架中的内容固定不变，通过导航条的链接更改主体框架的内容，从而达到网页布局的相对统一。在一般情况下，可以用框架来保持网页中固定的几个部分，例如网页大标题、导航条等，剩下的框架用来展现所选择的网页内容，利用框架可以更加灵活地设计网页布局，本节将制作一个基于框架的网页。

网页共分4个框架，顶部为标题部分，左侧为导航部分，右侧为主体部分，底部为版权说明部分。浏览网页时可以通过单击左侧导航栏中的链接切换主体部分的网页内容，效果如图7-23所示。

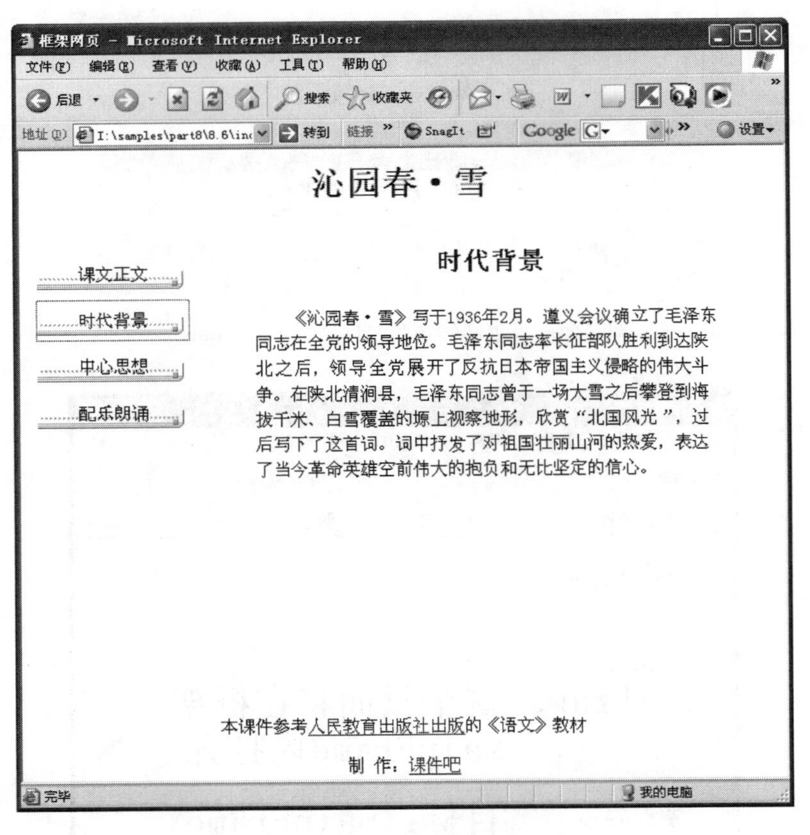

图7-23 框架网页效果

网页中共分4个框架。顶部为标题部分，显示网页的大标题；中间左侧为导航部分，提供各网页的导航链接；中间右侧为主体部分，显示网页主要内容；底部为说明部分，主要包括一些版权信息。

网页展示的是一个语文课内容，共分4大部分，分别为课文正文、时代背景、中心思想和配乐朗诵。这4部分内容分别放置在4个网页中，并且通过导航链接控制在主框架中显示。

下面是本实例的详细制作步骤。

1. 创建框架网页

(1) 新建一个网页文档。

(2) 选择"插入"→HTML→"框架"→"上方及下方"命令，弹出"框架标签辅助功能属性"对话框后，直接单击"确定"按钮。这时页面就被分成了上、中、下三个框架，如图 7-24 所示。

(3) 执行"窗口"→"框架"命令或者按 Shift＋F2 组合键，调出"框架"面板。单击"框架"面板上的 mainFrame 框架，框架外有黑色框表示现在处于此框架内（在文档编辑窗口中，被选中的框架边框以虚线显示），如图 7-25 所示。

图 7-24　"上方和下方框架"创建的框架页面

(4) 选择"插入"→HTML→"框架"→"左对齐"命令，在 mainFrame 中嵌套一个框架集，如图 7-26 所示，框架 mainFrame 被分隔成了左右两部分。

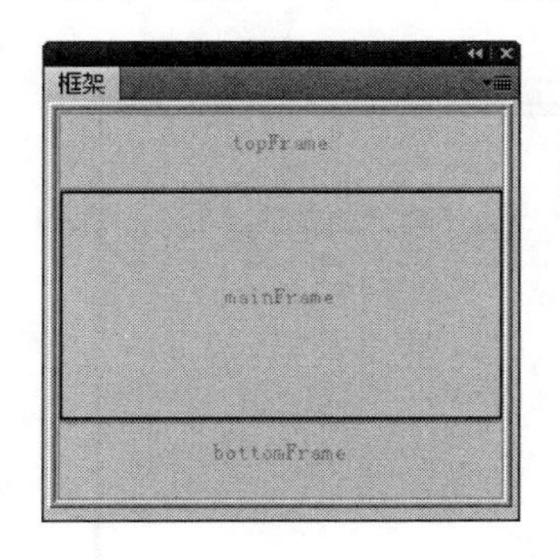

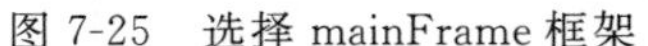

图 7-25　选择 mainFrame 框架

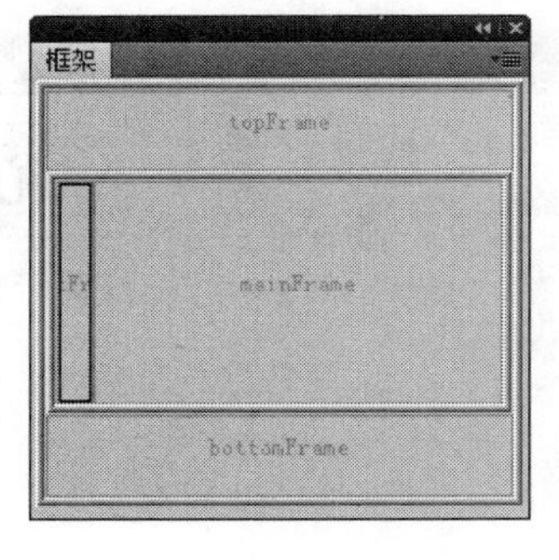

图 7-26　插入左侧框架后的"框架"面板

(5) 执行"文件"→"保存全部"命令，在弹出对话框的同时，文档窗口中出现一个粗边框，显示当前要保存的框架集或框架。首先弹出的是保存框架集页面的对话框，将其保存为 index. html。

所有未保存过的框架会弹出"另存为"对话框，根据粗边框所提示的框架范围，将上框架保存为 top. html、下框架保存为 bottom. html、中间的左框架保存为 left. html、中间的右框架保存为 main. html。

2. 编辑各框架内的网页文档

(1) 将光标定位在上框架,这时文档工具栏上的文件名变成了 top. html,“框架”面板中的 topFrame 框架高亮显示,这表明此时处于 top. html 文件的编辑状态,如图 7-27 所示。

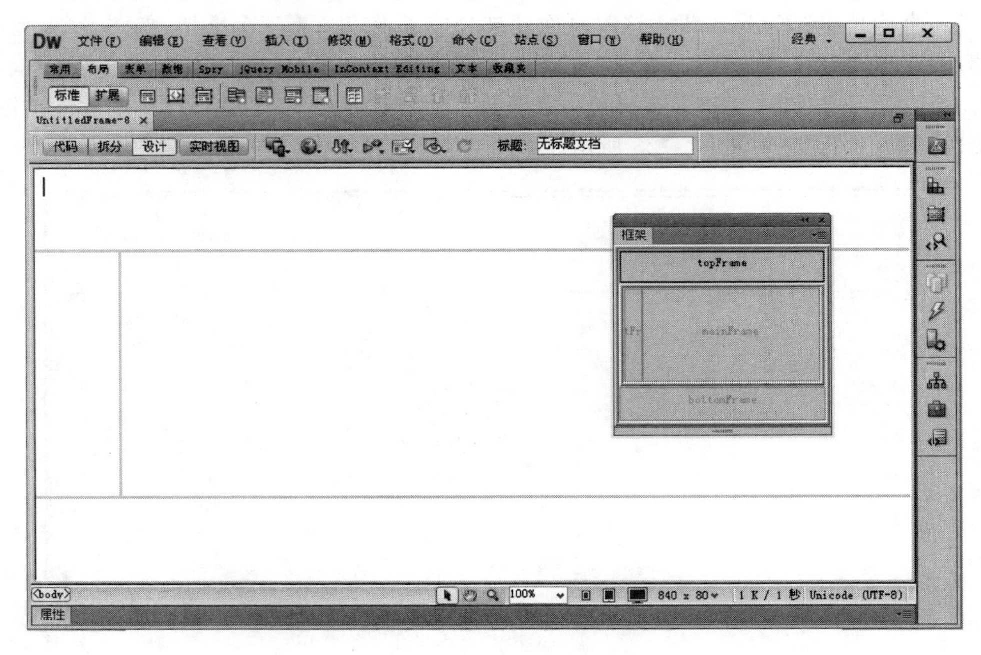

图 7-27　top. html 处在编辑状态

专家点拨:可以直接在框架集文档中对 top. html 进行编辑,也可以单独打开 top. html 文件进行编辑。

(2) 在 top. html 中插入一个 1 行 1 列的表格,设置宽为 680px。在表格中输入文字“沁园春·雪”,设置文字居中,设置文字格式为“标题 1”,最终效果如图 7-28 所示。

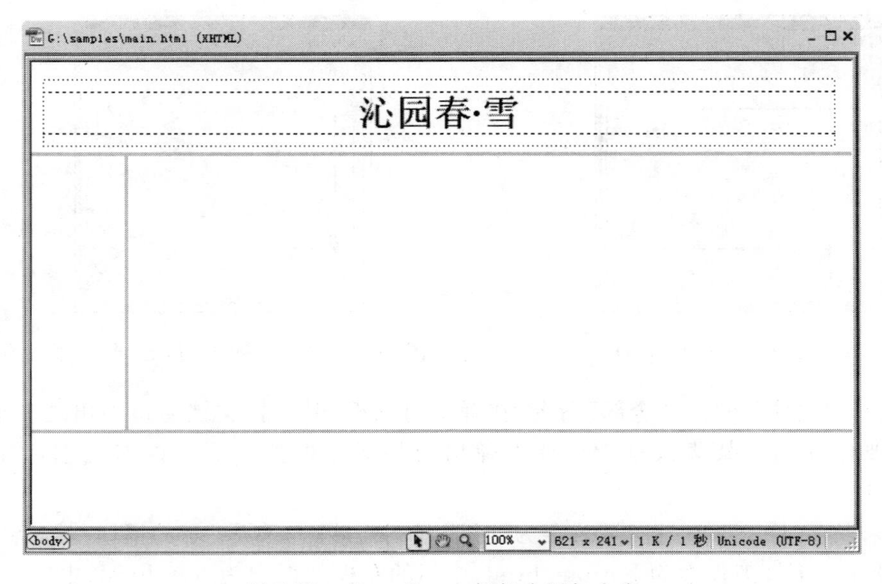

图 7-28　在 topFrame 框架中添加内容

(3) 让光标定位在 leftFrame 框架中，编辑 left. html 文件。首先拖动框架边框调整合适大小，然后在 left. html 中插入一个 4 行 1 列的表格，设置宽为 80%。在 4 个单元格中分别插入相应的按钮图片，如图 7-29 所示。

图 7-29　在 leftFrame 框架中添加内容

专家点拨：在编辑左框架中的网页内容时，将插入的表格宽度设置为 80%，以保证页面内容和框架边框之间留有空间，使页面更美观。

(4) 让光标定位在 mainFrame 框架中，编辑 main. html 文件。在 main. html 中插入表格并在表格中输入课文正文内容，如图 7-30 所示。

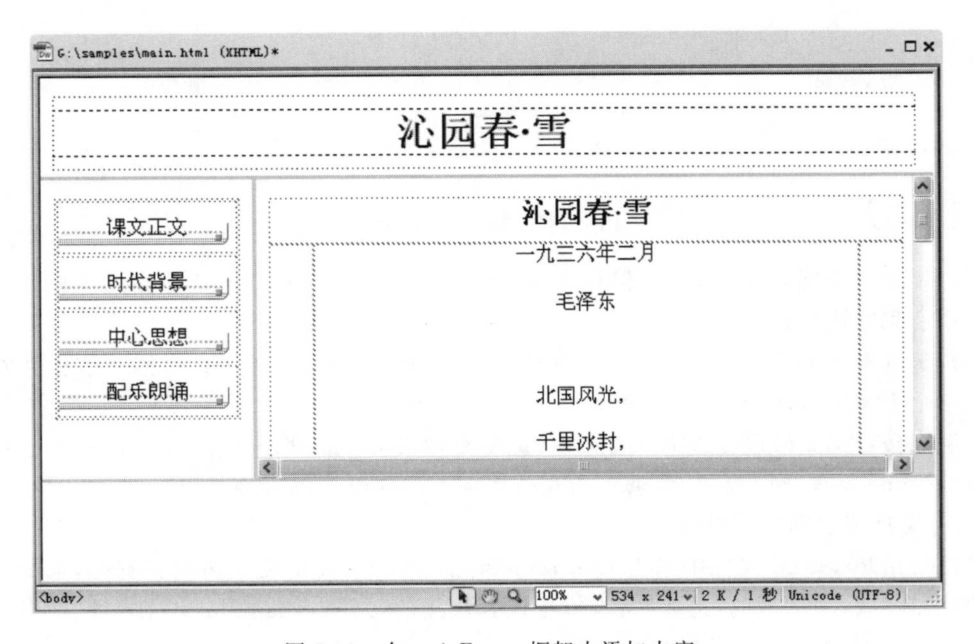

图 7-30　在 mainFrame 框架中添加内容

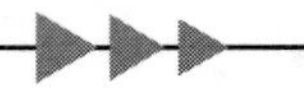

(5) 让光标定位在 bottomFrame 框架中,编辑 bottom.html 文件。在 bottom.html 中输入一些关于版权的信息,如图 7-31 所示。

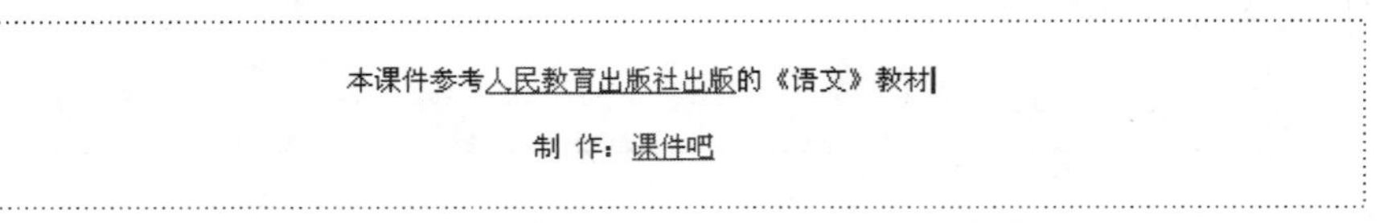

图 7-31　在 bottomFrame 框架中添加内容

3. 制作其他需要调用至主框架的网页文件

(1) 新建一个网页文档,将其保存为 main2.html。在 main2.html 中插入表格并在表格中输入时代背景内容,如图 7-32 所示。

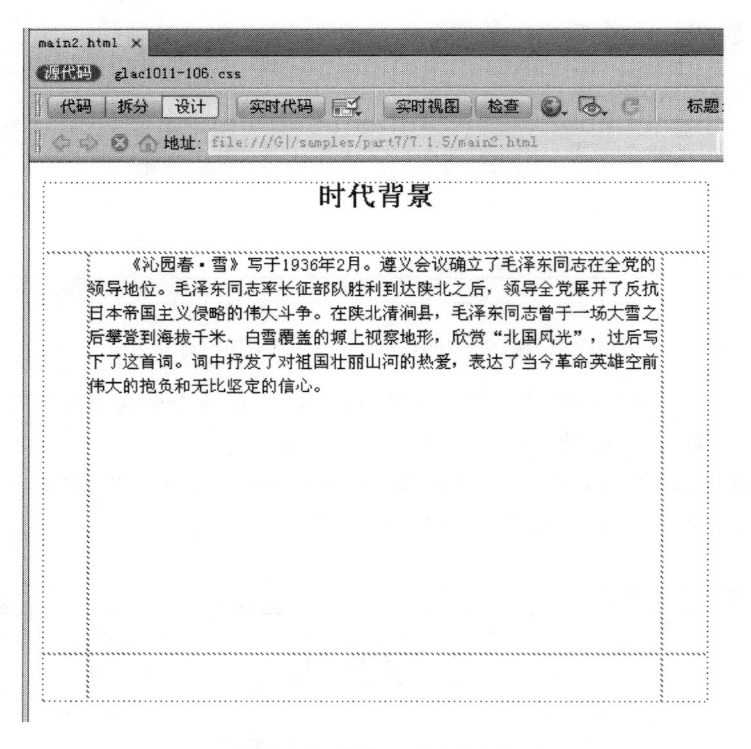

图 7-32　制作 main2.html

(2) 新建一个网页文档,将其保存为 main3.html。在 main3.html 中插入表格并在表格中输入中心思想内容,如图 7-33 所示。

(3) 新建一个网页文档,将其保存为 main4.html。在 main4.html 中插入表格并在表格中插入一个 Flash 动画,如图 7-34 所示。

专家点拨:以上制作的三个网页文件,是需要调用至 mainFrame 框架中的文件。当用户单击 leftFrame 框架中的按钮时,调用相应的文件至 mainFrame 框架中显示。

4. 定义框架之间的超链接

(1) 在 index.html 文档中单击 leftFrame 框架,使 left.htm 处于可编辑状态,选中第一个按钮图片,在"属性"面板的"链接"文本框中设置链接的文件为 main.html,在"目标"下拉列表框中选择 mainFrame 选项,如图 7-35 所示。

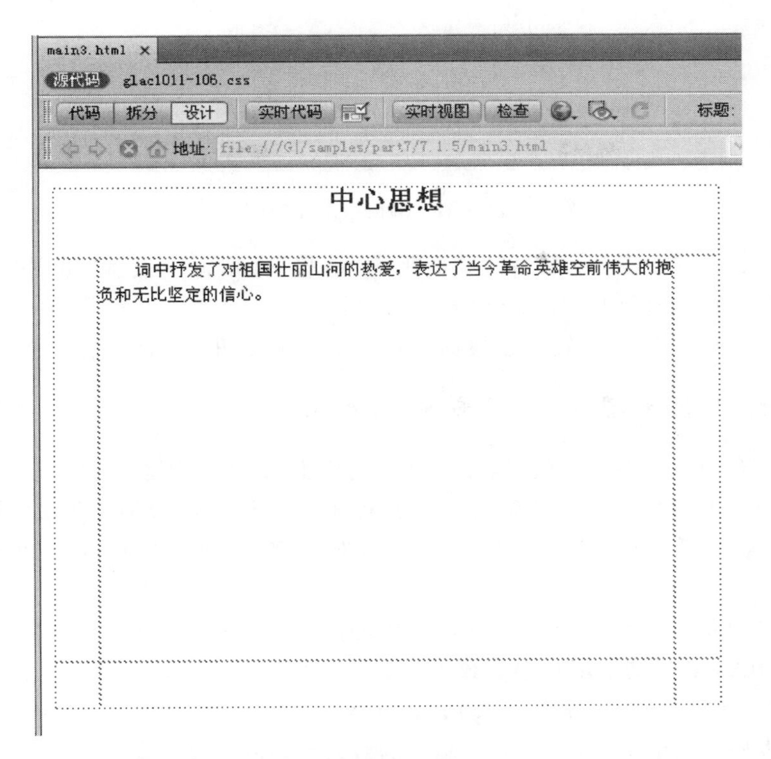

图 7-33 制作 main3. html

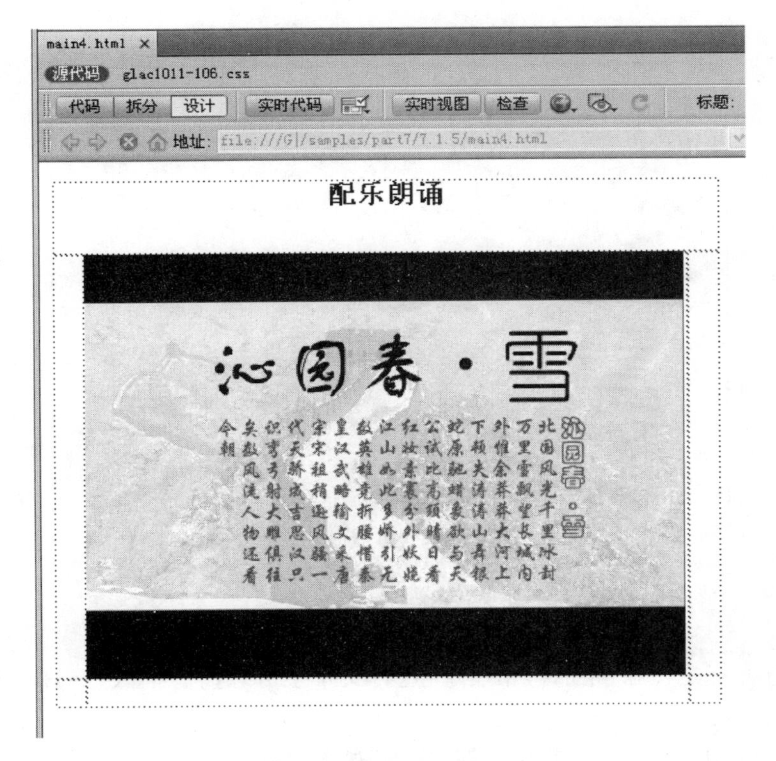

图 7-34 制作 main4. html

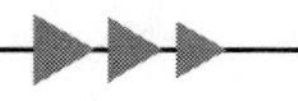

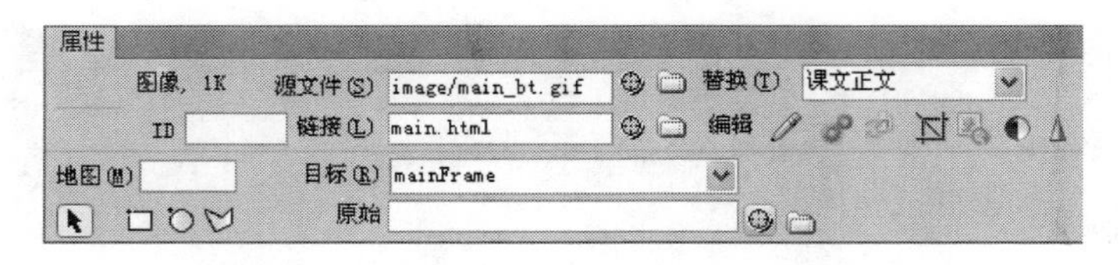

图 7-35 设置第一个按钮图片的链接属性

(2) 选中第二个按钮图片,在"属性"面板的"链接"文本框中设置链接的文件为 main2.html,在"目标"下拉列表框中选择 mainFrame 选项。

(3) 按照同样的方法,设置第三个按钮图片和第四个按钮图片的链接属性。

7.1.6 IFRAME 元素——网页中的网页

观看电视时有一种画中画的效果,在网页中利用 IFRAME 元素也可以实现类似的效果。也就是在一个网页中的某一个区域显示另一个网页的内容。IFRAME 元素实际上是一种特殊的框架,它非常灵活,可以设置在网页中的任何位置,因此,在网页设计中经常会用到 IFRAME 元素。

下面通过实例介绍 IFRAME 元素在网页中的使用方法。

1. 应用 IFRAME 元素实现页中页效果

(1) 打开事先制作好的一个网页文档(part7\7.1.6\index.html),效果如图 7-36 所示。这是一个利用表格布局的页面,接下来想实现的效果是,在"精品汽车展示"这行文字上方利用 IFRAME 元素显示另一个网页文档(part7\7.1.6\mian001.html)的内容。

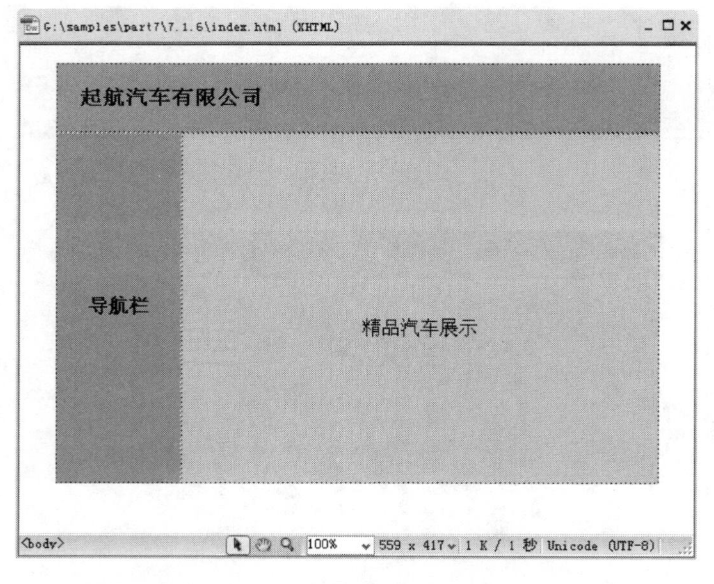

图 7-36 打开网页文档

(2) 将鼠标光标定位在"精品汽车展示"这行文字上方,选择"插入"→HTML→"框架"→IFRAME 命令。

(3) 系统自动切换到"拆分"视图。在"代码"视图中自动添加以下代码:

```
<iframe></iframe>
```

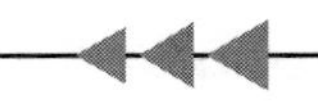

(4) 在“设计”视图中可以看到增加了一个方框，如图 7-37 所示。

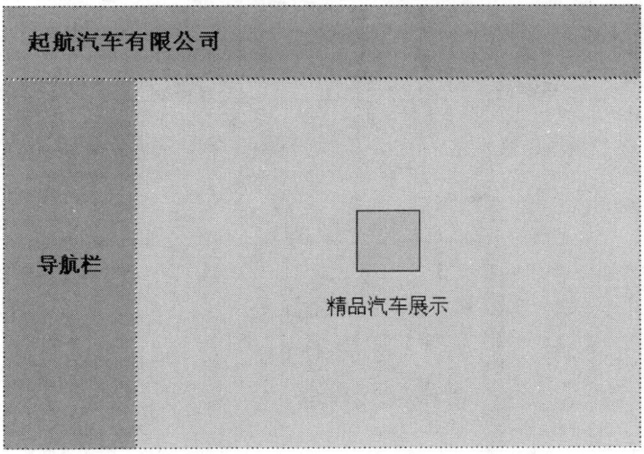

图 7-37　增加了一个方框

(5) 在“代码”视图中对<iframe>标签进行编辑，添加需要的属性，代码如下：

```
< iframe width = "360" height = "150">
```

这样“设计”视图中的方框的尺寸就改变了，效果如图 7-38 所示。

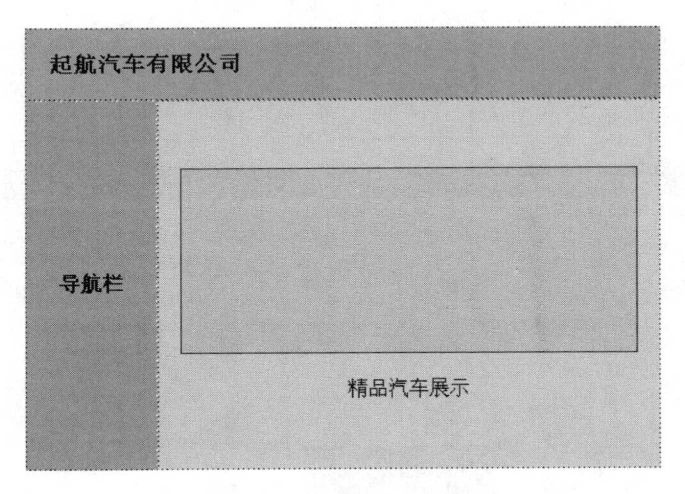

图 7-38　改变方框的尺寸

(6) 接下来设置方框中要显示的网页文档的 URL。对<iframe>标签进行编辑，代码如下：

```
< iframe width = "360" height = "150" src = "main001.html">
```

(7) 保存文档并预留网页，效果如图 7-39 所示。可以看到，在 index.html 网页中的指定位置显示了 main001.html 这个网页的内容。但是由于 IFRAME 元素的尺寸不足够显示全 main001.html 的内容，所以产生了滚动条，拖动滚动条可以显示更多的内容。

专家点拨：对<iframe>标签进行编辑，添加属性 scrolling="no"即可不显示滚动条。

(8) 返回“代码”视图，继续对<iframe>标签进行编辑，代码如下：

```
< iframe width = "360" height = "150" src = "main001.html" frameborder = "0"></iframe>
```

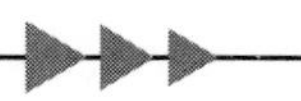

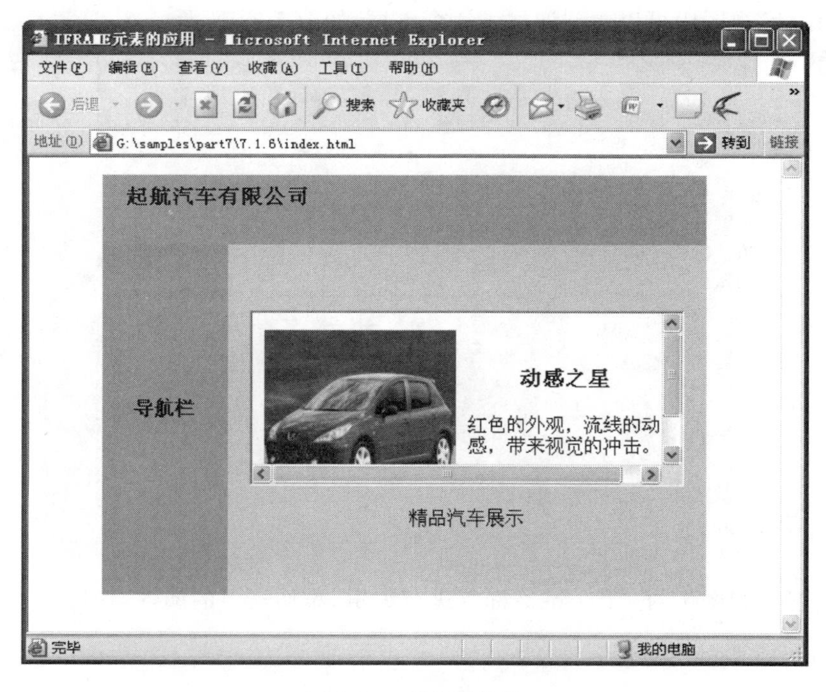

图 7-39　页中页效果

(9) 保存文档并预留网页，效果如图 7-40 所示。可以看到，因为增大了 IFRAME 元素的尺寸，页面中不再显示滚动条。另外，在<iframe>标签中因为添加了属性 frameborder="0"，所以页面中也不再显示边框。

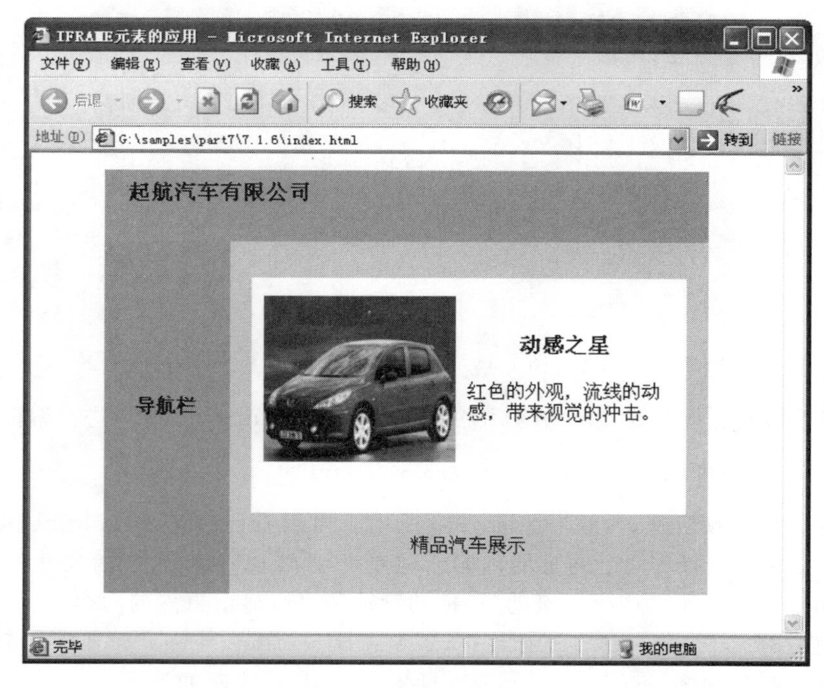

图 7-40　改进的页面效果

2. 通过超链接在页面中显示多个页面

（1）继续前面的操作，在方框下面添加文字“下一个”、“上一个”，如图 7-41 所示。下面想要实现的效果是：在这两个文字上分别添加超链接，当用户单击某一个文字链接时，可以在方框中显示对应的网页文档。

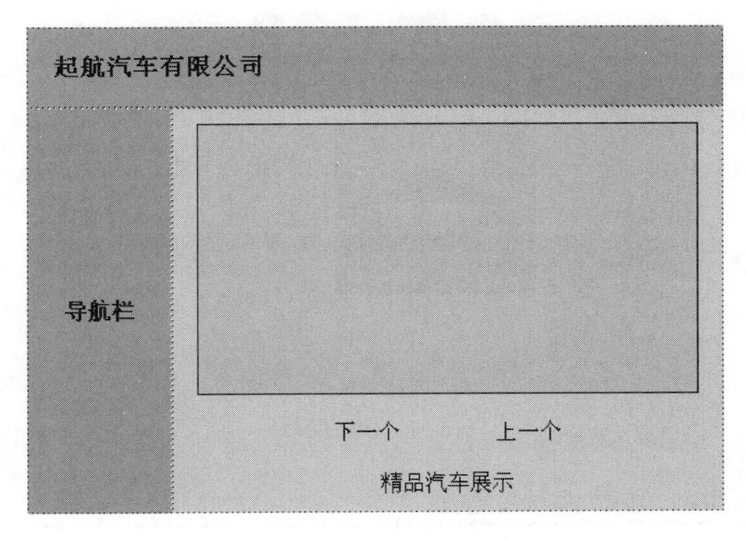

图 7-41　添加文字

（2）在“代码”视图中，对<iframe>标签进行编辑，代码如下：

```
< iframe name = "qiche" width = "360" height = "200" src = "main001. html" frameborder = "0">
</iframe >
```

这里添加了一个 name 属性，定义了 IFRAME 元素的名称为 qiche，接下来，这个名称会设置为超链接的目标。

（3）在“设计”视图中，选中文字“下一个”，在“属性”面板中设置“链接”为 main002. html，然后在“目标”文本框中选择 qiche，如图 7-42 所示。

图 7-42　设置超链接属性

（4）同样的，选中文字“上一个”，在“属性”面板中设置“链接”为 main001. html，然后在“目标”文本框中选择 qiche。

（5）保存文档并预览，在页面中单击“下一个”文字链接，index. html 页面中会显示 main002. html 的内容，如图 7-43 所示。同样的，单击“上一个”文字链接，index. html 页面中会显示 main001. html 的内容。

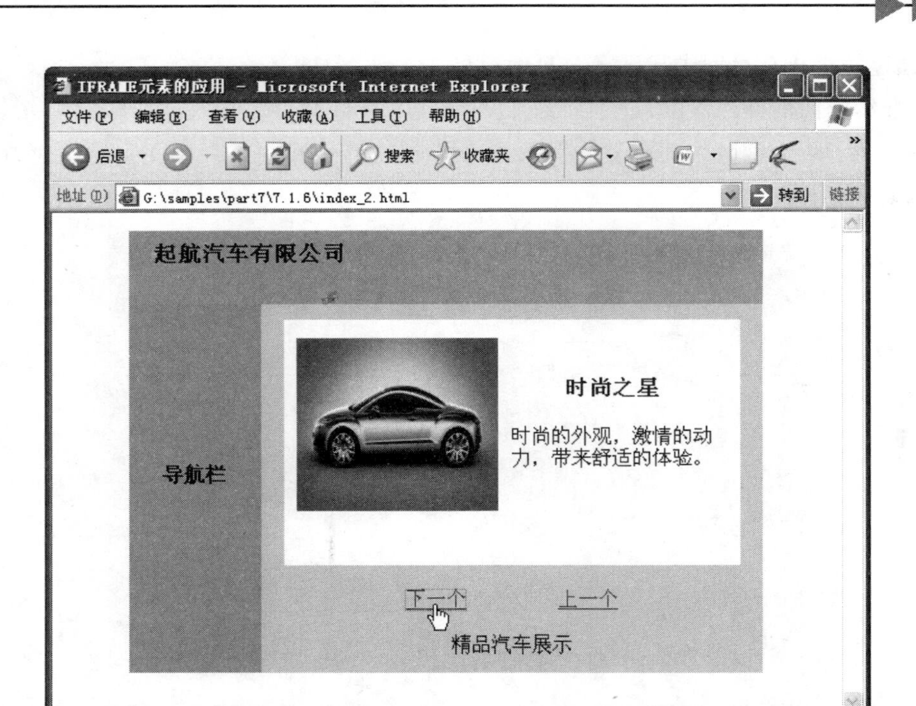

图 7-43 页面效果

7.2 AP 元素

AP 元素(也称为层)是分配有绝对位置的 HTML 页面元素。AP 元素可以包含文本、图像或其他任何可放置到 HTML 文档正文中的内容。AP 元素提供了一种在网页上比较自由地进行布局和设计的途径,在进行页面布局时,可以任意调整 AP 元素的大小、背景、叠放顺序等,如同在绘图软件中作图一样方便。

7.2.1 课堂实例——创建 AP 元素

在 Dreamweaver 的“标准”模式下,利用“布局”工具栏上的“绘制 AP Div”按钮可以插入 AP 元素。

1. 插入 AP 元素

(1) 新建一个 HTML 网页文档。切换到“布局”工具栏,单击“标准”按钮 标准 ,然后单击“绘制 AP Div”按钮 ,在设计视图中拖动鼠标绘制 AP 元素,注意,AP 元素处于选中状态时周围有蓝色的粗线边框,左上角有个图标 ,如图 7-44 所示。

专家点拨:AP 元素的位置是可以随意设置的,选中 AP 元素后,在左上角的 图标上按下鼠标左键并拖动就能将 AP 元素摆放在页面的任意位置。在 AP 元素的“属性”面板中可以设置“左”和“上”属性来精确控制 AP 元素的位置。

(2) 进入“属性”面板,设置其“宽”和“高”分别为 159px 和 141px(px 是单位,代表像素),设置“左”和“上”分别为 39px 和 35px,如图 7-45 所示。

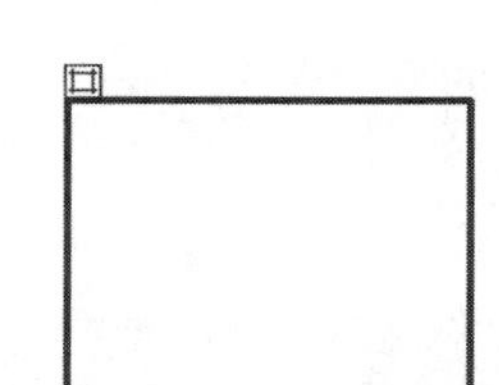

图 7-44　绘制 AP 元素

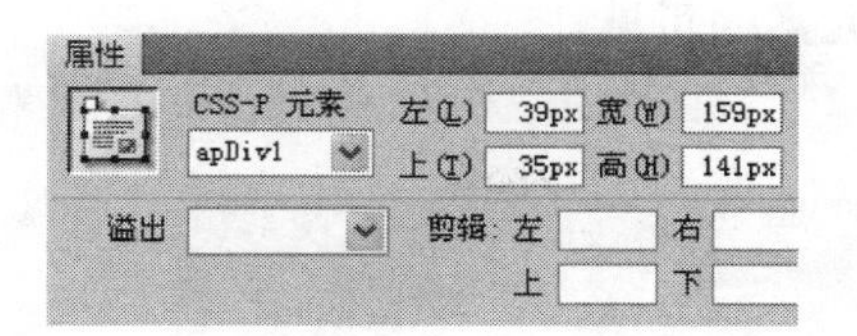

图 7-45　设置 AP 元素大小

（3）再次单击“绘制 AP Div”按钮，在 AP 元素的右边绘制另一个 AP 元素，并在“属性”面板中设置第二个 AP 元素的“宽”和“高”是 159px 和 141px，设置“左”和“上”为 199px 和 35px，如图 7-46 所示。

（4）按照同样的方法再绘制两个 AP 元素，最后效果如图 7-47 所示。

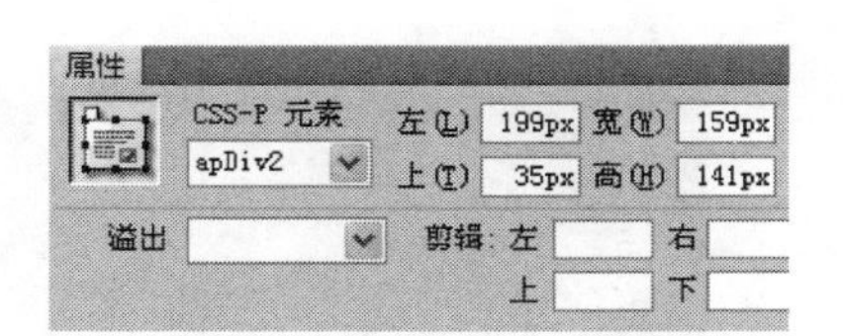

图 7-46　设置第二个 AP 元素的大小和位置

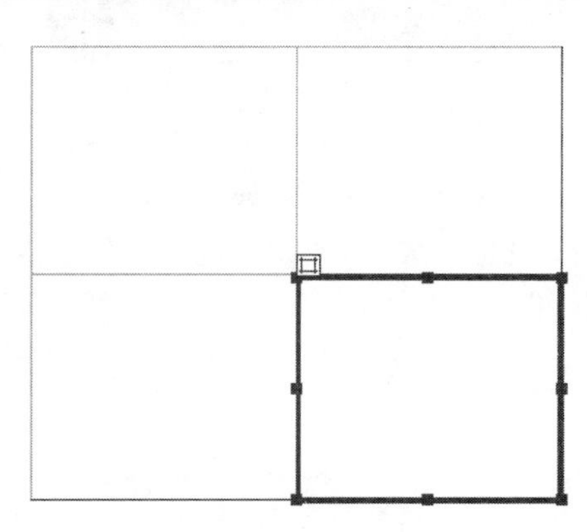

图 7-47　绘制 4 个 AP 元素

2. 为 AP 元素添加内容

（1）在第一个 AP 元素内部任意位置单击，光标将会在 AP 元素中闪动，现在就可以为 AP 元素添加内容了，如图 7-48 所示。

（2）切换到“常用”工具栏，单击“图像”按钮，从弹出的“选择图像源文件”对话框中，选择一个图片插入 AP 元素中，这时设计视图中的效果如图 7-49 所示。

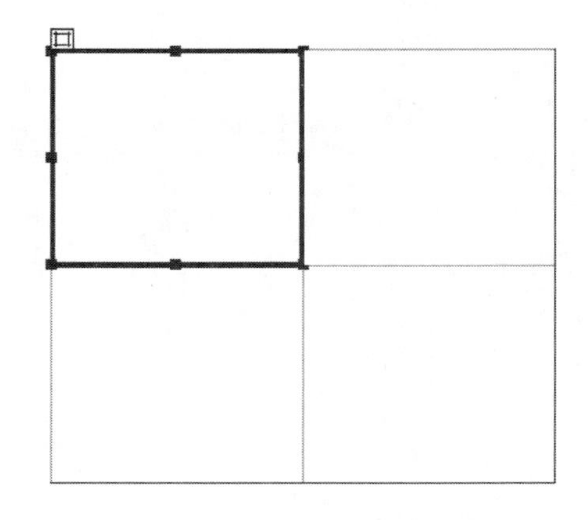

图 7-48　为 AP 元素添加内容

图 7-49　在 AP 元素中插入图像效果

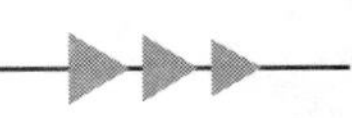

(3) 按照同样的方法在其他三个 AP 元素中也插入图像,效果如图 7-50 所示。

3. AP 元素的可见性

(1) 在设计视图中单击选择第四个 AP 元素,如图 7-51 所示。

图 7-50　AP 元素中的内容

图 7-51　选择 AP 元素

(2) 进入"属性"面板,展开"可见性"后面的下拉列表,选择 hidden,如图 7-52 所示。

(3) 设置完成后,在设计视图中任意空白位置单击,这个 AP 元素将"消失",如图 7-53 所示。事实上它仍然在页面中,只不过暂时被隐藏了起来。

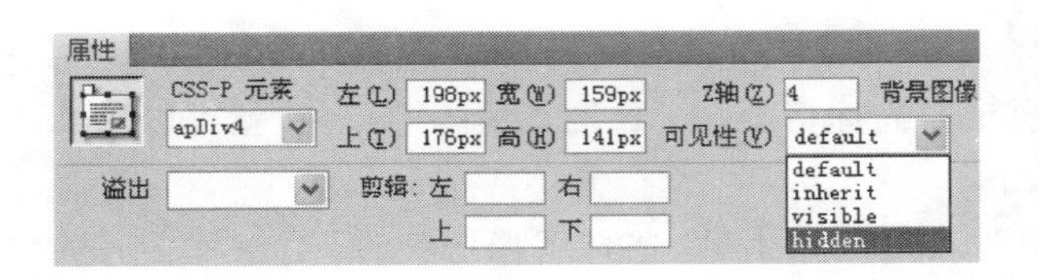

图 7-52　设置 AP 元素的可见性

图 7-53　AP 元素被隐藏后的效果

4. AP 元素的重叠

(1) AP 元素隐藏后编辑起来就不方便了,这时需要使用"AP 元素"面板。选择"窗口"→"AP 元素"命令打开"AP 元素"面板,如图 7-54 所示。

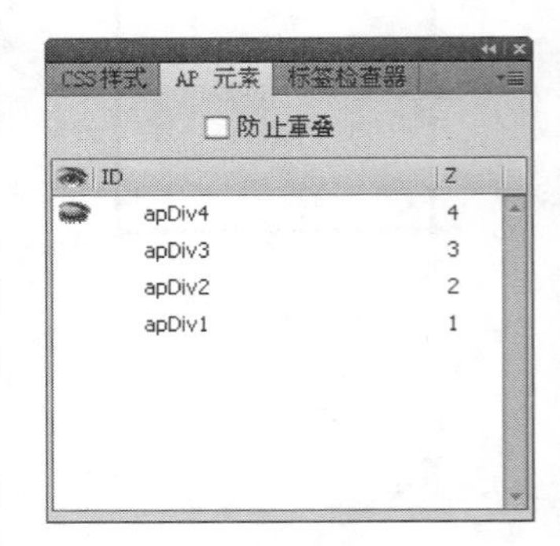

图 7-54　"AP 元素"面板

(2)"AP 元素"面板中列出了当前页面中所有的 AP 元素,刚才被隐藏的 AP 元素(名称为 Layer4)前面有一个表示 AP 元素被隐藏的图标,现在单击这个图标,使 AP 元素 Layer4 重新显示,如图 7-55 所示。

(3) 在"AP 元素"面板中不对"防止重叠"复选框进行勾选,页面中的 AP 元素将可以任意堆叠,否则 AP 元素与 AP 元素之间是不能相互覆盖的。

(4) 回到设计视图中，任意拖动 AP 元素，AP 元素之间可以互相重叠，如图 7-56 所示。

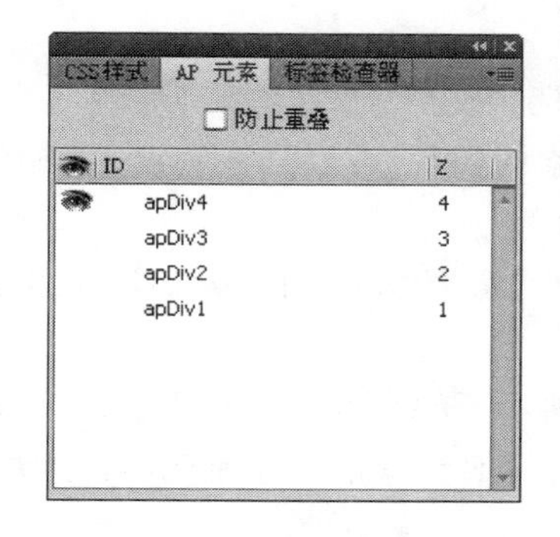

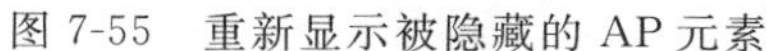
图 7-55　重新显示被隐藏的 AP 元素

图 7-56　AP 元素重叠

7.2.2　AP 元素的属性详解

要能正确运用 AP 元素来设计网页，必须了解 AP 元素的属性和设置方法，在上面的介绍中已经知道，利用 AP 元素的属性可以精确快速地来调整操作 AP 元素。下面就来全面地了解 AP 元素属性及其设置方法。

1. 单个 AP 元素的属性

先来看单个 AP 元素的属性面板，如图 7-57 所示。

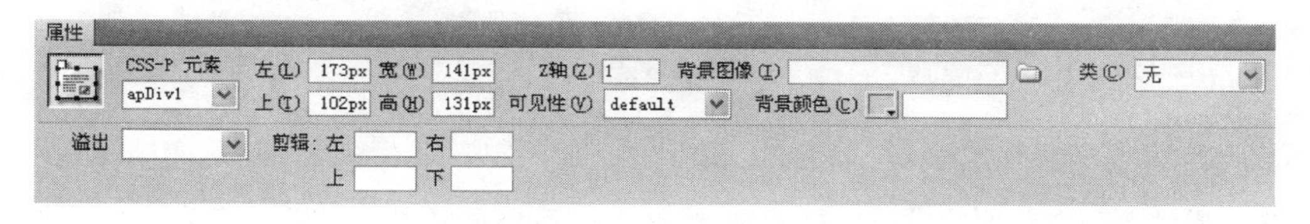

图 7-57　单个 AP 元素的属性面板

(1) 编号：给 AP 元素指定一个名称以便在 AP 元素面板和代码中识别它。只能用标准数字文字符号定义名称。不要用特殊字符，例如空格、连字号、斜线，或者句号。每个 AP 元素必须拥有一个区别于其他 AP 元素的名称。

(2) 左(L)、上(T)：指定 AP 元素相对于页面或者其父 AP 元素(假如是被嵌入的)顶部和左上角的位置。其中“左”的值对应于 AP 元素距离页面左边框(嵌套 AP 元素对应的是父 AP 元素的左边框)的像素值，“上”的值对应于 AP 元素距离页面上边框(嵌套 AP 元素对应的是父 AP 元素的上边框)的像素值。

(3) 宽、高：指定 AP 元素的宽度和高度。如果 AP 元素的内容超过指定的大小，这些值将被覆盖。

(4) Z 轴：确定 Z-轴选项，或者说是叠加顺序。数值高的 AP 元素将显示在数值低的上面。数值可以是正的也可以是负的。

(5) 可见性：指定 AP 元素显示的初始情况(显示与否)。具体选项如下所述。

① Default(缺省)：不指定可视性属性，但大多数浏览器解释为 Inherit(继承)。

② Inherit(继承)：就是继承该 AP 元素的父 AP 元素的可视性属性。

③ Visible(可视)：显示 AP 元素的内容，不管其父 AP 元素的值。

④ Hidden(隐藏)：不显示 AP 元素的内容，不管其父 AP 元素的值。

(6) 背景图像：为 AP 元素指定背景图像。单击右边的“文件夹”按钮选择要设置的背景图像。

(7) 背景颜色：为 AP 元素指定背景颜色。将这个选项空着即为指定透明背景。

(8) 溢出：指定当 AP 元素内的内容超出了 AP 元素的设置大小时，AP 元素将如何反应。具体选项如下所述。

① Visible(可视)：当 AP 元素内的内容超出了 AP 元素的大小则增大 AP 元素的尺寸。AP 元素的扩展方向为下方和右方。

② Hidden(隐藏)：保持 AP 元素的大小并裁掉容纳不下的东西。并且不会出现滚动。

③ Scroll(卷轴)：无论 AP 元素内的内容是否超出了 AP 元素的大小都为 AP 元素添加滚动条。

④ Auto(自动)：只有当 AP 元素内的内容超出了它的边界才出现滚动条。

(9) 剪辑：定义 AP 元素内的显示区域(AP 元素边距，类似于 Word 中通过设置页边距来定义版心)，可以指定以像素为单位的相对于该 AP 元素的边框的距离。

2. 多个 AP 元素的属性

当选择两个或者多个 AP 元素时，AP 元素属性面板将显示文本属性和普通 AP 元素的属性的子集，允许一次修改多个 AP 元素。如图 7-58 所示是多个 AP 元素的属性面板。

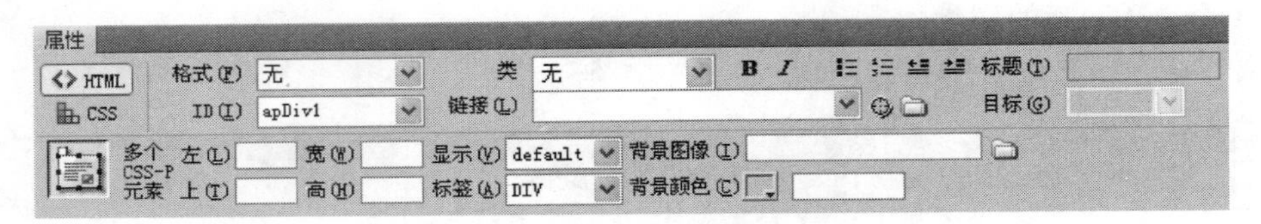

图 7-58 多个 AP 元素的属性面板

文本属性部分在前面的学习中已经讲过，这里就不再重复了。这里只简单介绍下半部分的设置。

(1) 左和上：指定 AP 元素相对页面或者其父 AP 元素左上角的位置。

(2) 宽和高：指定 AP 元素的宽和高。当 AP 元素中的内容超出设定值时这些值将失效。

(3) 显示：指定 AP 元素显示的初始情况(显示与否)。

(4) 标签：指定所用的 HTML 标签，推荐使用 div。

(5) 背景图像：为 AP 元素指定背景图像。

(6) 背景颜色：为 AP 元素指定背景颜色。将这个选项空着即为指定透明背景。

7.2.3 课堂实例——用 AP 元素进行网页布局

AP 元素是十分灵活的网页元素，利用它进行网页布局，操作方便并且功能强大。下面通过实例介绍用 AP 元素进行网页布局的方法。

(1) 新建一个 HTML 文档，将其保存。

(2) 切换到“布局”工具栏，选择“绘制 AP Div”按钮，在页面中绘制一个宽 700px、高 90px 的 AP 元素，如图 7-59 所示。

专家点拨：在绘制 AP 元素前，可以先将标尺、网格打开，这样可以辅助更加精确地绘制 AP 元素。

(3) 将光标定位在这个 AP 元素中，插入一个图像文件，如图 7-60 所示。

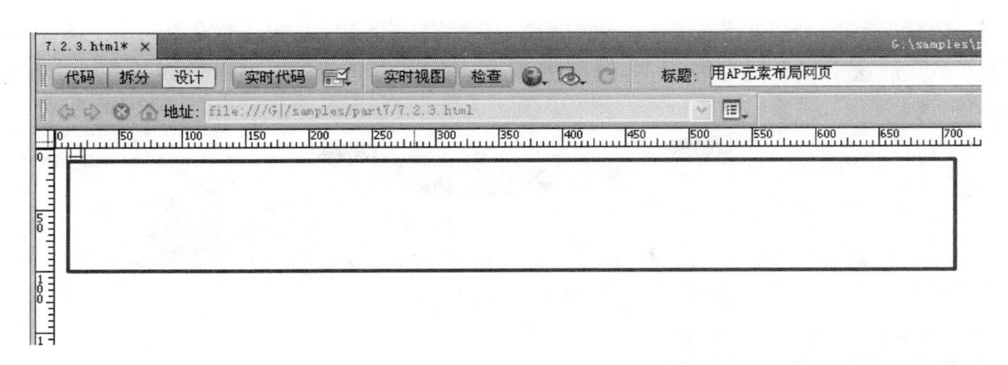

图 7-59　绘制第一个 AP 元素

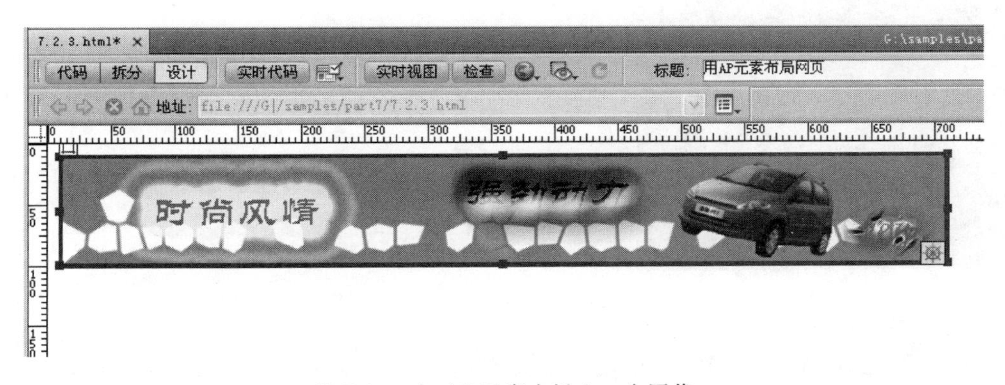

图 7-60　在 AP 元素中插入一个图像

(4) 切换到“布局”工具栏，选择“绘制 AP Div”按钮，在第一个 AP 元素的下边绘制一个宽 700px、高 40px 的 AP 元素，如图 7-61 所示。

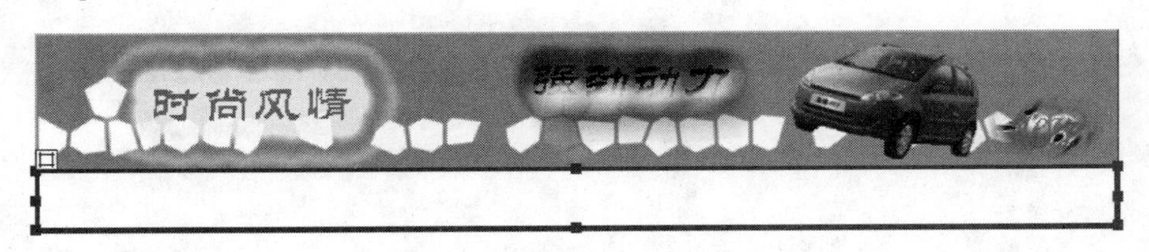

图 7-61　绘制第二个 AP 元素

(5) 在“属性”面板中，设置第二个 AP 元素的背景颜色为黄色。然后在其中输入“导航条”文字信息，如图 7-62 所示。

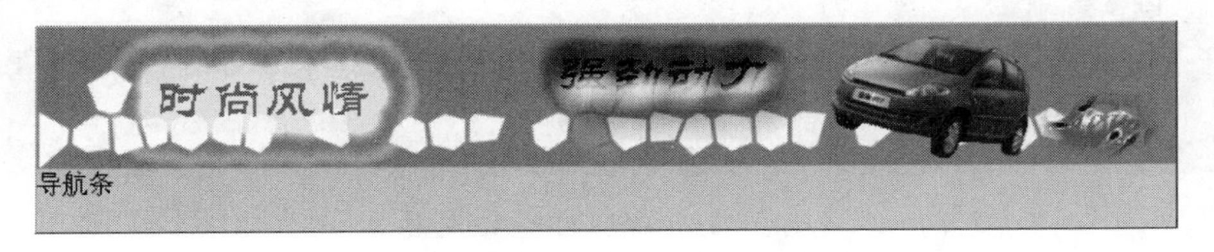

图 7-62　编辑第二个 AP 元素

专家点拨：在绘制 AP 元素进行网页布局时，可以在“AP 元素”面板中勾选“放置重叠”复选框，这样可以避免 AP 元素之间的重叠带来的布局问题。

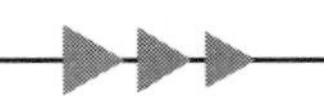

(6) 选择"绘制 AP Div"按钮,在第二个 AP 元素的下边绘制一个宽 250px、高 370px 的 AP 元素。设置这个 AP 元素的背景颜色为灰色,然后在其中输入"栏目说明"文字信息,如图 7-63 所示。

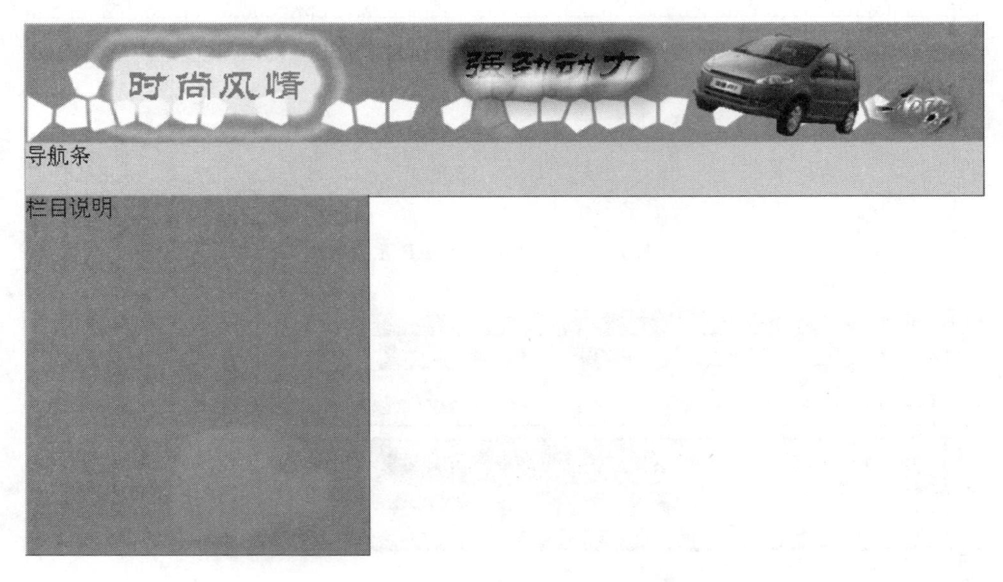

图 7-63　创建第三个 AP 元素

(7) 选择"绘制 AP Div"按钮,绘制一个宽 450px、高 370px 的 AP 元素。设置这个 AP 元素的背景颜色为紫色,然后在其中输入一些文字信息,如图 7-64 所示。

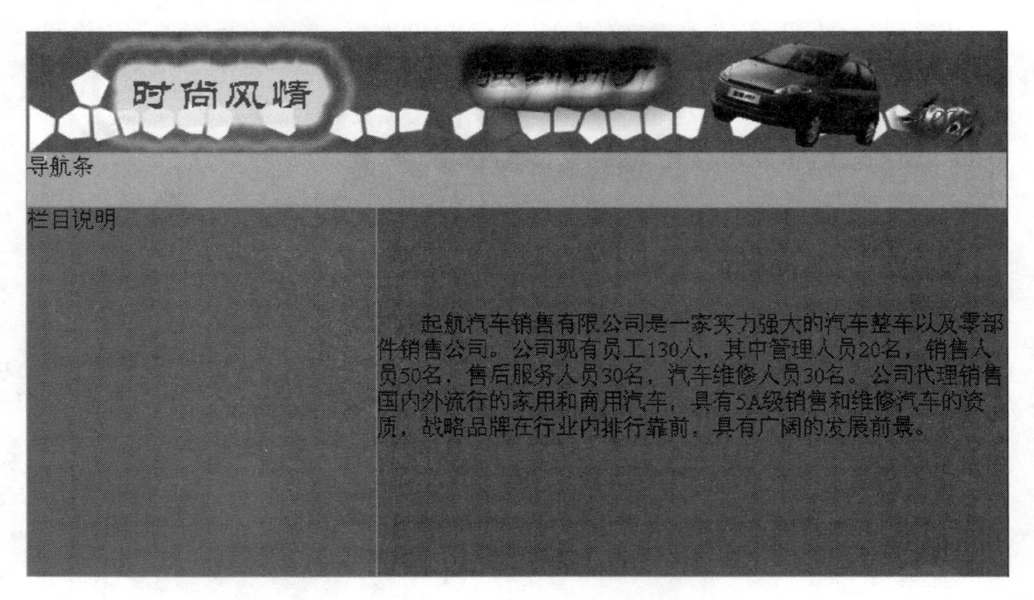

图 7-64　创建第四个 AP 元素

(8) 选择"绘制 AP Div"按钮,绘制一个宽 700px、高 50px 的 AP 元素。设置这个 AP 元素的背景颜色为黄色,然后在其中输入"页脚"文字信息,如图 7-65 所示。

(9) 保存并预留网页,可以看到用 AP 元素布局的网页效果。

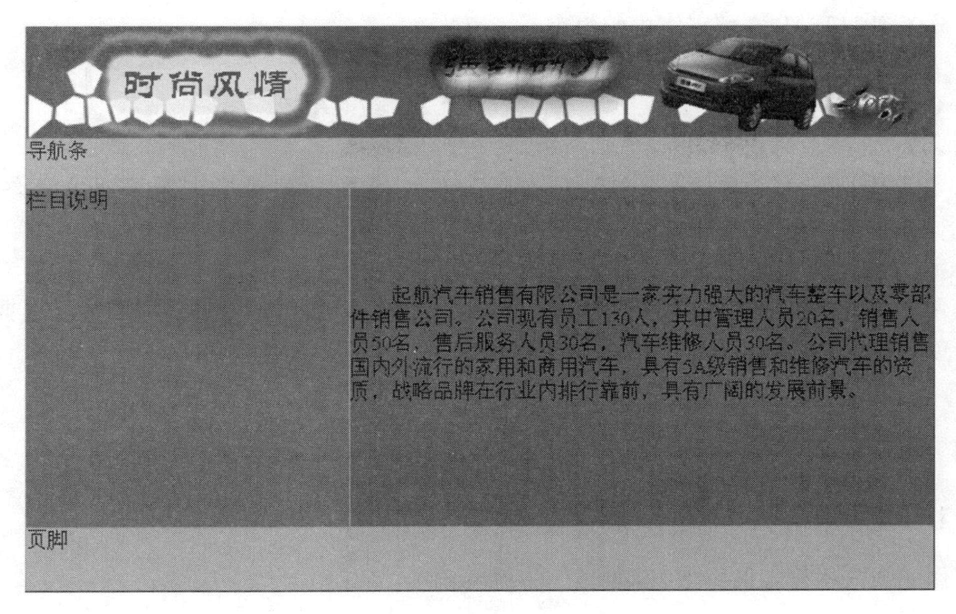

图 7-65　创建第 5 个 AP 元素

(10) Dreamweaver 还提供了 AP 元素和表格互相转换的功能。选择“修改”→“转换”→“将 AP Div 转换为表格”命令，弹出“将 AP Div 转换为表格”对话框，如图 7-66 所示。单击“确定”按钮，可以看到文档编辑区中的 AP 元素全部转换为表格。

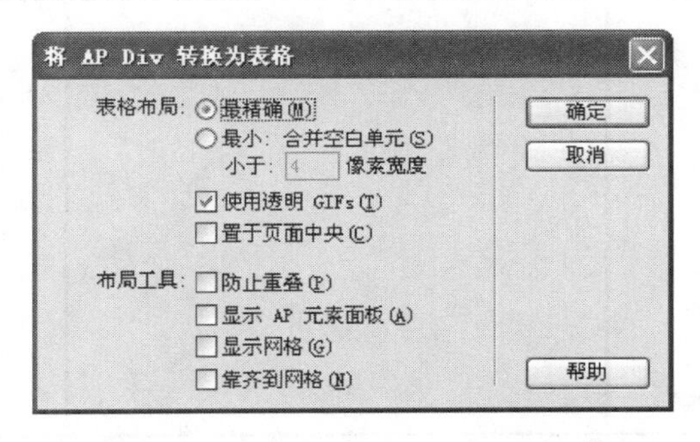

图 7-66　“将 AP Div 转换为表格”对话框

本 章 习 题

一、选择题

1. 在“框架”属性面板中，“滚动”属性是用来设置________属性的。

　A. 边框宽度　　　　B. 是否出现滚动条

　C. 边框颜色　　　　D. 是否使用边框

2. 如果在当前框架中打开链接，并替换该框架中的内容，应该设置超链接的目标属性为________。

　A. _blank　　B. _self　　C. _parent　　D. _top

3. AP 元素是分配有________的 HTML 页面元素。AP 元素可以包含文本、图像或其他

任何可放置到 HTML 文档正文中的内容。

A. 相对位置　　B. 绝对权力

C. 像素位置　　D. 绝对位置

二、填空题

1. 在制作框架网页时,一个包含两个框架的网页效果共对应三个网页文件,一个是________,另两个是框架文件。

2. 设置框架行或者列的尺寸有________、________和________三种度量单位。

3. 在绘制 AP 元素进行网页布局时,可以在"AP 元素"面板中勾选________复选框,这样可以避免 AP 元素之间的重叠带来的布局问题。

上机练习

练习 1　制作一个三栏框架

制作一个三栏框架网页效果,如图 7-67 所示。

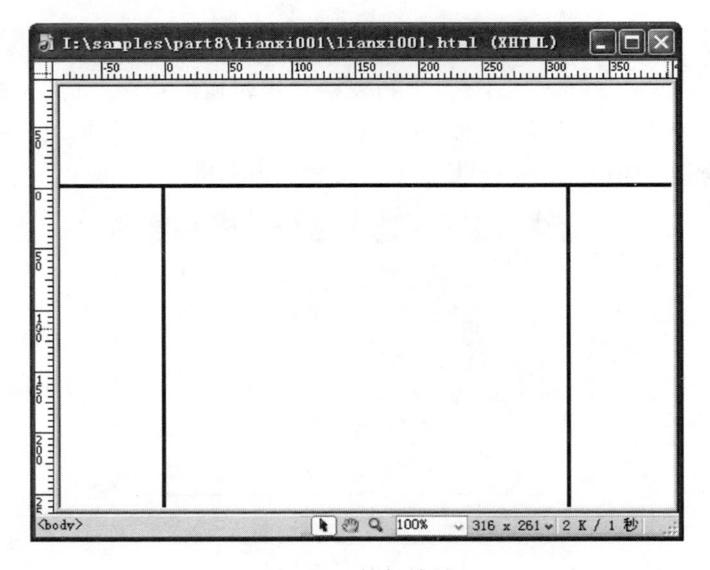

图 7-67　框架效果

练习 2　制作框架网页

制作一个框架网页,如图 7-68 所示。在这个页面中将文档分成了上、中左、中右、下 4 部分,上下两部分在浏览者浏览整个站点时内容保持不变,在中左的框架中放置了二级导航的相关内容,单击一级导航的链接文字显示不同的二级导航菜单,单击二级导航菜单中的链接文字,则在中右部分的文档中显示相应内容。

练习 3　用 AP 元素设计网站首页

在布局模式下,通过使用 AP 元素设计一个网站首页的版式,效果如图 7-69 所示。

图 7-68　框架网页

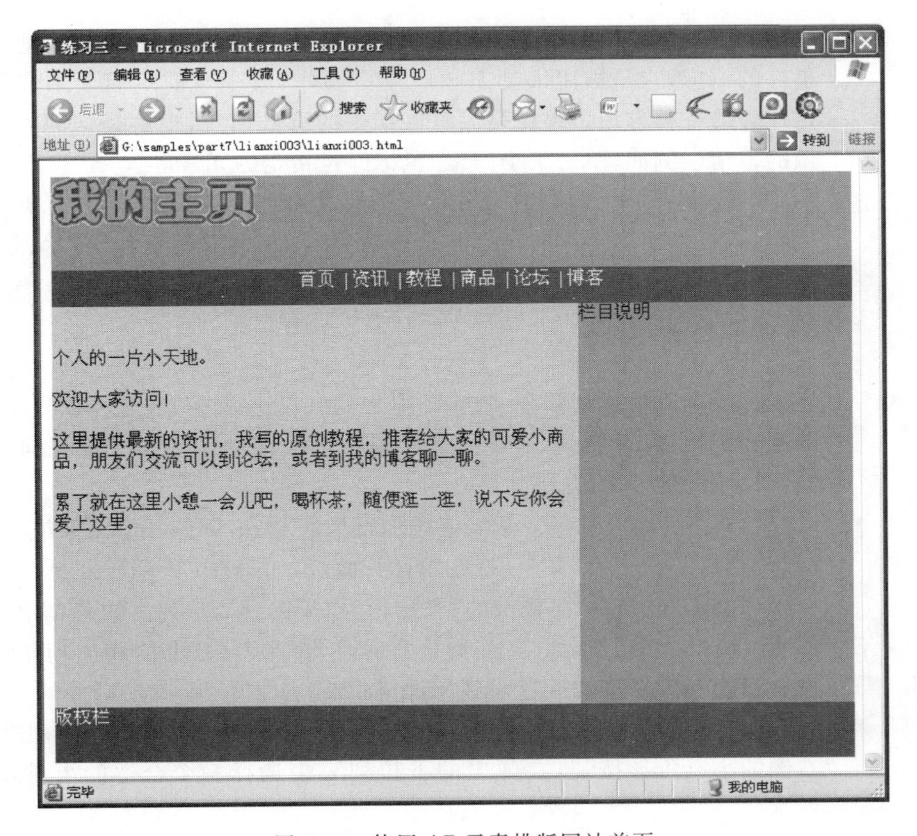

图 7-69　使用 AP 元素排版网站首页

第8章

JavaScript在网页中的应用

通过前面的学习，已经能够做出一些内容丰富的网页，但这只是停留在静态网页的设计水平。这样的静态网页形式呆板、缺乏互动，在网站愈来愈追求互动性和个性化的今天，已远远不能满足设计要求。通常，网页客户端的动态交互是通过客户端脚本语言（JavaScript 或者 VBScript 等）实现的。另外，Dreamweaver 内置了一些行为，利用行为可以高效地实现网页的互动效果。本章介绍 JavaScript 在网页中的应用。主要内容有：

- 行为；
- JavaScript 入门。

8.1 行　　为

行为是由一个事件（Event）所触发的动作（Action），因此又把行为称为事件的响应，它是被用来动态响应用户操作、改变当前页面效果或是执行特定任务的一种方法。事件是浏览器产生的有效信息，也就是访问者对网页所做的事情。例如，单击某个图像、鼠标经过指定的元素等。

Dreamweaver CS6 内置了几十种行为，利用这些行为，不需要书写一行代码，就可以实现丰富的动态页面效果，诸如拖动 AP 元素、显示/隐藏元素、弹出消息、打开新浏览窗口等功能，达到用户与页面的交互。

8.1.1 附加行为

行为可以附加到整个文档，即附加到<body>标签，还可以附加到文字、图像、AP 元素、超链接、表单元素或多种其他 HTML 元素中的任何一种。

1. 添加行为的方法

（1）在页面上选择一个需要添加行为的对象，例如一个图像或一个链接。执行“窗口”→“行为”命令，打开“行为”面板，如图 8-1 所示。

（2）单击“行为”面板上的“添加行为”按钮 +，从弹出的菜单中（如图 8-2 所示）选择一个动作，如“打开浏览器窗口”命令，在打开的相应动作设置对话框中设置好各个参数后返回到“行为”面板。

（3）动作设置好以后，就要定义事件了。在“行为”面板中，单击“事件”栏右侧的小三角形按钮，在弹出的下拉列表中选择一个合适的事件，如图 8-3 所示。

专家点拨：添加行为的时候一般遵循三个步骤：选择对象→添加动作→设置事件。

图 8-1　“行为”面板

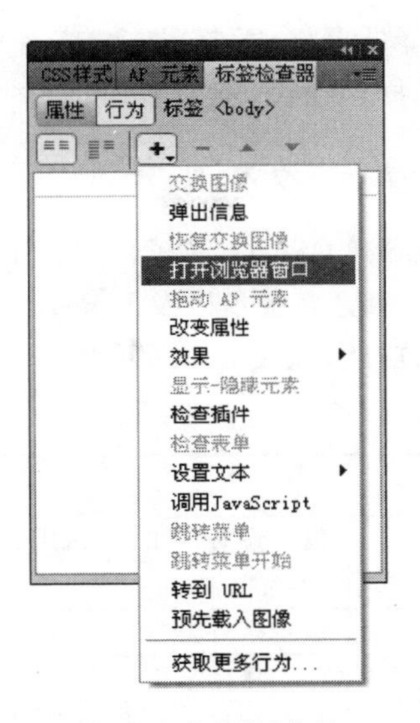

图 8-2　“动作”菜单

(4) 这样完成操作以后,和当前所选对象相关的行为就会显示在行为列表中,如果设置了多个事件,则按事件的字母顺序进行排列。如果同一个事件有多个动作,则将以在列表上出现的顺序执行这些动作。如果行为列表中没有显示任何行为,则说明没有行为附加到当前所选的对象。如图 8-4 所示,“行为”面板中显示了三个行为列表。

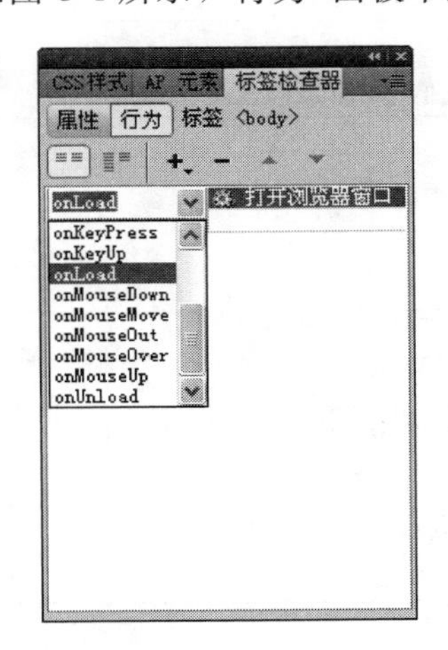

图 8-3　选择事件

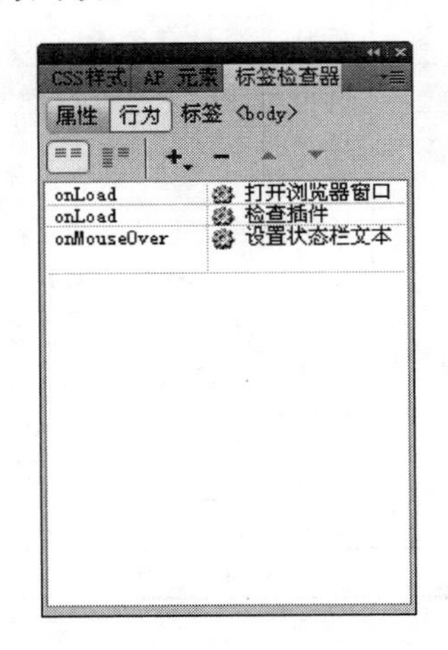

图 8-4　“行为”面板中定义的行为列表

专家点拨:不同的浏览器、同一个浏览器的不同版本对事件支持不尽一致,通常来说高版本的浏览器支持的事件要比低版本支持得多,而 IE 比 Netscape 支持的事件要多。

2. 修改行为

选择一个附加了行为的对象,打开“行为”面板,然后执行下列操作之一。

(1) 删除行为:将行为选中然后单击“删除事件”按钮 **-** 或按 Delete 键。

(2) 改变动作参数:双击该行为名称或将其选中并按 Enter 键,然后更改弹出对话框中的参数并最后单击“确定”按钮。

(3) 改变给定事件的动作顺序:当“行为”面板中包括多个相同事件的动作时,选择某个

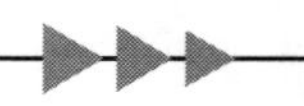

动作后单击“降低事件值”按钮 ▼ 或者单击“增加事件值”按钮 ▲ ,可以更改动作执行的顺序。也可以选择该动作,然后剪切它,并将它粘贴到其他动作中所需的位置。

8.1.2 内置行为功能详解

Dreamweaver CS6 内置了 30 多个行为动作,这些自带的行为动作是为在 Netscape Navigator 4.0 和更高版本以及 Internet Explorer 4.0 和更高版本中使用而编写的。下面说明每一个动作的功能,如表 8-1 所示。

表 8-1 常用动作列表

动作名称	动作的功能
交换图像	发生设置的事件后,用其他图片来取代选定的图片。此动作可以实现图像感应鼠标的效果
弹出信息	设置事件发生后,显示警告信息
恢复交换图像	此动作用来恢复设置“交换图像”,却又因为某种原因而失去交换效果的图像
打开浏览器窗口	在新窗口中打开 URL。可以定制新窗口的大小
拖动 AP 元素	可让访问者拖动绝对定位的(AP)元素。使用此行为可创建拼板游戏、滑块控件和其他可移动的界面元素
改变属性	使用“改变属性”行为可更改对象某个属性(例如 div 的背景颜色或表单的动作)的值
效果	这是“Spry 效果”,提供视觉增强功能,可以将它们应用于使用 JavaScript 的 HTML 页面上几乎所有的元素
显示-隐藏元素	可显示、隐藏或恢复一个或多个页面元素的默认可见性
检查插件	确认是否设有运行网页的插件
检查表单	能够检测用户填写的表单内容是否符合我们预先设定的规范
设置文本	(1) 设置容器的文本:在选定的容器上显示指定的内容 (2) 设置框架文本:在选定的框架页上显示指定的内容 (3) 设置文本域文字:在文本字段区域显示指定的内容 (4) 设置状态条文本:在状态栏中显示指定的内容
调用 JavaScript	事件发生时,调用指定的 JavaScript 函数
跳转菜单	制作一次可以建立若干个链接的跳转菜单
跳转菜单开始	在跳转菜单中选定要移动的站点后,只有单击“开始”按钮才可以移动到链接的站点上
转到 URL	选定的事件发生时,可以跳转到指定的站点或者网页文档上
预先载入图像	为了在浏览器中快速显示图片,事先下载图片之后显示出来

专家点拨:如果想获得更多的行为,可以在“行为”面板中单击“添加行为”按钮 +,在弹出的菜单中执行“获取更多行为”命令,在浏览器中打开 Exchange for Dreamweaver Web 站点(http://www.adobe.com/cn/exchange/),浏览或搜索扩展包,下载并安装所需的扩展包。

8.1.3 课堂实例——网页加载时弹出公告页

访问网页的时候经常会遇到这样的情况,打开网站页面时,同时会弹出写有通知事项或特殊信息的小窗口。利用 Dreamweaver 的“打开浏览器窗口”行为就可以制作这种效果。

1. 制作用作公告页的网页文档

(1) 新建一个 HTML 网页文档,将其保存为 mywindow.html。

(2) 插入一个 2 行 1 列的表格,创建如图 8-5 所示的一个页面效果。

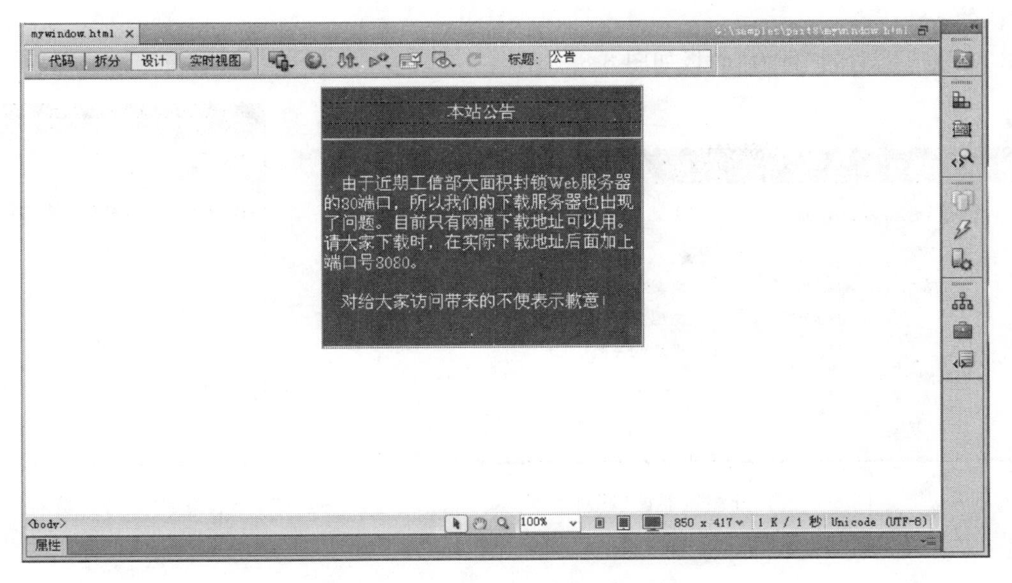

图 8-5　mywindow.html 的页面效果图

专家点拨：在制作用作公告页的网页文档时，一定要考虑将来的弹出窗口的大小。如果公告页中的内容比弹出窗口大，那么在弹出窗口中显示的时候只截取部分内容来显示。因此，一般情况下应该将用作通告的内容制作得比弹出窗口稍微小一些，这样可以保证在弹出窗口中全部显示。

2. 在另一个网页中添加“打开浏览器窗口”行为

(1) 另外打开一个需要添加弹出公告的网页文档，一般为网站的首页页面。这里是 8.1.3.html。

(2) 在“标签选择器”中单击<body>标签，选定整个网页文档。这时在“行为”面板上会显示“标签<body>”字样，如图 8-6 所示。

(3) 在“行为”面板中单击“添加行为”按钮 +，在弹出的菜单中执行“打开浏览器窗口”命令。

(4) 弹出一个“打开浏览器窗口”对话框，在其中单击“浏览”按钮，打开“选择文件”对话框，在“选择文件”对话框中选择用作公告的网页文件 mywindow.html。

(5) 单击“确定”按钮以后，返回到“打开浏览器窗口”对话框，在其中输入“窗口宽度”和“窗口高度”分别为 400 和 300，如图 8-7 所示，最后单击“确定”按钮。

图 8-6　对<body>标签添加行为时的行为面板

专家点拨：在“打开浏览器窗口”对话框中，“属性”选项下边有若干复选项，这些复选项控制显示或者隐藏导航工具栏、菜单栏、地址工具栏、滚动条、状态栏等浏览器的构成元素。另外，“窗口名称”中可以输入弹出窗口的名称，这样可以根据情况用 JavaScript 进行控制。

3. 设置事件

(1) 为了在加载网页文档时显示弹出窗口，在“行为”面板左边的“事件栏”中，将事件保持

为默认的 onLoad。

(2) 完成以后的"行为"面板如图 8-8 所示。

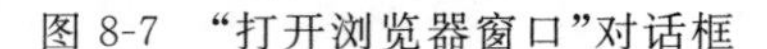

图 8-7 "打开浏览器窗口"对话框

图 8-8 添加"打开浏览器窗口"行为后的行为面板

(3) 保存网页文档,然后按 F12 键在浏览器中查看效果,会发现在加载网页文档的同时会弹出一个 400×300 像素的窗口,弹出窗口的内容就是刚才制作的 mywindow. html。

4. JavaScript 代码

行为一般是 JavaScript 针对网页中的对象进行编程控制实现的。在 8.1.3.html 网页中,切换到代码视图,可以看到如下代码:

```
<!DOCTYPE html PUBLIC "-//W3C//DTD XHTML 1.0 Transitional//EN" "http://www.w3.org/TR/xhtml1/DTD/xhtml1-transitional.dtd">
<html xmlns="http://www.w3.org/1999/xhtml">
<head>
<meta http-equiv="Content-Type" content="text/html; charset=utf-8" />
<title>网站首页</title>
<script type="text/javascript">
<!--
function MM_openBrWindow(theURL,winName,features) { //v2.0
  window.open(theURL,winName,features);
}
//-->
</script>
</head>
<body onload="MM_openBrWindow('mywindow.html','','width=400,height=300')">
<h2>网站首页
</h2>
</body>
</html>
```

在<head>与</head>标签之间利用 JavaScript 定义了一个 MM_openBrWindow()函数。在<body>标签中加入了 onLoad 事件发生时调用 MM_openBrWindow()函数的代码。网页运行时会产生一个 onLoad 事件,这个事件会调用已经定义的行为函数。

8.1.4 课堂实例——交换图像效果

交换图像行为可以实现图片的转换,常用来制造广告条或产品展示。下面通过一个实例介绍交换图像行为的应用方法。实例效果如图 8-9 所示,这是一个汽车产品图片展示的页面效果,第 1 个画面是初始页面效果,第 2 个画面是鼠标指针移动到第 2 行第 2 幅图片上时的页面效果。

(a) (b)

图 8-9 实例效果

1. 布局页面

(1) 新建一个 HTML 文档,将其保存。设置页面背景颜色为深灰色。

(2) 在"常用"工具栏中单击"表格"按钮,弹出"表格"对话框,设置如图 8-10 所示。

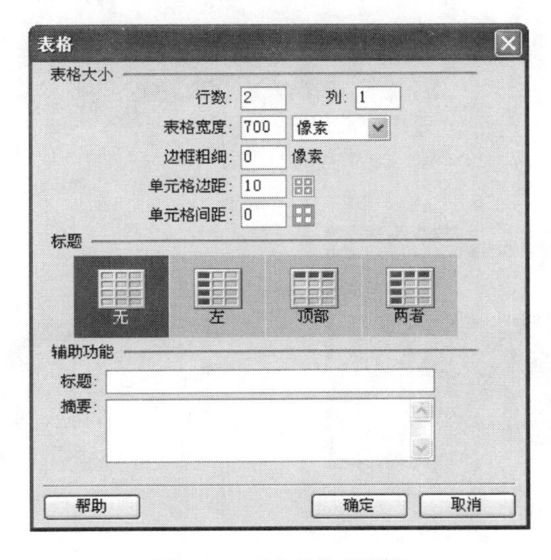

图 8-10 "表格"对话框

(3) 单击"确定"按钮,在网页中插入一个 2 行 1 列的表格。设置表格居中对齐。

(4) 在第 1 行插入一个图像(images\液晶墙. jpg),效果如图 8-11 所示。

(5) 切换到"布局"工具栏,单击"绘制 AP Div"按钮,在图像上绘制一个 AP 元素,如图 8-12 所示。

(6) 将光标定位在这个 AP 元素中,插入一个汽车图像(images\cai001. jpg),如图 8-13 所示。

(7) 选中这个汽车图片,在"属性"面板中定义它的 ID 为 qiche,如图 8-14 所示。这个 ID 就是图片的标识名称,之后在定义交换图像行为时需要用到。

图 8-11　在第 1 行插入图像

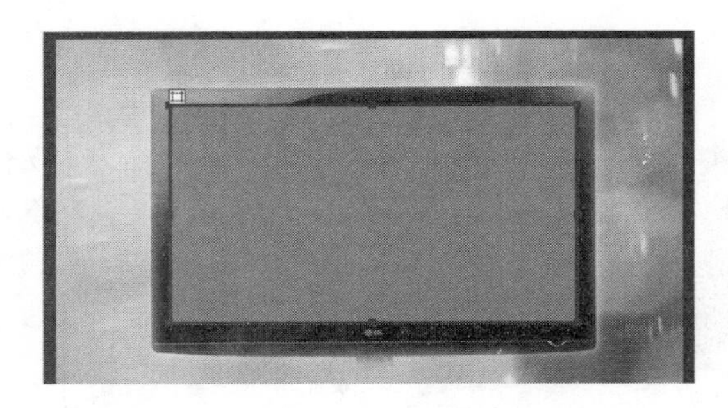

图 8-12　绘制一个 AP 元素

图 8-13　在 AP 元素中插入一个图像

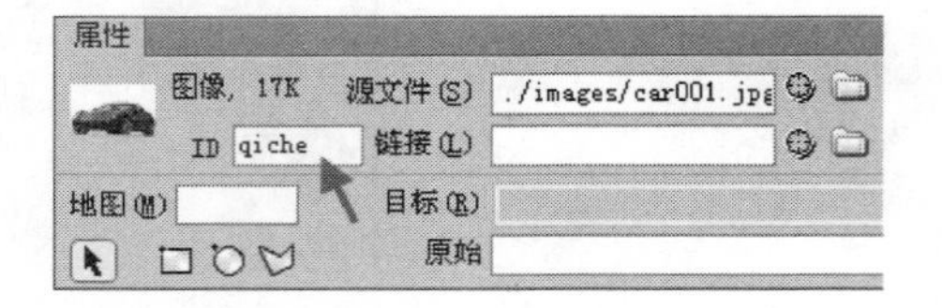

图 8-14　设置 ID

(8) 将光标定位在第 2 行,按照如图 8-15 所示的设置插入一个 1 行 3 列的表格。然后在 3 个单元格中分别插入三幅图像(images\caim002.jpg、caim003.jpg、caim004.jpg),如图 8-16 所示。

2. 定义交换图像行为

(1) 选中第 2 行的第 1 幅图片,在“行为”面板中单击“添加行为”按钮 +.,在弹出的菜单中执行“交换图像”命令,弹出“交换图像”对话框,在“图像”列表中选中需要交换的图像名称,如图 8-17 所示。

(2) 单击“设定原始档为”文本框后面的“浏览”按钮,弹出“选择图像源文件”对话框,在其中选择一幅汽车图像(images\cai002.jpg),如图 8-18 所示。

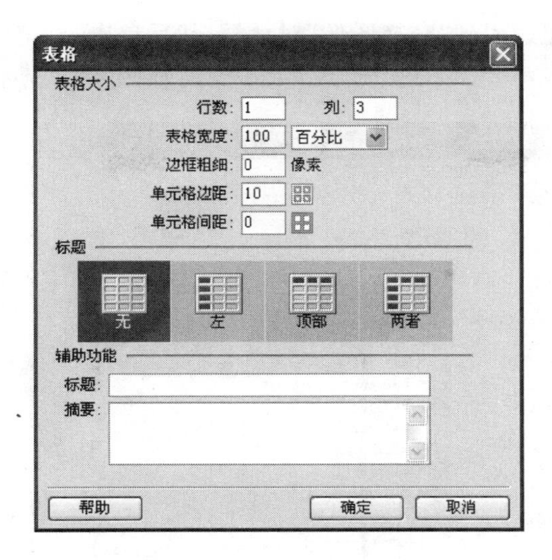

图 8-15　“表格”对话框

图 8-16　插入三幅汽车图片

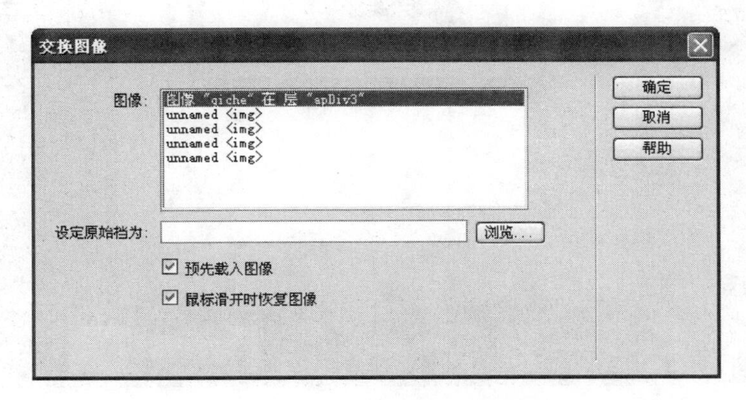

图 8-17　“交换图像”对话框

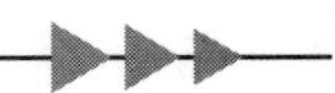

(3) 单击“确定”按钮返回到“交换图像”对话框，然后单击“确定”按钮。

(4) 这时“行为”面板中就显示已经定义好的动作，如图 8-19 所示。

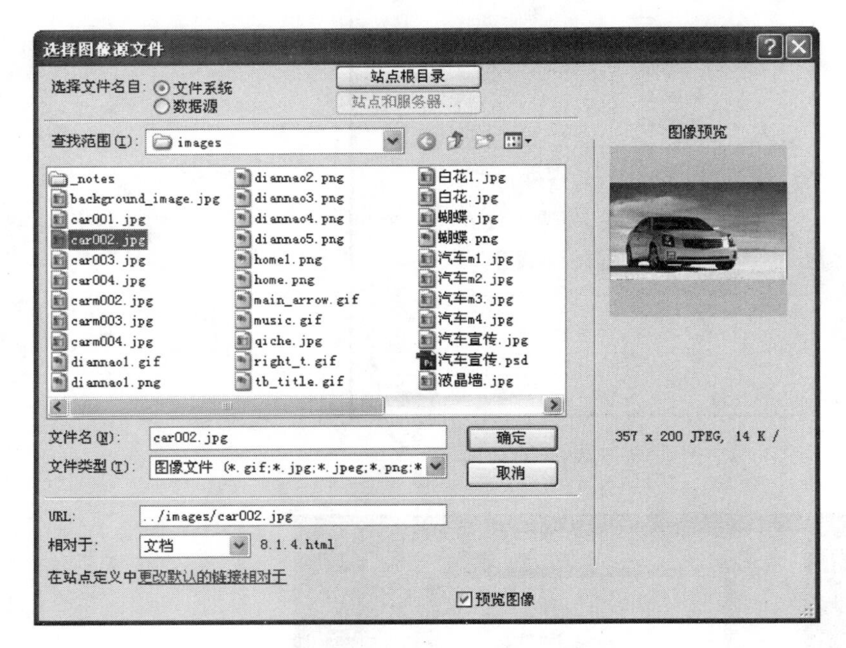

图 8-18　“选择图像源文件”对话框

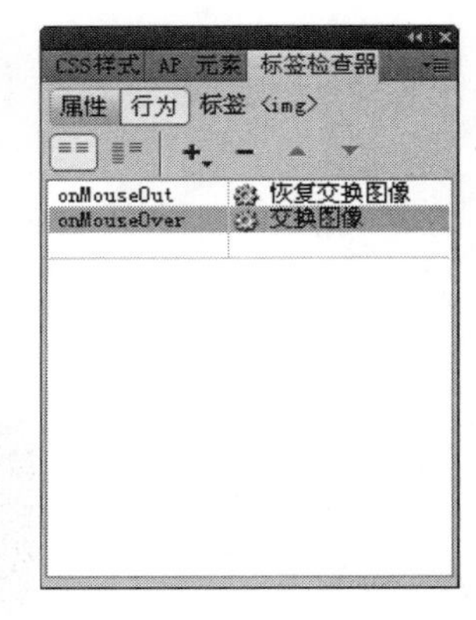

图 8-19　“行为”面板

(5) 保存文档并预览，当鼠标指向第 2 行的第一幅汽车图片时，上面液晶电视中切换成对应的汽车图片；鼠标移走时，液晶电视中又恢复成初始的汽车图片，如图 8-20 所示。

图 8-20　页面预览效果

(6) 分别选中第 2 行的第 2 幅图片和第 3 幅图片，按照同样的方法定义交换图像行为。

(7) 最后保存文档并预览，效果不满意的地方可以根据情况进行修改。

8.1.5　课堂实例——AP 元素拖动效果

在一些网站首页经常会看到可以拖动的广告效果，这种效果可以利用“拖动 AP 元素”行为来实现。下面通过一个实例介绍“拖动 AP 元素”行为的使用方法。

(1) 新建一个 HTML 文档，并将其保存。

(2) 切换到“布局”工具栏，单击“绘制 AP Div”按钮，在图像上绘制一个 AP 元素。然后在 AP 元素中输入一些文字信息，并用 CSS 进行外观控制，效果如图 8-21 所示。

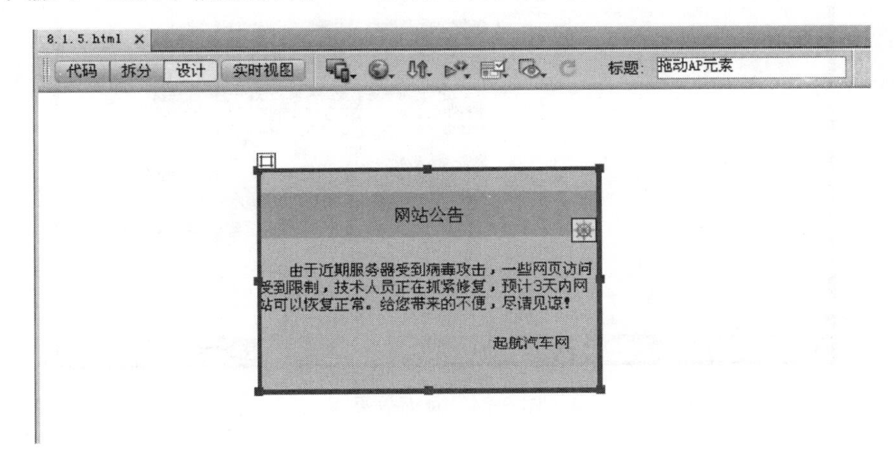

图 8-21　插入 AP 元素并输入文字信息

(3) 在网页文档的空白处单击，在“行为”面板中单击“添加行为”按钮 +，在弹出的菜单中执行“拖动 AP 元素”命令。

(4) 在弹出的“拖动 AP 元素”对话框中，在“AP 元素”下拉列表中选择所需要拖动的 AP 元素名称，在“移动”下拉列表中选择“不限制”，如图 8-22 所示。

(5) 单击“确定”按钮，“行为”面板中显示出添加的行为，如图 8-23 所示。

图 8-22　“拖动 AP 元素”对话框

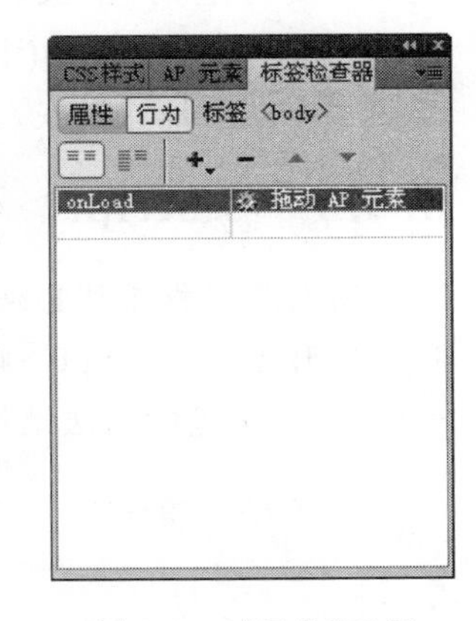

图 8-23　“行为”面板

(6) 选择文档编辑区中的 AP 元素，在“属性”面板中设置其背景颜色为灰色。

(7) 保存文档并预览，可以看到打开的网页中有一个 AP 元素，其中显示网站公告信息，

用鼠标可以拖动这个公告到网页的任意位置，如图8-24所示。

图8-24 页面效果

8.2 JavaScript入门

JavaScript是目前在网页中广泛使用的脚本语言，它是Netscape公司利用Java的程序概念，将自己原有的Livescript重新进行设计后产生的脚本语言。

JavaScript是一种基于对象和事件驱动并具有安全性能的脚本语言，有了JavaScript，可使网页变得生动、活泼。使用它的目的是与HTML超文本标识语言、Java小程序(Java Applet)一起实现在一个网页中链接多个对象，与网络客户进行交互，从而可以开发客户端的应用程序。它是通过嵌入或调入在标准的HTML语言中实现的。

8.2.1 <script>标签

所有脚本程序都必须封装在一对特定的HTML标签之间，<script>标签表示一个脚本程序的开始，</script>则表示该脚本程序的结束，一个网页中可能有多个脚本程序。使用<script>标签的语法结构是：

```
<script language = " JavaScript">
…
…
</script>
```

如果要在网页中用VBScript建立脚本程序，就应该将<script>标签的language属性赋值为VBScript，语法结构是：

```
<script language = " VBScript">
…
…
</script>
```

另外，为了照顾广大的互联网用户，必须考虑那些使用了不支持客户脚本程序的旧版本浏览器用户。因为浏览器会忽略掉它不支持的任何 HTML 标签，所以脚本程序可能就会像纯文本那样显示。这是网页设计者所不想看到的，为了避免出现这样的情况，可以在 HTML 注释中封装脚本程序。

```
<script language = " JavaScript">
<! -
…
…
-->
</script>
```

旧版本的浏览器忽略<script>标签，同时也忽略封装在 HTML 注释中的脚本程序，而一个新版本的浏览器即使是将脚本程序封装在 HTML 注释中，也会识别其中的<script>标签并解释运行其中的脚本程序。

script 块可以出现在 HTML 页面的任何地方(body 或者 head 部分之中)。最好将所有的通用 script 代码放在 head 部分，以使所有的 script 代码集中放置。这样既编译管理 script 代码，也可以确保在 body 部分调用代码之前所有的 script 代码都被读取并解码。

```
<html>
<head>
…
<script language = " JavaScript">
<! --
//在这里集中放置脚本代码,定义函数
…
-->
</script>
</head>
<body>
…
<script language = " JavaScript">
//这里调用在 HEAD 部分定义的脚本程序(函数)
…
</script>
…
</body>
</html>
```

一般情况下，大多数 script 代码被定义成过程函数(Function)，放在 head 部分，在 body 部分调用函数时执行它。对于一些简单的 script 代码也可以直接放在 body 部分的 script 标签中。

8.2.2　课堂实例——编写一个简单的 JavaScript 程序

本节通过编写一个简单的 JavaScript 程序制作一个带链接的水平滚动字幕效果，在网页

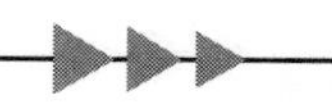

中，这种效果一般用于广告宣传，非常醒目。实例的最终效果如图 8-25 所示。在网站首页的导航条下有一个带链接的字幕在水平方向上滚动。

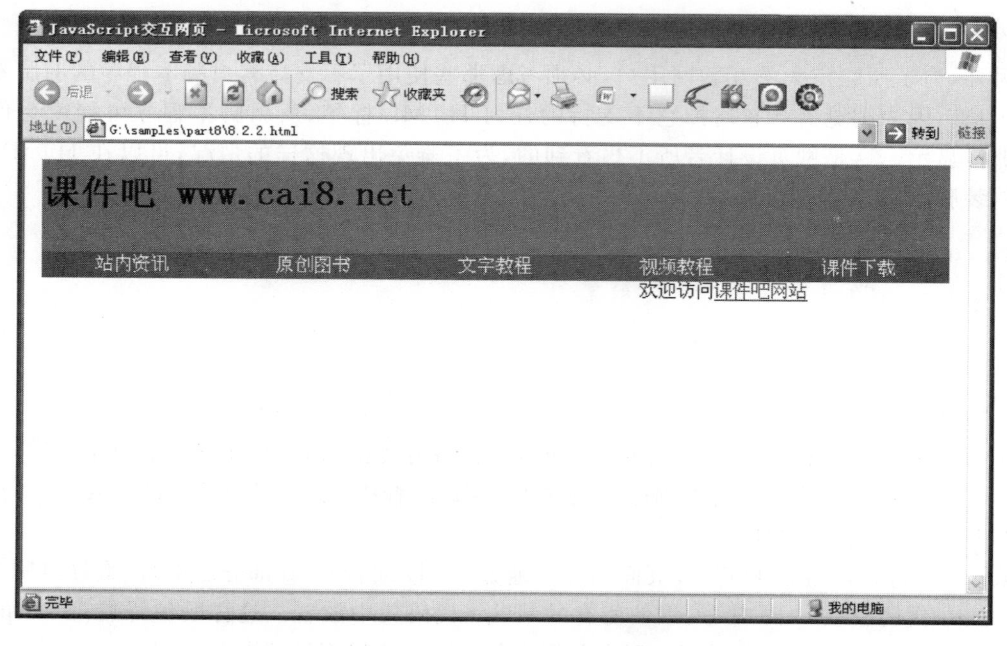

图 8-25　带链接的水平滚动字幕效果

本实例的制作步骤如下所示。

1. 创建网页

(1) 新建一个网页文档，将其保存为 8.2.2.html。

(2) 在这个网页中，利用表格进行布局，并在表格中输入相应的网站标题文字和导航条，效果如图 8-26 所示。

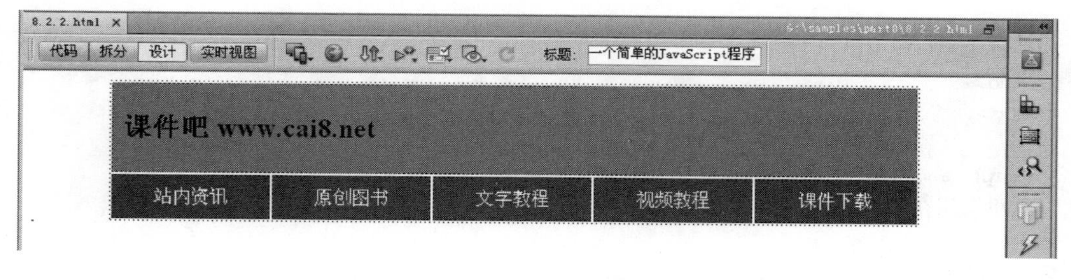

图 8-26　制作网页

2. 编写 JavaScript 程序

(1) 切换到“代码视图”，在<head></head>中输入以下 JavaScript 代码：

```
<script language = "JavaScript">
function gundong(){
    var marqueewidth = 400      //定义字幕宽度变量
    var marqueeheight = 20      //定义字幕高度变量
    var speed = 4               //定义滚动速度变量
```

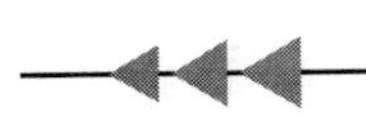

```
    var marqueecontents = '欢迎访问<a href = "http://www.cai8.net">课件吧网站
    </a>'
    //定义滚动字符串变量
    document.write('<marquee scrollAmount = ' + speed + ' style = "width:' +
    marqueewidth + '">' + marqueecontents + '</marquee>')
    //利用文档对象 document 的 write 方法输出<marquee>标签实现字幕滚动
}
</script>
```

这里用 JavaScript 定义了一个函数，函数名称是 gundong()，这个函数实现的功能就是带链接的水平滚动字幕效果。

(2) 因为本实例中滚动字幕的位置在导航条下边，所以要在导航条对应的代码后面插入 JavaScript 代码。

在“代码视图”下，将光标定位在最后一个</table>标签后面，如图 8-27 所示。

```
39            <td><span class="STYLE1">站内资讯</span></td>
40            <td><span class="STYLE1">原创图书</span></td>
41            <td><span class="STYLE1">文字教程</span></td>
42            <td><span class="STYLE1">视频教程</span></td>
43            <td><span class="STYLE1">课件下载</span></td>
44          </tr>
45        </table>
46        </td>
47      </tr>     将光标定位
48  </table>      在这个位置
49  |
50  </body>
51  </html>
```

图 8-27 将光标定位在最后一个</table>标签后面

输入以下 JavaScript 代码：

```
<script language = "JavaScript" type = "text/javascript">
gundong()    //调用函数
</script>
```

至此，本实例制作完毕，保存文档并查看网页效果。

8.2.3 课堂实例——使用“代码片断”面板

JavaScript 是在网页中实现动态和交互效果的基本手段之一，Dreamweaver 提供了很多 JavaScript 代码片断，可以在网页中直接引用。

本节利用“代码片断”面板制作一个 JavaScript 实例，当用户在页面中单击一幅汽车图片时，可以弹出一个消息框，显示有关这个汽车的信息。通过这个实例可以学会使用 Dreamweaver“代码片段”面板的方法以及调用 JavaScript 的方法。

1. 插入脚本标记

(1) 新建一个网页文档，将其保存为 8.2.3.html。切换到代码视图，将光标定位到代码视图中的<head></head>标签内，如图 8-28 所示。

(2) 在“常用”工具栏中，选择“脚本”，如图 8-29 所示。

(3) 在弹出的“脚本”对话框中直接单击“确定”按钮，如图 8-30 所示。

专家点拨：这里在“脚本”对话框中直接单击“确定”按钮只是得到一对<script>

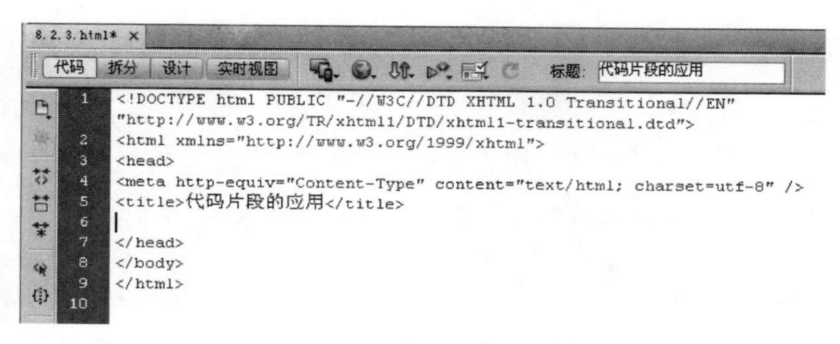

图 8-28　定位光标到代码视图中

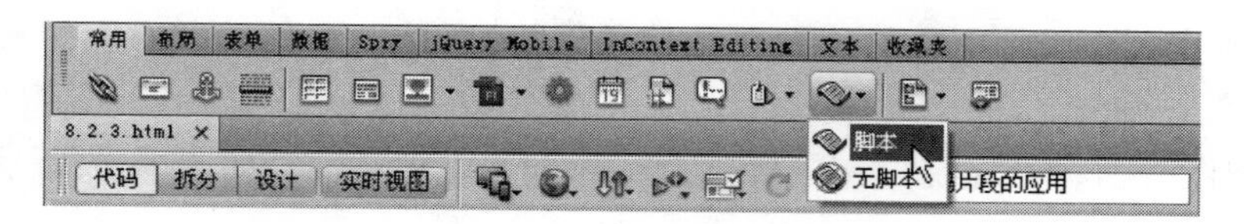

图 8-29　插入脚本

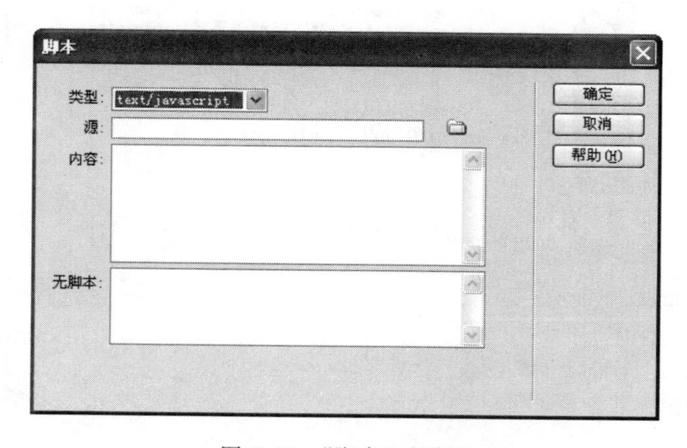

图 8-30　“脚本”对话框

</script>标签。如果在“脚本”对话框的其他参数项中输入相应的内容，可以得到完整的JavaScript程序。

(4) 在代码视图中将添加一对<script></script>标签，将光标定位到这对标签之间，如图 8-31 所示。

图 8-31　<script></script>标签

2. 插入消息框的 JavaScript 代码

（1）选择“窗口”→“代码片断”命令打开“代码片断”面板（快捷键为 Shift+F9），依次展开“JavaScript”→“对话框”，选择“消息框”，单击“插入”按钮，如图 8-32 所示。

专家点拨：为了丰富“代码片断”面板中的功能，可以将收集来的 JavaScript 代码添加到“代码片断”面板中。“代码片断”面板右下角有“新建代码片断文件夹”按钮和“新建代码片断”按钮，利用它们就可以轻松地添加代码片断。

（2）这时在<head></head>标签之间的<script></script>标签内将多出一段 JavaScript 代码，如图 8-33 所示。

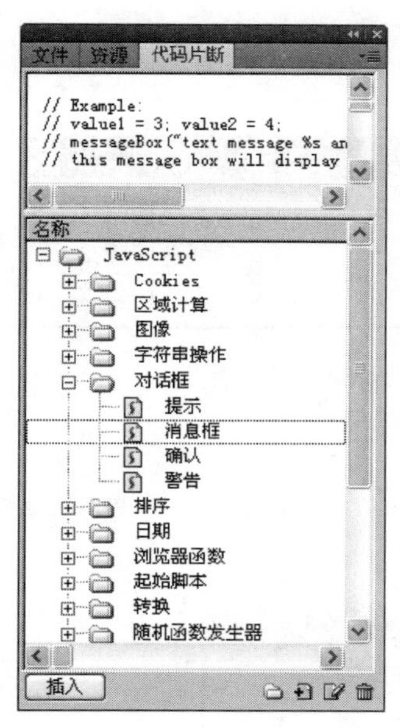

图 8-32　“代码片断”面板

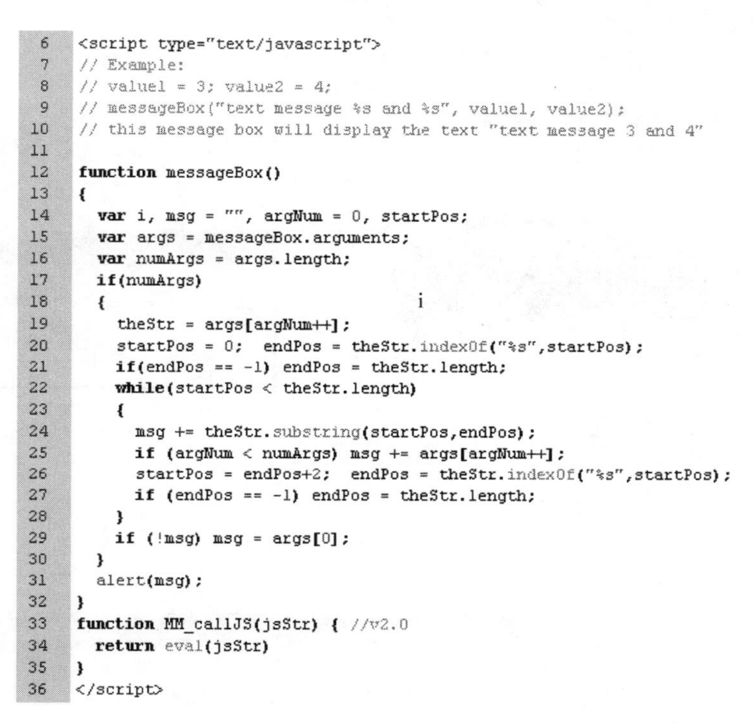

图 8-33　JavaScript 代码

3. 调用 JavaScript 函数

（1）在代码视图中定位光标到<body></body>标签之间，再次单击“常用”工具栏中的“脚本”按钮，在弹出的“脚本”对话框中直接单击“确定”按钮，插入一对<script></script>标签，将光标定位到这对<script></script>标签之间，这时代码视图如图 8-34 所示。

```
<body>
<script language="JavaScript" type="text/javascript">
|
</script>
</body>
</html>
```

图 8-34　插入<script></script>标签

（2）在<script></script>标签之间输入：

```
value1 = 2010; value2 = 3;
```

(3) 切换到“设计”视图,在文档编辑区输入一些文字信息并插入一个汽车图片,效果如图 8-35 所示。

(4) 选中汽车图片,打开“行为”面板,单击“添加行为”按钮,在弹出的菜单中选择“调用 JavaScript”,弹出“调用 JavaScript”对话框,在 JavaScript 文本框中输入:

```
messageBox("这辆汽车是 %s 年生产的第 %s 代产品", value1, value2)
```

如图 8-36 所示。

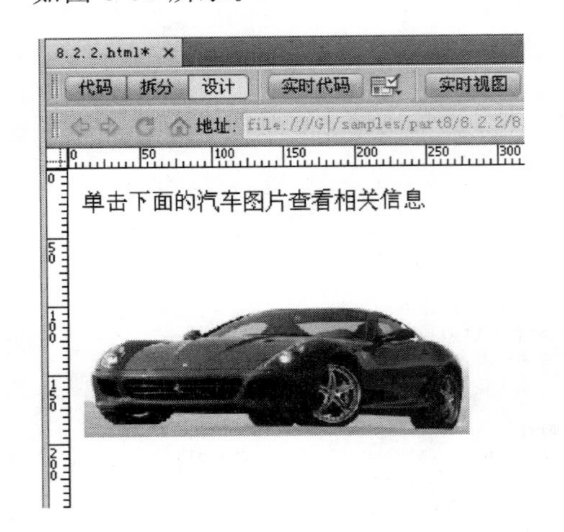

图 8-35　输入文字信息并插入汽车图片

图 8-36　“调用 JavaScript”对话框

(5) 单击“确定”按钮。

(6) 保存文件。按 F12 键进行预览,在页面上单击汽车图片时,会弹出一个消息框,如图 8-37 所示。

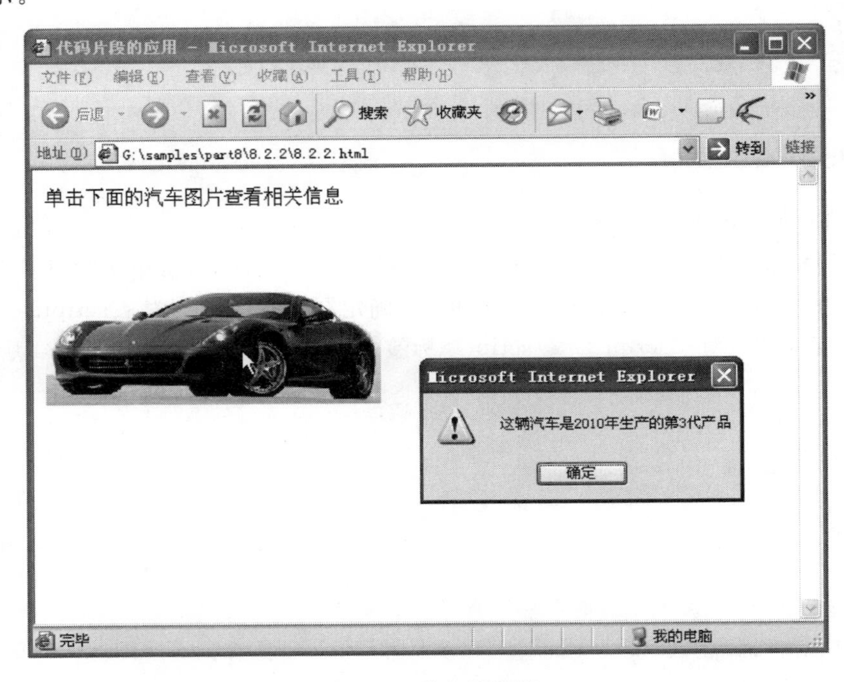

图 8-37　弹出消息框

本章习题

一、选择题

1. 下列事件动作中，________表示按下鼠标左键再放开时发生的事件。

A. onMouseOver　　B. onMouseUp

C. onMouseDown　　D. onMouseOut

2. 添加行为的时候一般遵循三个步骤，具体步骤是________。

A. 选择对象→设置事件→添加动作

B. 添加动作→选择对象→设置事件

C. 选择对象→添加动作→设置事件

D. 设置事件→选择对象→添加动作

3. 所有脚本程序都必须封装在一对特定的HTML标签之间，这对标签是________。

A. <script></script>　　B. <title></title>

C. <table></table>　　D. <screen></screen>

二、填空题

1. 所谓行为，就是一段预定义好的________通过浏览器的解释并响应用户操作的过程。一个行为是由一个________所触发的动作。

2. 给网页中的元素添加行为的方法是，单击“行为”面板上的________按钮，从弹出的菜单中选择一个动作，然后进行后续的操作即可。

3. JavaScript是一种基于对象和________并具有安全性能的脚本语言，有了JavaScript，可使网页变得生动、活泼。

上机练习

练习1　用“弹出信息”行为制作关闭网页时的告别语

“弹出信息”行为的使用方法比较简单而且非常有用，所以也是一个常用的行为。利用这个行为，可以在网页中弹出信息框，例如弹出警告信息等。本练习制作一个关闭网页文档时显示告别语的效果。当关闭网页时就会跳出一个告别窗口，效果如图8-38所示。

注意，为了在关闭网页时显示弹出窗口，将事件设置为onUnLoad。

图8-38　关闭网页时弹出的信息

练习2　用JavaScript编写打开网页时的问候对话框

本练习利用JavaScript编写打开网页时弹出的一个问候对话框，根据不同的时间段弹出不同的问候信息,效果如图 8-39 所示。

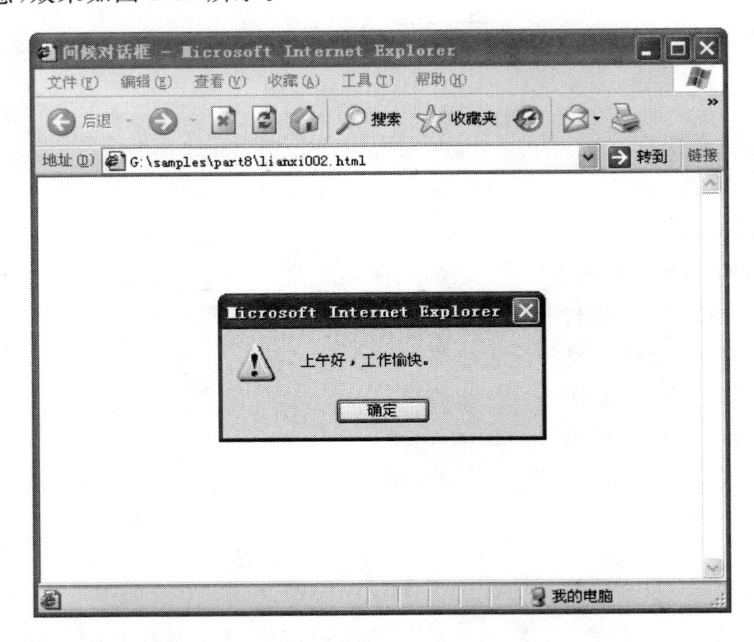

图 8-39 问候对话框

参考代码如下所示。

```
<html xmlns = "http://www.w3.org/1999/xhtml">
<head>
<meta http - equiv = "Content - Type" content = "text/html; charset = utf - 8" />
<title>问候对话框</title>
<script type = "text/javascript">
void function hello()                          //声明一个函数
{
var str;
now = new Date(),hour = now.getHours()         //取得当前时间的小时数
if(hour < 6)                                   //针对不同时段进行问候语赋值
str = "太晚了,请休息.";
else if(hour < 12)
str = "上午好,工作愉快.";
else if(hour < 14)
str = "中午好,祝好心情.";
else if(hour < 18)
str = "下午好.工作愉快.";
else if(hour < 22)
str = "晚上好,祝玩得开心.";
else if(hour < 24)
str = "夜深了,注意休息.";
alert(str);                                    // 弹出问候对话框
}
</script>
</head>
<body onload = "hello();">  <! -- 网页事件与调用函数 -->
</body>
</html>
```

第9章

CSS网页布局和Web 2.0设计基础

随着 Web 2.0 的广泛流行，越来越多的网站工程师采用符合 W3C（World Wide Web Consortium）标准的技术开发网页，这是今后网页设计的发展方向。Web 2.0 的风光在如今的互联网上简直无人与其争锋，随着英文 Web 2.0 网站的快速发展，中文 Web 2.0 网站也随之增多。本章将介绍 Web 2.0 网页设计技术、CSS 布局及 XML 基础，主要内容有：

- 利用表格和 CSS 布局网页；
- 利用 DIV 和 CSS 布局网页；
- XML 基础。

9.1 用表格+CSS 布局网页

表格+CSS 布局可以使设计的网页结构更加合理，更便于维护和更改网页的样式，但是从本质上讲，这种布局网页的方式只是从传统的网页设计技术到符合 Web 2.0 标准的网页设计技术的一种过渡。

9.1.1 认识表格+CSS 布局

传统的网页设计，往往都是利用表格进行网页布局，其实 table 标签本意并不是用来布局网页的技术，它的本意是创建表格数据，用来表现网页中具有二维关系的数据。传统网页设计时，采用大量嵌套的表格进行布局，容易将网页内容、结构和表现混杂在一起，这样设计出来的网页不利于维护和搜索引擎的搜索。

如图 9-1 所示，是传统布局方式的一个网页源文件代码片断。可以看出来这个网页利用了大量的嵌套表格进行布局，代码十分复杂，不利用维护和管理。

符合 Web 2.0 标准的网页设计是将网页内容、结构与表现分开，做到"表现和结构相分离"。表格+CSS 布局可以使设计的网页结构更加合理，更便于维护和更改网页的样式，但是从本质上讲，这种布局网页的方式只是从传统的网页设计技术到符合 Web 2.0 标准的网页设计技术的一种过渡。

下面介绍表格+CSS 布局的方法。如图 9-2 所示，这是在网站首页布局中经常会看到的局部布局效果，位置一般在网页的两侧。

针对这个布局效果，传统的表格布局方法是创建一个 3 行 1 列的表格，然后直接设置表格和每个单元格的属性。表格+CSS 的布局方法不是这样。具体方法是，先创建一个 3 行 1 列的表格，表格和每个单元格的样式用 CSS 来控制，示意图如图 9-3 所示。

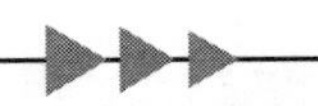

```
index.htm - 记事本
文件(F) 编辑(E) 格式(O) 查看(V) 帮助(H)
<table width="780" border="0" align="center" cellpadding="0" cellspacing="0" backgrou
  <!--DWLayoutTable-->
  <tr>
    <td width="490" height="33"> </td>
    <td width="284" align="center" valign="middle"><a href="http://www.flasher123.cor
    <td width="10"> </td>
  </tr>
</table>
<table width="780" border="0" align="center" cellpadding="0" cellspacing="0">
  <!--DWLayoutTable-->
  <tr>
    <td width="780" height="120" valign="top"><object classid="clsid:D27CDB6E-AE6D-1
      <param name="movie" value="images/top.swf">
      <param name="quality" value="high"><param name="SCALE" value="noborder">
      <embed src="images/top.swf" width="780" height="120" quality="high" pluginspage
    </object></td>
  </tr>
</table>
<table width="780" border="0" align="center" cellpadding="0" cellspacing="0" backgrou
  <!--DWLayoutTable-->
  <tr>
    <td width="780" height="33" align="center" valign="middle"><a href="tushu/index.h
  </tr>
</table>
<table width="780" border="0" align="center" cellpadding="0" cellspacing="0">
  <!--DWLayoutTable-->
  <tr>
    <td width="780" height="33" valign="middle">  <img src="images/biao1.gif" width="
  </tr>
```

图 9-1 传统的表格布局代码

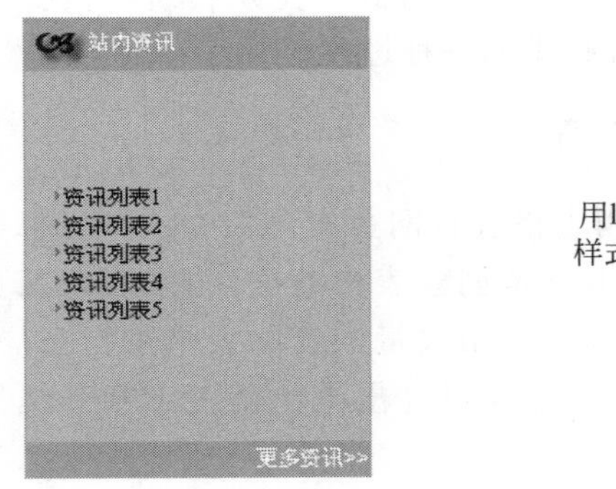

图 9-2 表格+CSS 布局实例效果

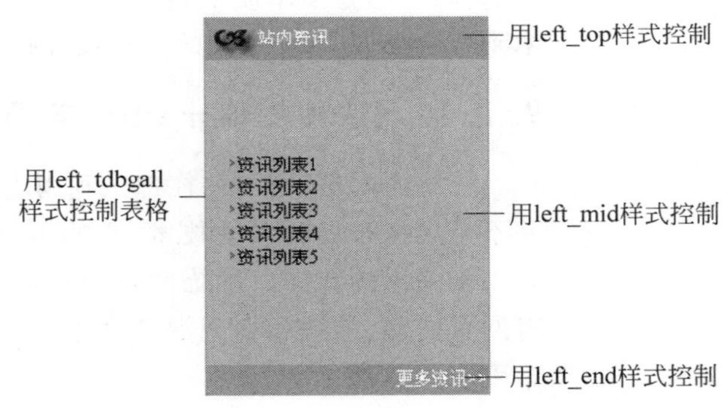

图 9-3 CSS 样式控制表格示意图

这里定义了 4 个 CSS 类选择符：. left_tdbgall、. left_top、. left_mid、. left_end，它们分别用来控制表格的样式和三个单元格的样式。

9.1.2 课堂实例——表格+CSS 布局实例

本节通过一个实例来介绍用表格+CSS 布局的方法。如图 9-2 所示是本实例的最终效果。这是在网站首页布局中经常会看到的局部布局效果，位置一般在网页的两侧。

1. 创建 CSS 文件

(1) 新建一个 CSS 文档，保存为 9.1.2.css。单击“CSS 样式”面板中的“新建 CSS 规则”按钮，弹出“新建 CSS 规则”对话框，设置如图 9-4 所示。

单击“确定”按钮，进入“. left_tdbgall 的 CSS 规则定义”对话框，在其中选择“分类”列表框

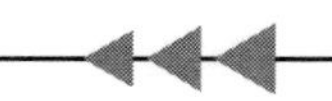

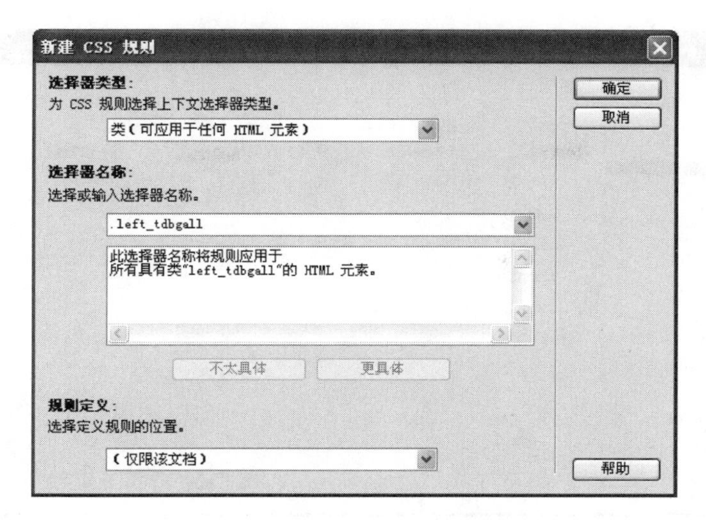

图 9-4 新建.left_tdbgall样式

中的"背景"，设置Background-color(背景颜色)为#666666(灰色)；然后选择"分类"列表框中的"方框"，设置Width(宽)和Height(高)分别为190px和250px，如图9-5所示。

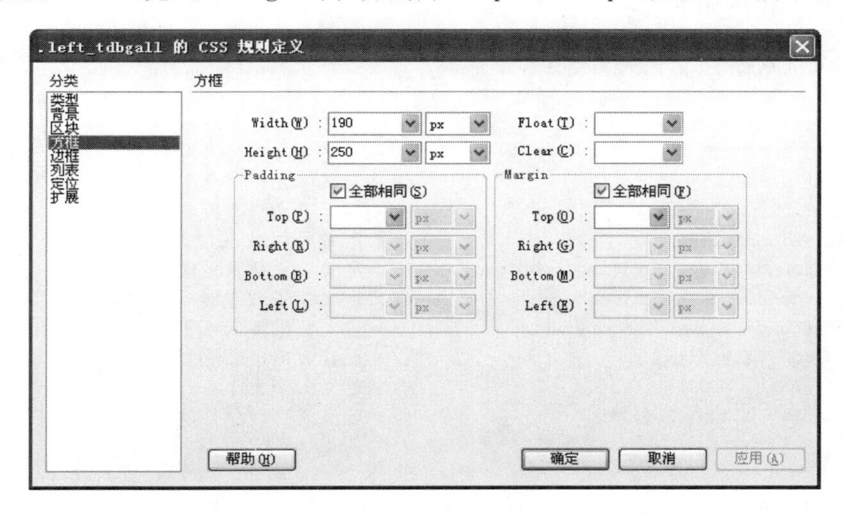

图 9-5 设置方框属性

选择"分类"列表框中的"边框"，设置如图9-6所示。这样定义整个表格的边框为1px的绿色细实线。

完成CSS规则定义以后，单击"确定"按钮。这时文档窗口增加如下代码：

```
/* 表格样式定义 */
.left_tdbgall
{
    width: 190px;                    /* 定义表格宽度 */
    height: 250px;                   /* 定义单元格高度 */
    background-color: #666666;       /* 定义背景颜色为灰色 */
    border: 1px solid #99CC00;       /* 定义表格边框为1px绿色细线 */
}
```

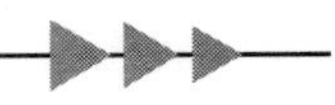

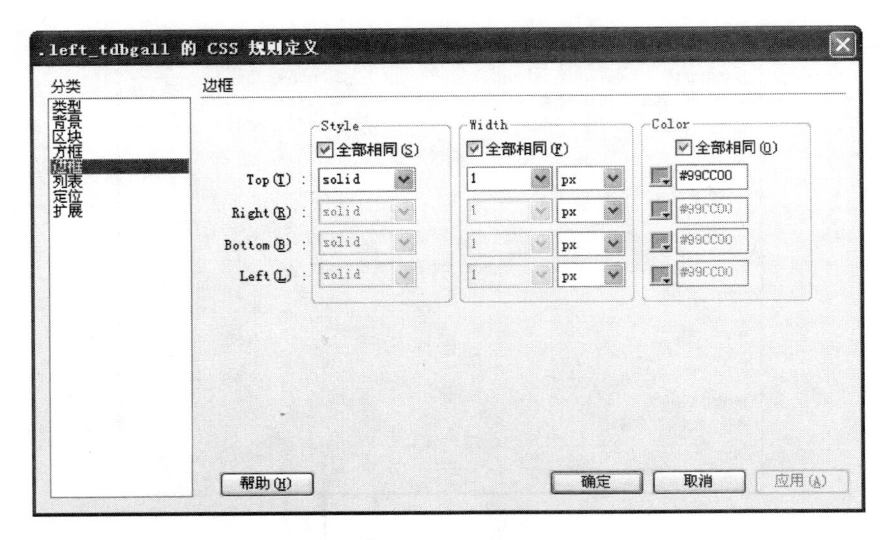

图 9-6　设置边框属性

(2) 按照同样的方法定义一个.left_top 类选择符,这个 CSS 样式用来控制第一个单元格(顶部单元格)。代码如下所示。

```
/* 顶部单元格背景、文字、段落格式等定义 */
.left_top
{
    color: #FFFFFF;                              /*定义文字颜色*/
    height: 30px;                                /*定义单元格高度*/
    width: 190px;                                /*定义单元格宽度*/
    text-align: left;                            /*定义段落对齐方式为左对齐*/
    background-image: url(img/head.png);         /*定义单元格背景图像*/
    background-position: center;                 /*定义背景图像居中*/
    background-repeat: no-repeat;                /*定义背景图像不重复*/
    padding-left:35px;                           /*设置方框中填充对象的左边距为20px*/
    font-size: 12px;                             /*定义文字大小*/
    vertical-align: middle;                      /*定义文字在单元格垂直方向居中对齐*/
}
```

(3) 按照同样的方法定义一个.left_mid 类选择符,这个 CSS 样式用来控制第二个单元格(中部单元格)。代码如下所示。

```
/* 中部单元格背景、文字、段落格式等定义 */
.left_mid
{
    padding: 5px;                                /*定义填充内容的边距*/
    height: 200px;                               /*定义单元格高度*/
    width: 190px;                                /*定义单元格宽度*/
    font-size: 12px;                             /*定义文字大小*/
    background-color: #CCCCCC;                   /*定义背景颜色为浅灰色*/
    color: #000000;                              /*定义文字颜色*/
    list-style-position: inside;                 /*定义列表位置为内部*/
    list-style-image: url(img/s_left.gif);       /*定义列表项图标*/
}
```

（4）按照同样的方法定义一个.left_end 类选择符，这个 CSS 样式用来控制第三个单元格（底部单元格）。代码如下所示。

```
/* 底部单元格背景、文字、段落格式等定义 */
.left_end
{
    height:20px;                    /*定义单元格高度*/
    width: 190px;                   /*定义单元格宽度*/
    font-size: 12px;                /*定义文字大小*/
    color: #FFFFFF;                 /*定义文字颜色*/
    text-align: right;              /*定义段落对齐方式为左对齐*/
    background-color: #99CC00;      /*定义背景颜色为绿色*/
}
```

专家点拨：以上 CSS 代码可以手工输入，也可以在“×××CSS 规则定义”对话框中完成设置。

2. 创建网页文档

（1）新建一个网页文档，保存为 9.1.2.html。在“CSS 样式”面板中单击“附加样式表”按钮，弹出“链接外部样式表”对话框，设置如图 9-7 所示。设置完成后，单击“确定”按钮。这样“CSS 样式”面板中就出现了定义好的样式，如图 9-8 所示。

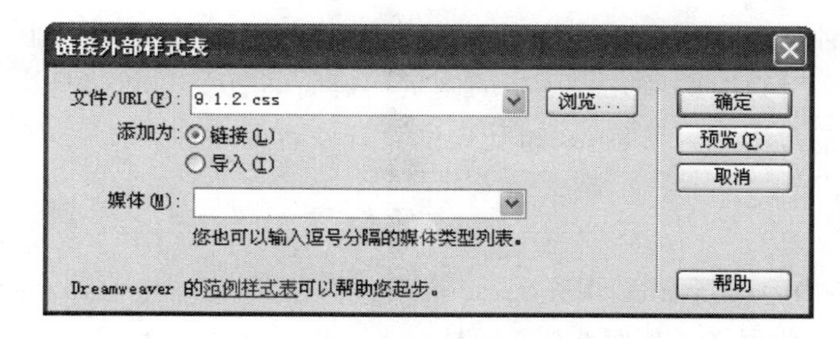

图 9-7　“链接外部样式表”对话框

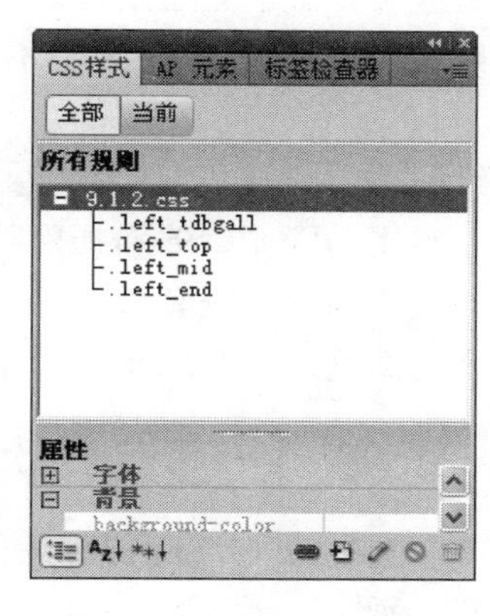

图 9-8　“CSS 样式”面板

（2）在“设计”视图下，插入一个 3 行 1 列的表格。切换到“代码”视图，重新编辑<body>标签内的代码，最终<body>标签内的代码如下所示。

```
<body>
<table border="0" cellpadding="0" cellspacing="0" class=
"left_tdbgall">
      <tr>
        <td class="left_top">站内资讯</td>
      </tr>
      <tr>
        <td class="left_mid">
        <li>资讯列表 1
        <li>资讯列表 2
```

```
        <li>资讯列表3
        <li>资讯列表4
        <li>资讯列表5
        </td>
      </tr>
      <tr>
        <td class="left_end">更多资讯>></td>
      </tr>
  </table>
  </body>
```

代码编辑完成后,保存文档就完成了本实例的制作。按F12键预览网页效果。

以上创建的网页文件结构合理,代码比较简洁,网页内容和内容的表现(外观)基本是分开的,各自独立创建在不同的文件中。如果想改变网页外观,可以直接编辑9.1.2.css文件,重新设定相应的样式即可,这样也比较易于网站的维护。

9.2 用DIV+CSS布局网页

上一节用表格+CSS进行网页布局,虽然在某种程度上提高了网站开发和维护的效率,但是这种方法毕竟还是传统的网页布局技术,没有跳出表格布局的模式。如果网页布局比较复杂,那么必然会使用大小不一的表格和表格嵌套来定位排版网页内容。这时<table>标签、<tr>标签、<td>标签交织在一起,它们之间的关系变得晦涩难懂。这样的网页代码结构给网站的开发和维护带来了不便。

利用DIV+CSS布局网页是一种盒子模式的开发技术。它是通过由CSS定义的大小不一的盒子和盒子嵌套来编排网页的。因为用这种方式排版的网页代码简洁、更新方便、能兼容更多的浏览器,例如PDA设备也能正常浏览,所以越来越受到网页开发者的欢迎。

9.2.1 理解CSS盒子模型

网页中的表格或者其他块都具备内容(content)、填充(padding)、边框(border)、边界(margin)等基本属性,一个CSS盒子也都具备这些属性。如图9-9所示是一个CSS盒子的示意图。

专家点拨:可以把CSS盒子想象成现实中上方开口的盒子,然后从正上往下俯视,边框相当于盒子的厚度,内容相对于盒子中所装物体的空间,填充相当于为防震而在盒子内填充的泡沫,边界相当于在这个盒子周围要留出一定的空间,方便取出。

在利用DIV+CSS布局网页时,需要利用CSS定义大小不一的CSS盒子以及盒子嵌套。如图9-10所示是一个网站首页的CSS盒子布局示意图。

从图9-10可以看出,这个网页一共设计了7个盒子。最大的盒子是body{},这是一个HTML元素,是HTML网页的主体标签。在body{}盒子中嵌套了一个#container{}盒子(这里的#container是一个CSS样式定义,是一个标识选择符),可以称这个盒子为页面容器。在#container{}盒子中又嵌套了三个盒子#header{}、#main{}、#bottom{},这三个盒子分别是网页的头部(banner、logo、导航条等)、中部(网页的主体内容)、底部(版权信息等)。#main{}盒子中嵌套了两个盒子#left{}和#right{},这是一个两栏的页面布局,这两个盒子分别用来容纳左栏和右栏的内容。

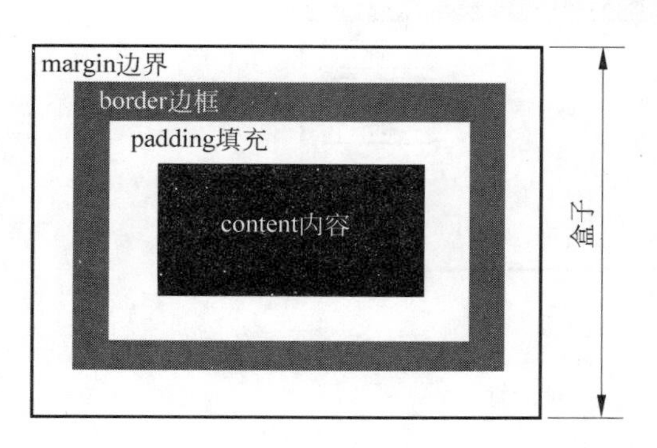

图 9-9　一个 CSS 盒子

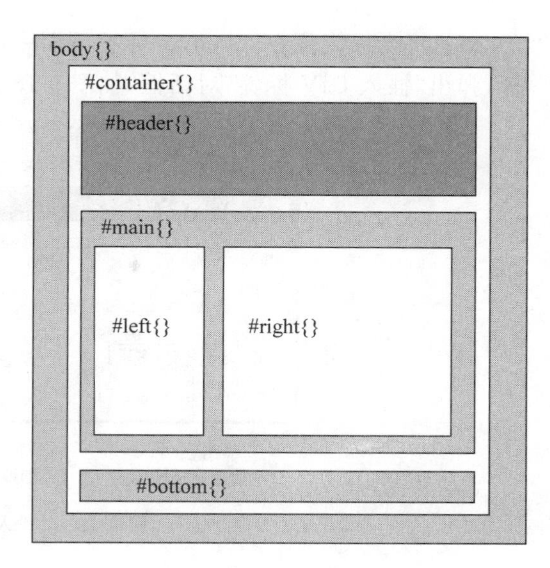

图 9-10　CSS 布局示意图

9.2.2　DIV 标签的应用

XHTML 是一种在 HTML 4.0 基础上优化和改进的新语言，目的是基于 XML 应用。XHTML 是一种增强的 HTML，它的可扩展性和灵活性将适应未来网络应用更多的需求。

在网页文档中，利用 DIV 标签定义 XHTML 代码进行网页布局。在 Dreamweaver 中将"插入"工具栏切换到"布局"工具栏，可以看到一个"插入 DIV 标签"按钮，如图 9-11 所示。

图 9-11　"插入 DIV 标签"按钮

下面利用 DIV+CSS 具体创建一个盒子。

(1) 新建一个网页文档，切换到"代码"视图下。可以看到<head>标签前的几行代码是用来定义网页文档 XHTML 类型的。当使用 DIV 和 CSS 布局页面时，这几行代码是不能缺少的，如图 9-12 所示。

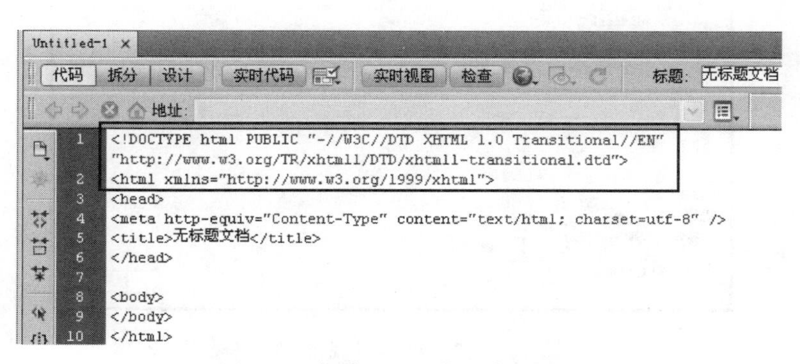

图 9-12　新建网页文档的代码视图

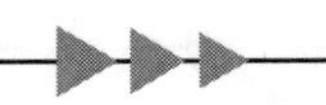

(2) 将光标定位在<body>标签下面一行,单击“布局”工具栏上的“插入 DIV 标签”按钮 ,弹出“插入 DIV 标签”对话框,如图 9-13 所示。

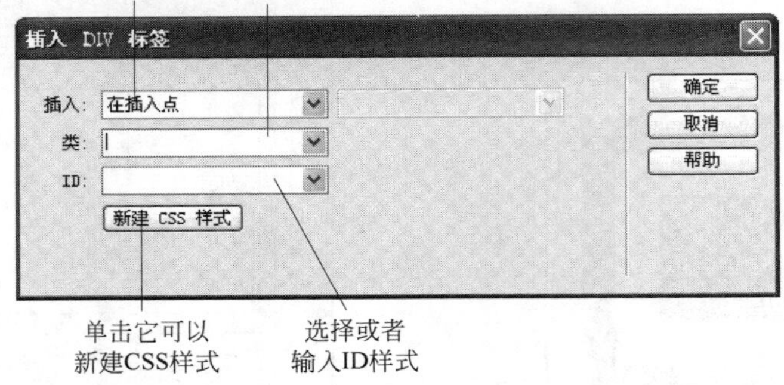

图 9-13　“插入 DIV 标签”对话框

在这个对话框中可以选择插入 DIV 标签的位置以及控制这个 DIV 标签的 CSS 样式。这里不做选择,直接单击“确定”按钮。此时在<body></body>标签中间就新增了一对<div></div>标签,如图 9-14 所示。

图 9-14　新增一对<div></div>标签

这一对<div></div>标签就定义了一个盒子结构,此时切换到“设计”视频,可以看到一个虚线框。下面定义一个 CSS 样式,用这个 CSS 样式控制这个盒子的外观。

(3) 在“CSS 样式”面板中单击“新建 CSS 规则”按钮,在弹出的“新建 CSS 规则”对话框中进行如图 9-15 所示的设置。

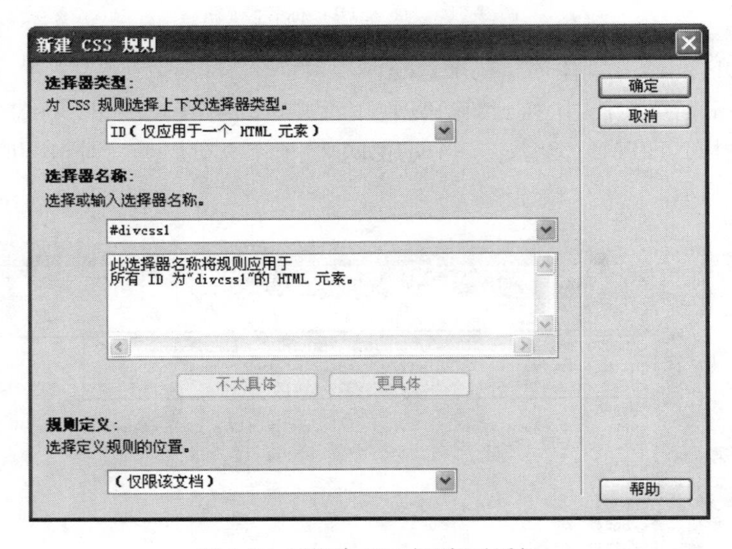

图 9-15　“新建 CSS 规则”对话框

设置完成以后单击"确定"按钮，在弹出的"＃divcss1 的 CSS 规则定义"对话框中，选择"分类"列表框中的"背景"，设置背景颜色为灰色；然后选择"分类"列表框中的"方框"，设置宽和高分别为 700px 和 300px，如图 9-16 所示。

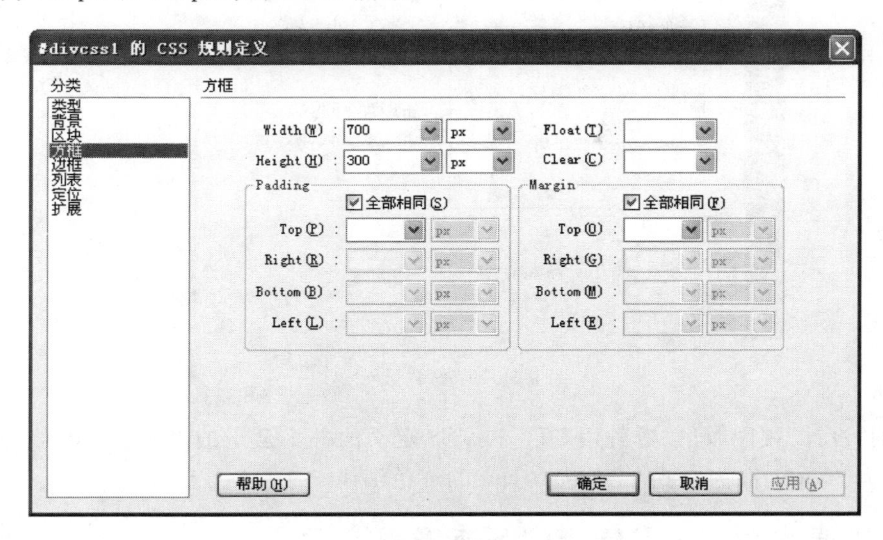

图 9-16　设置方框

选择"分类"列表框中的"边框"，设置样式为实线、宽度为 1px、颜色为红色，并选中所有的"全部相同"复选框，如图 9-17 所示。

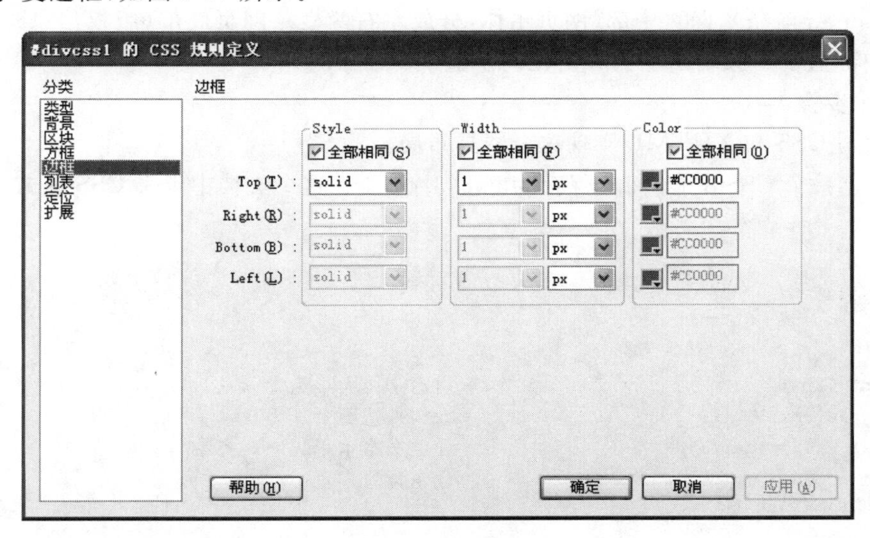

图 9-17　设置边框

设置完成后，单击"确定"按钮。这时的代码视图中新增了一些 CSS 样式定义代码，如图 9-18 所示。

(4) 将光标定位在<div>标签代码行，在标签选择器上选择<div>标签并右击，在弹出的快捷菜单中选择"设置 ID"→divcss1 命令，这样就将样式 divcss1 应用到<div>标签上了，这时的<div>标签代码行变为：

```
<div id = "divcss1">此处显示新 DIV 标签的内容</div>
```

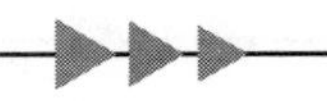

```
1  <!DOCTYPE html PUBLIC "-//W3C//DTD XHTML 1.0 Transitional//EN"
   "http://www.w3.org/TR/xhtml1/DTD/xhtml1-transitional.dtd">
2  <html xmlns="http://www.w3.org/1999/xhtml">
3  <head>
4  <meta http-equiv="Content-Type" content="text/html; charset=gb2312" />
5  <title>无标题文档</title>
6  <style type="text/css">
7  <!--
8  #divcss1 {
9      background-color: #999999;
10     height: 300px;
11     width: 700px;
12     border: 1px solid #CC0000;
13 }
14 -->
15 </style>
16 </head>
17
18 <body>
19 <div>此处显示新 DIV 标签的内容</div>
20 </body>
21 </html>
22
```

新增加的CSS
样式定义代码

图 9-18 CSS 样式代码

切换到“设计”视图，可以看到用 DIV 和 CSS 定义的一个盒子的外观，这个盒子的背景色为灰色，宽为 700px，高为 300px，边框为 1px 的红色细线。

9.2.3 课堂实例——DIV+CSS 布局网站首页

1. 实例效果

如图 9-19 所示是一个网站首页的 CSS 盒子布局规划。本实例将网页布局分成网页顶部（logo、banner、导航条）、网页中部（网页主体，分成左右两栏）、网页底部（版权信息）三个盒子，其中网页中部盒子中又装了左栏和右栏两个盒子。

2. 制作步骤

下面编写 CSS 和 XHTML 实现这个网页布局。

(1) 新建一个 CSS 文档，将其保存为 9.2.3.css。在这个文档中定义 CSS 样式，具体代码如下所示。

```
/* 基本信息 */
body
{
    font:12px;                          /* 设定字体大小为 12px */
    margin:0px;                         /* 设定外边距全部为 0 */
    text-align:center;                  /* 设定文本水平居中对齐 */
    background-color: #CCCCCC;          /* 设定背景颜色 */
}
/* 网页底层容器 */
#main {
    background-color: #FFFFFF;
    width: 760px;                       /* 设定宽度 */
}
/* 网页顶部 */
#top {
    background-color: #CCCC00;
    height: 100px;                      /* 设定高度 */
    width: 760px;
```

```
}
/* 网页中部 */
#mid {
    background-color: #00CCFF;
    width: 760px;
    height: 250px;
}
/* 网页底部 */
#end {
    background-color: #FF3300;
    width: 760px;
    height: 100px;
}
```

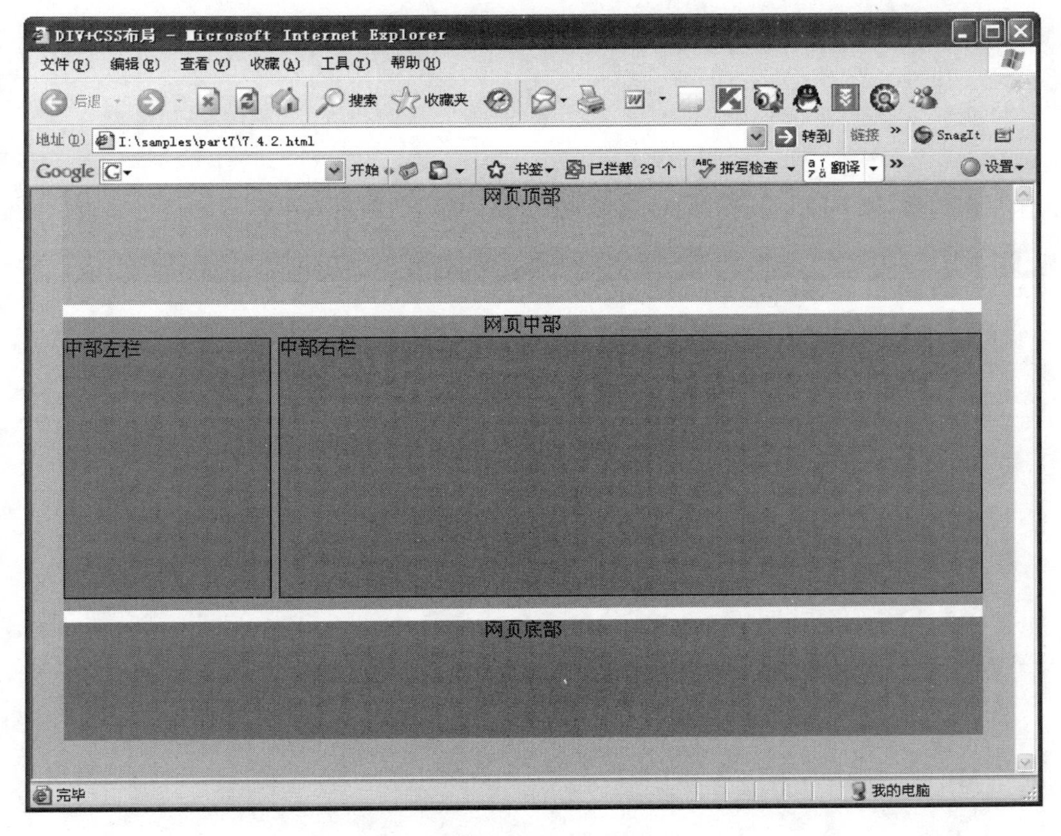

图 9-19　网站首页布局

这里重新定义了<body>标签的样式，并且定义了 4 个 ID 样式：#main、#top、#mid、#end。这些样式可以按照前面讲解的方法在“CSS 样式”面板中进行定义，也可以直接在“代码”视图中输入。

(2) 新建一个网页文档，将其保存为 9.2.3.html。在“CSS 样式”面板中单击“附加样式表”按钮，在弹出的“链接外部样式表”对话框中，选择 9.2.3.css 文件，如图 9-20 所示。

单击“确定”按钮后，“CSS 样式”面板中就出现了定义好的样式。

切换到“代码”视图，在<body>标签中创建<div>标签，并将 ID 样式应用到相应的

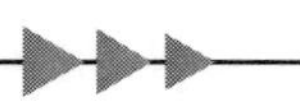

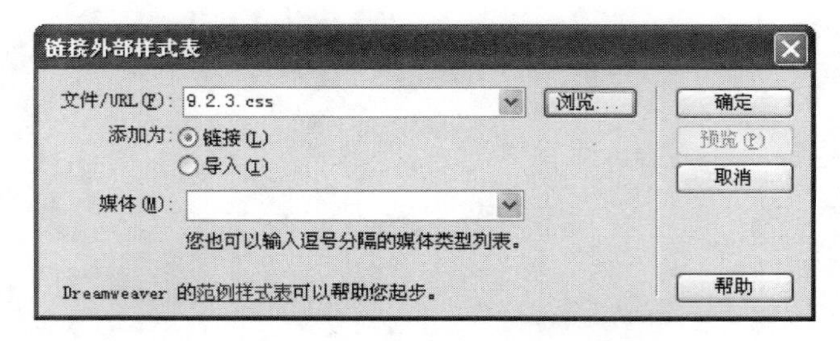

图 9-20　“链接外部样式表”对话框

<div>标签上,具体代码如下所示。

```
<body>
<div id="main">
  <div id="top">网页顶部</div>
  <div id="mid">网页中部</div>
  <div id="end">网页底部</div>
</div>
</body>
```

保存文档后,按 F12 键预览网页,得到如图 9-21 所示的网页效果。

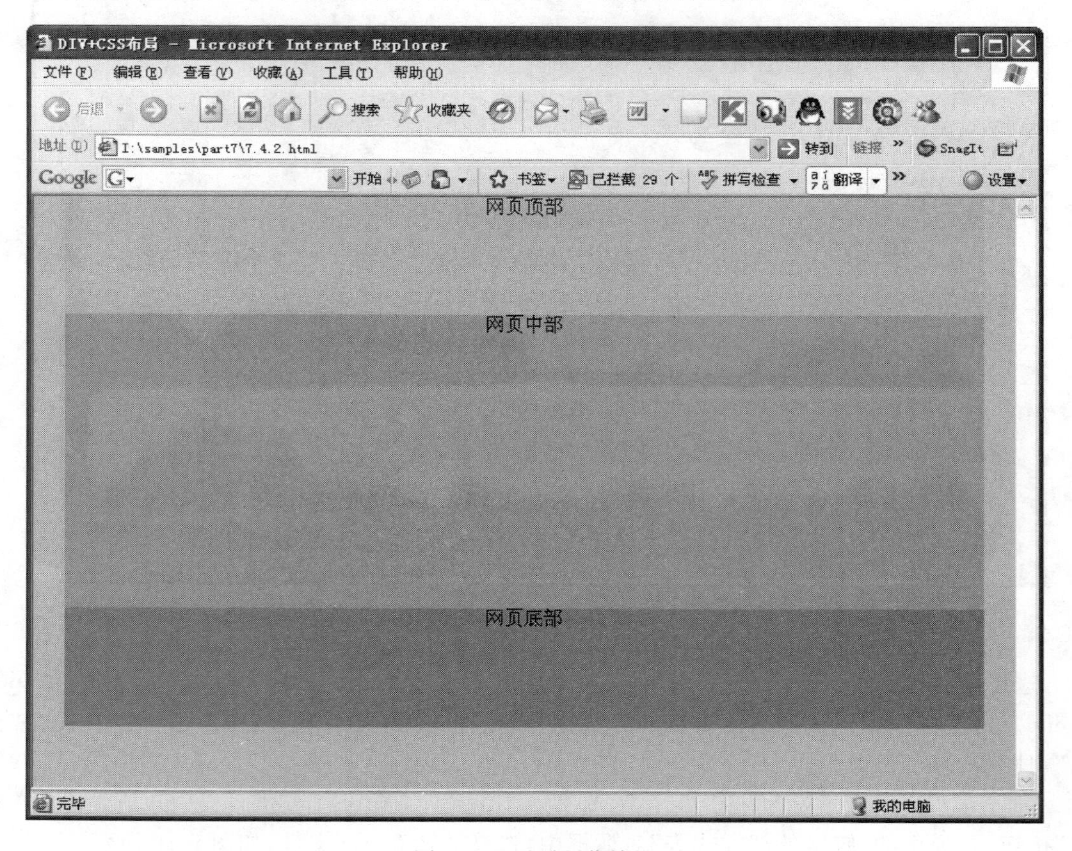

图 9-21　网页预览效果

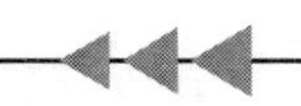

（3）重新打开 9.2.3.css 文件，编辑 CSS 样式，在 #mid 和 #end 两个 ID 样式中新增如下规则：

```
margin-top: 10px;
margin-right: 0px;
margin-bottom: 0px;
margin-left: 0px;
```

完成以后的 #mid 和 #end 两个 ID 样式的规则定义如下：

```
#mid {
    background-color: #00CCFF;
    height: 250px;
    margin-top: 10px;                    /* 设定外边框顶部距离为 10px */
    margin-right: 0px;                   /* 设定右、底、左外边框距离都为 0 */
    margin-bottom: 0px;
    margin-left: 0px;
}
/* 网页底部 */
#end {
    background-color: #FF3300;
    height: 100px;
    width: 760px;
    margin-top: 10px;
    margin-right: 0px;
    margin-bottom: 0px;
    margin-left: 0px;
}
```

保存文档，按 F12 键预览网页，可以看到网页顶部与网页中部、网页中部与网页底部之间增加了 10px 的距离。

（4）继续编辑 9.2.3.css 文件，新创建两个 ID 样式 #left、#right，具体规则代码如下所示。

```
#left {
    width:170px; /* 设定宽度 */
    text-align:left; /* 文字左对齐 */
    float:left; /* 浮动居左 */
    clear:left; /* 不允许左侧存在浮动 */
    overflow:hidden; /* 超出宽度部分隐藏 */
    background-color: #999999;
    height: 220px;
    border: 1px solid #000000;
}
/* 网页中部右栏 */
#right {
    width:580px;
    text-align:left;
    float:right;                         /* 浮动居右 */
    clear:right;                         /* 不允许右侧存在浮动 */
    overflow:hidden;                     /* 超出宽度部分隐藏 */
    background-color: #999999;
```

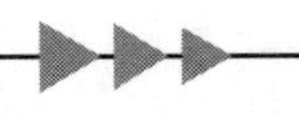

```
    height: 220px;
    border: 1px solid #000000;
}
```

这两个ID样式是用来控制网页中部左栏和右栏两个盒子的外观的。

(5) 打开9.2.3.html网页文档,在"代码"视图中编辑代码,增加网页中部左栏和右栏两个盒子的<div>标签,并应用相应的ID样式。完成以后的代码如下所示。

```
<body>
<div id="main">
  <div id="top">网页顶部</div>
  <div id="mid">网页中部
      <div id="left">中部左栏
      </div>
      <div id="right">中部右栏
      </div>
  </div>
<div id="end">网页底部</div>
</div>
</body>
```

保存文档,按F12键预览网页,可以看到如图9-21所示的网页效果。

9.3 XML基础

XML即可扩展标记语言(eXtensible Markup Language)。近年来HTML在许多复杂的Web应用中遇到了问题,要彻底解决这些问题,必须用功能强大的XML来替代HTML作为Web页面的开发工具。XML有利于信息的表达和结构化组织,从而使数据搜索更有效,可以认为未来的Web开发工具必定是XML。而XML的广泛使用必然能推动Web不断发展,从而开创Web应用的新时代。

9.3.1 认识XML

1. 什么是XML

SGML是IBM创造的一个用于出版业的文档格式标准,后来被ISO采纳作为国际标准(ISO 8879)。SGML把文档内容与文档格式完全分离开,使得内容提供者的工作与排版人员的工作可以相互独立。但是SGML是一种非常严谨的标记语言,它的最大问题是过于复杂、难以掌握。

XML是一个精简的SGML,它将SGML的丰富功能与HTML的易用性结合到Web的应用中。XML保留了SGML的可扩展功能,这使XML从根本上有别于HTML。XML要比HTML强大得多,它不再是固定的标记,而是允许定义数量不限的标记来描述文档中的资料,允许嵌套的信息结构。HTML只是Web显示数据的通用方法,而XML提供了一个直接处理Web数据的通用方法。HTML着重描述Web页面的显示格式,而XML着重描述的是Web页面的内容。

XML是一种元语言,它可以建造其他任意种类的标记语言。XML实现了W3C最初设

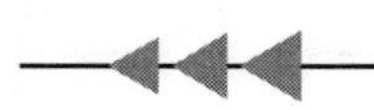

定的所有目标，如轻量级、易于理解、扩展性好、平台中立、兼顾文档和数据等。

2. XML 的应用领域

随着 Web 技术的不断发展，XML 的应用领域也越来越广泛。XML 的应用主要表现在以下几个方面。

(1) 开发 XML 网页。XML 存放整个文档的 XML 数据，然后 XSLT 将 XML 转换、解析，结合 XSLT 中的 HTML 标签，最终成为 HTML，显示在浏览器上。

(2) XML 作为微型数据库。利用相关的 XML API(MSXML DOM、JAVA DOM 等)对 XML 进行存取和查询。留言板的实现中，就经常可以看到用 XML 作为数据库。

(3) XML 作为通信数据。最典型的就是 Web Service，利用 XML 来传递数据。

(4) 作为一些应用程序的配置信息数据。常见的如 J2EE 配置 Web 服务器时用的 web. XML。

(5) 其他一些文档的 XML 格式，如 Word、Excel 等。

(6) 保存数据间的映射关系，如 Hibernate。

3. XML 基本语法

先来看一个简单的 XML 文档的例子：

```
<?xml version = "1.0" encoding = "gb2312" ?>
<音乐收藏>
  < CD >
    <名称>花的海洋</名称>
    <歌手>刘贝贝</歌手>
    <价格 货币单位 = "人民币"> 19.00 </价格>
  </CD >
  < CD >
    <名称>月亮上的树</名称>
    <歌手>魏达</歌手>
    <价格 货币单位 = "人民币"> 22.00 </价格>
  </CD >
</音乐收藏>
```

这是一个典型的 XML 文件。此文件分为文件序言和文件主体两大部分。此文件中的第一行代码即是文件序言部分：

```
<?xml version = "1.0" encoding = "gb2312" ?>
```

该代码行是一个 XML 文件必须要声明的东西，而且也必须位于 XML 文件的第一行，它主要是说明 XML 解析器如何工作。其中，version 标明此 XML 文件所用的标准版本号。encoding 标明了此 XML 文件中所使用的字符类型，这个例子中使用的是 GB 2312 字符码，因此 XML 标记可以定义为中文字符。如果使用的是 Unicode 字符码，则可以省略 encoding 的设置。

文件的其余部分都属于文件主体部分，XML 文件的内容信息就存放在此。可以看到，文件主体是由开始的〈音乐收藏〉和结束的〈/音乐收藏〉标记组成的，这个称为 XML 文件的根元素。〈CD〉是作为直属于根元素下的子元素。在〈CD〉下又有〈名称〉、〈歌手〉、〈价格〉这些子元素。货币单位是〈价格〉元素中的一个属性，“人民币”则是属性值。

同 HTML 一样，XML 文件也是由一系列的标记组成的，不过，XML 文件中的标记是自定义的标记，具有明确的含义，可以对标记中的内容的含义作出说明。

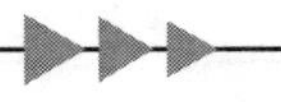

4. 创建 XML 文档的基本准则

要想创建一个规范的 XML 文档,必须符合以下基本准则。

(1) XML 文件的第一行必须声明该文件是 XML 文件以及它所使用的 XML 规范版本。在这个声明行的前面不能够有其他元素或者注释。

(2) 在 XML 文件中有且只能够有一个根元素。在前面的例子中,〈音乐收藏〉…〈/音乐收藏〉就是此 XML 文件的根元素。

(3) 在 XML 文件中的标记必须正确地关闭,也就是说,在 XML 文件中,标记必须有与之对应的结束标记。例如〈名称〉标记必须有对应的〈/名称〉结束标记,不像 HTML,某些标记的结束标记可有可无。

(4) 标记之间不得交叉,所有 XML 元素都必须正确嵌套。

(5) 属性值必须要用“ ”引起来。如第一个例子中的“1.0”、“gb2312”、“人民币”。都是用“ ”引起来的,不能漏掉。

(6) 标记、指令和属性名称等英文要区分大小写。与 HTML 不同的是,在 HTML 中,类似〈B〉和〈b〉的标记含义是一样的,而在 XML 中,类似〈name〉、〈NAME〉或〈Name〉的标记是不同的。

9.3.2 课堂实例——在 Dreamweaver 中设计 XML 网页

本节通过一个实例介绍在 Dreamweaver 中制作 XML 文档,以及用 CSS 格式化显示 XML 文档的方法。

1. 创建 XML 文档

(1) 在“起始页”中,单击“新建”下的 XML,如图 9-22 所示。

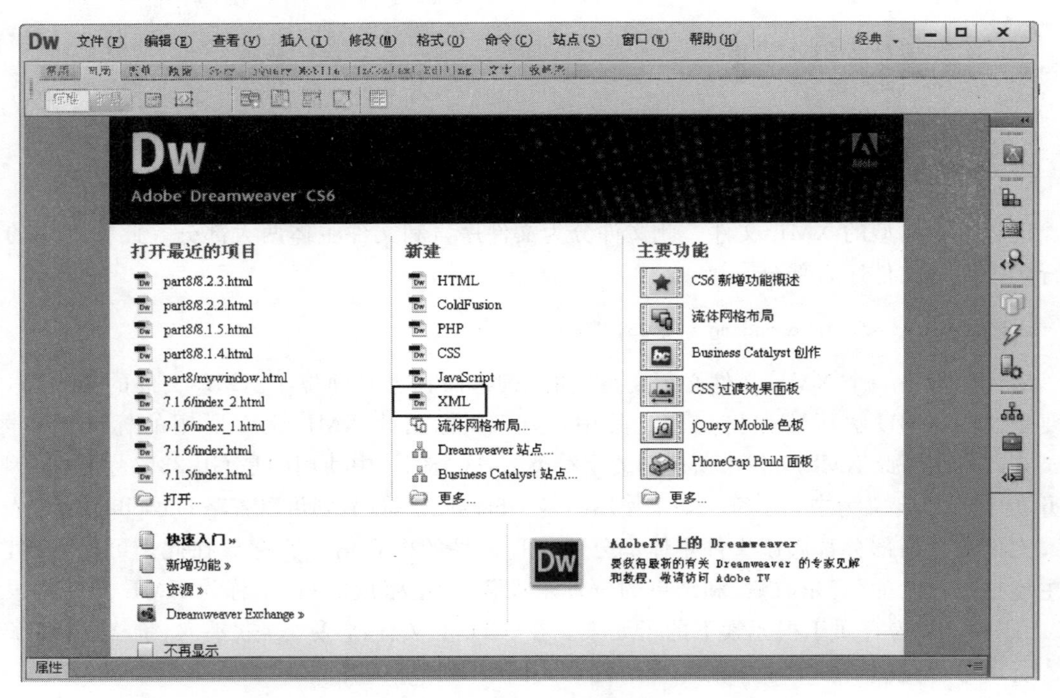

图 9-22　新建 XML 文档

(2) 这样就新建了一个 XML 文档，并且系统自动切换到代码视图下(其他两个视图模式不可用)。在代码视图中系统自动生成了一行代码：

```
<?xml version = "1.0" encoding = "gb2312"?>
```

如果系统自动生成的代码是：

```
<?xml version = "1.0" encoding = "utf - 8"?>
```

那么将 encoding 属性的值改为"gb2312"，这样可以保证正常显示中文。

(3) 将光标定位在第 2 行，输入代码，如图 9-23 所示。

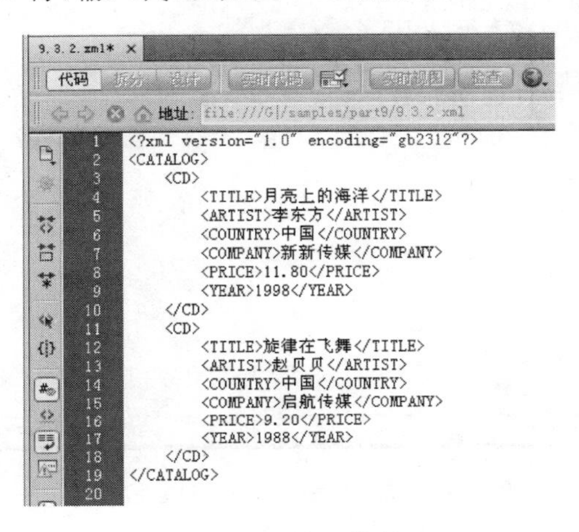

```
<?xml version="1.0" encoding="gb2312"?>
<CATALOG>
    <CD>
        <TITLE>月亮上的海洋</TITLE>
        <ARTIST>李东方</ARTIST>
        <COUNTRY>中国</COUNTRY>
        <COMPANY>新新传媒</COMPANY>
        <PRICE>11.80</PRICE>
        <YEAR>1998</YEAR>
    </CD>
    <CD>
        <TITLE>旋律在飞舞</TITLE>
        <ARTIST>赵贝贝</ARTIST>
        <COUNTRY>中国</COUNTRY>
        <COMPANY>启航传媒</COMPANY>
        <PRICE>9.20</PRICE>
        <YEAR>1988</YEAR>
    </CD>
</CATALOG>
```

图 9-23　输入代码

这里定义了一个根元素<CATALOG> </CATALOG>，在根元素中定义了两个子元素<CD> </CD>，每个<CD>和</CD>之间又包含 6 个子元素。

(4) 将 XML 文档保存，文件的扩展名是.xml。在浏览器中预览这个 XML 文件，效果如图 9-24 所示。

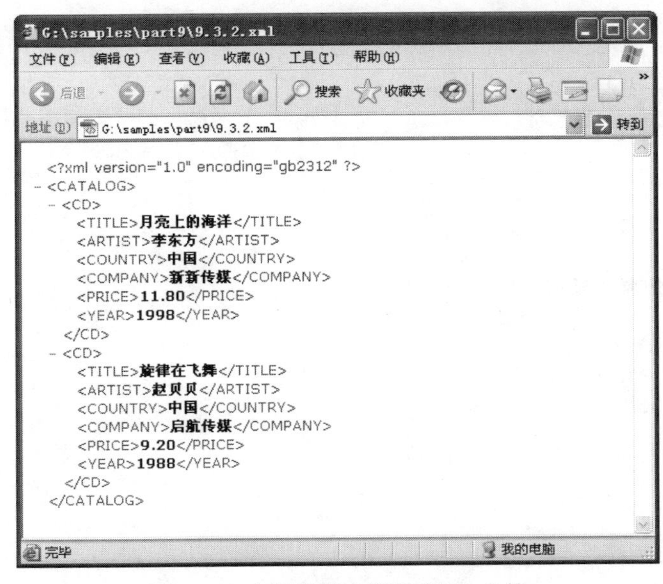

图 9-24　在浏览器中预览 XML 文档

在浏览器窗口中看到的是一个可折叠的树形结构,例如单击<CD>左边的一就可以折叠该元素,如图 9-25 所示。而要展开某个元素,单击该元素左边的加号即可。

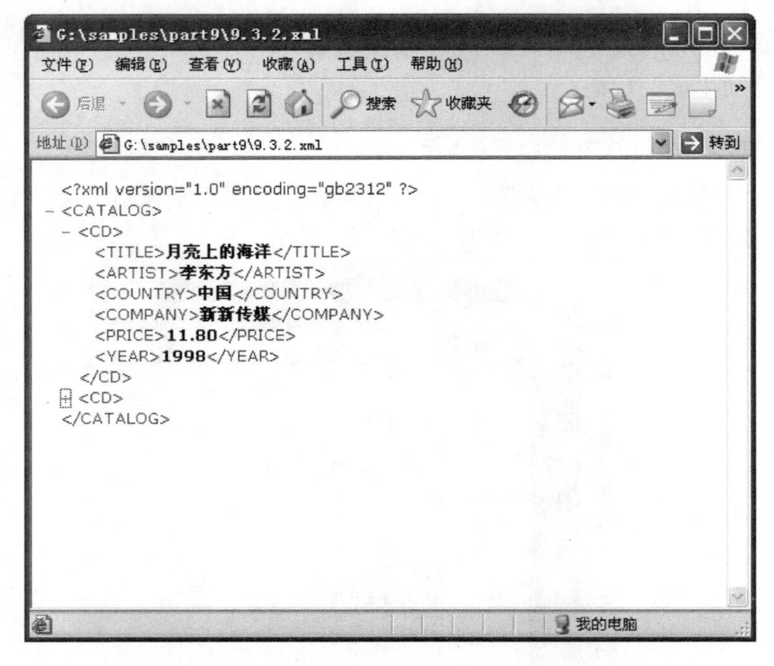

图 9-25 折叠一个<CD>元素

2. 用 CSS 显示 XML 文档

从图 9-24 可以看出,在浏览器中显示 XML 文档时,是将 XML 文档包含的所有代码显示出来。下面用 CSS 格式化 XML 文档,使之在浏览器中显示时更符合普通网页的效果。

(1) 新建一个 CSS 文档,保存为 9.3.2.css。

(2) 定义这个 CSS 文档的内容如下:

```
CATALOG
{
/*定义背景颜色为白色*/
background-color: #ffffff;
/*定义宽度为 100% */
width: 100%;
}
CD
{
/*定义 CD 元素按照块显示*/
display: block;
/*下边距为 30pt*/
margin-bottom: 30pt;
/*左边距为 0*/
margin-left: 0;
}
TITLE
{
/*定义字体颜色为红色*/
color: #FF0000;
```

```
/＊定义字体大小为 20pt＊/
font - size: 20pt;
}
ARTIST
{
/＊定义字体颜色为蓝色＊/
color: ＃0000FF;
/＊定义字体大小为 20pt＊/
font - size: 20pt;
}
COUNTRY,PRICE,YEAR,COMPANY
{
/＊定义这 4 个元素按照块显示＊/
display: block;
/＊定义字体颜色为黑色＊/
color: ＃000000;
/＊左边距为 20pt＊/
margin - left: 20pt;
}
```

这里要注意的是，CSS 文档中的样式规则名都是和 XML 文档中的元素名对应在一起的。例如 CD 样式就控制 XML 文档中<CD>元素的格式。

(3) 保存 CSS 文件后，重新打开 XML 文件(9.3.2.xml)。将光标定位在代码视图的第 2 行，输入如下代码：

```
<?xml - stylesheet type = "text/css" href = "9.3.2.css"?>
```

这行代码的功能是，加载外部的 CSS 文件(9.3.2.css)，用这个 CSS 文件中定义的样式控制 XML 文档的显示格式。

(4) 保存 XML 文件，在浏览器中预览效果，如图 9-26 所示。

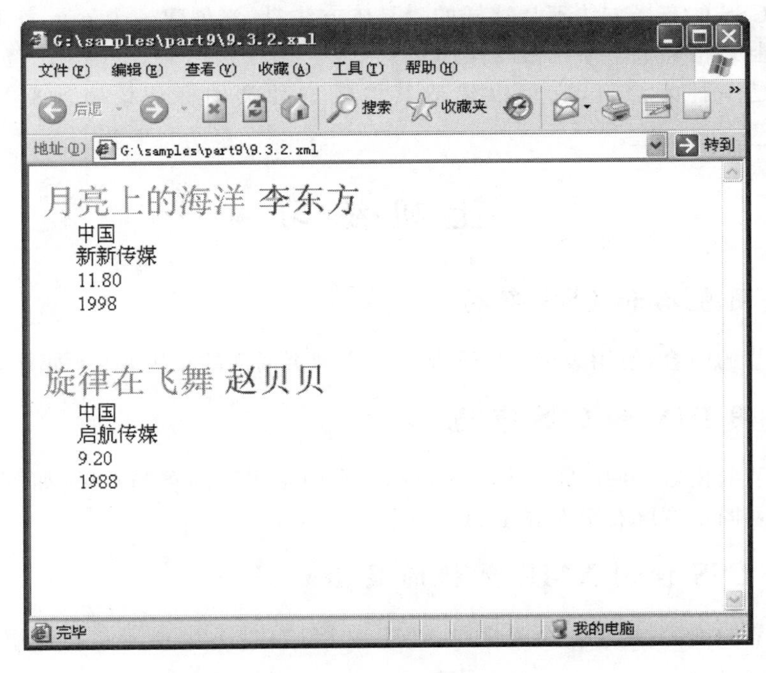

图 9-26　用 CSS 控制 XML 文档显示

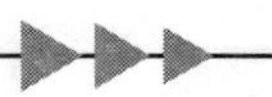

专家点拨：用 CSS 格式化 XML 并不是对 XML 文件进行布局的完美之策。XML 文件应该用 W3C 的 XSL 标准进行定义及布局。可扩展样式表语言(XSL)与 CSS 允许设置 HTML 的格式一样，XSL 也允许设置 XML 数据的格式。可以在 XSL 文件中定义样式、页面元素和布局等，并将 XSL 文件附加到 XML 文件进行应用。

本章习题

一、选择题

1. 对于盒子模型，网页中的表格或者其他块都具备内容、________、边框、边界等基本属性，一个 CSS 盒子也都具备这些属性。

A. 框架　　B. 形式　　C. 填充　　D. 模样

2. 下列叙述 XML 的说法正确的是________。

A. XML 文件的第一行可以先输入一个注释行，来说明本 XML 的功能

B. XML 文件中有且只能够有一个根元素

C. 在 XML 文件中定义的标记(元素)不一定是成对的，也可以定义单独的标记

D. 在 XML 文件中各个标记可以交叉在一起

3. 要想控制 XML 文档中的某个元素(例如<CD>元素)按照块显示，在定义相应的 CSS 文件时，可以在其中定义代码________。

A. CD{display：block；}　　B. CSS{display：block；}

C. CD{display：table；}　　D. CSS{display：table；}

二、填空题

1. 随着 Web 2.0 的广泛流行，越来越多的网站工程师采用符合________标准的技术开发网页，这是今后网页设计的发展方向。

2. 传统的表格布局方法是创建一个 n 行 m 列的表格，然后直接设置表格和每个单元格的属性。表格+CSS 的布局方法不是这样的。具体方法是，先创建一个 n 行 m 列的表格，然后用________控制表格和每个单元格的样式。

3. XML 是一种元语言，它可以建造其他任意种类的标记语言。XML 的中文名称是________________。

上机练习

练习 1　使用表格和 CSS 布局

参照 9.1 节的内容，使用表格+CSS 制作一个网页局部的布局效果，如图 9-27 所示。

练习 2　使用 DIV 和 CSS 布局

参照 9.2 节的内容，使用 DIV+CSS 制作一个网站主页的布局效果，如图 9-28 所示。将网页布局成两列固定宽度右窄左宽型加上一个头部。

练习 3　用 CSS 控制 XML 文档的显示效果

参照 9.3 节的内容，编写一个通讯录 XML 文档，如图 9-29 所示。并且用 CSS 控制这个 XML 文档的显示格式。

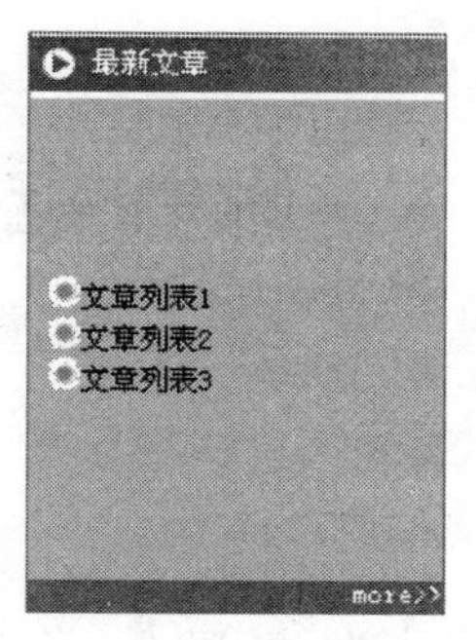

图 9-27 布局效果

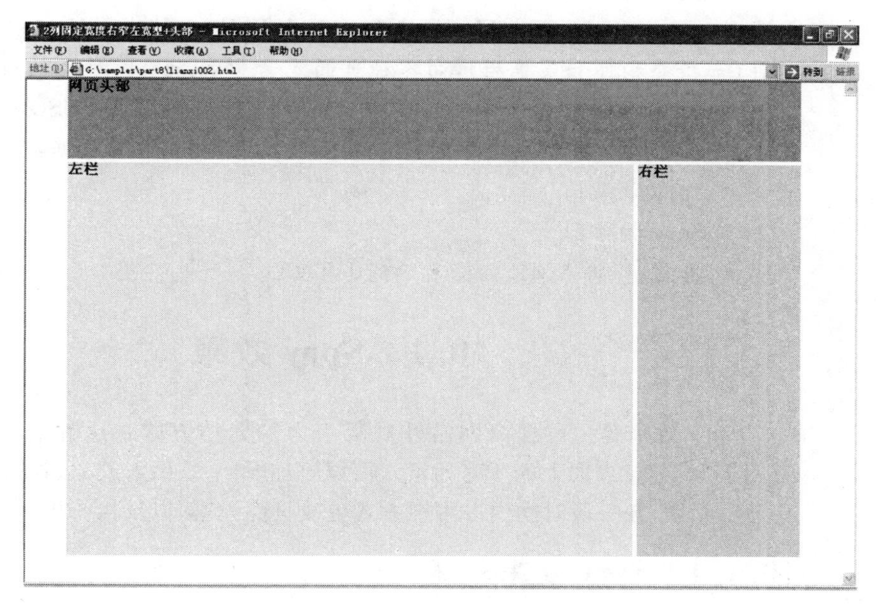

图 9-28 布局效果

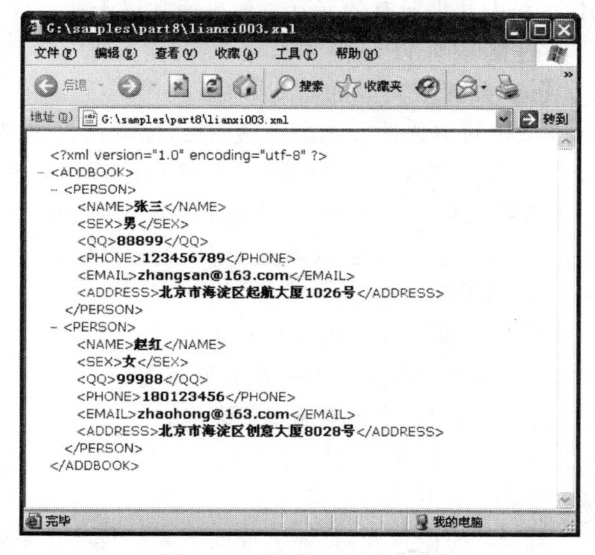

图 9-29 通讯录 XML 文档

第10章

Spry框架

Spry 框架是一个 JavaScript 库，Web 设计人员使用它可以构建能够向站点访问者提供更丰富体验的 Web 页。有了 Spry，就可以使用 HTML、CSS 和极少量的 JavaScript 将 XML 数据合并到 HTML 文档中。还可以创建 Spry 构件(如折叠构件和菜单栏)，向各种页面元素中添加不同种类的效果。在设计上，Spry 框架的标记非常简单且便于那些具有 HTML、CSS 和 JavaScript 基础知识的用户使用。本章介绍 Spry 框架技术，主要内容包括：

- Spry 效果；
- Spry 构件；
- 用 Spry 将 XML 数据显示到 HTML。

10.1 Spry 效果

Spry 效果是一种提高网站外观吸引力的简洁方式。这种效果差不多可应用于 HTML 页面上的所有元素。可以添加 Spry 效果来放大、收缩、渐隐和高亮显示元素，在一段时间内以可视方式更改页面元素，以及执行更多操作。

10.1.1 Spry 效果概述

“Spry 效果”是视觉增强功能，可以将它们应用于使用 JavaScript 的 HTML 页面上几乎所有的元素。效果通常用于在一段时间内高亮显示信息，创建动画过渡或者以可视方式修改页面元素。可以将效果直接应用于 HTML 元素，而无须其他自定义标签。

Spry 效果可以修改元素的不透明度、缩放比例、位置和样式属性(如背景颜色)。可以组合两个或多个属性来创建有趣的视觉效果。

由于这些效果都基于 Spry，因此，当用户单击应用了效果的对象时，只有对象会进行动态更新，不会刷新整个 HTML 页面。

Spry 包括下列效果。

(1) 增大/收缩：使元素变大或变小。

(2) 挤压：使元素从页面的左上角消失。

(3) 显示/渐隐：使元素显示或渐隐。

(4) 晃动：模拟从左向右晃动元素。

(5) 滑动：上下移动元素。

(6) 遮帘：模拟百叶窗，向上或向下滚动百叶窗来隐藏或显示元素。

(7) 高亮颜色：更改元素的背景颜色。

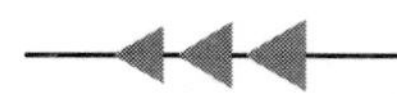

10.1.2　添加和删除 Spry 效果

1. 添加 Spry 效果

要想给 HTML 页面中的某个元素添加 Spry 效果，可以按照以下方法进行操作。

(1) 选中这个元素，然后在“行为”面板中单击“添加行为”按钮，在弹出的下拉菜单中单击“效果”，在子菜单中选择需要的 Spry 效果，如图 10-1 所示。

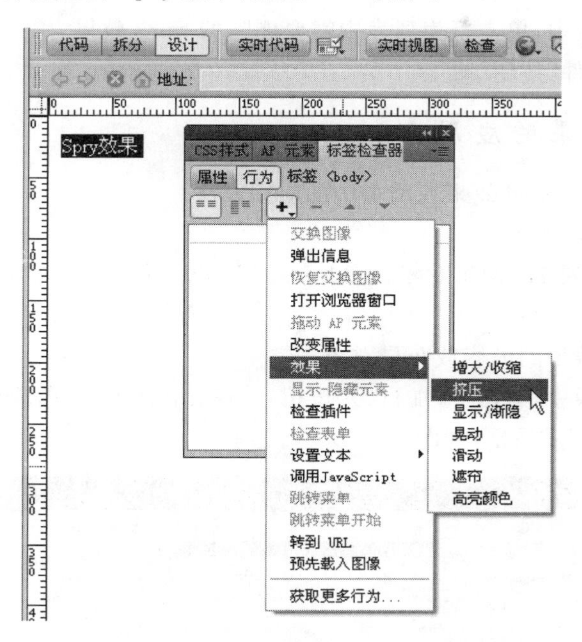

图 10-1　在“行为”面板中选择 Spry 效果

(2) 选择某个效果以后，会弹出相应的对话框，可以在其中设置目标元素等，因为事先已经选择了元素，所以这里直接单击“确定”按钮即可，如图 10-2 所示。

专家点拨：要对某个元素应用效果，该元素当前必须处于选定状态，或者它必须具有一个 ID。例如，如果要对当前未选定的 div 标签应用高亮显示效果，该 div 必须具有一个有效的 ID 值。如果该元素尚且没有有效的 ID 值，将需要向 HTML 代码中添加一个 ID 值。

(3) 这时“行为”面板中就新增了一个相应的行为，如图 10-3 所示。可以根据具体需要更改事件，这里默认是单击元素。

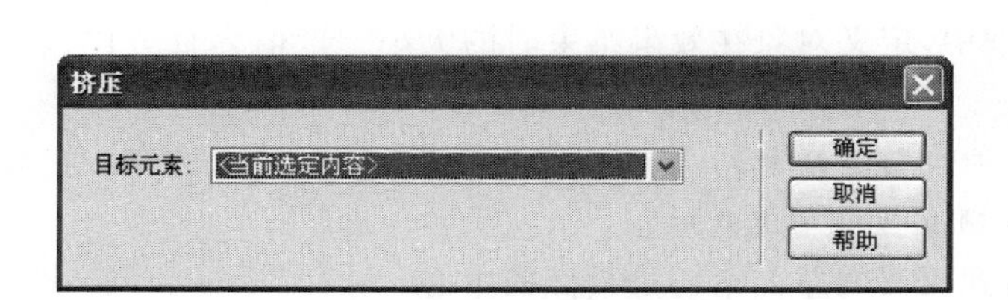

图 10-2　设置目标元素

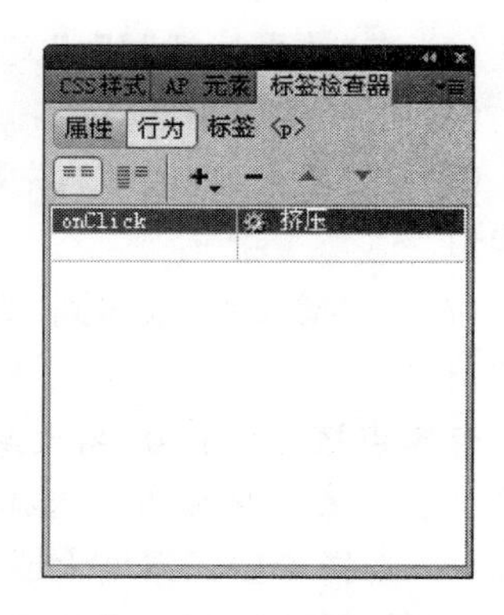

图 10-3　“行为”面板

专家点拨：当使用 Spry 效果时，系统会在“代码”视图中将不同的代码行添加到网页文件中。其中的一行代码用来标识 SpryEffects.js 文件，该文件是包括这些效果所必需的。不要从代码中删除该行，否则这些效果将不起作用。

2. 删除 Spry 效果

如果要删除一个或者多个 Spry 效果，可以按照以下步骤进行操作。

(1) 选择应用 Spry 效果的元素。

(2) 在“行为”面板中，单击行为列表中需要删除的 Spry 效果。

(3) 单击“删除事件”按钮 **-** 。

10.1.3 Spry 效果的应用

本节详细讲解各个 Spry 效果在网页中的应用方法。

1. 增大/收缩效果

此效果适用于下列 HTML 对象：address、dd、div、dl、dt、form、p、ol、ul、applet、center、dir、menu 和 pre。

(1) 选择要应用效果的内容或布局对象。

(2) 在“行为”面板中，单击“添加行为”按钮，并在弹出下拉菜单中选择“效果”→“增大/收缩”。弹出“增大/收缩”对话框，如图 10-4 所示。

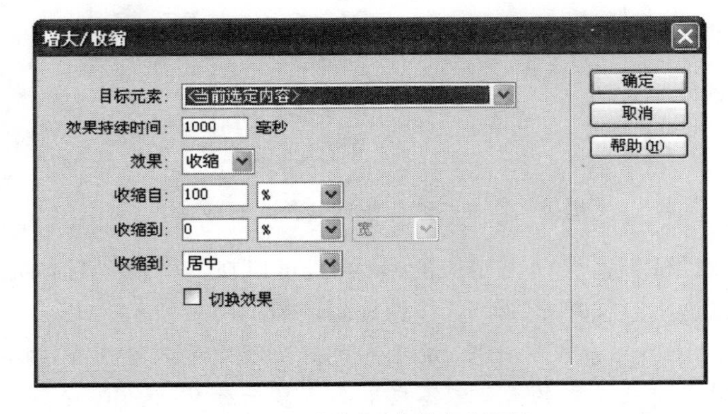

图 10-4 “增大/收缩”对话框

(3) 从“目标元素”弹出菜单中选择某个对象的 ID。如果已经选择了一个对象，则选择“＜当前选定内容＞”。

(4) 在“效果持续时间”文本框中，定义出现此效果所需的时间，用毫秒表示。

(5) 选择要应用的效果：“增大”或“收缩”。

(6) 在“增大自/收缩自”文本框中，定义对象在效果开始时的大小。该值为百分比大小或像素值。

(7) 在“增大到/收缩到”文本框中，定义对象在效果结束时的大小。该值为百分比大小或像素值。

专家点拨：如果为“增大自/收缩自”或“增大到/收缩到”文本框选择像素值，“宽/高”域就会可见。元素将根据用户选择的选项相应地增大或收缩。

(8) 选择希望元素增大或收缩到页面的左上角还是页面的中心。

(9) 如果希望该效果是可逆的(即连续单击即可增大或收缩)，则选择“切换效果”复选框。

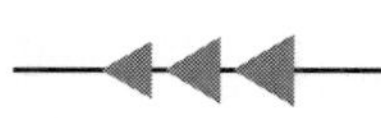

2. 挤压效果

此效果仅适用于下列HTML对象：address、dd、div、dl、dt、form、img、p、ol、ul、applet、center、dir、menu和pre。

(1) 选择要应用效果的内容或布局对象。

(2) 在"行为"面板中，单击"添加行为"按钮，并从弹出下拉菜单中选择"效果"→"挤压"。弹出"挤压"对话框，如图10-2所示。

(3) 从"目标元素"菜单中选择某个对象的ID。如果已经选择了一个对象，则选择"＜当前选定内容＞"。

3. 显示/渐隐效果

此效果适用于除applet、body、iframe、object、tr、tbody和th以外的所有HTML对象。

(1) 选择要应用效果的内容或布局对象。

(2) 在"行为"面板中，单击"添加行为"按钮，并从弹出下拉菜单中选择"效果"→"显示/渐隐"。弹出"显示/渐隐"对话框，如图10-5所示。

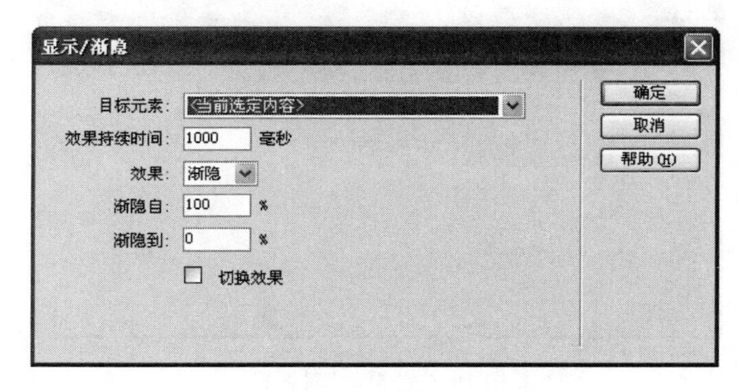

图10-5 "显示/渐隐"对话框

(3) 从"目标元素"菜单中选择某个对象的ID。如果已经选择了一个对象，则选择"＜当前选定内容＞"。

(4) 在"效果持续时间"文本框中，定义此效果持续的时间，用毫秒表示。

(5) 选择要应用的效果："渐隐"或"显示"。

(6) 在"渐隐自"文本框中，定义显示此效果所需的不透明度百分比。

(7) 在"渐隐到"文本框中，定义要渐隐到的不透明度百分比。

(8) 如果希望该效果是可逆的(即连续单击即可从"渐隐"转换为"显示"或从"显示"转换为"渐隐")，则选择"切换效果"复选框。

4. 晃动效果

此效果适用于下列HTML对象：address、blockquote、dd、div、dl、dt、fieldset、form、h1、h2、h3、h4、h5、h6、iframe、img、object、p、ol、ul、li、applet、dir、hr、menu、pre和table。

(1) 选择要应用效果的内容或布局对象。

(2) 在"行为"面板中，单击"添加行为"按钮，并从弹出下拉菜单中选择"效果"→"晃动"，弹出"晃动"对话框，如图10-6所示。

(3) 从"目标元素"菜单中选择某个对象的ID。如果已经选择了一个对象，则选择"＜当前选定内容＞"。

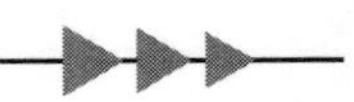

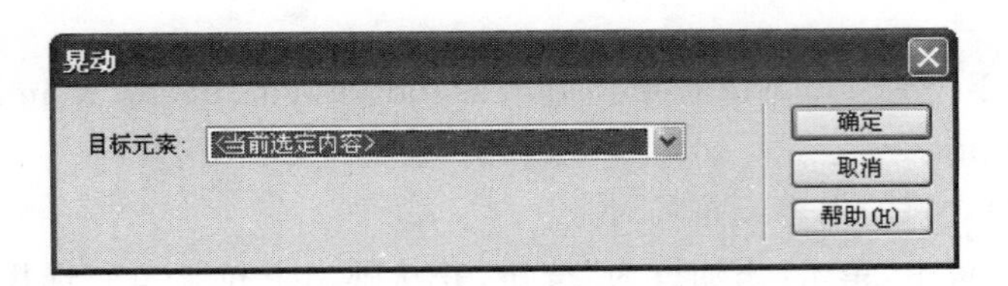

图 10-6 “晃动”对话框

5. 滑动效果

此效果仅适用于下列 HTML 对象：blockquote、dd、div、form 和 center。滑动效果要求在要滑动的内容周围有一个＜div＞标签。

(1) 选择要应用效果的内容或布局对象。

(2) 在“行为”面板中，单击“添加行为”按钮，并从弹出下拉菜单中选择“效果”→“滑动”，弹出“滑动”对话框，如图 10-7 所示。

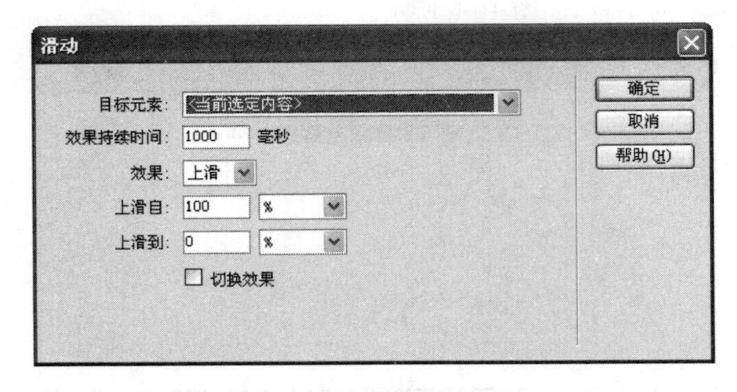

图 10-7 “滑动”对话框

(3) 从“目标元素”菜单中选择某个对象的 ID。如果已经选择了一个对象，则选择“＜当前选定内容＞”。

(4) 在“效果持续时间”文本框中，定义此效果持续的时间，用毫秒表示。

(5) 选择要应用的效果：“上滑”或“下滑”。

(6) 在“上滑自”文本框中，以百分比或像素值形式定义起始滑动点。

(7) 在“上滑到”文本框中，以百分比或正像素值定义结束滑动点。

(8) 如果希望该效果是可逆的(即连续单击可从上下滑动)，则选择“切换效果”复选框。

6. 遮帘效果

此效果仅适用于下列 HTML 对象：address、dd、div、dl、dt、form、h1、h2、h3、h4、h5、h6、p、ol、ul、li、applet、center、dir、menu 和 pre。

(1) 选择要应用效果的内容或布局对象。

(2) 在“行为”面板中，单击“添加行为”按钮，并从弹出下拉菜单中选择“效果”→“遮帘”，弹出“遮帘”对话框，如图 10-8 所示。

(3) 从“目标元素”菜单中选择某个对象的 ID。如果已经选择了一个对象，则选择“＜当前选定内容＞”。

(4) 在“效果持续时间”文本框中，定义此效果持续的时间，用毫秒表示。

(5) 选择要应用的效果：“向上遮帘”或“向下遮帘”。

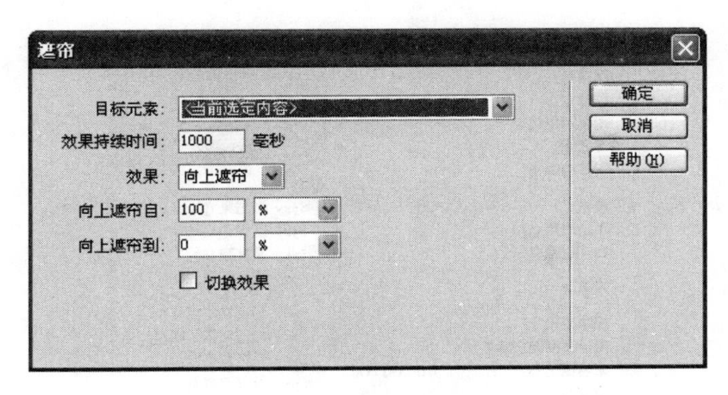

图 10-8　“遮帘”对话框

(6) 在“向上遮帘自/向上遮帘到”文本框中，以百分比或像素值形式定义遮帘的起始滚动点。这些值是从对象的顶部开始计算的。

(7) 在“向上遮帘自/向上遮帘到”文本框中，以百分比或像素值形式定义遮帘的结束滚动点。这些值是从对象的顶部开始计算的。

(8) 如果希望该效果是可逆的(即连续单击可从上下滚动)，则选择“切换效果”复选框。

10.2　Spry 构件

Spry 框架支持一组用标准 HTML、CSS 和 JavaScript 编写的可重用构件。在利用 Dreamweaver 制作网页时，可以方便地插入这些构件，然后设置构件的样式。

10.2.1　Spry 构件概述

1. 插入 Spry 构件

在 Dreamweaver CS6 中的“插入”面板上，单击 Spry 选项卡将工具栏切换到 Spry 工具栏，可以看到若干 Spry 构件图标，如图 10-9 所示。单击某个 Spry 构件图标即可将相应的 Spry 构件插入到当前网页中。

图 10-9　Spry 工具栏

也可以执行“插入”Spry 命令，在弹出的联级菜单中选择要插入的 Spry 构件，如图 10-10 所示。

2. 选择和编辑 Spry 构件

如果要在网页编辑区选择某个 Spry 构件，可以将鼠标指向这个构件，直到看到构件的蓝色选项卡式轮廓，如图 10-11 所示。单击构件左上角的构件选项卡即可。

选择某个构件后，在“属性”面板中就可以编辑构件了，如图 10-12 所示。

3. 设置 Spry 构件的样式

构件样式是由 CSS 控制的。要想更改构件的外观，可以对相应的 CSS 文件进行编辑。在站点的 SpryAssets 文件夹中找到与该构件相对应的 CSS 文件，并根据需要对 CSS 进行编辑。

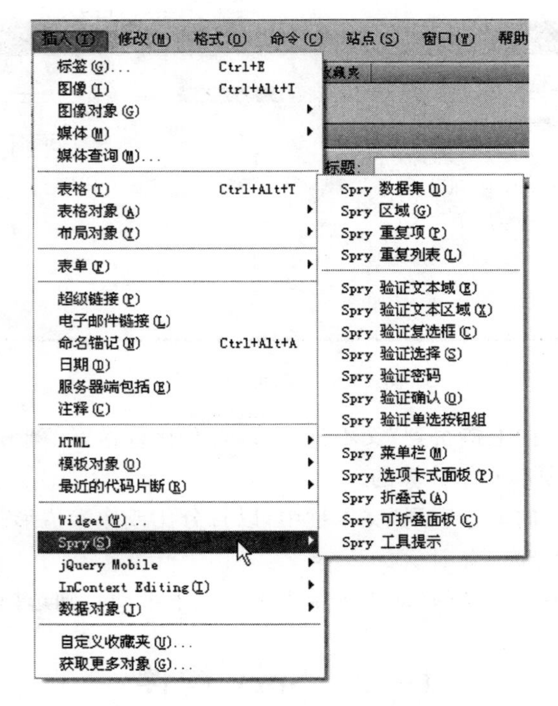

图 10-10 插入 Spry 构件菜单命令

图 10-11 选择构件

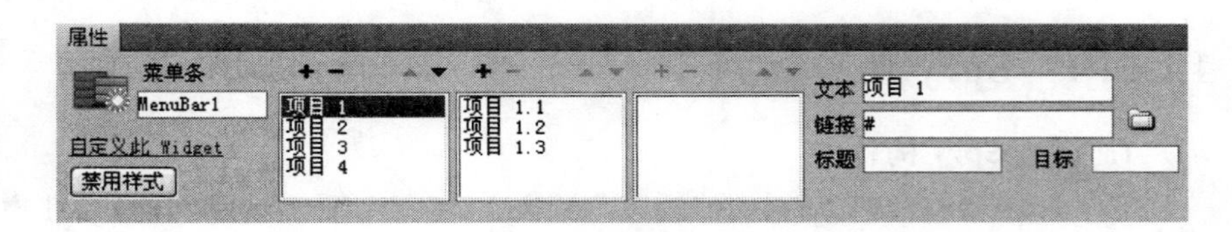

图 10-12 在“属性”面板中编辑构件

当用户在已保存的页面中插入 Spry 构件时，Dreamweaver 会自动在站点中创建一个 SpryAssets 目录，并将相应的 JavaScript 和 CSS 文件保存到其中。如果喜欢将 Spry 资源保存到其他位置，可以更改 Dreamweaver 保存这些资源的默认位置。具体方法如下所述。

(1) 选择“站点”→“管理站点”命令。

(2) 在“管理站点”对话框中选择站点并单击“编辑”按钮。弹出“站点设置对象×××”对话框(×××为具体的站点名称)。

(3) 展开“高级设置”，在列表中选择 Spry 类别。

(4) 在“资源文件夹”文本框中输入想要用于 Spry 资源的文件夹的路径，也可以单击“文件夹”图标浏览到某个位置，如图 10-13 所示。设置完成后单击“确定”按钮。

专家点拨：Spry 框架中的每个构件都与唯一的 CSS 和 JavaScript 文件相关联。CSS 文件中包含设置构件样式所需的全部信息，而 JavaScript 文件则赋予构件功能。当使用 Dreamweaver 插入构件时，Dreamweaver 会自动将这些文件链接到页面，以便构件中包含该页面的功能和样式。

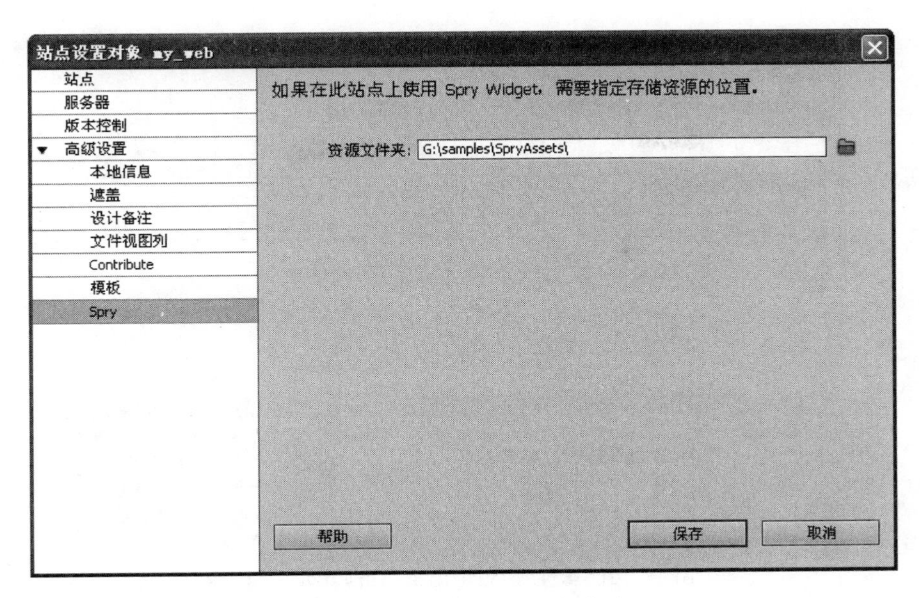

图 10-13　设置 Spry 资源文件夹

10.2.2　课堂实例——Spry 菜单栏

“Spry 菜单栏”构件是一组可导航的菜单按钮，当站点访问者将鼠标悬停在其中的某个按钮上时，将显示相应的子菜单。使用菜单栏可在紧凑的空间中显示大量可导航信息，并使站点访问者无须深入浏览站点即可了解站点上提供的内容。

使用“Spry 菜单栏”构件可以创建横向或纵向的网页下拉或弹出菜单，Spry 框架集成的 SpryMenuBar.js 脚本文件无须用户编写菜单弹出代码，同时，菜单栏目均采用基于 Web 标准的 HTML 结构形式，编辑方便。

1. 插入“Spry 菜单栏”构件

(1) 新建一个网页文档，将其保存为 10.2.2.html。将工具栏切换到 Spry 工具栏下。

(2) 单击“Spry 菜单栏”按钮 ，弹出“Spry 菜单栏”对话框，如图 10-14 所示。

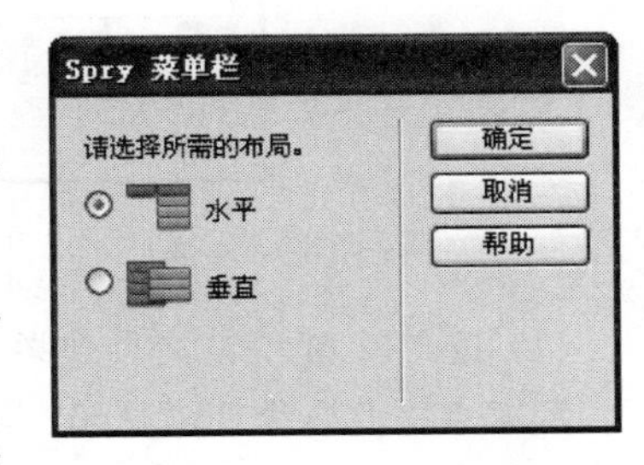

图 10-14　“Spry 菜单栏”对话框

(3) 直接单击“确定”按钮，这样就在页面中添加了一个横向水平放置的“Spry 菜单栏”构件，如图 10-15 所示。

专家点拨：菜单栏构件的 HTML 中包含一个外部 ul 标签，该标签中对于每个顶级菜单项都包含一个 li 标签，而顶级菜单项(li 标签)又包含用来为每个菜单项定义子菜单的 ul 和 li 标签，子菜单中同样可以包含子菜单。顶级菜单和子菜单可以包含任意多个子菜单项。

2. 编辑“Spry 菜单栏”构件

(1) 选择页面中的“Spry 菜单栏”构件。

(2) 展开“属性”面板，在其中对“Spry 菜单栏”构件进行编辑，主要是增删菜单项目、设置菜单项目的名称和设置菜单项链接的网页地址等，如图 10-16 所示。

(3) 在“属性”面板中完成对“Spry 菜单栏”构件的编辑后，在文档编辑区中可以观察到

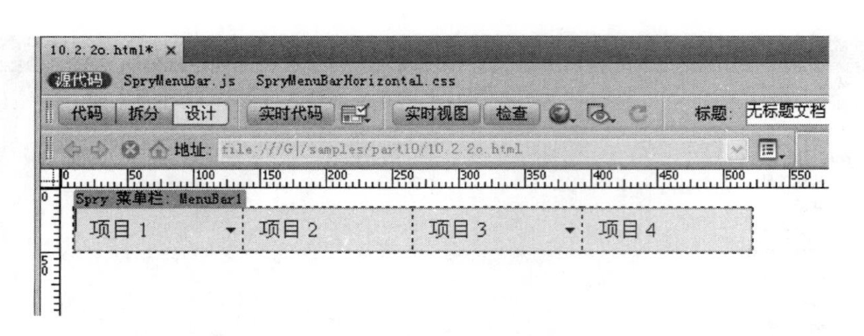

图 10-15　插入到页面的“Spry 菜单栏”构件

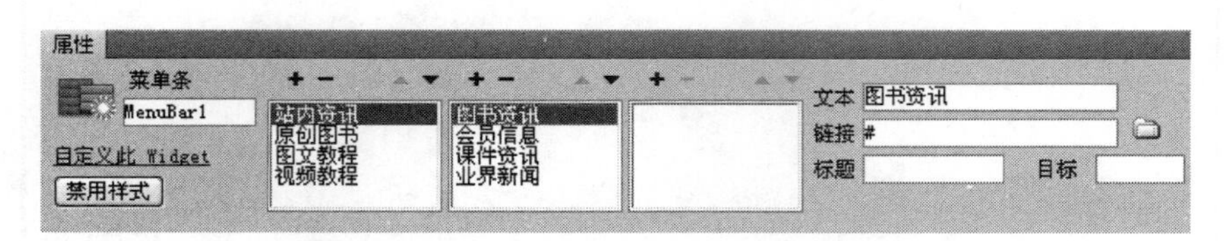

图 10-16　在“属性”面板中编辑“Spry 菜单栏”构件

“Spry 菜单栏”构件的变化。但是要想预览“Spry 菜单栏”构件的完整效果，还必须先保存网页文档。选择“文件”→“保存”命令，弹出“复制相关文件”对话框，如图 10-17 所示。单击“确定”按钮，Dreamweaver 就会自动将这些文件复制到站点的 SpryAssets 文件夹中。

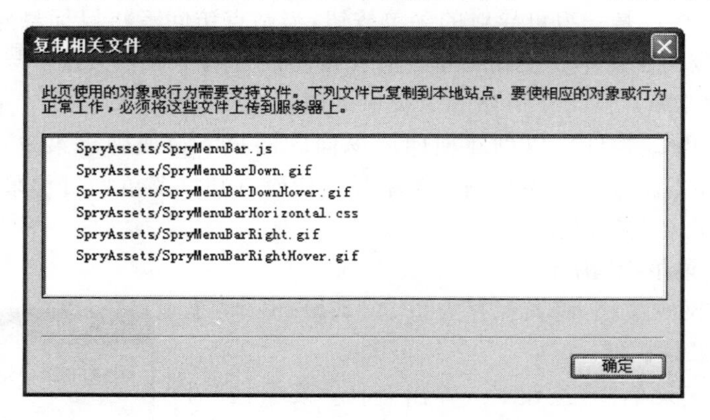

图 10-17　“复制相关文件”对话框

(4) 按 F12 键预览网页效果，如图 10-18 所示。

专家点拨：尽管可以使用“属性”面板编辑“Spry 菜单栏”构件，但是“属性”面板并不支持自定义菜单栏外观样式的功能。要想更改菜单栏的外观，必须修改对应 SpryMenuBarHorizontal.css 文档中的 CSS 规则。

10.2.3　课堂实例——Spry 选项卡式面板

网易(www.163.com)首页有一个选项卡切换效果的窗格，如图 10-19 所示。窗格中有 4 个选项卡，当鼠标指针指向选项卡时，窗格中显示相应的内容。

对于 Windows 操作系统用户来说，选项卡功能并不陌生，但要在网页中实现该功能确不是很轻松，现在借助“Spry 选项卡式面板”构件可以很容易制作，并且在 Dreamweaver 中可以直接选择各个主选项卡内的内容进行编辑。

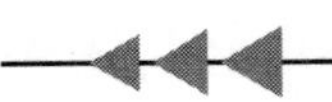

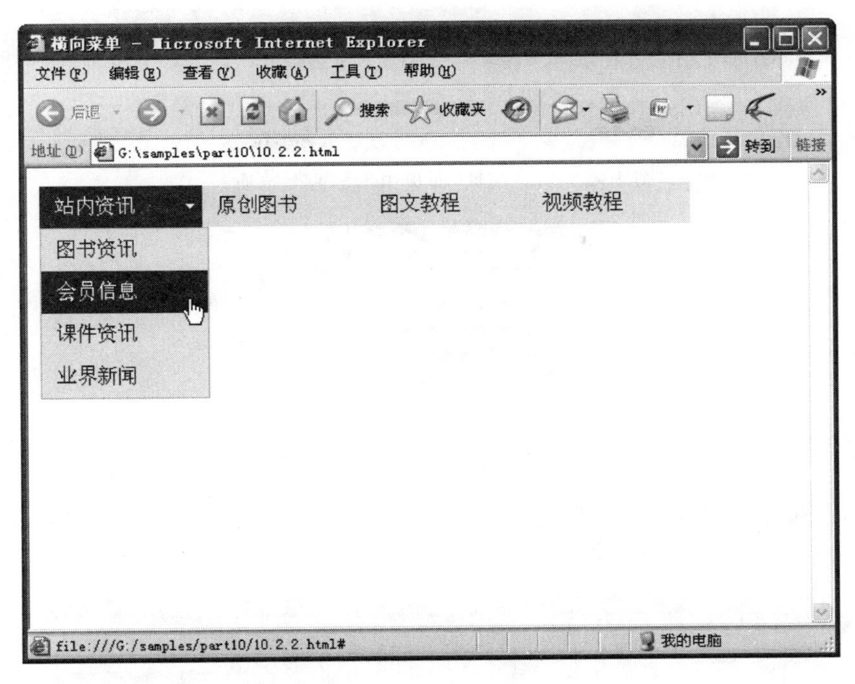

图 10-18　网页效果

下面利用"Spry 选项卡式面板"构件制作一个类似于网易首页效果的选项卡效果，如图 10-20 所示。当鼠标指向某个选项卡时，自动切换面板，显示相应的内容。

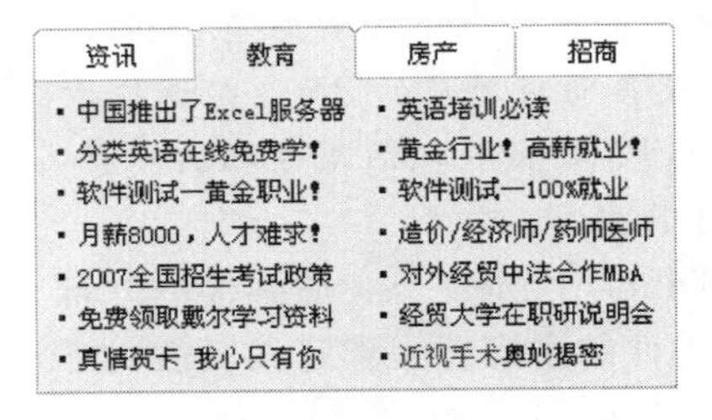

图 10-19　网易首页局部效果

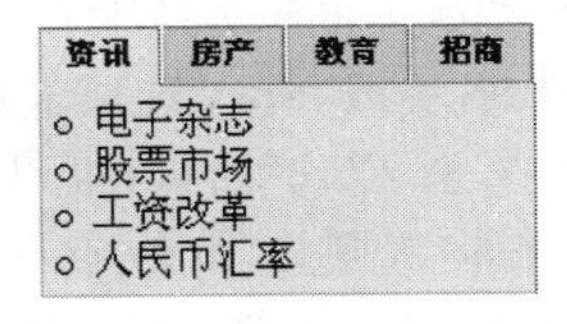

图 10-20　选项卡式面板

制作步骤如下所述。

1. 插入"Spry 选项卡式面板"构件

(1) 新建一个网页文档，将其保存为 10.2.3.html，将工具栏切换到 Spry 工具栏。

(2) 单击"Spry 选项卡式面板"按钮，页面中添加了一个"Spry 选项卡式面板"构件，如图 10-21 所示。

图 10-21　插入一个"Spry 选项卡式面板"构件

2. 编辑"Spry 选项卡式面板"构件

(1) 选中"Spry 选项卡式面板"构件，在"属性"面板中，连续单击+按钮两次，增加两个选项卡面板，如图 10-22 所示。

(2) 在文档编辑区，将光标定位在第 1 个选项卡上，更改名字为"资讯"，并且输入对应的选项卡内容，效果如图 10-23 所示。

(3) 按照同样的方法，分别更改另外三个选项卡的名称，并添加相应的内容。

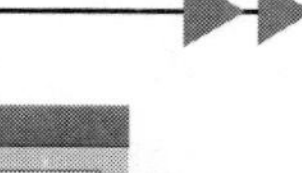

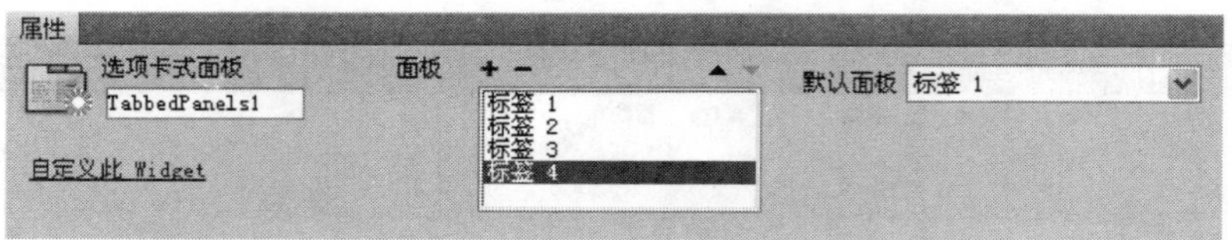

图 10-22　在"属性"面板中增加两个选项卡

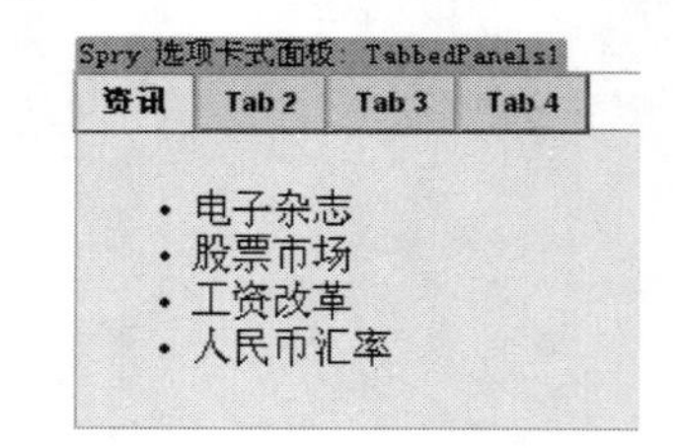

图 10-23　更改选项卡名称和添加内容

(4) 选中"Spry 选项卡式面板"构件,在"属性"面板中的"默认面板"下拉列表中可以选择某个面板作为默认打开的面板,如图 10-24 所示。

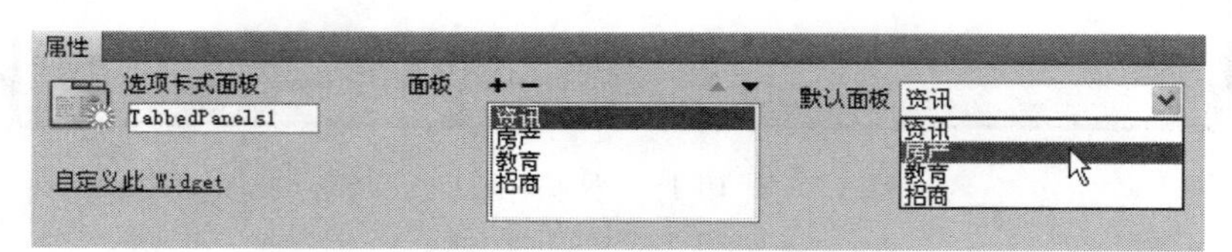

图 10-24　选择默认打开的面板

专家点拨:选项卡式面板构件的 HTML 代码中包含一个含有所有面板的外部 div 标签、一个列表标签、一个用来包含内容面板的 div 以及各面板对应的 div。在选项卡式面板构件的 HTML 中,在文档头中和选项卡式面板构件的 HTML 标签之后还包括脚本标签。

3. 编辑 CSS 更改"Spry 选项卡式面板"构件的宽度

(1) 打开"CSS 样式"面板,可以看到 SpryTabbedPanels. css 是链接的外部 CSS 文件,其中. TabbedPanels 规则为"Spry 选项卡式面板"构件的主容器元素定义属性,如图 10-25 所示。

(2) 要想更改"Spry 选项卡式面板"构件的宽度,只需将. TabbedPanels 规则的 width 属性更改为一个合适的值即可。这里更改为 196px,如图 10-26 所示。

图 10-25　"CSS 样式"面板

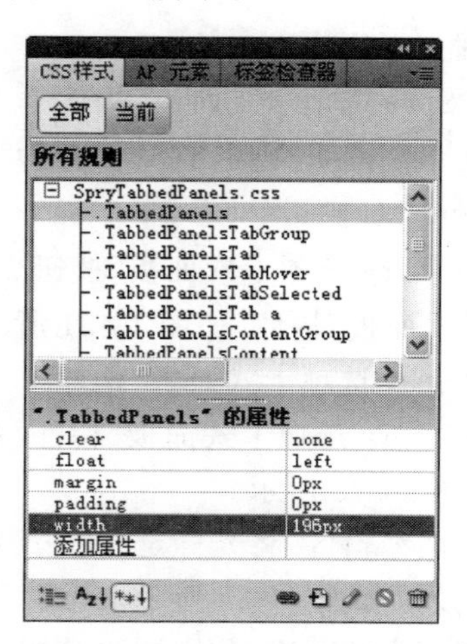

图 10-26　更改 width 属性值

4. 编辑 js 文件更改鼠标事件

默认情况下，选项卡面板的切换事件是鼠标单击选项卡。如果想将事件更改为鼠标指向选项卡，那么应该编辑对应 js 文件。

（1）在 Dreamweaver 中打开 SpryTabbedPanels.js 文件。

（2）在 SpryTabbedPanels.js 文件中，查找定位到如图 10-27 所示的代码行。

```
207 Spry.Widget.TabbedPanels.prototype.onTabClick = function(e, tab)
208 {
209     this.showPanel(tab);
210 };
211
212 Spry.Widget.TabbedPanels.prototype.onTabMouseOver = function(e, tab)
213 {
214     this.addClassName(tab, this.tabHoverClass);
215 };
```

图 10-27　定位代码

（3）将代码更改为如图 10-28 所示。也就是将代码中的 onTabClick 和 onTabMouseOver 进行了互换。

```
207 Spry.Widget.TabbedPanels.prototype.onTabMouseOver = function(e, tab)
208 {
209     this.showPanel(tab);
210 };
211
212 Spry.Widget.TabbedPanels.prototype.onTabClick = function(e, tab)
213 {
214     this.addClassName(tab, this.tabHoverClass);
215 };
```

图 10-28　更改代码

这样就完成了本实例的制作。

10.2.4　课堂实例——“Spry 折叠式”构件

在使用 QQ 聊天软件时，当选择“QQ 好友”、“QQ 群”、“通讯录”或“最近联系人”时，单击该名称就可上下自由滑开所选择的内容而整个窗口不会发生变化。在网页设计中，设计师曾经为制作类似的效果而绞尽脑汁，现在，使用“Spry 折叠式”构件即可轻松制作。

Spry 折叠式构件是一组可折叠的面板，可以将大量内容存储在一个紧凑的空间中。站点访问者可通过单击该面板上的选项卡来隐藏或显示存储在折叠式构件中的内容。当访问者单击不同的选项卡时，折叠式构件的面板会相应地展开或收缩。在折叠式构件中，每次只能有一个内容面板处于打开且可见的状态。

1. 插入“Spry 折叠式”构件

（1）新建一个网页文档，将其保存为 10.2.4.html。将工具栏切换到 Spry 工具栏。

（2）单击“Spry 折叠式”按钮，页面中添加了一个“Spry 折叠式”构件，如图 10-29 所示。

2. 编辑“Spry 折叠式”构件

（1）选中“Spry 折叠式”构件，在“属性”面板中，连续单击＋按钮两次，增加两个折叠式面板，如图 10-30 所示。

（2）在文档编辑区，将光标指向在第 1 个折叠条右侧出现的一个眼睛图标，单击它，如图 10-31 所示。这样可以展开第 1 个折叠条进行内容的编辑。

（3）更改第 1 个折叠条的标题名称，并且输入相应的内容，如图 10-32 所示。

（4）按照同样的方法，分别更改另外三个折叠条的名称，并添加相应的内容。

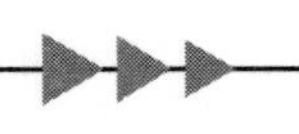

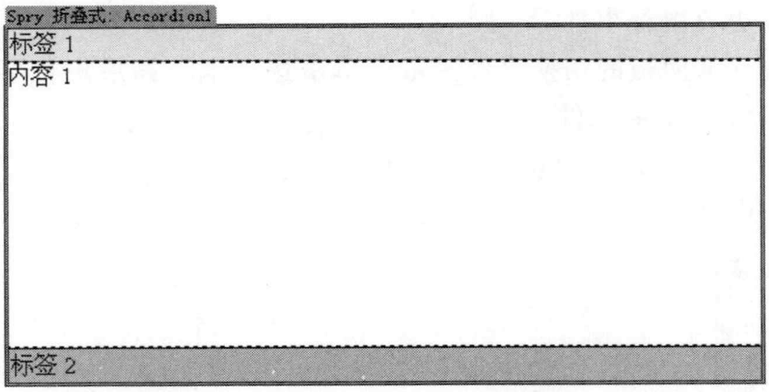

图 10-29　插入一个“Spry 折叠式”构件

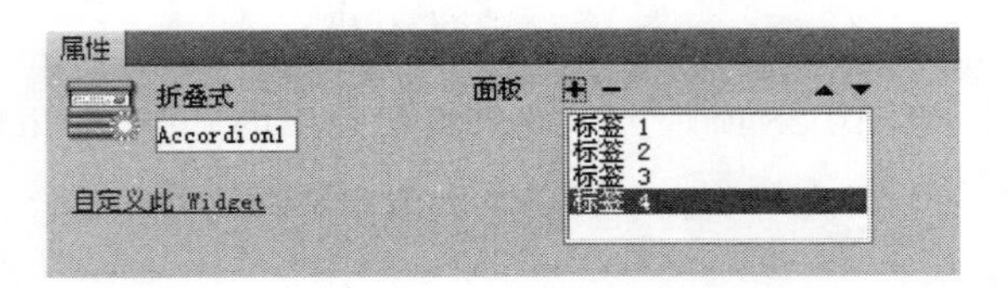

图 10-30　在“属性”面板中增加两个折叠式面板

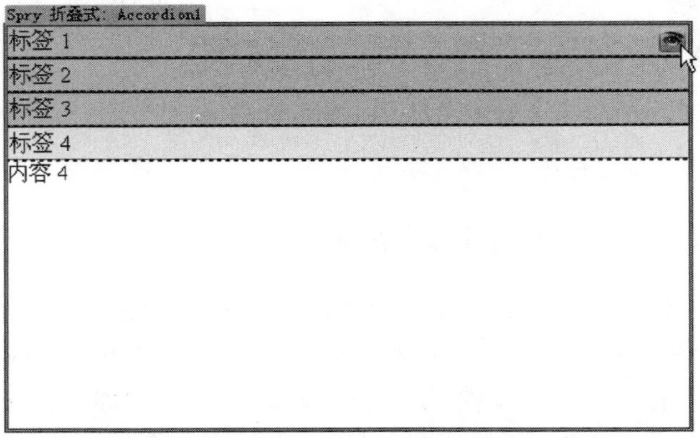

图 10-31　单击眼睛图标

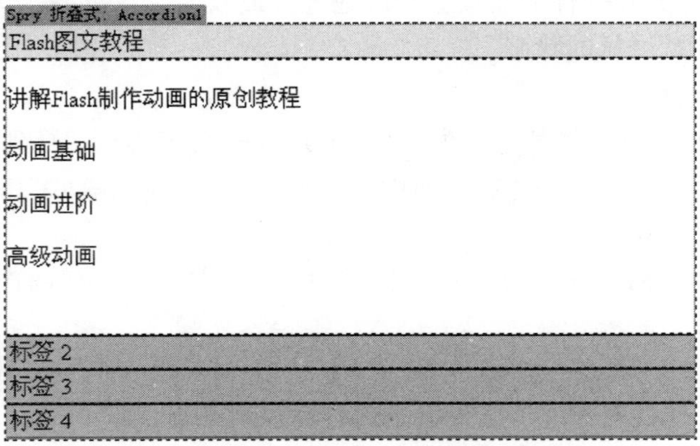

图 10-32　更改折叠条的标题名称和输入内容

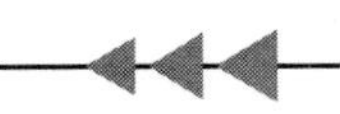

（5）保存文档并预览，网页效果如图 10-33 所示。

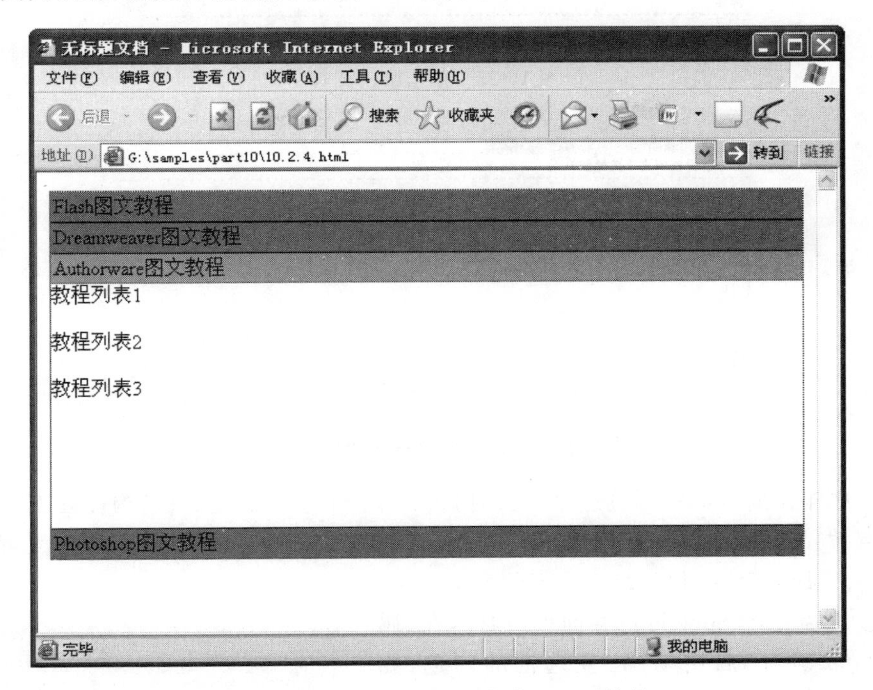

图 10-33　“Spry 折叠式”构件的网页效果

10.2.5　课堂实例——“Spry 可折叠面板”构件

可折叠面板构件是一个面板，可将内容存储到紧凑的空间中。用户单击构件的选项卡即可隐藏或显示存储在可折叠面板中的内容。

1. 插入“Spry 可折叠面板”构件

（1）新建一个网页文档，将其保存为 10.2.5.html。将工具栏切换到 Spry 工具栏。

（2）单击“Spry 可折叠面板”按钮，页面中添加了一个“Spry 可折叠面板”构件，如图 10-34 所示。

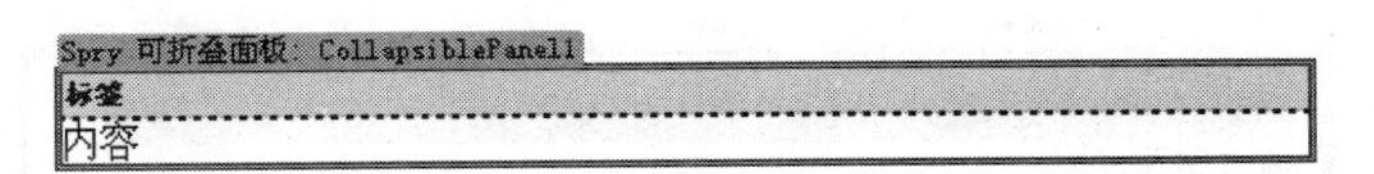

图 10-34　插入一个“Spry 可折叠面板”构件

（3）再次单击“Spry 可折叠面板”按钮，添加第二个“Spry 可折叠面板”构件。

专家点拨： 如果页面中需要多个可折叠面板效果，可以多次单击“Spry 可折叠面板”按钮，依次添加多个“Spry 可折叠面板”构件。

2. 编辑“Spry 可折叠面板”构件

（1）在文档编辑区，将光标指向“Spry 可折叠面板”构件右侧，出现一个眼睛图标，单击它，可以打开或者关闭折叠面板，如图 10-35 所示。

（2）更改标题名称，并且输入相应的内容，如图 10-36 所示。

（3）针对第二个“Spry 可折叠面板”构件，更改标题名称，并且输入相应的内容。

（4）选中第二个“Spry 可折叠面板”构件，在“属性”面板中，在“默认状态”下拉列表中选择

图 10-35 单击眼睛图标

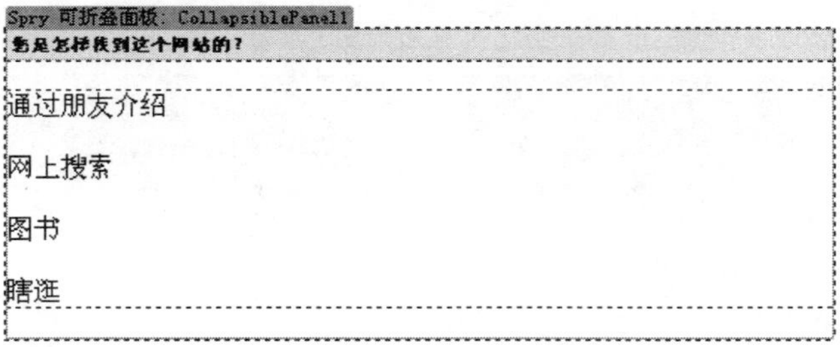

图 10-36 更改标题名称和输入内容

“已关闭”。这样在浏览器中浏览这个网页时，第二个“Spry 可折叠面板”构件处于折叠状态。

专家点拨：如果在“属性”面板的“默认状态”下拉列表中选择“打开”，在浏览器中浏览网页时，“Spry 可折叠面板”构件处于展开状态。

(5) 选中第二个“Spry 可折叠面板”构件，在“属性”面板中，取消对“启用动画”复选框的勾选，如图 10-37 所示。这样在浏览器中浏览这个网页时，单击第二个“Spry 可折叠面板”构件的选项卡时，可折叠面板会迅速打开和关闭。

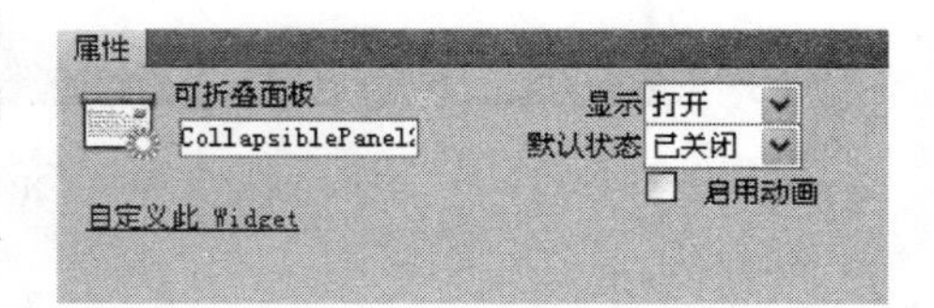

图 10-37 “属性”面板

专家点拨：默认情况下，如果启用某个可折叠面板构件的动画，站点访问者单击该面板的选项卡时，该面板将缓缓地平滑打开和关闭。

(6) 保存文档并预览，网页效果如图 10-38 所示。

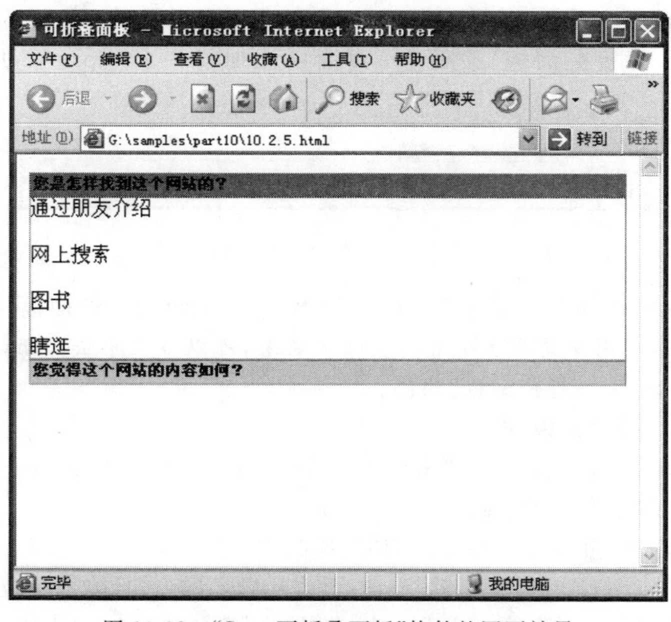

图 10-38 “Spry 可折叠面板”构件的网页效果

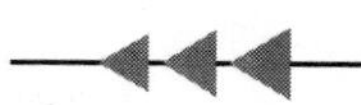

10.2.6　课堂实例——“Spry 工具提示”构件

有时候，当用户将鼠标指针指向某个图片时，会弹出文字提示信息，这是<img>标签的 alt 属性在起作用。“Spry 工具提示”构件有着类似的效果，不过它的应用功能更强大，不只是图片，网页中的任何元素都可以添加 Spry 工具提示，而且提示的内容不仅局限于文字信息，还可以使用图片、动画或者其他元素作为提示内容。

下面通过一个实例讲解“Spry 工具提示”构件的使用方法。实例效果如图 10-39 所示。网页中显示一幅图片，这幅图片被设计成若干热区，用户单击不同的热区可以链接到相应的页面。当用户指向这幅图片时，跟随鼠标显示一个 Spry 工具提示内容，这个提示内容是事先制作好的一幅图片。

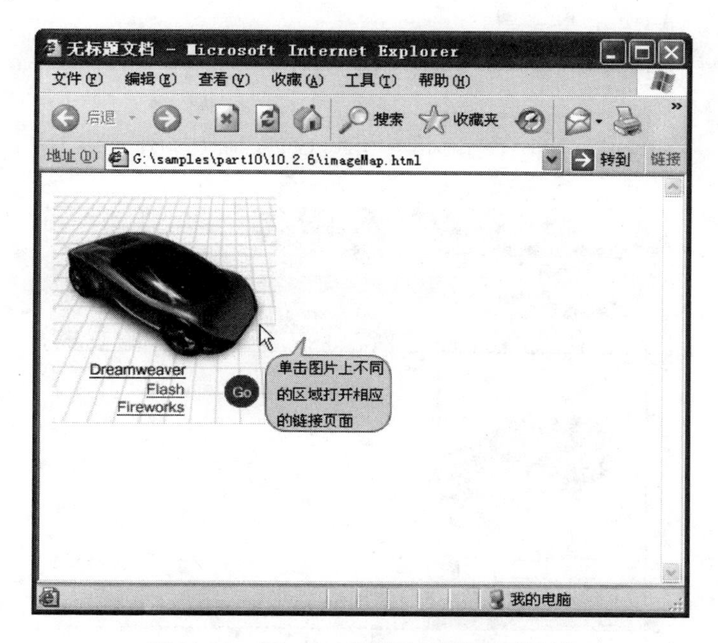

图 10-39　“Spry 工具提示”构件网页效果

下面介绍本实例的制作步骤。

1. 插入“Spry 工具提示”构件

(1) 在 Dreamweaver 中打开事先制作好的网页文档(part10\10.2.6\imageMap.html)，这个页面中包括一幅图片，上面被设计成若干热区，如图 10-40 所示。

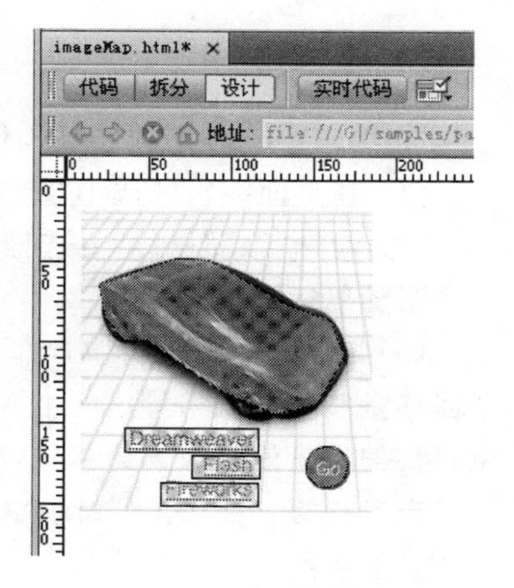

图 10-40　打开网页文档

(2) 切换到 Spry 工具栏，选中页面编辑区的图片，单击“Spry 工具提示”按钮，页面中添加了一个“Spry 工具提示”构件，如图 10-41 所示。

(3) 将默认的提示内容删除，然后切换到“常用”工具栏，插入一个事先制作好的图片(part10\10.2.6\提示内容.gif)用作提示内容，如图 10-42 所示。

(4) 保存文档并预留，当鼠标指针指向网页中的图片时就可以显示一个提示内容。

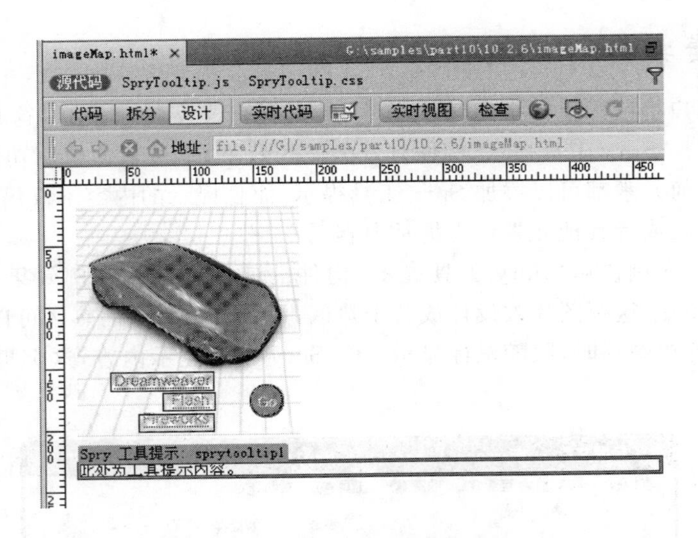

图 10-41 添加了一个“Spry 工具提示”构件

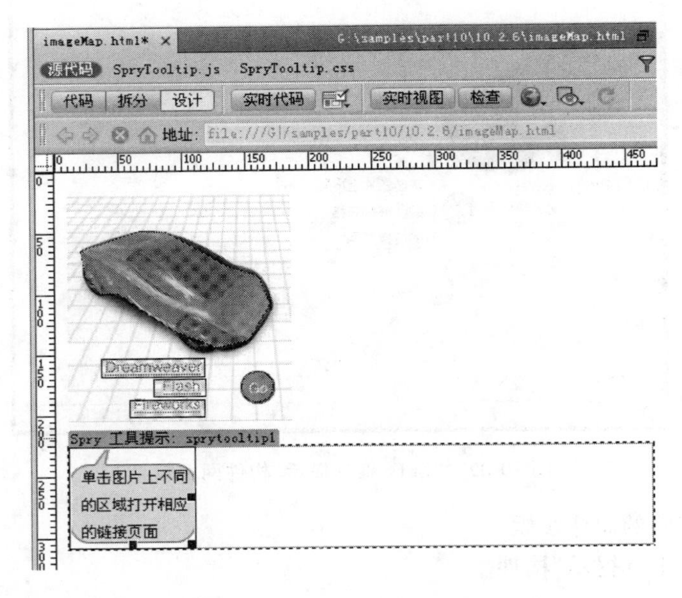

图 10-42 插入提示内容

2. 编辑“Spry 工具提示”构件

(1) 在页面编辑区选中“Spry 工具提示”构件,打开“属性”面板。

(2) 勾选“跟随鼠标”复选框。选择该选项后,当鼠标指针悬停在触发器元素上时,工具提示会跟随鼠标。

(3) 在“水平偏移量”文本框中和“垂直偏移量”文本框中分别输入 5,如图 10-43 所示。水平偏移量和垂直偏移量这两个属性分别用来计算工具提示与鼠标的水平相对位置和垂直相对位置。偏移量值以像素为单位,默认偏移量为 20px。

专家点拨:在“属性”面板中还可以设置“Spry 工具提示”构件的其他属性,具体情况如下所述。

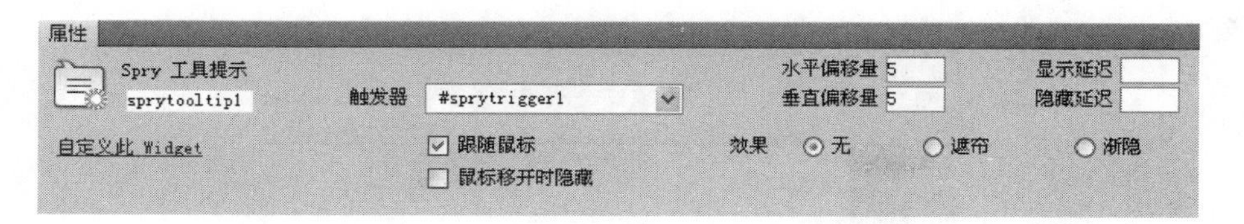

图 10-43 设置“Spry 工具提示”构件的属性

① 鼠标移开时隐藏：选择该选项后，只要鼠标悬停在工具提示上（即使鼠标已离开触发器元素），工具提示会一直打开。当工具提示中有链接或其他交互式元素时，让工具提示始终处于打开状态将非常有用。如果未选择该选项，则当鼠标离开触发器区域时，工具提示元素会关闭。

② 显示延迟：工具提示进入触发器元素后在显示前的延迟（以 ms 为单位），默认值为 0。

③ 隐藏延迟：工具提示离开触发器元素后在消失前的延迟（以 ms 为单位），默认值为 0。

④ 效果：要在工具提示出现时使用的效果类型。遮帘就像百叶窗一样，可向上移动和向下移动以显示和隐藏工具提示。渐隐可淡入和淡出工具提示。默认值为 none。

(4) 默认情况下，提示内容的背景颜色为淡黄色，如果想改变这个背景颜色，需要编辑相应的 CSS 规则。展开“CSS 面板”，单击 tooltipContent 规则，在下面更改 background-color（背景颜色）属性的值为＃FFF（白色），如图 10-44 所示。

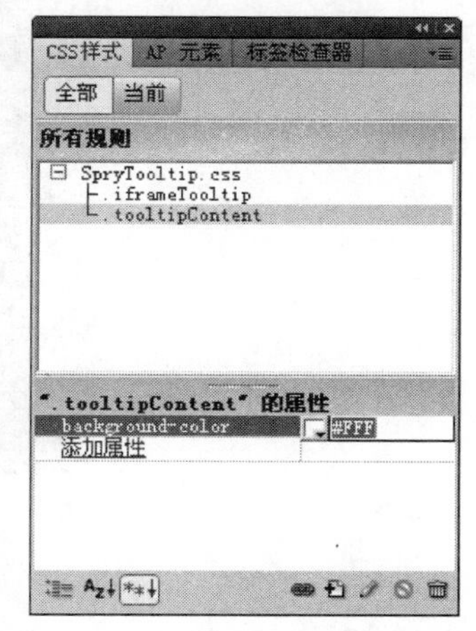

图 10-44 编辑 CSS 规则

(5) 至此，本实例制作完毕。保存文档并预留网页效果。

10.3 用 Spry 显示 XML 数据

第 9 章介绍了如何使用 CSS 将 XML 数据显示到 HTML 页，另外还可以使用 XSLT 将 XML 显示到页面中，不过现在使用 Dreamweaver 集成的 Spry 功能，能很轻松地将 XML 数据嵌入到 HTML 中，同时还能进行 XML 数据的重新排序以及定时的数据更新和无刷新显示等应用。

10.3.1 创建 XML 文件

(1) 启动 Dreamweaver CS6，在“开始页”中，单击“新建”下的 XML。

(2) 这样就新建了一个 XML 文档，并且系统自动切换到代码视图下（其他两个视图模式不可用）。在代码视图中系统自动生成了一行代码：

```
<?xml version = "1.0" encoding = "utf - 8"?>
```

(3) 将光标定位在第 2 行，输入代码，如图 10-45 所示。

这里定义了一个根元素<CATALOG> </CATALOG>，在根元素中定义了两个子元素<CD> </CD>，每个<CD>和</CD>之间又包含 5 个子元素。

(4) 将 XML 文档保存为 10.3.xml。

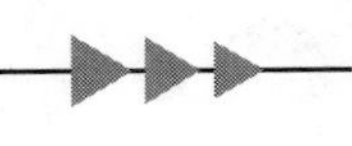

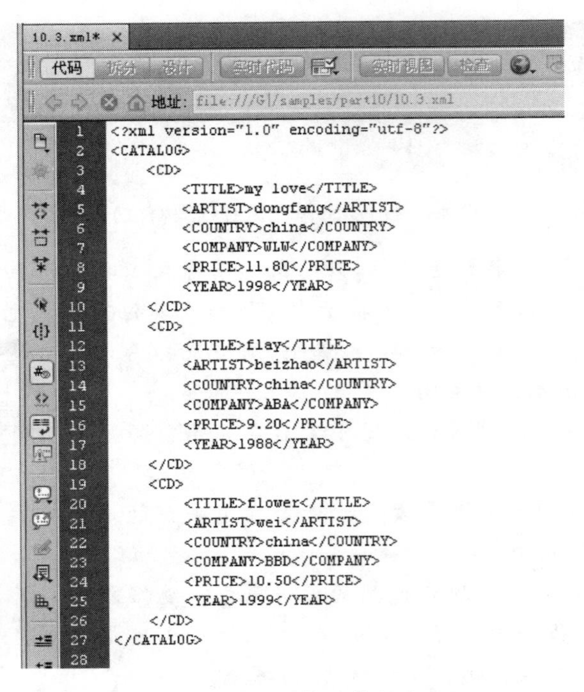

图 10-45 输入代码

10.3.2 添加Spry数据集

1. 插入Spry数据集

(1) 新建一个HTML文档,将其保存为10.3.html。

(2) 切换到Spry工具栏,单击“Spry数据集”按钮。这样弹出一个“Spry数据集”对话框,在其中要完成三个步骤的设置,每个步骤对应一个屏幕,首先显示的是“指定数据源”屏幕,如图10-46所示。

2. 指定数据源

(1) 在“选择数据类型”下拉列表中选择XML。

(2) 第一次创建数据集时,默认名称为ds1。这里保持默认设置。

专家点拨: 可以在“数据集名称”文本框中为数据集指定一个名称,数据集名称可以包含字母、数字和下划线,但不能以数字开头。

(3) 单击“指定数据文件”文本框右侧的“浏览”按钮,在弹出的“选择XML源”对话框中选择一个XML文件(10.3.xml)。在“行元素”窗格中呈现XML数据源,显示可供选择的XML数据元素树。重复元素以加号(+)标示,子元素缩进显示。

(4) 在“行元素”窗格中,选择包含要显示的数据的元素。这通常是一个具有几个从属字段(如＜TITLE＞、＜ARTIST＞和＜COUNTRY＞等)的重复节点(如＜CD＞)。这里选择＜CD＞。

(5) XPath文本框中会显示一个表达式,指示所选节点在XML源文件中的位置。例如,这里选择了＜CD＞重复节点,XPath文本框中显示CATALOG/CD,以指示应当显示在＜CATALOG＞数据集内的＜CD＞重复节点中找到的数据。

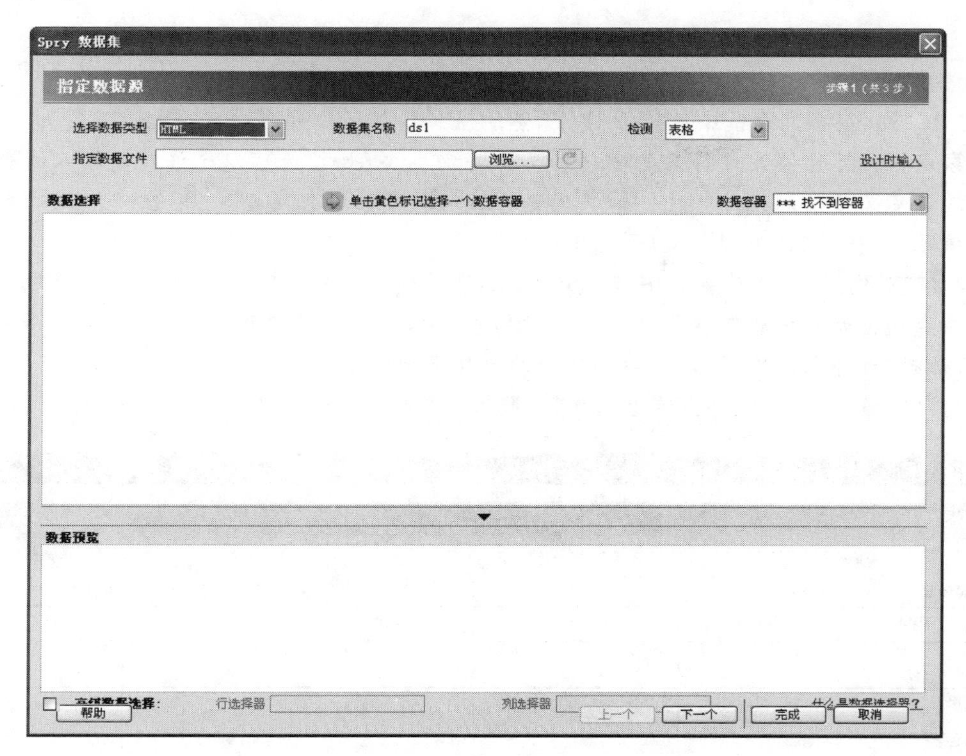

图 10-46　“Spry 数据集”对话框

（6）在“数据预览”窗格中显示了数据集的预览效果，如图 10-47 所示。

图 10-47　“Spry 数据集”对话框-指定数据源

3. 设置数据选项

(1) 单击“下一个”按钮进入到“设置数据选项”屏幕。

(2) 在“列名称”列表框中选择 PRICE,然后从“类型”下拉列表中选择“数字”。

专家点拨：有时候最好将某些字段定义为特定类型(如数值),以允许对所输入的数据进行验证或者定义特定的排序顺序。如果想更改任何元素的数据类型,可以在“列名称”列表框中选择该元素,然后从“类型”下拉列表中选择另一个类型值。

(3) 在“对列排序”下拉列表中选择 PRICE,然后在后面的下拉列表中选择“升序”。

专家点拨：如果希望在加载数据时自动排序数据,可以从“排序”下拉菜单中选择一个元素,然后选择“升序”或“降序”以指示要执行的排序类型。

(4) 为了确保没有重复列,这里选择“筛选掉重复行”复选框,如图 10-48 所示。

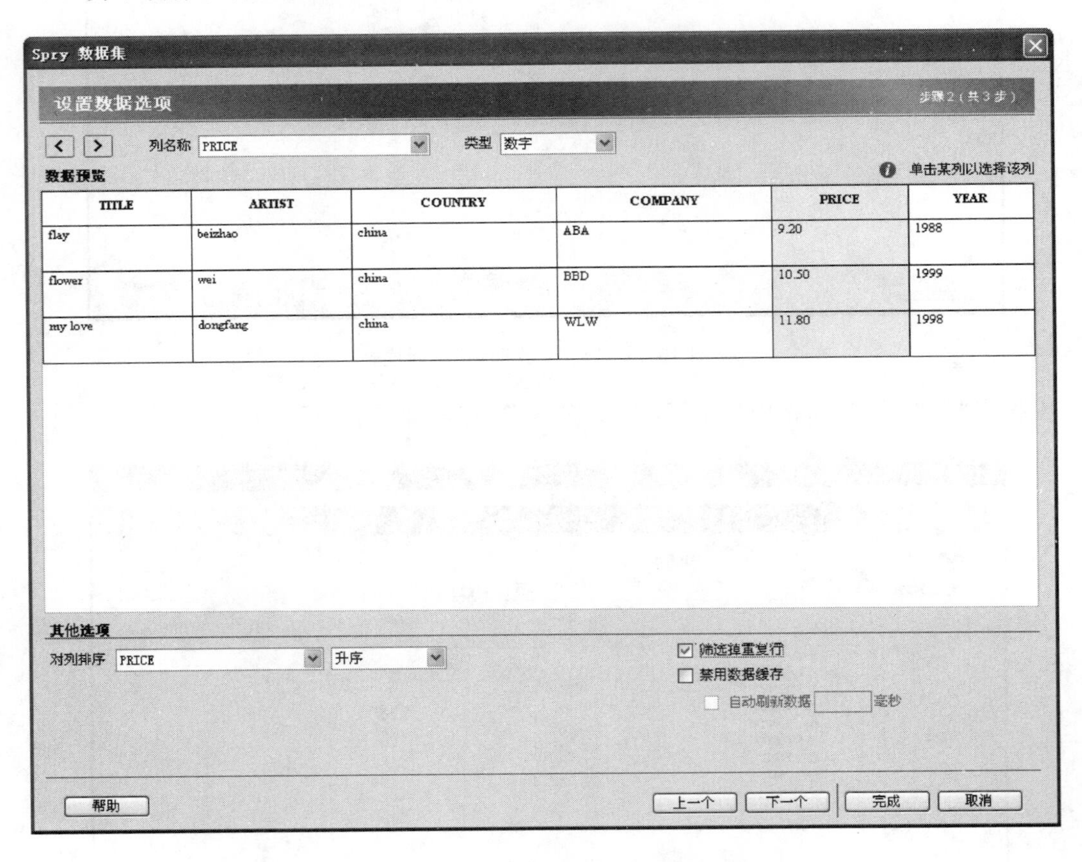

图 10-48 “Spry 数据集”对话框-设置数据选项

专家点拨：如果希望始终能够访问数据集中最近使用的数据,则选择“禁用数据缓存”复选框。如果希望自动刷新数据,则选择“自动刷新数据”复选框,并以 ms 为单位指定刷新时间。

4. 选择插入选项

(1) 单击“下一个”按钮进入“选择插入项”屏幕。这里可以为新数据集选择布局,并指定适当的设置选项。

(2) 选择“插入表格”单选按钮,如图 10-49 所示。

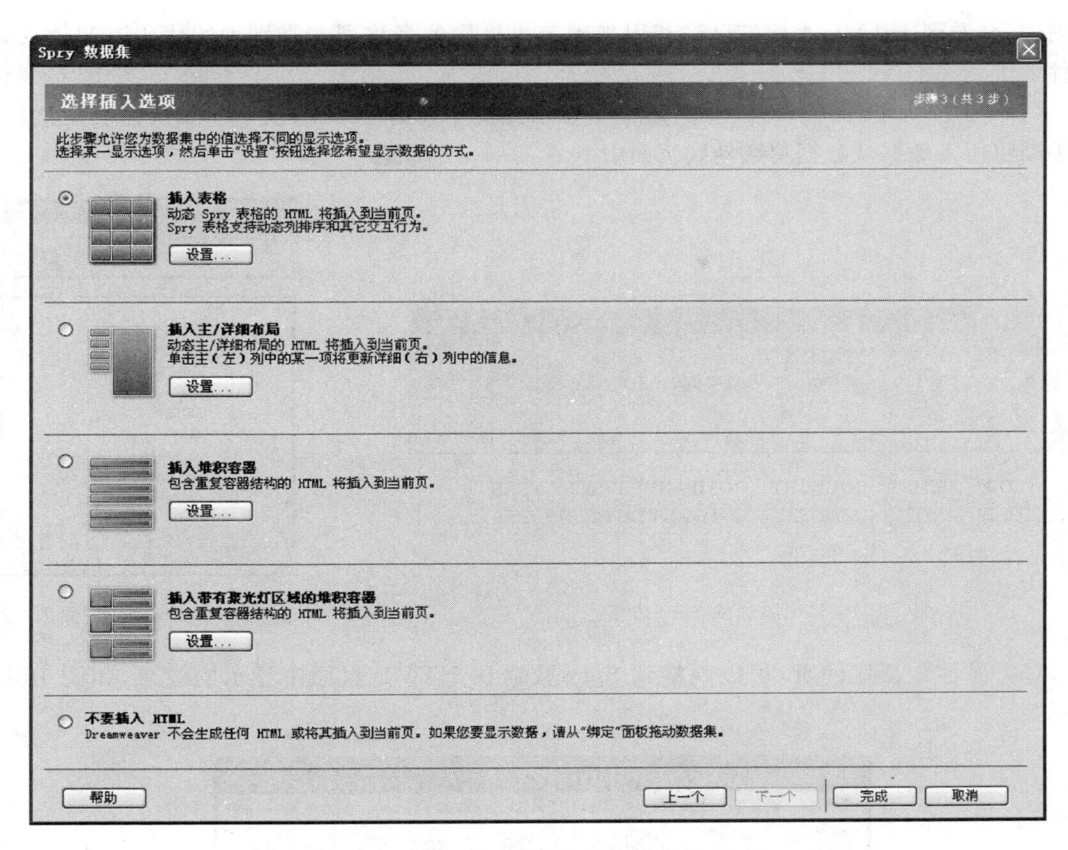

图 10-49　"Spry 数据集"对话框-选择插入选项

专家点拨：单击"插入表格"下面的"设置"按钮，弹出"Spry 数据集-插入表格"对话框，如图 10-50 所示。在这个对话框中可以对插入表格进行设置.

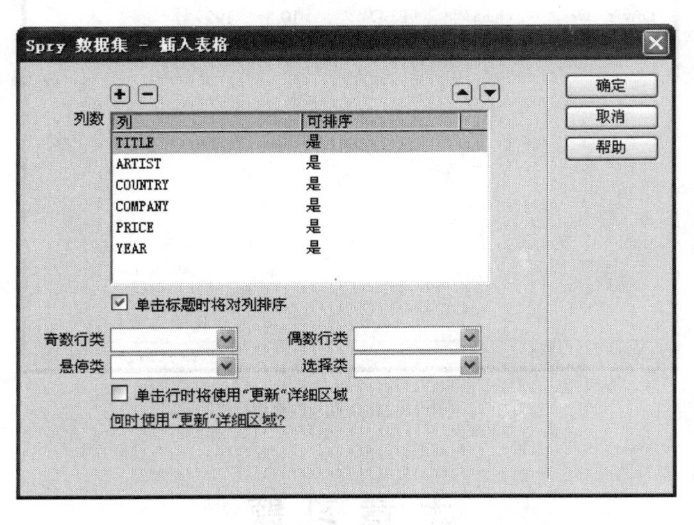

图 10-50　"Spry 数据集-插入表格"对话框

(3) 单击"完成"按钮，在"设计"视图中可以看到一个表格，如图 10-51 所示。在该表格中，针对所包括的每个元素都有一行标题和一行数据引用，并用大括号({})括起来。在"代码"

视图中,会看到 HTML 表标签已经和用来确定可排序的名称列和类别列的代码一起插入到文件中了。

(4) 展开"绑定"面板,可以看到数据集显示在其中,如图 10-52 所示。如果需要的话,可以手动将所需数据从数据集拖动到页面中。

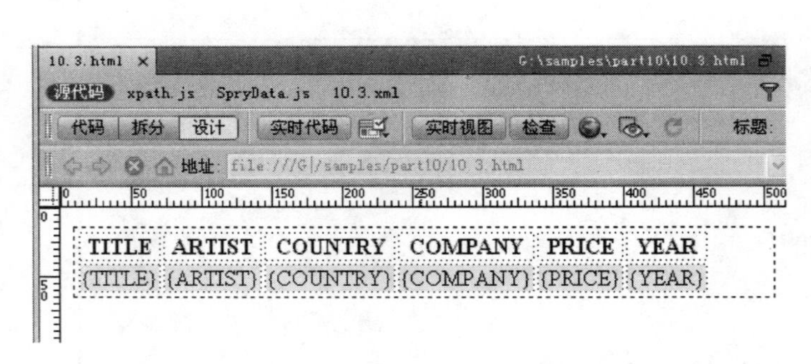

图 10-51　添加的 Spry 表格

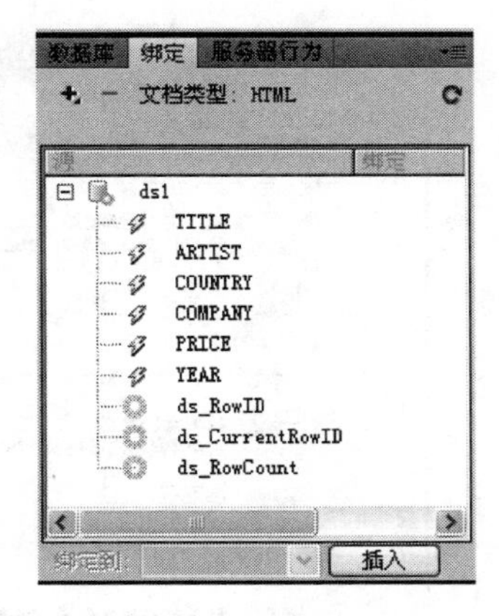

图 10-52　"绑定"面板

(5) 保存并预览网页,可以观察到 Spry 数据在 HTML 页面中显示的效果,如图 10-53 所示。

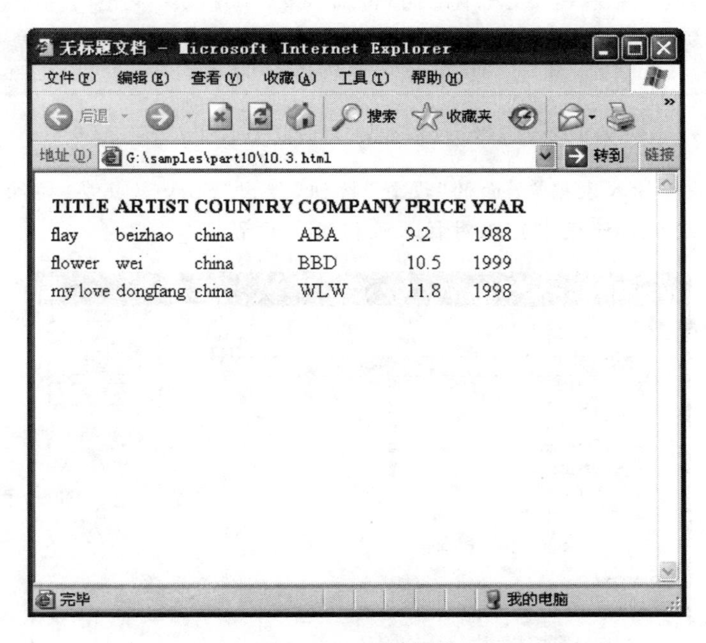

图 10-53　页面效果

本章习题

一、选择题

1. 如果想制作模拟百叶窗效果,向上或向下滚动百叶窗来隐藏或显示网页中的元素,那

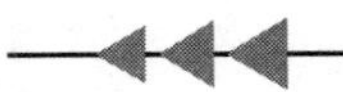

么应该定义的 Spry 效果是________。

A. 挤压　　B. 滑动　　C. 遮帘　　D. 渐隐

2. Spry 框架支持一组用________编写的可重用构件。在利用 Dreamweaver 制作网页时，可以方便地插入这些构件，然后设置构件的样式。

A. 标准 HTML、CSS 和 JavaScript

B. 标准 HTML、CSS 和 ASP

C. 标准 HTML、XML 和 JavaScript

D. 标准 HTML、XML 和 ASP

二、填空题

1. 要想给 HTML 页面中的某个元素添加 Spry 效果，可以这样操作：选中这个元素，然后在________中单击＋按钮，在弹出的菜单中单击"效果"，在子菜单中选择需要的效果。

2. Spry 框架中的每个构件都与唯一的________和________文件相关联。当使用 Dreamweaver 插入构件时，Dreamweaver 会自动将这些文件链接到页面，以便构件中包含该页面的功能和样式。

3. 通过插入 Spry 数据集将 XML 数据绑定到 HTML 网页后，要先在页面中插入________，然后才能在页面中绑定 Spry 数据或者插入 Spry 表。

上机练习

练习 1　用 Spry 效果制作网页过渡特效

利用 Spry 效果，制作网页过渡的视觉效果。

练习 2　用 Spry 控件制作选项卡式面板

利用"Spry 选项卡式面板"控件，在网页中设计制作一个选项卡面板。

练习 3　用 Spry 显示 XML 通讯录文档

编写一个通讯录 XML 文档，并且用 Spry 将 XML 数据显示到一个 HTML 网页中。

第11章

模板和库

在制作网站的过程中，为了统一风格，很多页面会用到相同的布局、图片和文字元素。为了避免大量的重复劳动，可以使用 Dreamweaver 提供的模板功能，将具有相同版面结构的页面制作为模板，将相同的元素(如导航栏、版权信息)制作为库项目，并存放在库中供随时调用。本章介绍模块和库在网页中的应用方法，主要内容包括：

- 模板；
- 库。

11.1 模　　板

在 Dreamweaver 中，如果设计了一种比较好的布局，页面看上去很美观，那么可以把它生成相应的模板文件保留下来，需要的时候直接套用该模板，会迅速生成风格一致的页面。

11.1.1 课堂实例——模板的创建和使用方法

在网页中使用模板的具体步骤是，首先建立模板文件，在模板页面中添加共有内容和可编辑区域，然后根据这个模板文件建立多个网页，这些网页中都将自动具有模板中的内容。当模板的内容发生变化的时候，所有这些网页也会随之变化。

下面通过一个具体实例讲解模板的制作和使用方法。

1. 建立模板

(1) 选择“文件”→“新建”命令，在“新建文档”对话框中，在左侧的列表中选择“空模板”，在“模板类型”列表中选择“HTML 模板”，在相应的“布局”列表框中选择“＜无＞”，然后单击“创建”按钮，如图 11-1 所示。

(2) 选择“文件”→“保存”命令(快捷键为 Ctrl＋S)，弹出一个警示框，如图 11-2 所示。提示用户目前模板不含有任何可编辑的区域。

专家点拨：选中“不再警告我”复选框，下次就不会再弹出这个警示框了。

(3) 单击“确定”按钮，在弹出的“另存为模板”对话框中，在“另存为”文本框中设置模板名称为 myTemplate，然后单击“保存”按钮，如图 11-3 所示。注意，Dreamweaver 中模板默认的存放位置是站点根目录下面的 Template 文件夹，这里的具体位置就是 samples\Template。

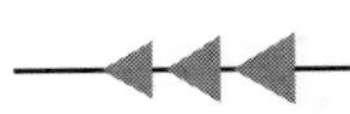

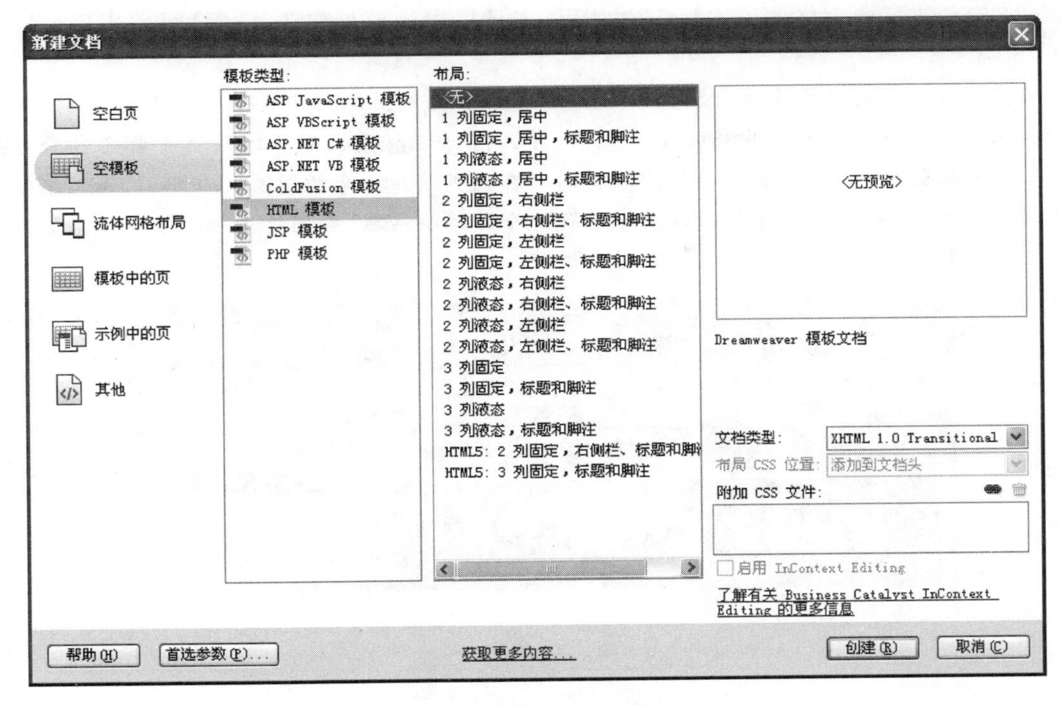

图 11-1　创建 HTML 模板

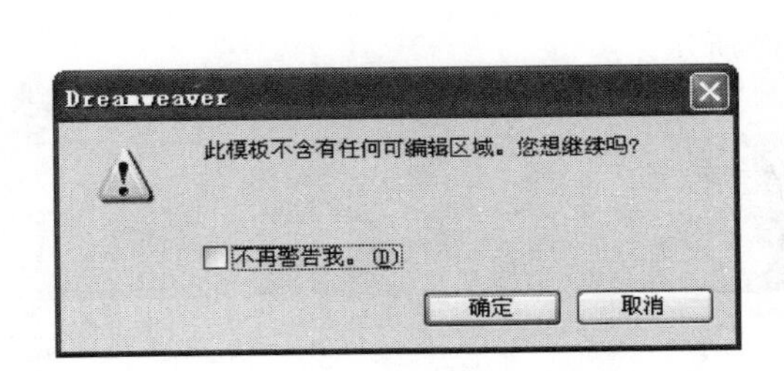

图 11-2　警示框

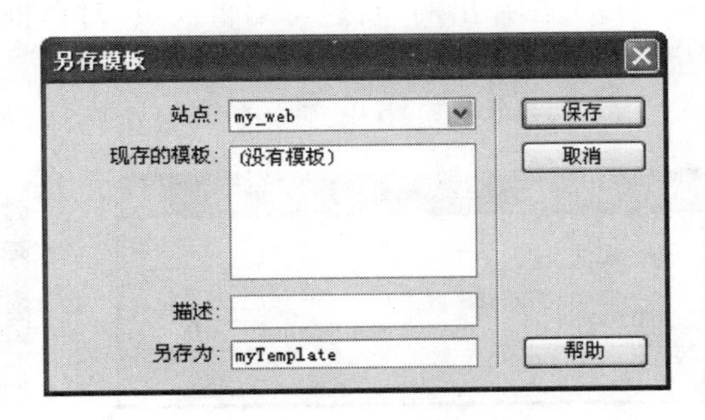

图 11-3　保存模板

2. 编辑模板

(1) 编辑模板和编辑普通网页非常相似。插入两个表格,并添加相应的文字,效果如图 11-4 所示。

图 11-4　在模板中添加导航栏

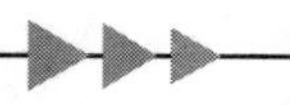

(2) 定位光标到表格的下方,展开"常用"工具栏中的模板按钮,选择"可编辑区域",如图 11-5 所示。

专家点拨:模板中的普通内容在由模板派生出来的网页文件中是不能直接编辑的,只会显示出来,例如,如果在模板中建立了导航栏,那么根据这个模板建立的网页中都会包含导航栏,但是编辑网页的时候导航栏是不能编辑的。在模板派生出来的网页文件中,只有可编辑区域内的内容才能编辑,因此模板必须至少包含一个可编辑区域,否则这个模板派生出来的网页将无法进行编辑。

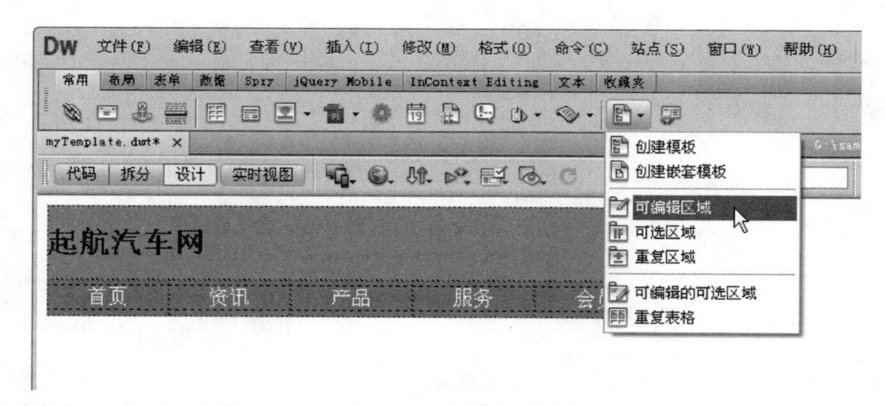

图 11-5 建立可编辑区域

(3) 在弹出的"新建可编辑区域"对话框中设置"名称"为 myEditRegion,然后单击"确定"按钮,如图 11-6 所示。

(4) 这时网页中出现一个可编辑区域,如图 11-7 所示。

图 11-6 设置可编辑区域的名称

图 11-7 建立可编辑区域

3. 使用模板

(1) 在面板组中展开"资源"面板,单击"模板"按钮,从面板下半部分的模板列表中选择 myTemplate,右击,从弹出的快捷菜单中选择"从模板新建"命令,如图 11-8 所示。

(2) 在这个新建的文件中可以发现,当把鼠标指针移动到模板中的导航栏上时,鼠标指针会提示无法编辑,只有下面 myEditRegion 中的内容才可以编辑,如图 11-9 所示。在可编辑区域输入一些文本,并将这个文件保存为 11.1.1.html。

4. 更新文件

(1) 在"资源"面板中选择 myTemplate 并右击,从弹出的快捷菜单中选择"编辑"命令,打开模板,在这个模板的导航栏中将"留言"栏目删除,如图 11-10 所示。

(2) 按 Ctrl+S 组合键,这时将弹出"更新模板文件"对话框,询问是否对根据这个模板创建的网页进行更新,单击"更新"按钮,如图 11-11 所示。更新完成后,如果再次打开 11.1.1.html,会看到它的导航栏已经自动更新了。

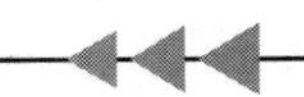

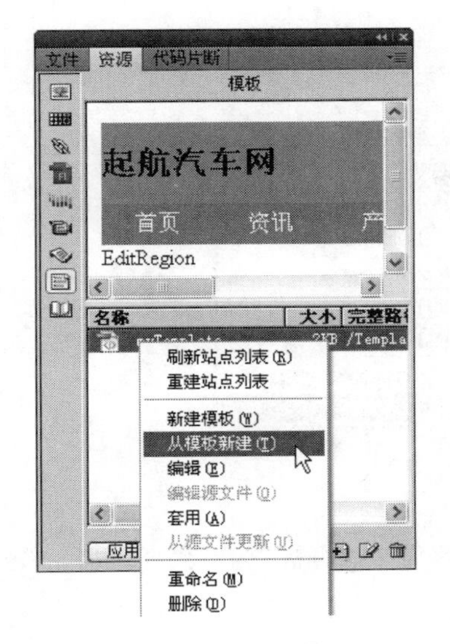

图 11-8　从模板新建文件

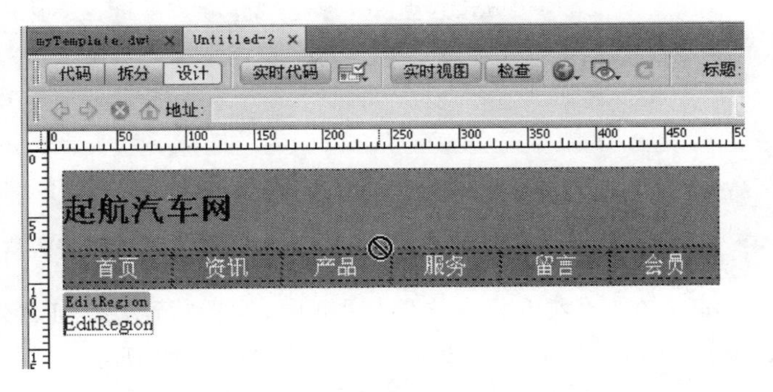

图 11-9　根据模板建立新文件

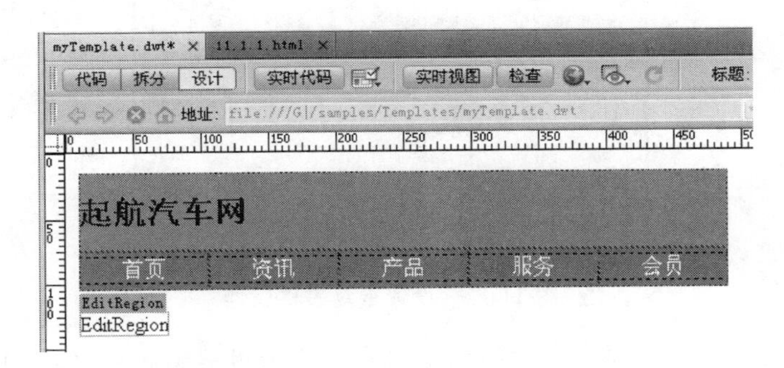

图 11-10　修改模板的内容

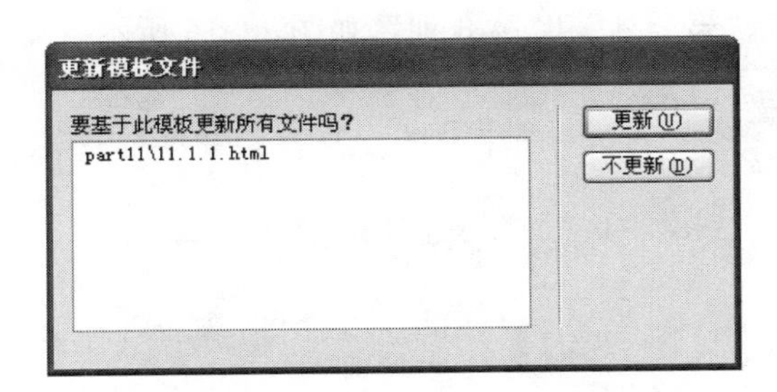

图 11-11　“更新模板文件”对话框

11.1.2　课堂实例——模板的重复表格和重复区域

Dreamweaver 模板中的重复区域和重复表格是类似的，重复区域和重复表格中的内容在模板中编辑，根据这样的模板建立网页文件后，这些内容将会根据用户的需要多次重复。本节通过实例先尝试使用重复表格，然后再利用重复区域建立交替背景表格。

1. 建立重复表格

(1) 新建一个 HTML 模板文件，保存为 11-1-2. dwt。在“常用”工具栏中展开“模板”下拉

 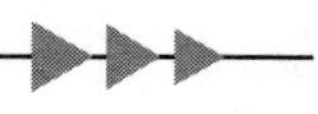

列表,选择“重复表格”,如图 11-12 所示。

图 11-12 插入重复表格

(2) 在“插入重复表格”对话框中,设置“行数”为 1、“列数”为 3、“边框”为 0、“区域名称”为 repeatTable,然后单击“确定”按钮,如图 11-13 所示。

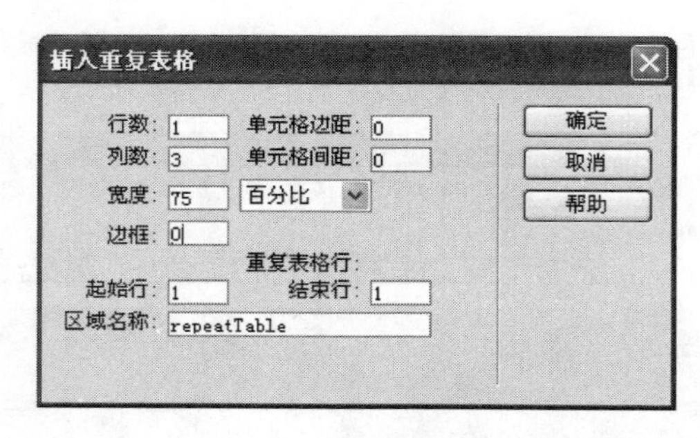

图 11-13 设置重复表格属性

(3) 重复表格插入之后,每个单元格内部将自动添加可编辑区域,如图 11-14 所示。

(4) 切换到代码视图,将光标分别定位到重复表格的三个<td>和紧随其后的模板标签之间,分别输入“第 1 列”、“第 2 列”和“第 3 列”,如图 11-15 所示。

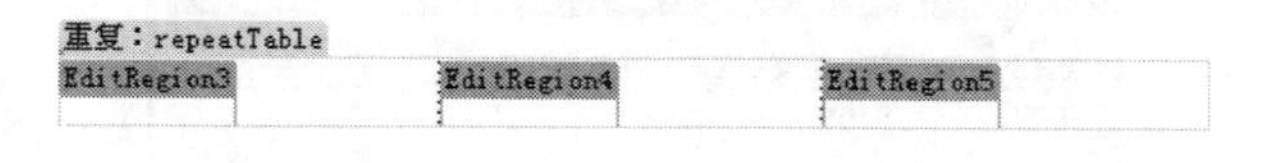

图 11-14 重复表格及其内部的可编辑区域

```
<table width="75%" border="0" cellspacing="0" cellpadding="0">
  <!-- TemplateBeginRepeat name="repeatTable" -->
  <tr>
    <td>第1列<!-- TemplateBeginEditable name="EditRegion3" --> <!--
TemplateEndEditable --></td>
    <td>第2列<!-- TemplateBeginEditable name="EditRegion4" --> <!--
TemplateEndEditable --></td>
    <td>第3列<!-- TemplateBeginEditable name="EditRegion5" --> <!--
TemplateEndEditable --></td>
  </tr>
  <!-- TemplateEndRepeat -->
</table>
```

图 11-15 在重复表格的单元格和可编辑区域之间插入文本

(5) 回到设计视图,看到的效果如图 11-16 所示。在步骤(4)中插入的这些文字出现在可编辑区域外部,因此根据这个模板建立的网页文件中,这些文字将不能编辑,但是可以根据用户的需要多次重复。

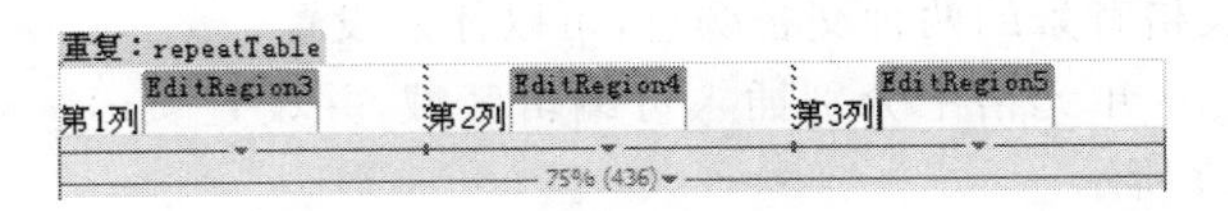

图 11-16　编辑重复表格内容

2. 使用重复表格

(1) 在“资源”面板中，选择模板 11-1-2 并右击，在弹出的快捷菜单中选择“从模板新建”命令，将这个文件保存为 11.1.2.html。

(2) 在网页文件内部，可以看到“重复：repeatTable”后面出现了一个小工具栏，这个工具栏包含 4 个按钮，用来对表格单元格进行一次重复，用来删除重复单元格，这两个按钮分别用来移动重复单元格，如图 11-17 所示。

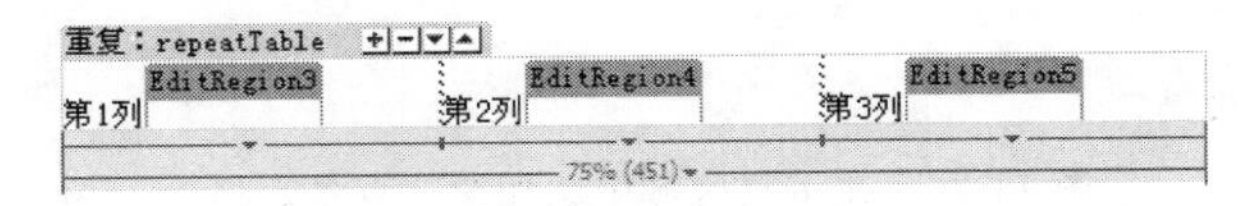

图 11-17　网页文件中的重复表格

(3) 在三个可编辑区域中插入文本，然后单击按钮添加新的重复单元格，如图 11-18 所示。注意，可编辑区域内部的内容是手工输入的，而可编辑区域外面的内容是自动添加的。

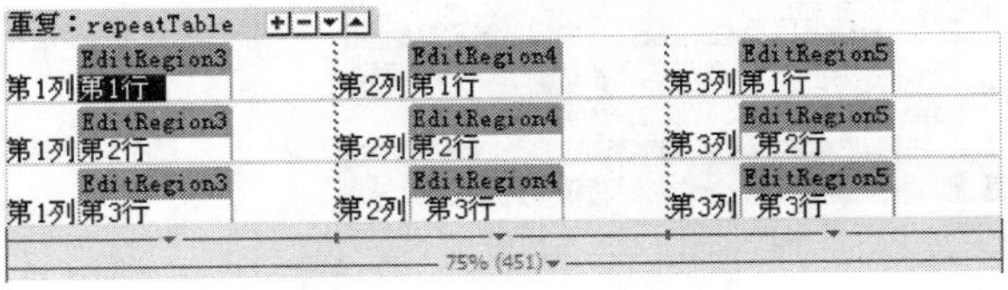

图 11-18　对单元格进行多次重复并修改可编辑区域

3. 建立重复区域

(1) 进入“资源”面板，在空白区域中右击，从弹出的快捷菜单中选择“新建模板”命令，将这个模板名称修改为 repeatRegionTemplate。双击模板名称进入到这个模板的编辑状态。

(2) 在“常用”子工具栏中展开“模板”按钮，选择“重复区域”。

(3) 在“新建重复区域”对话框中设置“名称”为 repeatRegion，如图 11-19 所示。

图 11-19　设置重复区域名称

4. 建立交替背景表格

(1) 切换到代码视图中，在标签<! -- TemplateBeginRepeat name="repeatRegion" -->和<! -- TemplateEndRepeat -->之间插入一个 1 行 3 列的表格，注意设置<tr></tr>标签的 bgColor 属性为"@@(_index & 1 ? '#99FF99' : '#99CCCC')@@"，其中的#99FF99

和#99CCCC分别是表格背景的两种交替颜色，可以任意设置。

(2) 在该表格的三个单元格中分别插入可编辑区域，并设置<td></td>标签的width属性为120，如图11-20所示。

(3) 在“资源”面板中根据模板repeatRegionTemplate新建一个HTML文件，将其保存为11.1.2t.html，在设计视图中，连续单击“重复：repeatRegion”后面的+按钮，添加多个重复区域，可以看到交替背景表格的效果如图11-21所示。

```
<BODY>
<!-- TemplateBeginRepeat name="repeatRegion" -->
<table>
<tr bgcolor="@@(_index & 1 ? '#99FF99' : '#99CCCC')@@">
<td width="120"> <!-- TemplateBeginEditable name="name" --> 可编辑区域1 <!-- TemplateEndEditable -->
</td>
<td width="120"> <!-- TemplateBeginEditable name="phone" --> 可编辑区域2<!-- TemplateEndEditable -->
</td>
<td width="120"> <!-- TemplateBeginEditable name="email" --> 可编辑区域3 <!-- TemplateEndEditable -->
</td>
</tr>
</table>
<!-- TemplateEndRepeat -->
```

图11-20　在重复区域中添加交替背景表格

模板:repeatRegionTemplate

重复：repeatRegion

Col 1 可编辑区域1	Col 2 可编辑区域2	Col 3 可编辑区域3
Col 1 可编辑区域1	Col 2 可编辑区域2	Col 3 可编辑区域3
Col 1 可编辑区域1	Col 2 可编辑区域2	Col 3 可编辑区域3
Col 1 可编辑区域1	Col 2 可编辑区域2	Col 3 可编辑区域3
Col 1 可编辑区域1	Col 2 可编辑区域2	Col 3 可编辑区域3
120	120	120

图11-21　交替背景表格效果

专家点拨：重复表格和重复区域是模板提供的特有功能，对于组织网页内容非常有用，在使用它们时最重要的就是分清楚哪些地方要重复内容、哪些地方仅仅重复可编辑区域。

11.1.3　课堂实例——模板的可选区域

如果模板中包含可选区域，那么编辑根据这个模板建立的网页文件时，可以手工设置可选区域是否显示。本节将在模板中添加两个不同风格的导航栏，将其分别放在两个可选区域当中。根据这个模板建立网页时，可以任意选用其中一种导航栏。

1. 添加可选区域

(1) 进入“资源”面板，在空白区域中右击，从弹出的快捷菜单中选择“新建模板”命令，将新建的模板改名为11-1-3，双击打开这个模板。

(2) 在设计视图中定位光标，展开“常用”子工具栏中的“模板”按钮，选择“可选区域”。

(3) 在“新建可选区域”对话框中，设置“名称”为ifRegionA，单击“确定”按钮，如图11-22所示。

(4) 在可选区域ifRegionA内部插入一个水平的导航栏，如图11-23所示。

2. 插入可编辑区域

(1) 在水平导航栏下方定位光标，注意要在可选区域ifRegionA内部，展开“常用”子工具

图 11-22　为可选区域设置名称

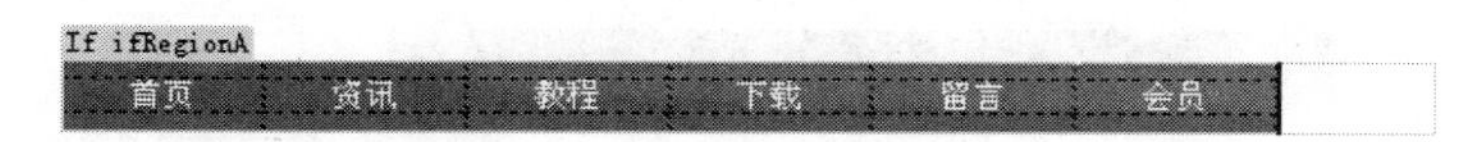

图 11-23　插入水平导航栏

栏中的“模板”按钮，选择“可编辑区域”，在弹出的“新建可编辑区域”对话框中设置其“名称”为 editRegion_ ifRegionA，如图 11-24 所示。

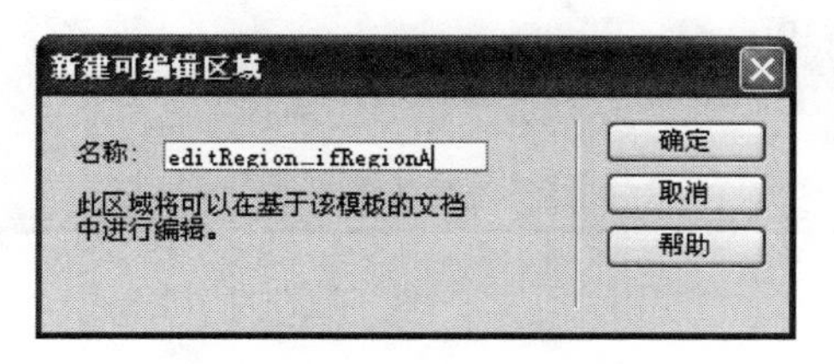

图 11-24　添加可编辑区域

（2）编辑区域插入完成之后，效果如图 11-25 所示。

图 11-25　在可选区域中插入可编辑区域

（3）重复上面的操作，再插入一个可选区域，命名为 ifRegionB。在这个可选区域中插入一个垂直导航栏，以及一个可编辑区域，命名为 editRegion_ifRegionB，这时设计视图中的效果如图 11-26 所示。完成操作后保存并关闭模板文件。

3. 使用模板的可选区域

（1）在“资源”面板中，选择模板 11-1-3 并右击，从弹出的快捷菜单中选择“从模板新建”命令，将新建的文件保存为 11.1.3.html。

（2）选择“修改”→“模板属性”命令，这时弹出“模板属性”对话框，如图 11-27 所示。

（3）在“模板属性”对话框中，在“名称”列下选择 ifRegionA，然后在对话框下方，取消对“显示 ifRegionA”复选框的选择，这时 ifRegionA 后面的“值”列将会变成“假”，如图 11-28 所示，单击“确定”按钮。

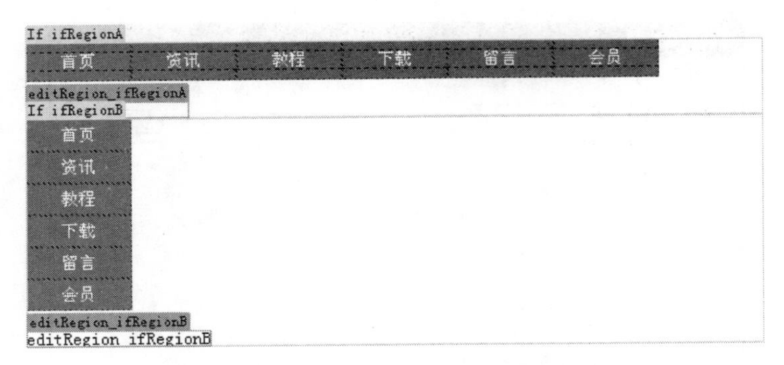

图 11-26 含两个可选区域的模板

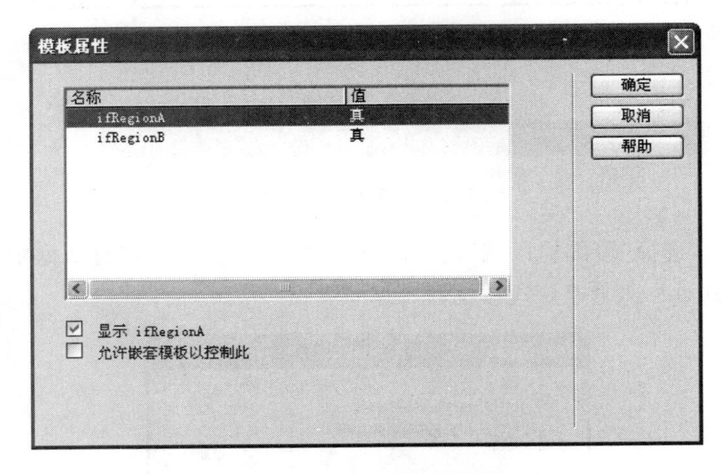

图 11-27 "模板属性"对话框

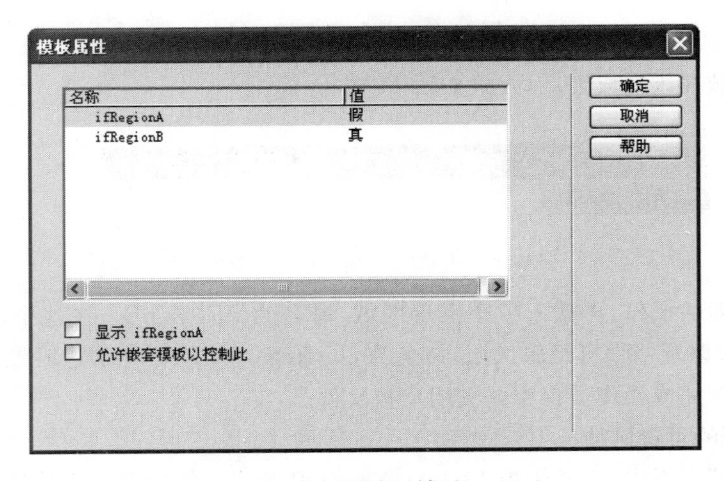

图 11-28 关闭可选区域 ifRegionA

(4) 这时可以看到在设计视图中,可选区域 ifRegionA 将会隐藏(其中所包含的水平导航栏也会被隐藏),只留下可选区域 ifRegionB 以及其中的垂直导航栏,如图 11-29 所示。

专家点拨:可选区域和可编辑区域通常是配套出现的,因此在上面的实例中,首先插入了可选区域,然后在可选区域内部插入可编辑区域,当然在实际应用时应该根据情况进行取舍。

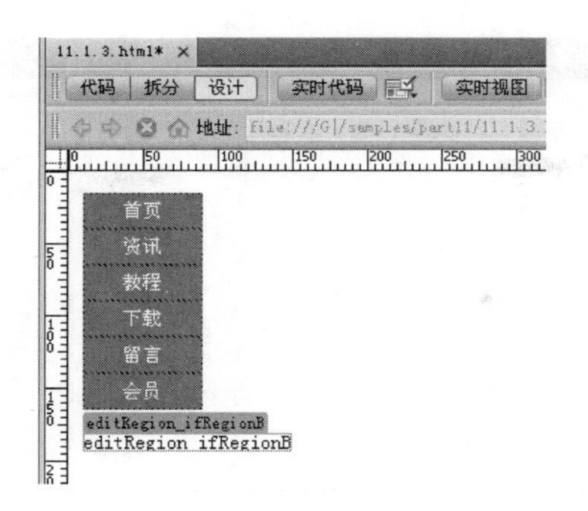

图 11-29　关闭可选区域 ifRegionA 后的效果

11.1.4　课堂实例——使用可编辑的可选区域

前面分别介绍了可选区域和可编辑区域，在大多数情况下，可选区域和可编辑区域是配套出现的，因此 Dreamweaver 提供了一种可编辑的可选区域，可以提高此类区域的制作效率。

1. 创建可编辑可选区域

(1) 新建一个网页文档，将其保存为 11.1.4.html。在“常用”子工具栏中单击展开“模板”按钮，选择“可编辑的可选区域”。

(2) 在弹出的对话框中直接单击“确定”按钮，如图 11-30 所示。

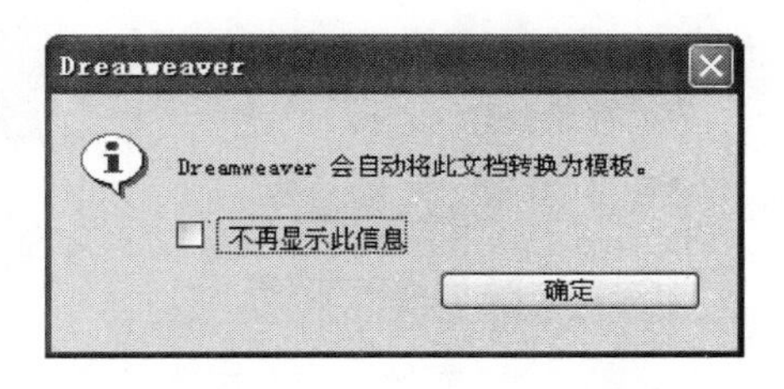

图 11-30　确认将文档转换成模板

2. 设置模板参数

(1) 在随后弹出的“新建可选区域”对话框中，选择“基本”选项卡，设置“名称”为 myRegion，如图 11-31 所示。

图 11-31　设置可选区域名称

(2) 打开“高级”选项卡，选择“输入表达式”单选按钮，在下面的编辑框中输入 myPara==1，然后单击“确定”按钮，如图 11-32 所示。

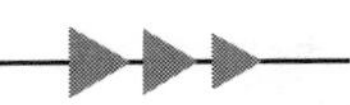

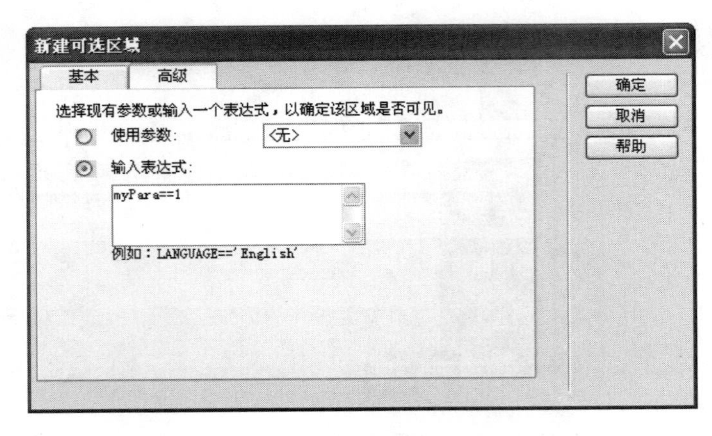

图 11-32　设置表达式

(3) 在设计视图中可以看到新增加的可编辑可选区域,在其中的可编辑部分添加一些提示文本,如图 11-33 所示。

(4) 单击“文档”工具栏中的“代码”按钮进入代码视图,在＜body＞标签之后追加语句＜! -- TemplateParam name="myPara" type="number" value="1" --＞,它的作用是定义一个模板参数 myPara,如图 11-34 所示。

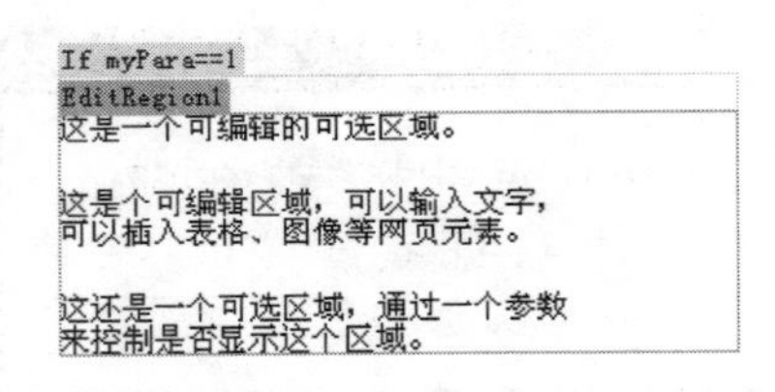

图 11-33　可编辑可选区域

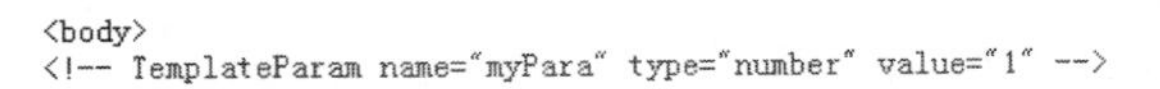

图 11-34　定义模板参数 myPara

3. 保存并应用模板

(1) 按 Ctrl+S 组合键保存文档,这时将弹出“另存模板”对话框,设置“另存为”为 11-1-4,然后单击“保存”按钮,如图 11-35 所示。

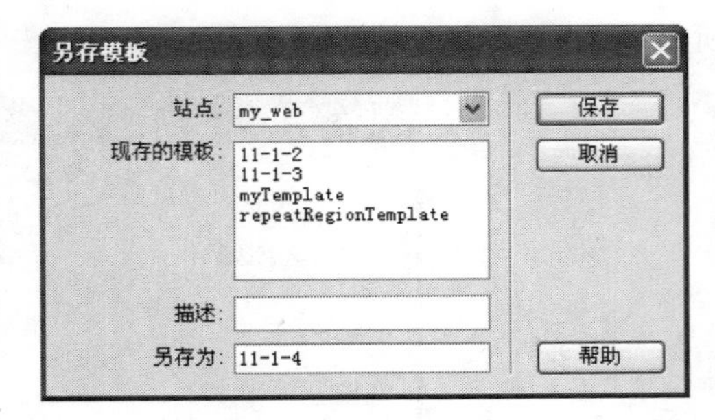

图 11-35　保存模板

(2) 打开“资源”面板,单击“模板”按钮 ,这里列出了整个站点中的所有模板,如图 11-36 所示,选中 11-1-4 并右击,从弹出的快捷菜单中选择“从模板新建”命令。

(3) 设计视图中显示的网页效果如图 11-37 所示,右上角浅黄色背景的文字显示该文件所基于的模板名称,下面的区域是可以直接编辑的,因为这里将参数 myPara 设置成了 1。

(4) 按 Ctrl+S 组合键保存这个 HTML 文件,设置保存文件名为 11.1.4.html。

4. 利用参数控制模板的作用

(1) 下面通过修改参数关闭可编辑可选区域,选择“修改”→“模板属性”命令,这时将弹出“模板属性”对话框,这里列出了模板参数 myPara,其值为 1,如图 11-38 所示。

(2) 在“模板属性”对话框下方,设置 myPara 为 2,然后单击“确定”按钮,如图 11-39 所示。

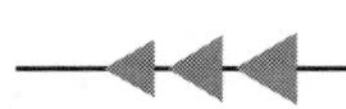

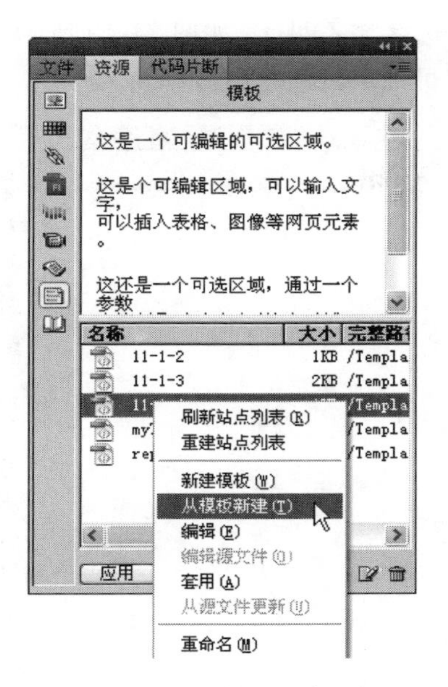

图 11-36　从模板新建文件

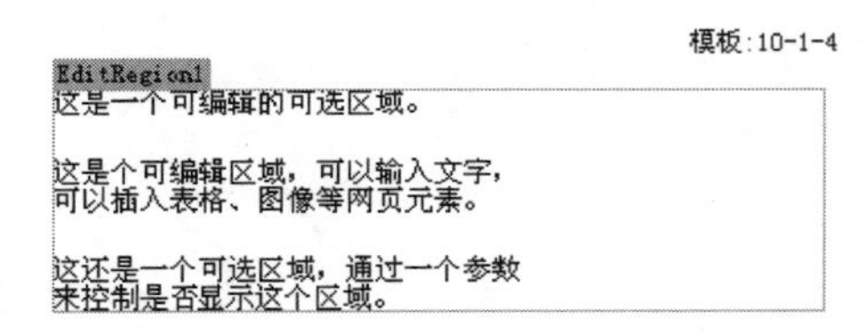

图 11-37　模板的应用效果

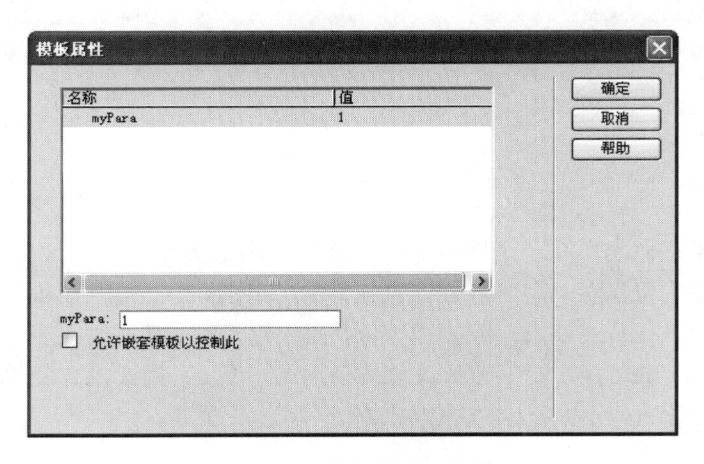

图 11-38　“模板属性”对话框

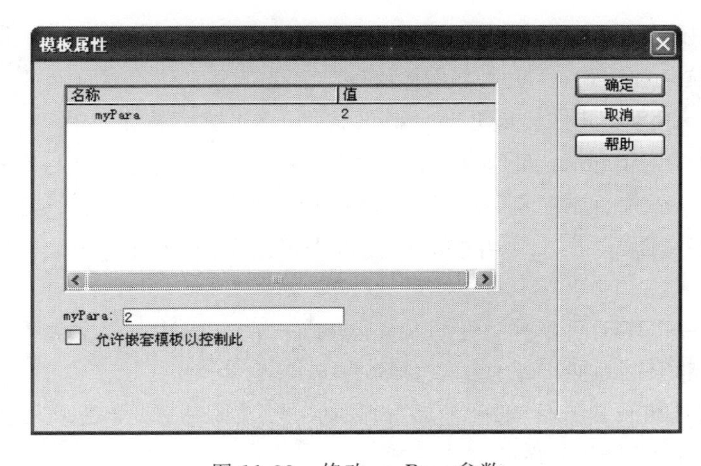

图 11-39　修改 myPara 参数

(3) 回到设计视图中,可以发现页面中的可编辑可选区域不见了,如图 11-40 所示。如果在模板中设置了多个可编辑可选区域,通过参数控制就可以灵活地进行选择。

图 11-40 可编辑可选区域被关闭

11.2 库

库是一种用来存储想要在整个网站上经常重复使用或更新的页面元素的方法,这些元素称为库项目。在库中可以存储各种各样的页面元素,如图像、表格、声音和 Flash 文件。

使用库项目时,Dreamweaver 不是在网页中插入库项目,而是插入一个指向库项目的链接。使用 Dreamweaver 的库,就不必频繁地改动网站,可以通过改动库更新所有采用库的网页,不用一个一个地修改网页元素或者重新制作网页。

11.2.1 课堂实例——创建库项目

可以从网页中的任意元素创建库项目,这些元素包括文本、表格、表单、Java applet、插件、ActiveX 元素、导航条和图像。下面以图像为例来创建一个库项目。

(1) 打开 index.html 文件。展开"资源"面板,并单击"库"按钮,如图 11-41 所示。

(2) 选中网页中的 Banner 图片,单击"资源"面板底部的"新建库项目"按钮 。库的"名称"栏中就会增加一个新的库项目,给这个库项目起个文件名叫 Banner,如图 11-42 所示。

(3) 单击网页中 Banner 图像,在"属性"面板中可以发现,该图像已自动转变为库项目了,如图 11-43 所示。

就这么简单,一个库项目就建好了,Dreamweaver 在本地站点根文件夹的 Library 文件夹中,将每个库项目都保存为一个单独的文件(文件扩展名为.lbi)。

专家点拨: 将选定内容直接拖到"资源"面板的"库"类别中,或者选中内容后选择"修改"→"库"→"增加对象到库"命令同样能创建库项目。

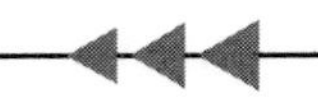

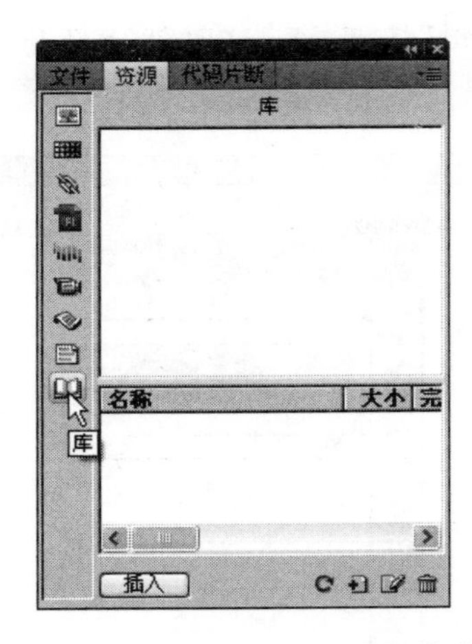

图 11-41 展开“资源”面板中的库类别

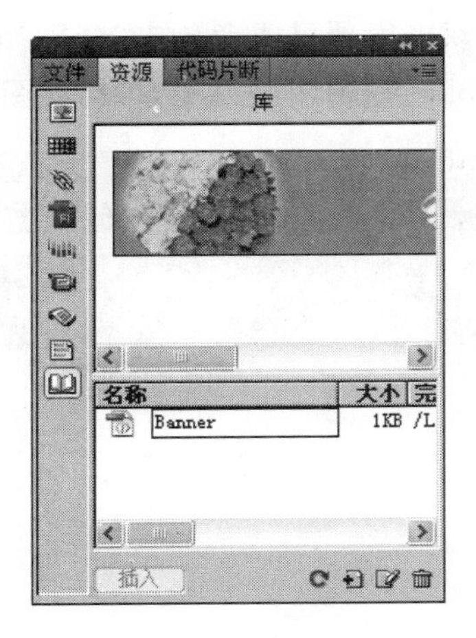

图 11-42 给库项目起文件名

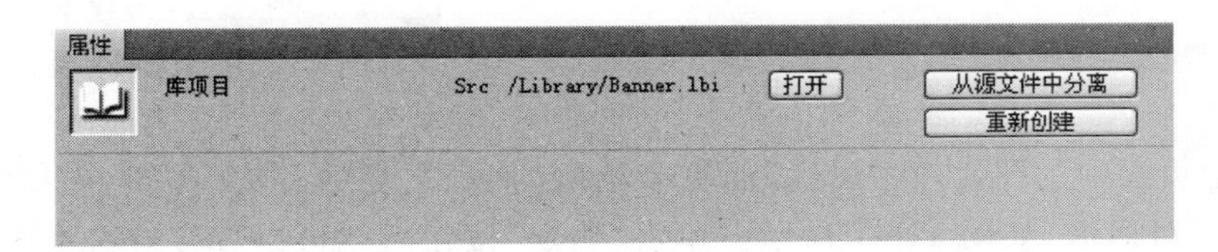

图 11-43 Banner 图片的“属性”面板

11.2.2 在文档中插入库项目

库项目建好以后就可以在文档中插入库项目了，当向页面插入库项目时，将把实际内容以及对该库项目的引用一起插入到文档中。

例如要将 Banner 库项目插入到某一个网页文档中，定位好插入点后，在“资源”面板中选择 Banner 库项目，单击“资源”面板底部的“插入”按钮即可，如图 11-44 所示。也可以直接拖动“资源”面板中的 Banner 库项目到网页文档中进行应用。插入的库项目背景颜色是黄色的，但这个背景颜色只在网页编辑状态下显示，在浏览器中不显示。

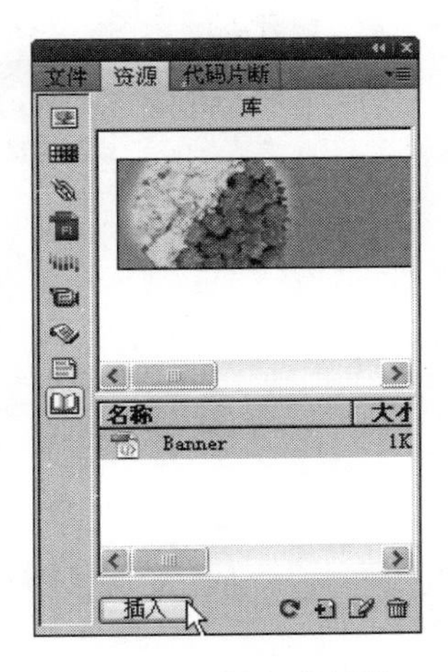

图 11-44 插入库项目

专家点拨：使用库项目时，Dreamweaver 不是在网页中插入库项目，而是插入一个指向库项目的链接。库只存储对该项的引用。因此原始文件必须保留在指定的位置，才能使库项目正确工作。

11.2.3 编辑库项目

使用库项目的优势，在于它可以通过改动库中的内容，从而更新所有采用库项目的网页，下面就来体验一下 Dreamweaver 这个强大的功能。

(1) 打开“资源”面板，选择面板左侧的“库”类别。

(2) 单击库项目面板中的 Banner，这时库项目的预览出现在“资源”面板的顶部。

(3) 双击库项目或者单击“资源”面板底部的“编辑”按钮，这时就会打开一个标题为 Banner.lbi 的编辑库项目的窗口，如图 11-45 所示。

图 11-45　编辑库项目

(4) 选中页面中的图片，在“属性”面板中单击“从源文件中分离”按钮，如图 11-46 所示。弹出一个警告对话框，如图 11-47 所示。单击“确定”按钮后就可以直接对这个图片进行编辑了。例如可以设置 Banner 图片边框属性为 1，Banner 图片的四周就会出现一个细线边框。也可以修改图片的源文件地址、链接、替代等属性。

图 11-46　单击“从源文件中分离”按钮

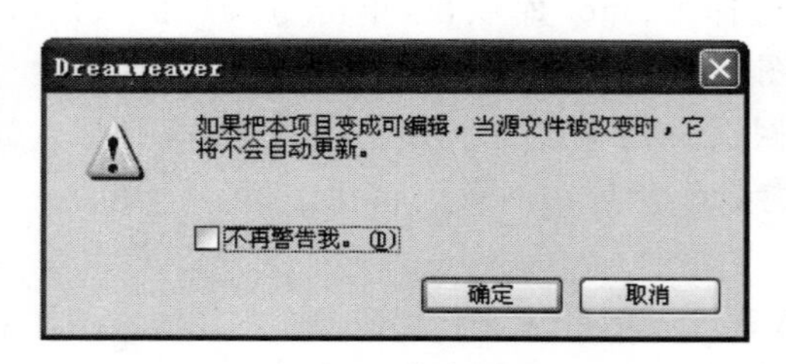

图 11-47　警告对话框

(5) 如果要保存编辑后的库项目，只需执行“文件”→“保存”命令即可。

(6) 执行“保存”命令后，弹出“更新库项目”对话框。如图 11-48 所示。

“更新库项目”对话框中列出了使用该库项目的所有文件。可以单击“更新”按钮更新使用该库项目的所有文档。更新完成后弹出“更新页面”对话框。如图 11-49 所示。

如果在“更新库项目”对话框中选择“不更新”按钮，那么文档将保持与库项目的关联，可以在以后需要更新时执行“修改”→“库”→“更新当前页”命令或“更新页面”命令进行更改。

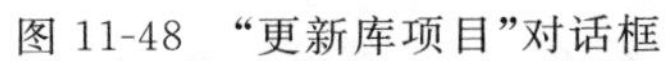
图 11-48　“更新库项目”对话框

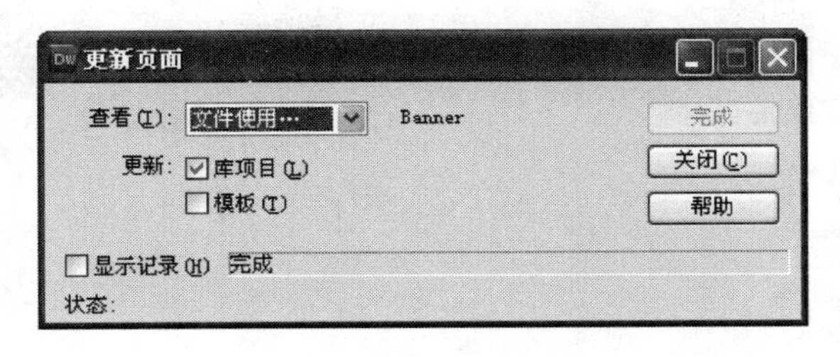

图 11-49　更新完成后弹出“更新页面”对话框

本 章 习 题

一、选择题

1. Dreamweaver 中模板默认的存放位置是站点根目录下面的________文件夹。

A. Library　　B. Template　　C. SpryAssets　　D. Scripts

2. Dreamweaver 在本地站点根文件夹的 Library 文件夹中，将每个库项目都保存为一个单独的文件，文件扩展名为________。

A. .lbi　　B. .dwt　　C. .html　　D. .asp

二、填空题

1. ________和________中的内容在模板中编辑，根据这样的模板建立网页文件后，这些内容将会根据用户的需要多次重复。

2. 库是一种用来存储想要在整个网站上经常重复使用或更新的页面元素的方法，这些元素称为________。可以在库中存储各种各样的页面元素，如图像、表格、声音和 Flash 文件。

3. 使用库项目时，Dreamweaver 不是在网页中插入库项目，而是插入一个指向库项目的________。

上 机 练 习

练习 1　制作网站模板

创建一个简单的个人网站模板，新建两个基于该模板的页面，并填上简单的内容。

练习 2　利用库创建导航条

导航条是网站中出现最频繁的元素，一个网站中常常是不同的网页中包含同一个导航条。本练习用“库”来创建导航条，这样可以较大提高网页的制作效率。

第12章 表　单

很多网站需要从访问者那里收集一些信息，例如会员注册、民意测验、用户留言等。这些功能的实现都需要表单的支持。表单让网站管理者可以要求访问者提供特定的信息，或者是让访问者能够发送反馈、问题或者请求。本章介绍表单在网页中的应用方法，主要内容包括：

- 表单的基础知识；
- 表单对象详解；
- Spry 验证表单对象；
- 制作一个留言板表单文档。

12.1 表单的基础知识

表单是网站管理者与访问者之间沟通的桥梁。有了表单，网站不仅提供信息给访问者，同时也收集访问者输入的信息。本节主要介绍创建表单的方法及表单的属性。

12.1.1 认识表单文档

表单在用户注册页面、搜索页面、电子商务页面等网页中经常出现。如图 12-1 所示是一个用户留言页面，这就是一个标准的表单页面。

图 12-1　表单页面

表单的基本工作流程如下所述。

(1) 访问者按要求在表单中填写所需要的信息。

(2) 单击“提交”按钮,所填信息按照指定的方式(POST 或 GET 方式)发送到服务器上。

(3) 服务器端脚本或应用程序对提交的信息进行处理。

(4) 最后服务器通常会反馈一个处理结果给访问者。

因此,与表单工作相关的有两个重要组成部分:一是描述表单的 HTML 源代码;二是用于处理用户在表单域中输入的信息的服务器端应用程序客户端脚本,如 ASP、JSP 等。

12.1.2　创建表单

要在 Dreamweaver CS6 中制作表单文档,主要使用“表单”工具栏。将工具栏切换到“表单”工具栏,会看到“表单”工具栏中包含若干表单对象按钮,如图 12-2 所示。单击这些按钮就可以在表单中添加表单对象。

图 12-2　“表单”工具栏

在页面创建表单时,单击“表单”工具栏上的“表单”按钮,这样在页面中出现一个由红色虚线围起来的矩形区域,这个矩形区域就是定义的表单,如图 12-3 所示。

图 12-3　创建表单

切换到代码视图,可以看到代码窗口中自动产生了一个<form></form>表单代码,如图 12-4 所示。

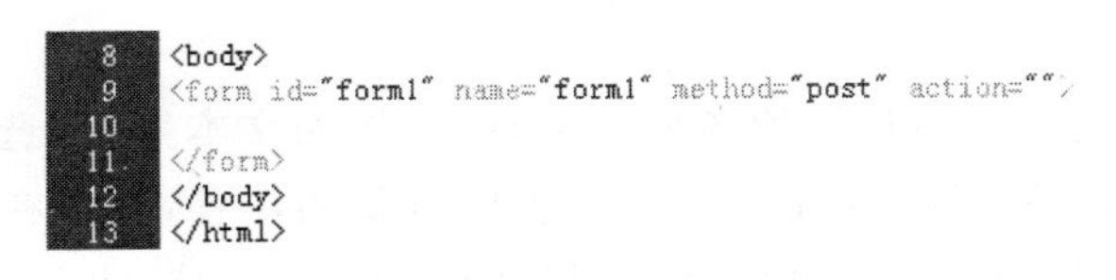

图 12-4　表单代码

专家点拨: 红色虚线框是用来表示表单范围的,不能编辑它的大小,在其中添加内容后,虚线框的边框就会自动调整。虚线框的作用只是为了方便编辑,它不会在浏览器中显示。

12.1.3　表单的属性

在创建表单时,可以通过表单“属性”面板来设置表单的属性,如图 12-5 所示。

表单属性面板上各个选项的含义如下所述。

(1) 表单 ID:输入标识该表单的唯一名称。命名表单后,就可以使用脚本语言(如 JavaScript 或 VBScript)引用或控制该表单。

(2) 动作:输入路径或者单击“文件夹”图标导航到相应的页面或脚本,以指定将处理表

图 12-5 表单属性面板

单数据的页面或脚本。

(3) 方法：指定将表单数据传输到服务器的方法，共有三个选项。

① 默认：使用浏览器的默认设置将表单数据发送到服务器。通常，默认值为 GET 方法。

② GET：将值附加到请求该页面的 URL 中。不要使用 GET 方法发送长表单。URL 的长度限制在 8192 个字符以内。如果发送的数据量太大，数据将被截断，从而会导致意外的或失败的处理结果。

③ POST：在 HTTP 请求中嵌入表单数据。如果要收集机密用户名和密码、信用卡号或其他机密信息，POST 方法可能比 GET 方法更安全。但是，由 POST 方法发送的信息是未经加密的，容易被黑客获取。若要确保安全性，则需通过安全的连接与安全的服务器相连。

(4) 编码类型：指定对提交给服务器进行处理的数据使用 MIME 编码类型，有两个选项。默认设置 application/x-www-form-urlencode 通常与 POST 方法一起使用。如果要创建文件上传域，则需指定 multipart/formdata MIME 类型。

(5) 目标：指定一个窗口来显示被调用程序返回的数据，共有 4 个选项。

① _blank：在未命名的新窗口中打开目标文档。

② _parent：在显示当前文档的窗口的父窗口中打开目标文档。

③ _self：在提交表单时所在的同一窗口中打开目标文档。

④ _top：在当前窗口的窗体内打开目标文档。此值可用于确保目标文档占用整个窗口，即使原始文档显示在框架中时也是如此。

12.2 表单对象

在定义表单域后，可以为表单添加各种表单对象，例如文本域、复选框、单选按钮、列表菜单、图像域等。在表单域中，将光标定位在插入表单对象的位置，然后在“表单”工具栏中单击要插入的表单对象按钮即可。本节介绍表单对象的使用方法和属性设置。

12.2.1 文本域

文本域是一种让访问者可以输入文本的表达对象，可接受任何类型的文字、字母或数字。有单行文本域、多行文本域和密码域三种类型的文本域。三种不同类型的文本域的浏览效果如图 12-6 所示。

1. 单行文本域

单行文本域又称为文本字段，其中只能输入单行文本，通常用来填写姓名、联系电话、邮政编码等较短的文本信息。

插入文本字段的具体操作步骤如下所述。

(1) 新建一个 HTML 文档。切换到“表单”工具栏，单击“表单”按钮 ，在页面中插入一

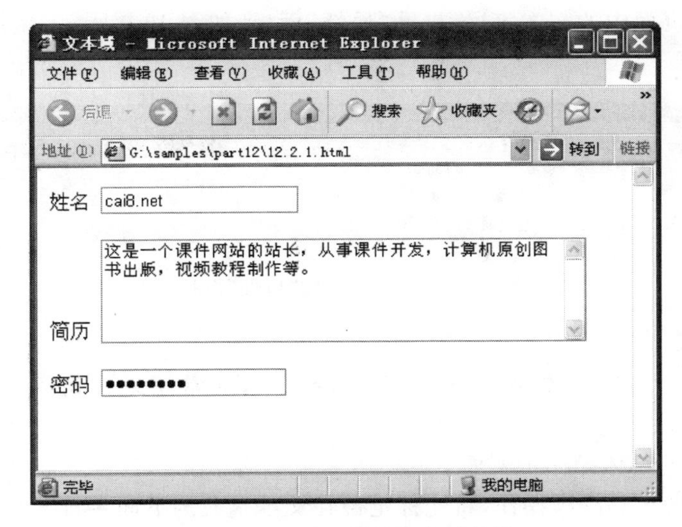

图 12-6　三种不同的文本域效果

个表单域。

(2) 单击"文本字段"按钮，此时，将弹出"输入标签辅助功能属性"对话框，在该对话框中设置文本字段属性。例如，ID 为 name，"标签文字"为"姓名"，"样式"为"用标签标记环绕"，"位置"为"在表单项前"等，如图 12-7 所示。最后，单击"确定"按钮，网页中出现一个文本字段，如图 12-8 所示。

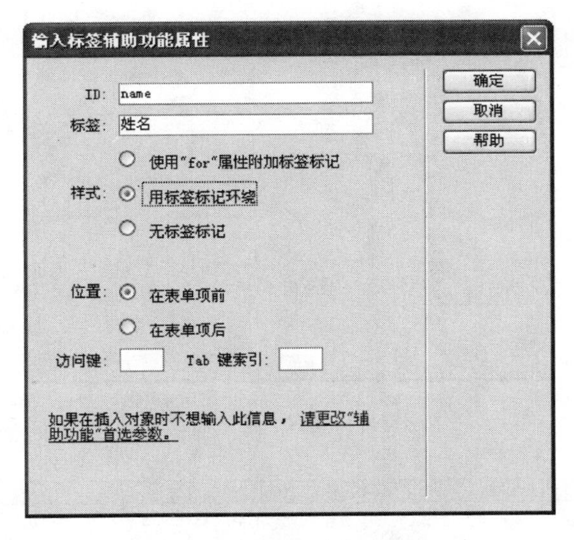

图 12-7　设置文本字段属性

图 12-8　文本字段

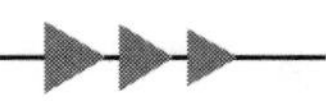

(3) 单击选中页面中的文本字段，展开“属性”面板，如图 12-9 所示，在其中可以设置文本字段的属性。

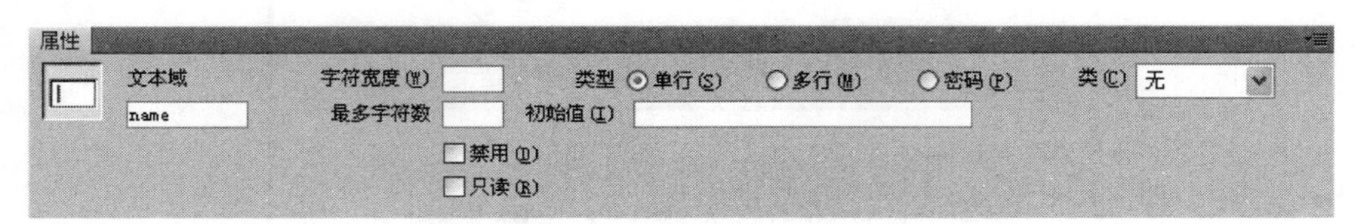

图 12-9　文本字段的“属性”面板

2. 多行文本域

文本区域又称为多行文本域，可以输入多行文本，通常用来让访问者填写较多的文本内容。

插入文本区域的具体操作步骤如下所述。

(1) 接着上面的步骤继续操作，将光标定位在文本字段的下面一行。

(2) 单击“文本区域”按钮，此时，将弹出“输入标签辅助功能属性”对话框，在该对话框中设置文本区域属性，如图 12-10 所示。最后，单击“确定”按钮，网页中出现一个文本区域，如图 12-11 所示。

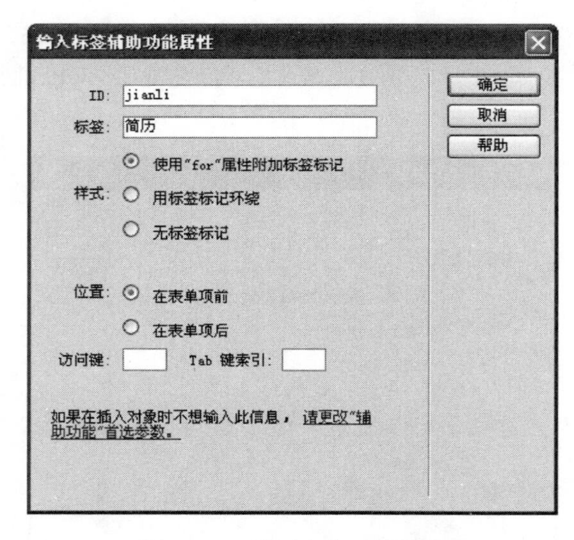

图 12-10　设置文本区域属性

图 12-11　文本区域

(3) 单击选中页面中的文本区域，展开“属性”面板，如图 12-12 所示，在其中可以设置文本区域的属性。

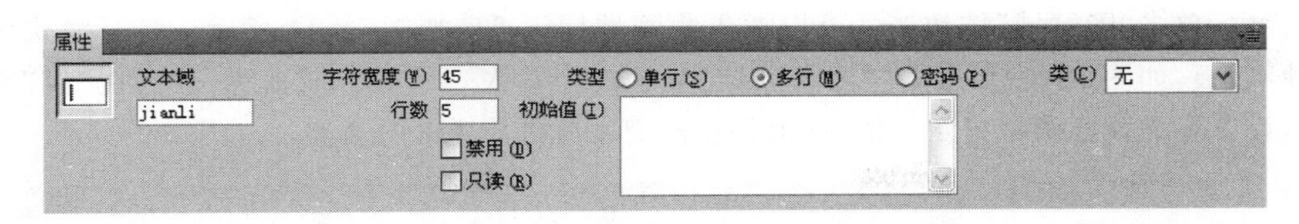

图 12-12　文本区域的“属性”面板

3. 密码域

密码域是一种特殊的文本域。当访问者在密码文本域中输入内容时，所输入的内容会被星号或者其他符号代替，从而使得其他人看不到这些内容。

插入密码域的具体操作步骤如下所述。

(1) 接着上面的步骤继续操作。将光标定位在文本区域的下面一行。

(2) 单击“文本字段”按钮，在页面中插入一个文本字段。

(3) 选中这个文本字段，打开“属性”面板，在“类型”选项中选择“密码”，在“字符宽度”文本框中输入 20，如图 12-13 所示。

图 12-13　密码域的“属性”面板

4. 文本域的属性设置

文本域(文本字段和文本区域)的“属性”面板的选项含义如表 12-1 所示。

表 12-1　文本域“属性”面板的选项含义

选项名称		选 项 含 义
文本域		给文本区域指定一个唯一的名称。其中不能包含空格或特殊字符，可以使用字母、数字和下划线
字符宽度		设置文本区域中最多可以显示的字符数，可以小于“最多字符数”中的数字
最多字符数		设置单行文本区域中最多可以输入的字符数。如果不输入，则可以输入任意数量的文本；如果文本超过文本区域的字符宽度，文本将滚动显示
行数		设置多行文本区域的高度
类型	单行	选择该项，产生一个 type 属性设置为 text 的 input 标签，单行文本域
	多行	选择该项，产生一个 textarea 标签，多行文本域
	密码	产生一个 type 属性设置为 password 的 input 标签，密码文本域
初始值		指定当表单首次被载入时显示在文本字段中的值
禁用		选择该项，禁用文本域
只读		选择该项，使文本域成为只读文本域
类		可以将 css 规则应用于对象

12.2.2　隐藏域

可以使用隐藏域存储并提交用户输入的信息，该信息对客户端而言是隐藏的。在“表单”

工具栏中,单击“隐藏域”按钮,可以插入隐藏域标记,如图 12-14 所示。打开隐藏域的“属性”面板,如图 12-15 所示,在“隐藏区域”文本框中输入一个唯一的名称,然后在“值”文本框中,设置要为该隐藏域指定的值,该值将在提交表单时传递给服务器。

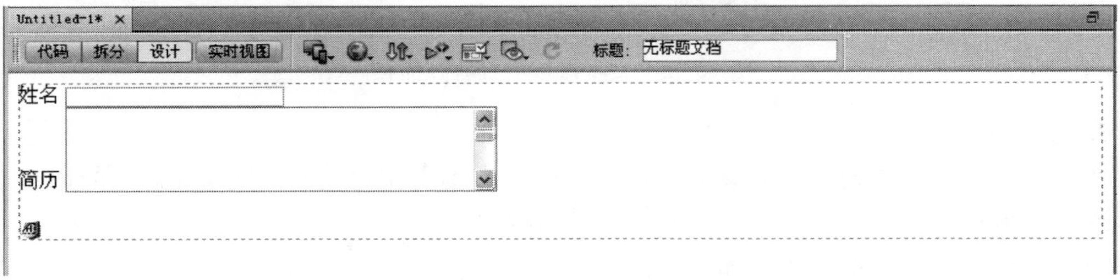

图 12-14 插入隐藏域

图 12-15 隐藏域的“属性”面板

12.2.3 复选框和复选框组

如果希望浏览者能够从一组选项中选择多个答案,可以使用复选框对象。在“表单”工具栏中,单击“复选框”按钮,在弹出的“输入标签辅助功能属性”对话框中,设置相应的属性,如图 12-16 所示。

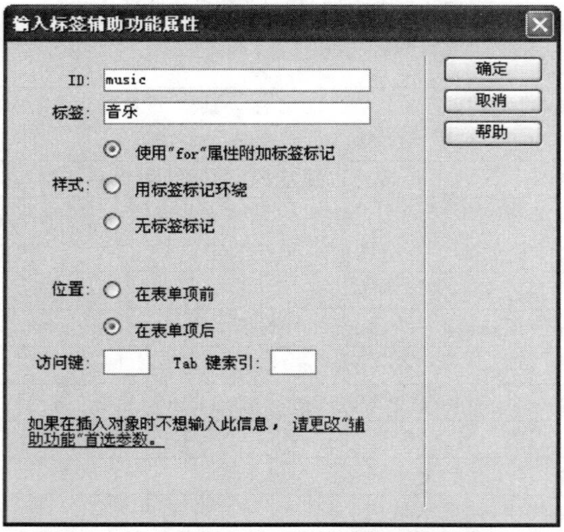

图 12-16 设置复选框属性

单击“确定”按钮即可插入一个复选框。按照同样的方法再插入几个复选框,如图 12-17 所示。在复选框对应的“属性”面板中,可以在“复选框名称”文本框中输入一个唯一的名称;在“选定值”文本框中设置该复选框被选中时发送给服务器的值;“初始状态”有两个单选按钮,可以设置复选框初始状态是“已勾选”或者“未选中”,如图 12-18 所示。

图 12-17　插入复选框

图 12-18　复选框的“属性”面板

利用“复选框组”对象,可以插入一组复选框。在“表单”工具栏中,单击“复选框组”按钮,弹出“复选框组”对话框。在该对话框中,可以单击“复选框”后面的添加按钮[+],添加复选框,并在下面的列表框中设置复选框的标签和值,如图 12-19 所示。

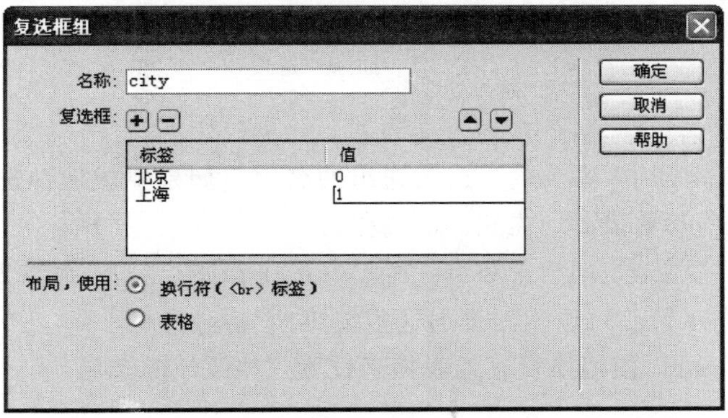

图 12-19　“复选框组”对话框

“复选框组”对话框中,各选项的含义如下。

(1) 在“名称”文本框中,输入该复选框组的名称。如果要想使复选框将参数传递回服务器,则必须给这些参数设置与之相关的名称。

(2) 单击“添加”按钮[+],向组内添加一个复选框。如有需要,可以为复选框输入标签和值。单击向上或向下箭头可以重新排列这些按钮。

(3) 布局,使用:可以使用换行符或表格来设置这些复选框的布局。

12.2.4　单选按钮和单选按钮组

在要求浏览者只能从一组选项中选择一个选项时,可以使用单选按钮。单选按钮通常成组地使用,在同一个组中的多个单选按钮必须具有相同的名称。在“表单”工具栏中,单击“单选按钮”按钮,即可插入一个单选按钮。

如果要插入一组单选按钮,可以在“表单”工具栏中,单击“单选按钮组”按钮,将弹出“单选按钮组”对话框。在该对话框中,可以单击“单选按钮”后面的“添加”按钮[+],添加单选

按钮,并在下面的列表框中设置单选按钮的标签和值,如图 12-20 所示。单击“确定”按钮,这样网页中就添加了一组单选按钮,如图 12-21 所示。

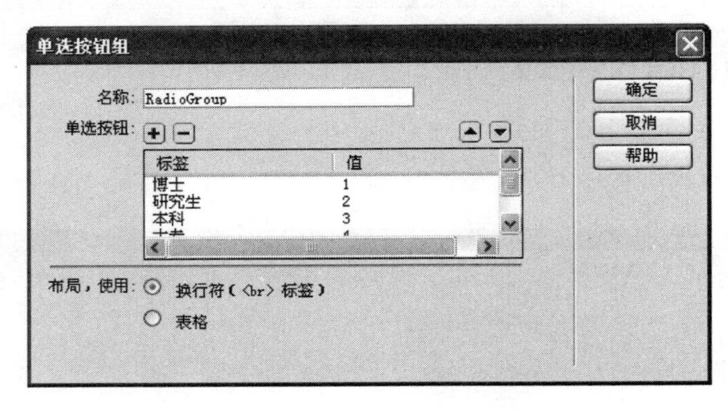

图 12-20　“单选按钮组”对话框

图 12-21　插入单选按钮

“单选按钮组”对话框中,各选项的含义如下。

(1) 在“名称”文本框中,输入该单选按钮组的名称。如果要想使单选按钮将参数传递回服务器,则必须给这些参数设置与之相关的名称。

(2) 单击“添加”按钮 ,向组内添加一个单选按钮。如有需要,可以为单选按钮输入标签和值。单击向上或向下箭头可以重新排列这些按钮。

(3) 布局,使用:可以使用换行符或表格来设置这些按钮的布局。

12.2.5　列表或菜单

列表或菜单可以使访问者从列表中选择一个或多个项目。菜单与文本区域不同,在文本区域可以随心所欲地输入任何信息,甚至包括无效的数据,对于菜单而言,可以设置某个菜单返回的确切值。

在表单中可以插入两种类型的菜单。一种菜单在单击时,弹出下拉菜单;另一种菜单是显示有项目的滚动列表,可以从该列表中选择项目,称为列表菜单。

在“表单”工具栏中,单击“选择(列表/菜单)”按钮 ,在弹出的“输入标签辅助功能属性”对话框中,在“标签文字”文本框中输入“所属城市”。

单击“确定”按钮。此时,在网页中就插入了列表或菜单,如图 12-22 所示。

图 12-22　插入列表或菜单

选中网页中的列表或菜单，可以在“属性”面板中设置它的属性，如图 12-23 所示。

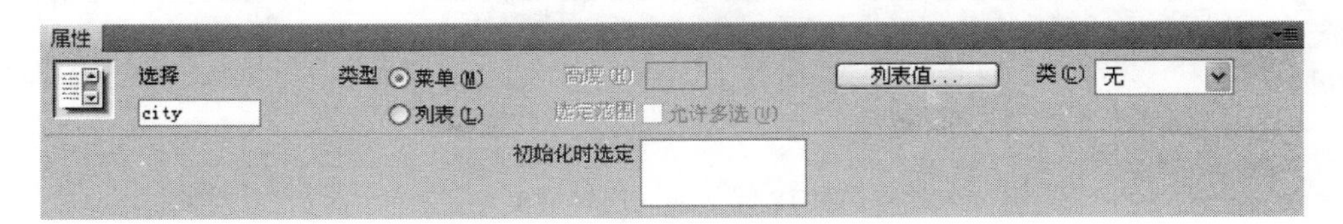

图 12-23　列表或菜单“属性”面板

列表或菜单“属性”面板内容如表 12-2 所示。

表 12-2　列表或菜单“属性”面板内容

选项名称		选项含义
选择		为菜单指定唯一的名称
类型	菜单	菜单在浏览时仅有一个选项可见
	列表	显示时列出部分或者全部选项
高度		设置菜单中显示的项数，在选中“列表”时显示该项
选定范围		指定能否从列表中选择多项，在选中“列表”时显示该项
列表值		单击可以打开“列表值”对话框，可以向菜单中添加菜单项
类		将 css 规则应用于对象
初始化时选定		设置列表中默认选择的菜单项

12.2.6　跳转菜单

跳转菜单是导航的列表或弹出菜单，可以建立 URL 与弹出菜单列表中的选项之间的关联。通过从列表中选择一项，链接到某个文档。

在“表单”工具栏中，单击“跳转菜单”按钮，弹出“插入跳转菜单”对话框，设置相关的参数，如图 12-24 所示。单击“确定”按钮，即可在网页中插入一个跳转菜单，如图 12-25 所示。

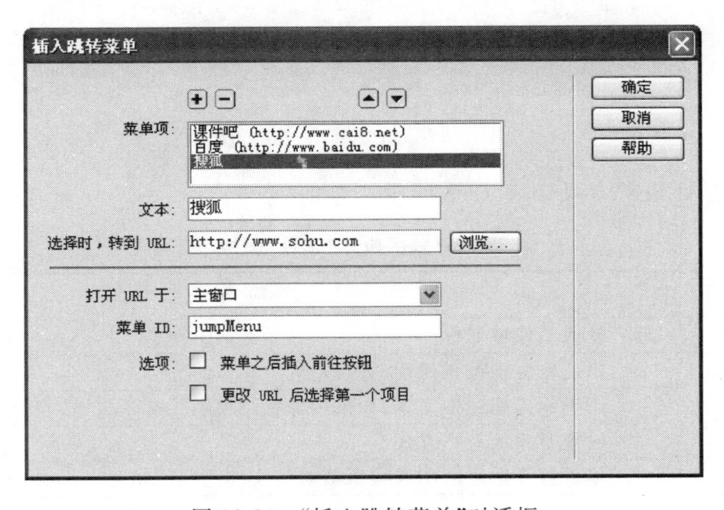

图 12-24　“插入跳转菜单”对话框

在“插入跳转菜单”对话框中，其参数的含义如下：

通过单击“添加”按钮或者“删除”按钮来添加、删除菜单项。

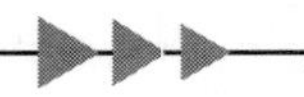

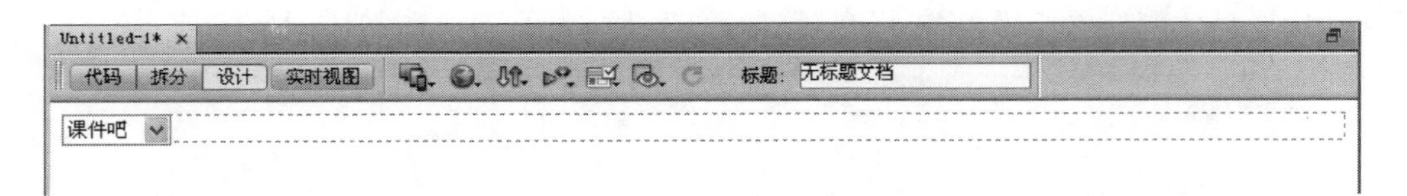

图 12-25 插入跳转菜单

选定一个菜单项,然后使用上、下箭头键在列表中进行移动。

在“文本”文本框中,为菜单项输入在菜单列表中显示的文本。

在“选择时,转到 URL”中,单击“文件夹”图标并通过浏览找到要打开的文件,或者在文本框中输入该文件的路径。

在“打开 URL 于”下拉列表框中,选择文件的打开位置。如果选择“主窗口”,则在同一窗口中打开文件;如果选择“框架”,则在所选框架中打开文件。

在“菜单 ID”文本框中,输入菜单项的名称。

选择“菜单之后插入前往按钮”复选框,可以添加一个“前往”按钮,不用菜单选择提示。如果要使用菜单选择提示,则启用“更改 URL 后选择第一个项目”复选框。

12.2.7 图像域

图像域用于在表单中插入一个图像,使该图像生成图形化按钮,例如“提交”或“重置”按钮。

在“表单”工具栏中,单击“图像域”按钮,在弹出的“选择图像源文件”对话框中,选择一幅图片,最后单击“确定”按钮即可。

图像域“属性”面板如图 12-26 所示。

图 12-26 图像域“属性”面板

图像域“属性”面板的含义如表 12-3 所示。

表 12-3 图像域“属性”面板

选项名称	选项含义
图像区域	输入图像域名称
源文件	指定要为该按钮使用的图像
替代	用于输入描述性文本,如果图像在浏览器中载入失败,将显示该文本
对齐	设置对象的对齐方式
编辑图像	单击打开默认的图像编辑器对该文件进行编辑

12.2.8 文件域

文件域是以浏览器方式将文件作为表单数据上传到服务器,简单讲是将客户端文件信息保存到服务器端的一种方法。

在“表单”工具栏中，单击文件域按钮，即可插入一个文件域，如图 12-27 所示。

文件域“属性”面板如图 12-28 所示。在文件域“属性”面板中，可以指定文件域对象的名称、文件域的字符宽度以及域中最多可以容纳的字符数。如果通过浏览来定位文件，则文件名和路径可以超过输入的值。如果直接输入文件名和路径，则输入的字符数不能超过指定的数值。

图 12-27　插入文件域

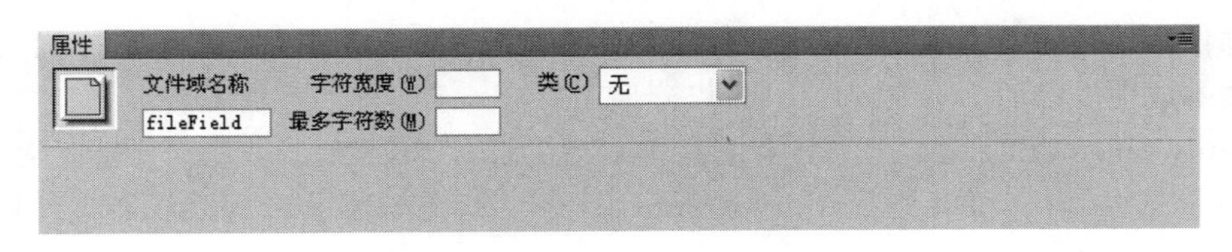

图 12-28　文件域“属性”面板

12.2.9　按钮

在提交表单信息时，需要“提交”按钮来确定提交的信息。在单击执行提交操作时，这些信息将转入另一个页面来更新及添加到数据库或者服务器中。一般提交按钮包括提交或者重置表单，可以为按钮添加自定义名称或者标签，也可以使用预定义的“提交”或“重置”标签来创建提交按钮。

在“表单”工具栏中，单击“按钮”按钮，即可插入一个按钮，如图 12-29 所示。

图 12-29　插入按钮

按钮“属性”面板如图 12-30 所示。

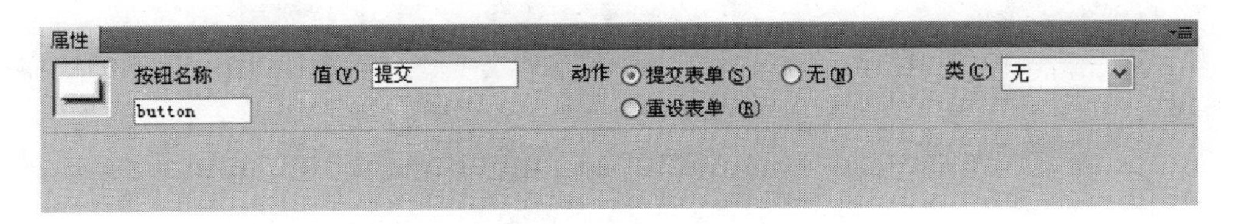

图 12-30　按钮“属性”面板

按钮“属性”面板的各选项含义如表 12-4 所示。

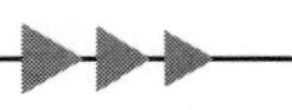

表 12-4 按钮"属性"面板的选项含义

选项名称		选项含义
按钮名称		确定按钮上要显示的文本
值	提交	将表单中的数据提交给处理的应用程序或者脚本
	重置	将所有表单的设置重置为原始值
动作	提交表单	选中该按钮时提交表单数据进行处理
	重设表单	选中该按钮时将清除表单内容
	无	可以指定选中该按钮时要执行的动作

12.3 Spry 验证表单对象

在制作表单页面时,为了保证采集信息的有效性(例如要求访问者在表单中输入一个有效的电子邮件地址),往往会在网页中实现表单数据验证的功能。Dreamweaver 可添加用于检查指定文本域中内容的 JavaScript 代码,以确保用户输入了正确的数据类型。

Dreamweaver CS6 提供了 7 个验证表单对象:Spry 验证文本域、Spry 验证文本区域、Spry 验证复选框、Spry 验证选择、Spry 验证密码、Spry 验证确认和 Spry 验证单选按钮组。

12.3.1 Spry 验证文本域

Spry 验证文本域对象是一个文本域,该域用于在站点访问者输入文本时显示文本的状态(有效或无效)。例如,可以向访问者输入电子邮件地址的表单中添加验证文本域对象。如果访问者没有在电子邮件地址中输入@符号和句点(.),验证文本域对象会返回一条消息,声明用户输入的信息无效。

在"表单"工具栏上单击"Spry 验证文本域"按钮,即可在表单中插入一个验证文本域对象,如图 12-31 所示。

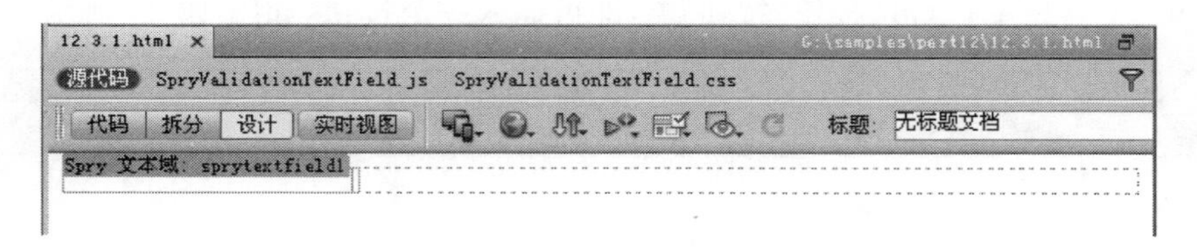

图 12-31 插入验证文本域

选中这个验证文本域,在"属性"面板中可以进行设置,如图 12-32 所示。

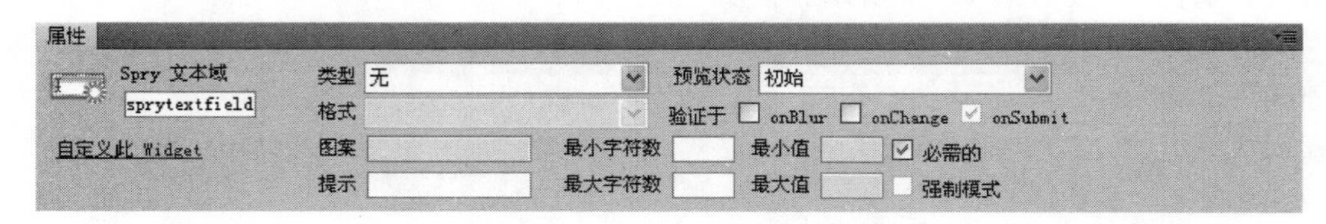

图 12-32 验证文本域的"属性"面板

在"属性"面板的"类型"下拉列表中可以指定验证类型和格式。大多数验证类型都会要求文本域采用标准格式。例如,如果向文本域应用整数验证类型,那么,除非用户在该文本域中

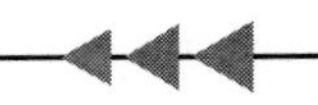

输入数字，否则，该文本域对象将无法通过验证。验证类型和格式如表 12-5 所示。

表 12-5 验证类型和格式

验证类型	格 式
无	无须特殊格式
整数	文本域仅接受数字
电子邮件	文本域接受包含@和句点(.)的电子邮件地址，而且@和句点的前面和后面都必须至少有一个字母
日期	格式可变。可以从属性面板的“格式”下拉菜单中进行选择
时间	格式可变。可以从属性面板的“格式”下拉菜单中进行选择(“tt”表示 am/pm 格式，“t”表示 a/p 格式。)
信用卡	格式可变。可以从属性面板的“格式”下拉菜单中进行选择。可以选择接受所有信用卡，或者指定特定种类的信用卡(MasterCard、Visa 等)。文本域不接受包含空格的信用卡号，例如 4321 3456 4567 4567
邮政编码	格式可变。可以从属性面板的“格式”下拉菜单中进行选择
电话号码	文本域接受美国和加拿大格式(即(000) 000-0000)或自定义格式的电话号码。如果选择自定义格式，需在“模式”文本框中输入格式，例如 000.00(00)
社会安全号码	文本域接受 000-00-0000 格式的社会安全号码
货币	文本域接受 1,000,000.00 或 1.000.000,00 格式的货币
实数/科学记数法	验证各种数字：数字(例如 1)、浮点值(例如 12.123)、以科学记数法表示的浮点值(例如 1.212e+12、1.221e-12，其中 e 用作 10 的幂)
IP 地址	格式可变。可以从“属性”面板的“格式”下拉菜单中进行选择
URL	文本域接受 http://xxx.xxx.xxx 或 ftp://xxx.xxx.xxx 格式的 URL
自定义	可用于指定自定义验证类型和格式。在属性面板中输入格式模式(并根据需要输入提示)

验证文本域对象具有许多状态(例如有效、无效和必需值等)。可以根据所需的验证结果，使用“属性”面板来修改这些状态的属性。在“属性”面板的“预览状态”下拉列表中可以选择相应的状态，在“设计”视图状态可以看到相应的对象状态。

可以设置验证发生的时间，包括站点访问者在对象外部单击时、输入内容时或尝试提交表单时。在“属性”面板中，通过设置“验证于”选项进行设置，共包括三个复选框：onBlur、onChange、onSubmit。这三个复选框可以全部都选，也可以一个不选。

(1) 模糊(onBlur)：当用户在文本域的外部单击时验证。

(2) 更改(onChange)：当用户更改文本域中的文本时验证。

(3) 提交(onSubmit)：当用户尝试提交表单时验证。

对于“无”、“整数”、“电子邮件地址”和 URL 验证类型，还可以指定最小字符数和最大字符数。在“属性”面板中的“最小字符数”或“最大字符数”文本框中输入一个数字。例如，如果在“最小字符数”文本框中输入 3，那么，只有当用户输入 3 个或更多个字符时，该对象才通过验证。

对于“整数”、“时间”、“货币”和“实数/科学记数法”验证类型，还可以指定最小值和最大值。在“属性”面板中的“最小值”或“最大值”文本框中输入一个数字。例如，如果在“最小值”框中输入 3，那么，只有当用户在文本域中输入 3 或者更大的值(4、5、6 等)时，该对象才通过验证。

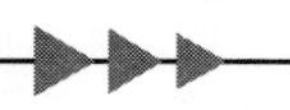

在"属性"面板中选择"强制模式"复选框,可以禁止用户在验证文本域对象中输入无效字符。例如,如果对具有"整数"验证类型的对象集选择此选项,那么,当用户尝试输入字母时,文本域中将不显示任何内容。

12.3.2　Spry 验证文本区域

Spry 验证文本区域对象是一个文本区域,该区域在用户输入几个文本句子时显示文本的状态(有效或无效)。如果文本区域是必填域,而用户没有输入任何文本,该对象将返回一条消息,声明必须输入值。

在"表单"工具栏上单击"Spry 验证文本区域"按钮,即可在表单中插入一个验证文本区域对象,如图 12-33 所示。

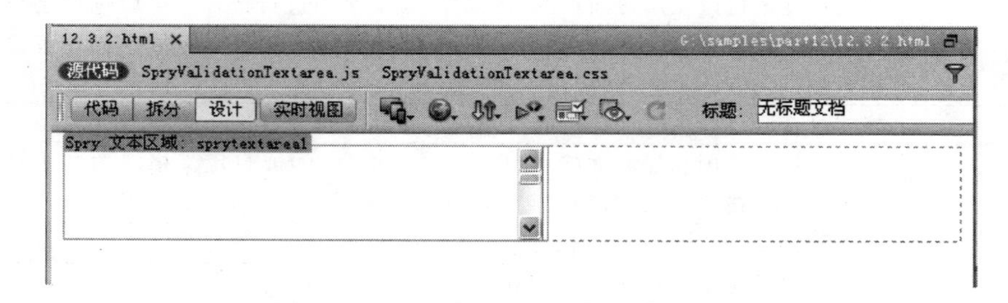

图 12-33　插入验证文本区域对象

选中这个验证文本区域对象,在"属性"面板中可以进行设置,如图 12-34 所示。

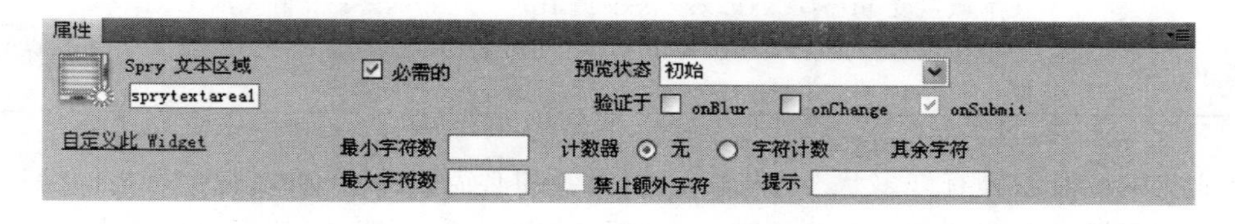

图 12-34　验证文本区域对象的"属性"面板

验证文本区域对象的属性设置和验证文本区对象大部分类似,可以参考前面的介绍。另外,可以添加字符计数器,以便当用户在文本区域中输入文本时知道自己已经输入了多少字符或者还剩多少字符。默认情况下,当添加字符计数器时,计数器会出现在对象右下角的外部。

12.3.3　Spry 验证复选框

Spry 验证复选框对象是 HTML 表单中的一个或一组复选框,该复选框在用户选择(或没有选择)复选框时会显示对象的状态(有效或无效)。例如,可以向表单中添加验证复选框对象,该表单可能会要求用户进行三项选择。如果用户没有进行所有这三项选择,该对象会返回一条消息,声明不符合最小选择数要求。

在"表单"工具栏上单击"Spry 验证复选框"按钮,即可在表单中插入验证复选框对象,这里插入了 4 个验证复选框对象,如图 12-35 所示。

选中这个验证复选框对象,在"属性"面板中可以进行设置,如图 12-36 所示。

默认情况下,验证复选框对象设置为"必需"。但是,如果在页面上插入了许多复选框,则可以指定选择范围(即最小选择数和最大选择数)。例如,如果单个验证复选框对象的<span>

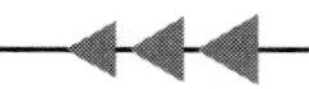

图 12-35　插入验证复选框对象

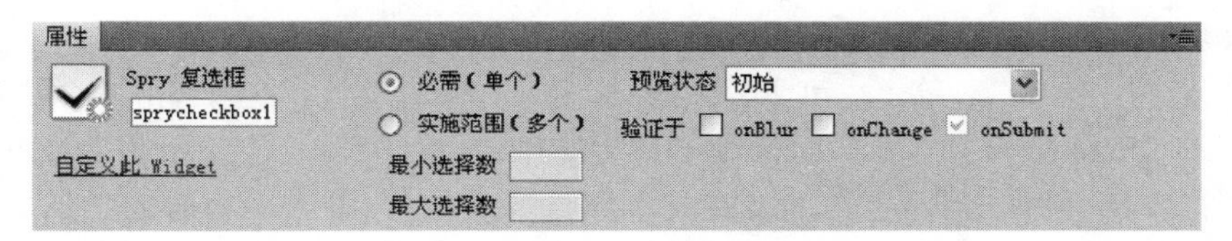

图 12-36　验证复选框的"属性"面板

标签内有 4 个复选框，而且希望确保用户至少选择两个复选框，则可以为整个对象设置最小选择数为 2。

12.3.4　Spry 验证选择

Spry 验证选择对象是一个下拉菜单，该菜单在用户进行选择时会显示对象的状态(有效或无效)。例如，可以插入一个包含状态列表的验证选择对象，这些状态按不同的部分组合并用水平线分隔。如果用户意外选择了某条分界线(而不是某个状态)，验证选择对象会向用户返回一条消息，声明他们的选择无效。

在"表单"工具栏上单击"Spry 验证选择"按钮，即可在表单中插入一个验证选择域对象，Dreamweaver 不会自动添加这个对象相应的菜单项和值，可以选择对象，然后在列表/菜单"属性"面板中进行菜单项和值的设置，如图 12-37 所示。

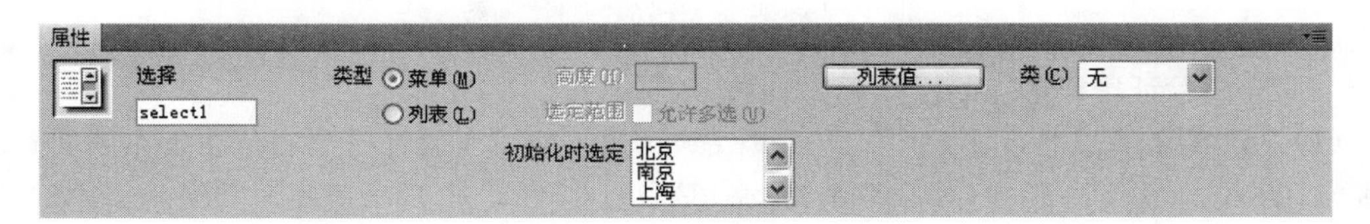

图 12-37　在列表/菜单"属性"面板中进行菜单项和值的设置

单击 Spry 验证选择域对象的选择手柄，可以在"属性"面板中进行设置，如图 12-38 所示。

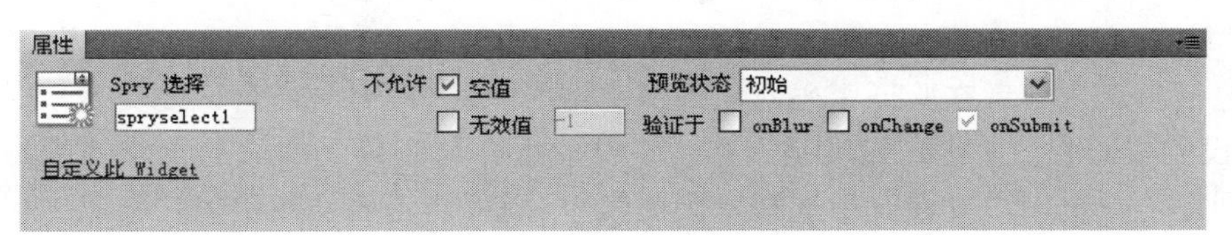

图 12-38　"属性"面板

默认情况下，用 Dreamweaver 插入的所有验证选择对象都要求用户在将对象发布到 Web 页之前，选择具有相关值的菜单项。但是，可以禁用此选项。具体操作是：在"属性"面板的"不允许"选项中取消对"空值"复选框的勾选。

可以指定一个值，当用户选择与该值相关的菜单项时，该值将注册为无效。例如，如果指

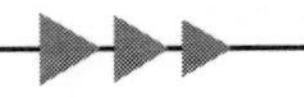

定－1是无效值(在“属性”面板的“不允许”选项中勾选“无效值”复选框,并在右侧的文本框中输入－1),并将该值赋给某个选项标签,则当用户选择该菜单项时,该对象将返回一条错误消息。

```
<option value = " - 1"> -------------------- </option>
```

12.3.5 Spry 验证密码

Spry 验证密码对象是一个密码文本域,可用于强制执行密码规则(例如字符的数目和类型)。它会根据用户的输入提供警告或错误消息。Spry 验证密码对象具有许多状态(例如有效、必需和最小字符数等)。可以根据所需的验证结果编辑相应的 CSS 文件(SpryValidationPassword.css),从而修改这些状态的属性。Spry 验证密码对象可以在不同的时间点进行验证,例如,当站点访问者在文本域外部单击时、输入内容时或尝试提交表单时。

在“表单”工具栏上单击“Spry 验证密码”按钮,即可在表单中插入一个验证密码对象,如图 12-39 所示。在“属性”面板中,可以设置验证密码对象的属性,如图 12-40 所示。

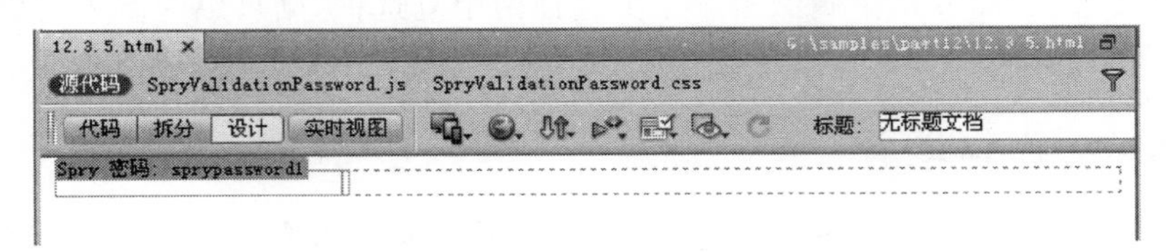

图 12-39 插入一个验证密码对象

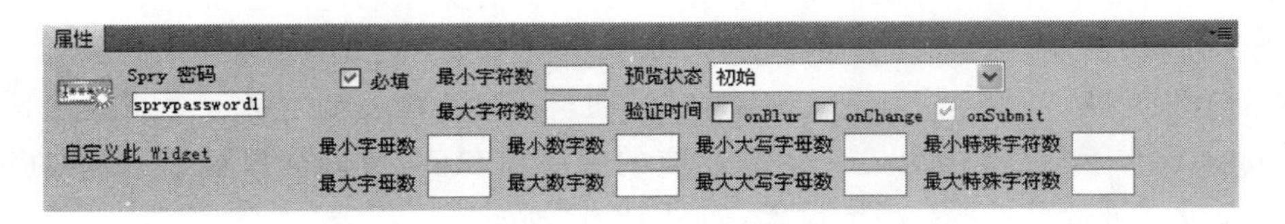

图 12-40 验证密码的“属性”面板

下面介绍验证密码的“属性”面板中各种选项的含义。

(1)“必填”:默认情况下,使用 Dreamweaver 插入的所有验证密码对象在发布到网页时,都要求用户输入内容。但是,如果取消对“必填”复选框的勾选,那么就将填写密码文本域设置为对用户是可选的。

(2)“预览状态”:在这个下拉列表中包括三个选项,即初始、必填和有效。用户可以根据需要选择某一个选项来预览验证密码对象在设计视图下的状态。

(3)“验证时间”:包括 onBlur、onChange 和 onSubmit 三个复选框。可以设置验证发生的时间,包括站点访问者在验证密码对象外部单击时、输入内容时或尝试提交表单时。

(4)设置密码强度:密码强度是指某些字符的组合与密码文本域的要求匹配的程度。例如,如果创建了一个用户要在其中选择密码的表单,则可能需要强制用户在密码中包含若干大写字母、若干特殊字符等。具体设置情况如下所述。

① 最小/最大字符数:指定有效的密码所需的最小和最大字符数。

② 最小/最大字母数:指定有效的密码所需的最小和最大字母(a、b、c 等)数。

③ 最小/最大数字数:指定有效的密码所需的最小和最大数字(1、2、3 等)数。

④ 最小/最大大写字母数:指定有效的密码所需的最小和最大大写字母(A、B、C 等)数。

⑤ 最小/最大特殊字符数:指定有效的密码所需的最小和最大特殊字符(!、@、# 等)数。

12.3.6　Spry 验证确认

Spry 验证确认对象是一个文本域或密码表单域，当用户输入的值与同一表单中类似域的值不匹配时，该对象将显示有效或无效状态。例如，可以向表单中添加一个验证确认对象，要求用户重新输入他们在上一个域中指定的密码。如果用户未能完全一样地输入他们之前指定的密码，验证确认对象将返回错误消息，提示两个值不匹配。验证确认对象还可以与验证文本域对象一起使用，用于验证电子邮件地址。

首先在表单域插入一个 Spry 验证密码对象，对象的 ID 设置为 password001，然后在“表单”工具栏上单击“Spry 验证确认”按钮，即可在表单中插入一个验证确认对象，如图 12-41 所示。在“属性”面板中，可以设置验证确认对象的属性，如图 12-42 所示。

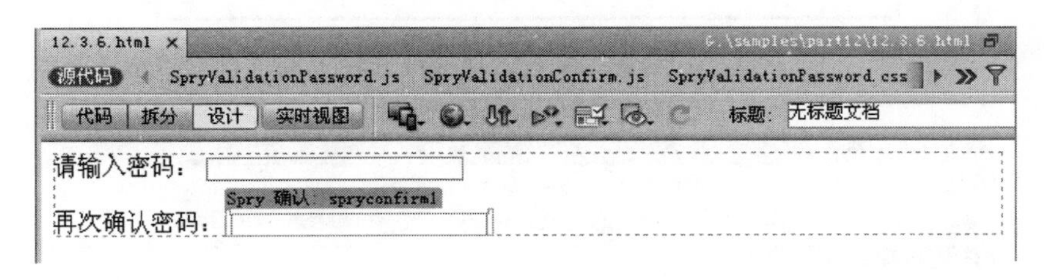

图 12-41　插入一个 Spry 验证确认对象

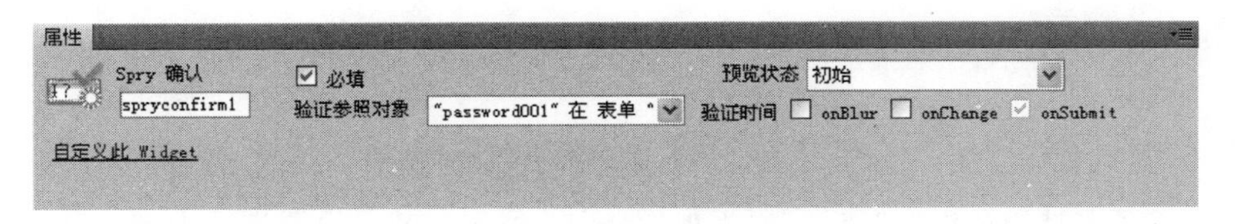

图 12-42　Spry 验证确认对象的“属性”面板

下面介绍验证确认的“属性”面板中各选项的含义。

(1)“必填”：默认情况下，使用 Dreamweaver 插入的所有验证确认对象在发布到网页时，都要求用户输入内容。但是，如果取消对“必填”复选框的勾选，那么就将填写确认文本域设置为对用户是可选的。

(2)“预览状态”：在这个下拉列表中包括 4 个选项，即初始、必填、无效和有效。用户可以根据需要选择某一个选项来预览验证密码对象在设计视图下的状态。

(3)“验证时间”：包括三个复选框，即 onBlur、onChange 和 onSubmit。可以设置验证发生的时间，包括站点访问者在验证密码对象外部单击时、输入内容时或尝试提交表单时。

(4)“验证参照对象”：分配了唯一 ID 的所有文本域都显示为该弹出式菜单中的选项，从中可以选择将用作验证依据的文本域。例如，这里设置的验证参照对象是 ID 为 password001 的验证密码对象。

12.3.7　Spry 验证单选按钮组

验证单选按钮组对象是一组单选按钮，可支持对所选内容进行验证。该对象可强制从组中选择一个单选按钮。

在“表单”工具栏上单击“Spry 验证单选按钮组”按钮，弹出“Spry 验证单选按钮组”对话框，在其中添加需要的单选按钮，如图 12-43 所示。具体添加方法和单选按钮组的使用方法

类似。单击"确定"按钮后即可在页面中插入一组验证单选按钮,如图 12-44 所示。

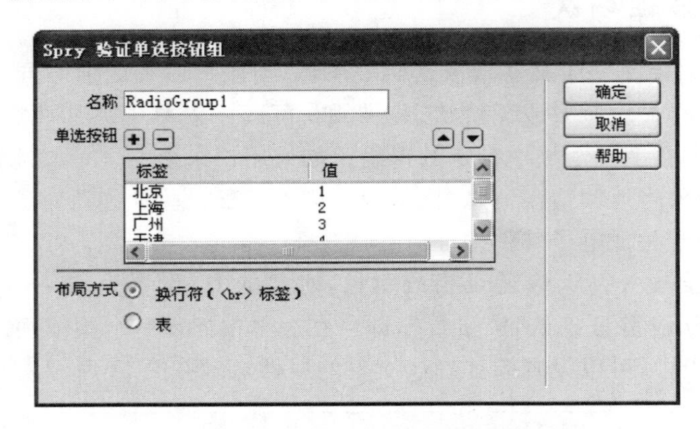

图 12-43　"Spry 验证单选按钮组"对话框

图 12-44　插入 Spry 验证单选按钮组

Spry 验证单选按钮组的"属性"面板如图 12-45 所示。其中设置选项大部分和前面的叙述类似,这里不再赘述。这里只介绍"空值"和"无效值"这两个选项的应用。

图 12-45　Spry 验证单选按钮组的"属性"面板

用户可以指定空值或无效值,当用户选择的单选按钮与 none 或 invalid 关联时,指定的值也相应地注册为 none 或 invalid。如果用户选择具有空值(值为 none)的单选按钮,则浏览器将返回"请进行选择"错误消息。如果用户选择具有无效值(值为 invalid)的单选按钮,则浏览器将返回"请选择一个有效值"错误消息。

下面是具体的操作方法。

(1) 当为验证单选按钮组对象指定空值或无效值时,必须有已经分配了那些值的相应单选按钮。因此,先在单选按钮组对象中选择要用作空单选按钮或无效单选按钮的单选按钮。

(2) 在单选按钮"属性"面板中,为该单选按钮分配一个选定值。若要创建具有空值的单选按钮,则需在"选定值"文本框中输入 none。若要创建具有无效值的单选按钮,则需在"选定值"文本框中输入 invalid。

(3) 通过单击验证单选按钮组对象的蓝色选项卡,选择整个对象。

(4) 在“属性”面板中，指定空值或无效值。若要创建显示空值错误消息“请进行选择”的对象，需在“空值”文本框中输入 none。若要创建显示无效值错误消息“请选择一个有效值”的对象，需在“无效值”文本框中输入 invalid。

专家点拨：单选按钮本身和单选按钮组对象都必须分配有 none 或 invalid 值，错误消息才能正确显示。

12.4　课堂实例——制作一个留言板表单文档

本节利用前面介绍的知识制作一个留言板表单示例，页面效果如图 12-1 所示。下面介绍详细的制作步骤。

12.4.1　添加表单并布局表格

新建一个网页文档并保存。在“表单”工具栏中单击“表单”按钮，页面编辑区马上出现一个红色虚框，这就是一个表单。紧接着，在表单中插入一个表格并输入相应的文字，效果如图 12-46 所示。

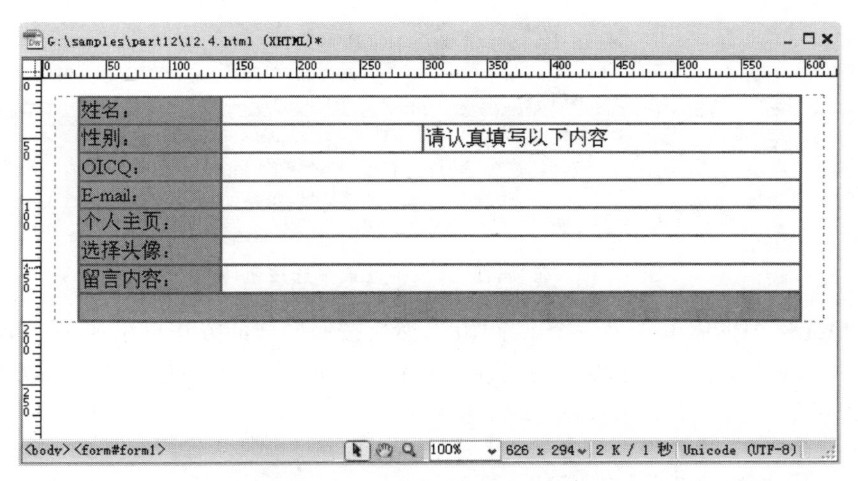

图 12-46　表单中的表格布局

专家点拨：表单和表单对象是有区别的。表单是由<form>标签定义的，也就是设计视图下看到的红虚线框。表单对象是指表单将来要提交的内容，也就是文本字段、隐藏域、文本区域、单选按钮、按钮等对象。

12.4.2　添加表单对象

(1) 将光标定位在“姓名”右边的单元格中，单击“表单”工具栏中的“文本字段”按钮，这样在单元格中就出现一个“文本字段”对象，如图 12-47 所示。

(2) 保持这个文本字段表单域处在选中状态，在“属性”面板中的“文本域”文本框中定义这个文本字段的名字为 name，如图 12-48 所示。

(3) 将光标定位在“性别”右边的单元格中，输入文字“男”，然后单击“表单”工具栏中的“单选按钮”，在“属性”面板中定义这个单选按钮的名字为 sex、“选定值”为“男”、“初始状态”为“已勾选”，其他参数保持默认，如图 12-49 所示。

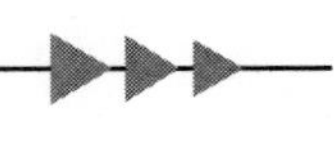

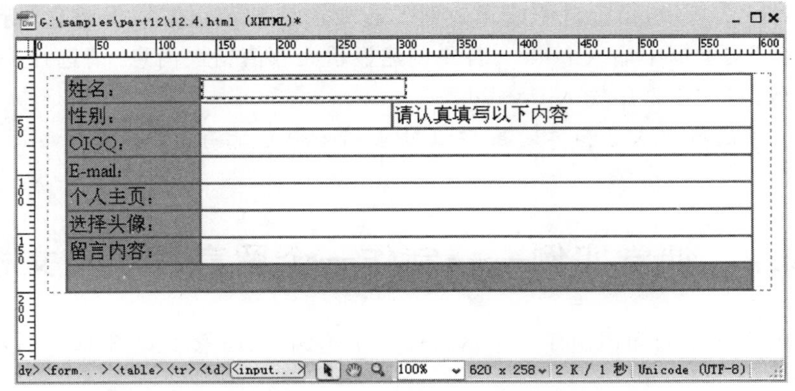

图 12-47 添加“姓名”文本字段表单域

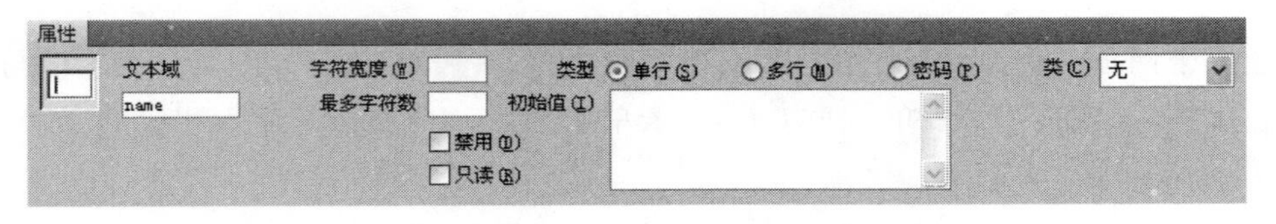

图 12-48 定义文本字段的名字

图 12-49 在“属性”面板中设置单选按钮属性

(4) 在单元格中继续输入另一个文字“女”,然后按照同样的方法再添加一个单选按钮,并在“属性”面板中,设置这个单选按钮的属性:名字为 sex,“选定值”为女,“初始状态”为“未选中”。完成以后的编辑页面效果如图 12-50 所示。

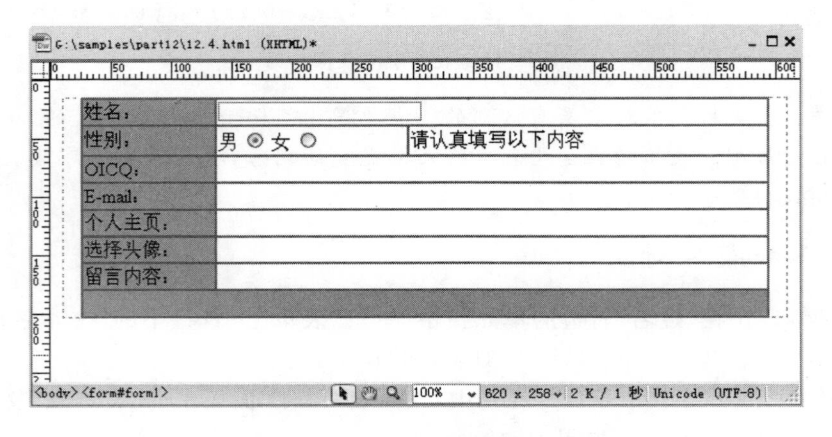

图 12-50 “性别”单选按钮表单域

(5) 这里将 OICQ、E-mail、个人主页均创建为 Spry 验证文本域对象。将这三个文本字段分别命名为 oicq、mail 和 homepage。在验证文本域对象的“属性”面板中,设置它们的验证“类型”分别为整数、电子邮件地址和 URL。完成以后的效果如图 12-51 所示。

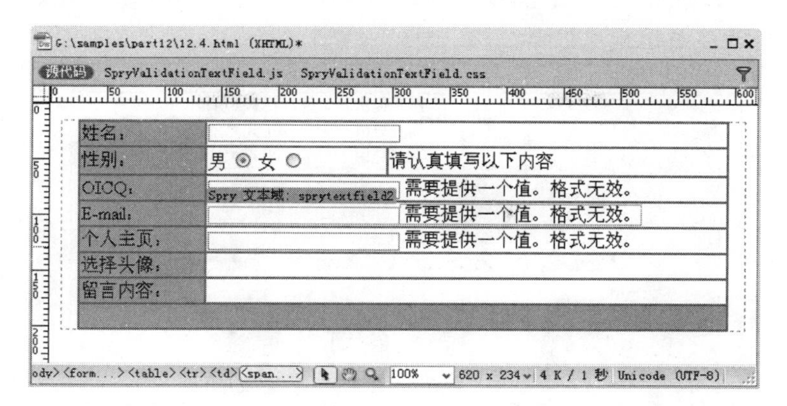

图 12-51　创建三个 Spry 验证文本域对象

(6) 将光标定位在“选择头像”右边的单元格中，分两行分别插入 8 个头像图片，然后在每个图片的右边添加一个“单选按钮”表单域。

(7) 在“属性”面板中分别设置这些单选按钮的属性。它们的名字统一定义为 tx；第一个单选按钮的“初始状态”设置为“已勾选”，其他的单选按钮设置为“未选中”。最后编辑页面的效果如图 12-52 所示。

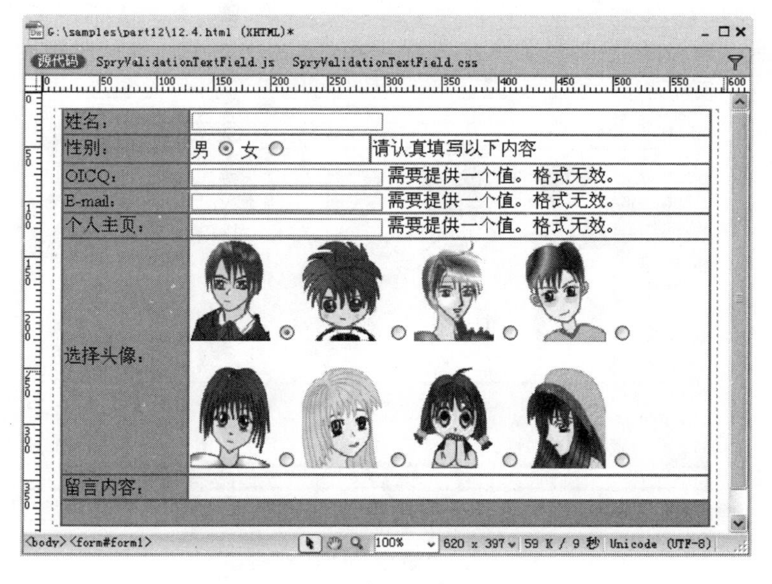

图 12-52　“选择头像”表单域

(8) 将光标定位在“留言内容”右边的单元格中，单击“表单”工具栏中的“文本区域”按钮，在“属性”面板中定义名字为 liuyan、“字符宽度”为 66、“行数”为 5，其他保持默认，页面效果如图 12-53 所示。

(9) 将光标定位在最下边的单元格中，单击“表单”工具栏中的“按钮”按钮，添加一个按钮表单域，在“属性”面板中将它命名为 Submit1，其他属性保持默认，也就是“标签”为“提交”、“动作”为“提交表单”。按照同样的方法再添加一个按钮表单域，然后在“属性”面板中将它命名为 Submit2，“标签”为“重置”、“动作”为“重设表单”。完成以后的页面效果如图 12-54 所示。

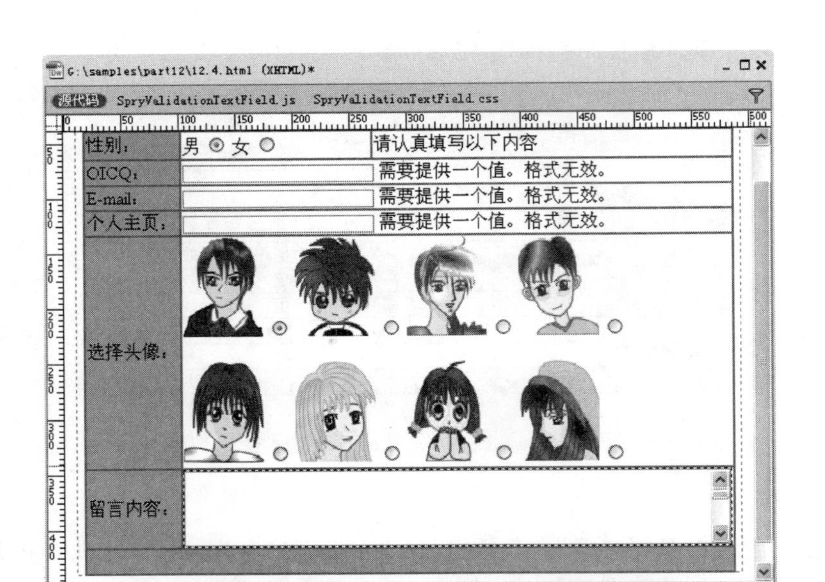

图 12-53 “留言内容”文本区域

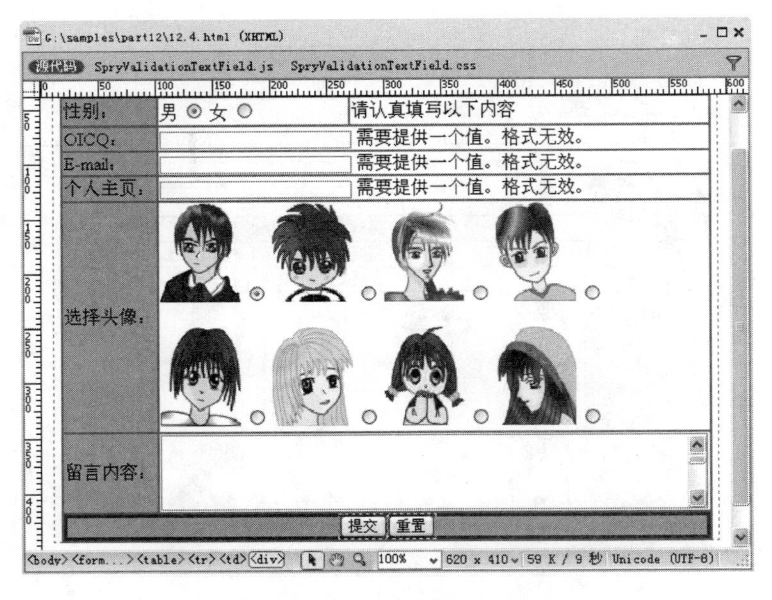

图 12-54 “提交”和“重置”按钮

专家点拨：这里制作的表单文档只是包含了各种表单域，如果要想使这个表单文档真正成为实用的动态网页，必须在表单上添加处理用户在表单域中输入信息的客户端脚本。

本章习题

一、选择题

1. 文本域是一种让访问者可以输入文本的表达对象，可接受任何类型的文字、字母或数字。包括单行文本域、多行文本域和________三种类型的文本域。

A. 隐藏域 B. 单选按钮 C. 复选框 D. 密码域

2. 跳转菜单是导航的列表或弹出菜单，可以建立 URL 与弹出菜单列表中的选项之间的关联。在“表单”工具栏上“跳转菜单”按钮的图标是________。

A. B. C. D.

3. 在使用 Spry 验证表单对象时，可以设置验证发生的时间，包括站点访问者在对象外部单击时、输入内容时或尝试提交表单时。选择________选项可以设置当用户尝试提交表单时验证。

A. onBlur B. onSubmit C. onChange D. onPress

二、填空题

1. 在页面创建表单时，单击“表单”工具栏上的________按钮，这样在页面中出现一个由红色虚线围起来的矩形区域，这个矩形区域就是定义的表单区域。

2. 访问者按要求在表单中填写所需要的信息，单击“提交”按钮，所填信息按照指定的________方式或________方式发送到服务器上。

3. Spry 验证单选按钮组对象是一组单选按钮，可支持对所选内容进行验证。在应用 Spry 验证单选按钮组时，单选按钮和单选按钮组对象都必须分配有 none 或________值，相应的错误消息才能正确显示。

上 机 练 习

练习　制作会员注册表单

制作一个会员注册的表单文档，效果如图 12-55 和图 12-56 所示。第一个文本域使用的是 Spry 验证密码，设置其最大字符数为 12、最小字符数为 6。第二个文本域使用的是 Spry 验证确认，是对第一个验证密码对象的验证。

图 12-55 输入注册信息

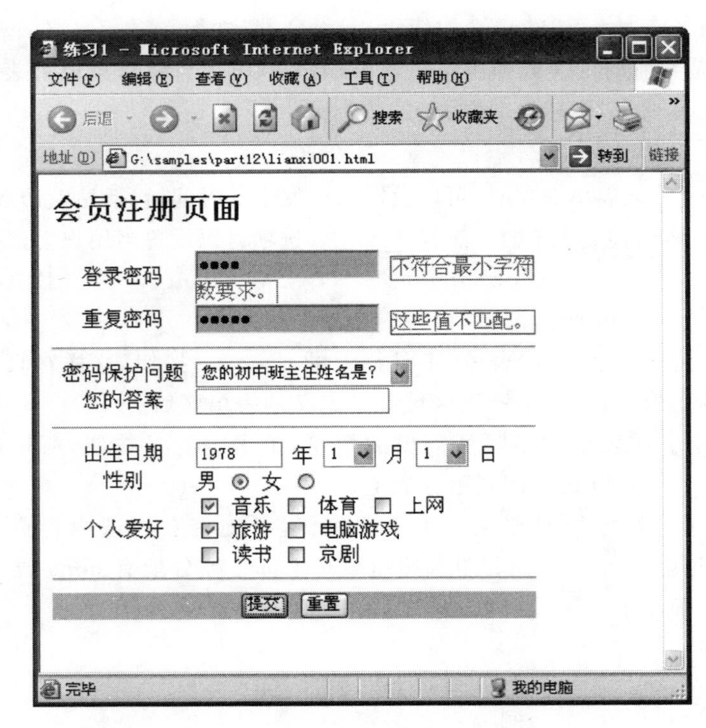

图 12-56 输入数据有误的情况

第13章

开发和管理网站

Dreamweaver 不仅仅是网页设计工具，更是网站开发和管理工具。它提供了大量和网站管理维护相关的功能，能够对网站中的文件、链接、媒体文件等多种资源进行统一管理，使网站设计工作事半功倍。本章介绍开发和管理网站的知识，主要内容包括：

- 网站开发流程；
- 测试和发布网站；
- 管理网站。

13.1 网站开发流程

第一次学习制作网页的人也许从 Dreamweaver 的基本功能开始仔细学到了高级功能，但是还觉得开发一个完整网站无从下手。建设一个网站是一个复杂的系统工程项目，本节将介绍网站的开发流程，使读者对网站开发有一个整体的认识。

13.1.1 网站总体策划

在建立网站之前，应该对自己的网站有一个总体的策划和设计，明确网站的主题。根据网站主题进一步设计网站的整体风格、网页的色彩搭配、网站的层次结构等内容。

1. 目标用户定位和网站的主题定位

只有确定了网站的主题和浏览网页的对象，才能在网站内容选取、美工设计、划分栏目各方面尽力做到合理，并吸引住更多的眼球。例如，就教育网站而言，目的大多是为了展示各个学校的风采，为众多教师和对教育感兴趣的人提供其所需的资讯（如新闻、公告等）和资源（如教案、论文、教学理论、课件制作教程等）。因此，教育网站的目标用户定位比较容易，主要集中在教师和对教育感兴趣的人。

按照访问对象的兴趣把网站内容收集起来，加以分类整理就可以大致上确定站点的主题和发展方向了。但切忌内容面面俱到，太多太杂的内容反而会给浏览者的信息查找带来很大的不便。

图 13-1 所示的是“课件吧”网站（http://www.cai8.net）的主页效果图。这个网站的主题就定位在多媒体课件制作技术上，提供一些原创的课件教程、Flash 教程、网页制作教程、课件图书等内容。主要的浏览对象为爱好课件制作的教师和其他多媒体制作爱好者。

图 13-1 “课件吧”网站主页

专家点拨：本书配套光盘上提供了"课件吧"网站的整站文档。有兴趣的读者还可以通过"课件吧"网站的真实网址 http://www.cai8.net 进行学习。

2. 网站的整体风格创意设计

确定了网站的主题和浏览群，就可以来创意网站的风格了。一个好的创意加上一定基础的美工，会使网站收到意想不到的效果，大大增加网站的回头率。风格(Style)是非常抽象的概念，往往要结合整个站点来看，而且不同的人的审美观都不同，对于风格的喜好也很不同。所以想使每一个人都满意是不可能的，重要的是先让自己满意(当然自己的满意有很大程度是建立在访问者满意上的)，再照顾忠实的支持者。不管用什么风格，风格永远是为主题服务的，也就是要让它做好衬托气氛的任务，而不是单纯地照搬照抄别人的特色，因为也许那并不适合自己的站点。

整个网站应该使用统一的风格，包括背景颜色、字体颜色大小、导航栏、版权信息、标题、注脚、版面布局，甚至文字说明使用的语气这些方面都要注意前后一致，或者说前后协调。

3. 网页的色彩搭配

色彩在网站形象中具有重要地位，通常新闻类的网站会选择白底黑字，这不仅是因为这种方式对带宽要求最低，更多的是因为人们平时习惯于这样阅读报纸，所以在潜意识中，这种色彩对于把新闻传达到脑海的效率最高。在古董类网站中，色彩的搭配上又会有一定的差异，色彩搭配尽量古朴一些，更要符合民族的一些特色。

根据网站的不同类型选定主体色，背景色选择与之相协调的色彩进行搭配，在满足浏览者视觉美感的同时又给了他们一个识别信号，来帮助浏览者对网站类型进行判断。

网站色彩总的应用原则应该是"总体协调，局部对比"，也就是：主页的整体色彩效果应该是和谐的，只有局部的、小范围的地方可以有一些强烈色彩的对比。在色彩的运用上，可以根据主页内容的需要，分别采用不同的主色调。因为色彩具有象征性，如嫩绿色、翠绿色、金黄色、灰褐色就可以分别象征春、夏、秋、冬。其次还有职业的标志色，如军警的橄榄绿、医疗卫生的白色等。色彩还具有明显的心理感觉，如冷、暖的感觉，进、退的效果等。另外，色彩还有民族性，各个民族由于环境、文化、传统等因素的影响，对于色彩的喜好也存在着较大的差异。充分运用色彩的这些特性，可以使我们的主页具有深刻的艺术内涵，从而提升主页的文化品位。

下面介绍几种色彩选配方案。

(1) 暖色调，即红色、橙色、黄色、赭色等色彩的搭配。这种色调的运用，可使主页呈现温馨、和煦、热情的氛围。

(2) 冷色调，即青色、绿色、紫色等色彩的搭配。这种色调的运用，可使主页呈现宁静、清凉、高雅的氛围。

(3) 对比色调，即把色性完全相反的色彩搭配在同一个空间里，例如红与绿、黄与紫、橙与蓝等。这种色彩的搭配，可以产生强烈的视觉效果，给人亮丽、鲜艳、喜庆的感觉。当然，对比色调如果用得不好，会适得其反，产生俗气、刺眼的不良效果。这就要把握"大调和，小对比"的重要原则，即总体的色调应该是统一和谐的，局部的地方可以有一些小的强烈对比。

图 13-1 所示的"课件吧"网站主页，选择白色为背景色，栏目标题采用蓝色，整个页面以蓝和白为主色调，体现一种清新、淡雅、浪漫的气氛，由于蓝色沉稳的特性，具有理智和准确的意义，使得网页同时又具有一种让人信赖的感觉。

4. 网站的层次结构和链接结构

建立一个网站好比写一篇文章，首先要拟好提纲，文章才能主题明确，层次清晰；也好比

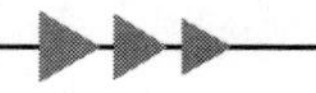

造一座高楼,首先要设计好框架图纸,才能使楼房结构合理。

根据网站的主题需要和自己的实际能力来确定网站的栏目、导航层次及具体内容。在策划时还需要考虑的是技术的实现难易程度、自己的时间和精力以及一些网站资料的来源等问题。

确定具体栏目后就可以建立网站的文件目录。一个网站的内容会随着不断地更新而不断增多,如果把所有的文件都放在根目录中,会给日后的管理和更新带来很多的不便。因此有必要在根目录中建立多个子目录,来存放各栏目的相关文件。

5. 版面布局设计

网页的版面布局设计是一个网站成功与否的关键。特别是网站首页的版面布局就更为重要,访问者往往看到第一页就已经对网站有一个整体的感觉。首页是全站内容的目录,是一个索引。一般首页上可放置以下模块:网站名称(logo)、广告条(banner)、主菜单(menu)、搜索(search)、友情链接(links)、计数器(count)、版权(copyright)等。

可以根据具体需要先确定在首页上放置的内容模块,然后拿起笔在纸上画出首页布局的草图。设计完后还可以根据实际情况进行调整并最后定案。

图 13-1 所示的"课件吧"网站首页,在制作前也进行了版面布局设计,布局效果图如图 13-2 所示。

图 13-2 首页的版面布局设计

13.1.2 设计和制作素材

当网站策划好以后,下面的工作就是搜集和制作网页中所需要的素材,包括网站 logo、banner 的制作、网页内容的相关资料,还有页面中所需的特效代码的准备等。把素材放置在相应的文件夹,方便制作和日后的管理。

搜集的素材一般包括:

(1) 跟主题相关的文字图片资料;

(2) 一些优秀的页面风格;

(3) 开放的源代码。

还有一些素材是需要自己设计和制作的,包括网站的 logo、banner、背景图片、列表图标、横幅广告等。这些素材的制作通常会采用以下软件来完成:

(1) Photoshop;

(2) Fireworks;

(3) Flash。

网站所需要的素材制作完成以后,还需要分门别类地把它们组织起来,存储在各个类别的文件夹中。这样便于今后制作网站时应用和管理。

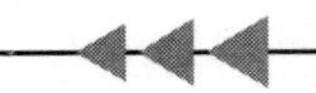

13.1.3　建立站点

1. 安装和配置 IIS

IIS 是使用比较广泛、支持 ASP 程序的 Web 服务器，要想在本地计算机上模拟 Internet 上的 Web 服务器的工作模式，必须在自己的计算机上安装 IIS 组件，并且根据具体需要将 Web 服务器配置好。安装和配置 IIS 的具体方法请参看附录 A 的相关内容。

2. 在 Dreamweaver 中创建站点

制作网站不是直接制作一些网页，然后随便放在一起那么简单。Internet 上提供给用户浏览的网页文件是经过组织、分门别类地放在各个文件夹中的，全部存储在站点中。Dreamweaver 是功能强大的站点创建和管理工具，在制作具体的网页前，必须在 Dreamweaver 中创建站点。

在 Dreamweaver 中创建的网站站点结构如图 13-3 所示。

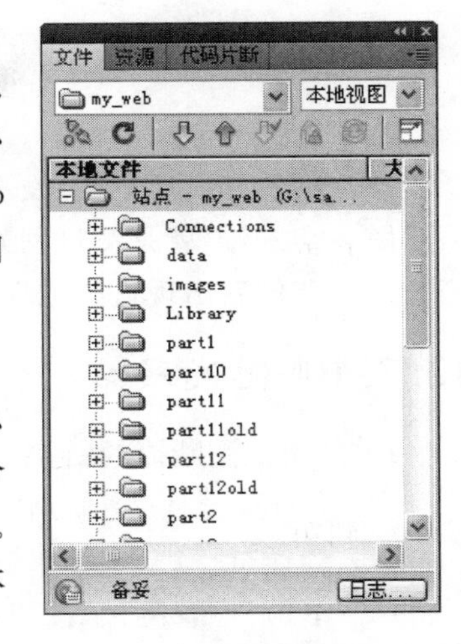

图 13-3　在“文件”面板中管理站点

13.1.4　制作网页

1. 创建 CSS 样式

CSS 是整个网站外观风格的灵魂，CSS 可以使整个网站风格做到统一协调，并且修改网站风格时只需修改 CSS 文件即可，这样大大提高了网站的制作效率。

2. 制作网站首页

（1）对首页进行布局。可以利用传统的布局表格方式对首页进行布局，也可以采用表格与 CSS 方式或者 DIV 与 CSS 方式对首页进行布局。布局时，根据前期的规划，将首页划分为顶部信息区（logo、banner、导航菜单等）、主要内容区（分栏布局、展示首页的主要内容）、底部信息区（版权、友情链接等）。

（2）添加网页内容。根据版面布局，在各个布局区域添加相应的网页内容，并用相应的 CSS 规则进行控制。

3. 制作网站的其他页面

整个站点的主页面及其他页面应该保持统一的风格，如果反差很大，会给人一种不协调的感觉。其他各个页面之间布局也应该保持基本一致。可以为站点创建一个模板，这样既能统一整个网站的风格布局，也可以在制作时省去很多重复的劳动，大大减少了工作量。

4. 制作超链接

制作完所有的页面后，还需要将主页面和其他页面进行链接，使浏览者在主页面中能够方便地通过链接跳转到其他页面中。另外，如果其他页面之间有跳转关系，那么也应该制作相应的超链接。

在网页制作时，尽量做到以下原则。

（1）醒目性：指用户把注意力集中到重要的部分和内容。

（2）可读性：指网站的内容让人容易读懂。

（3）明快性：指准确、快速展示网站的构成内容。

(4) 造型性：维持整体外形上的稳定感和均衡性。

(5) 创造性：有鲜明个性，创意必不可少。

13.2 测试和发布网站

网站创建好以后，只有发布到 Internet 上才能够让更多的人浏览。在发布网站之前，还必须要做一个工作，就是测试网站，如测试网页内容、链接的正确性和在不同浏览器中的兼容性等。以免上传后出现这样或那样的错误，给修改带来不必要的麻烦。

13.2.1 测试网站

1. 自动检测断掉的链接

在 Dreamweaver 中使用"链接检查器"面板可以对站点中的链接进行测试。

(1) 选择"窗口"→"结果"→"链接检查器"命令，打开"链接检查器"面板。

(2) 单击"检查链接"按钮，在弹出的下拉菜单中选择"检查整个当前本地站点的链接"命令，如图 13-4 所示。

这样 Dreamweaver 就会对站点中的所有链接进行自动测试。测试的站点中所有的无效链接就会在"结果"面板中的"断掉的链接"项目下列出。可以通过"显示"下拉列表框中的"断掉的链接"、"外部链接"和"孤立文件"选项来显示相应的详细信息。

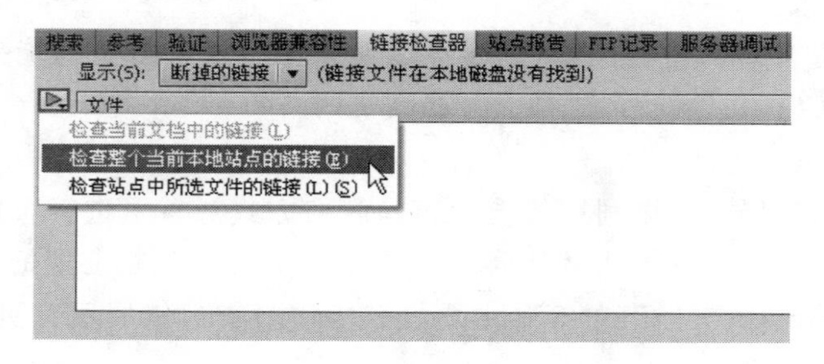

图 13-4　为整个站点检查链接

如果要修正某个断掉的链接，可以在列出的详细信息中单击"断掉的链接"下的某一个链接，使该无效链接处于可编辑状态，然后选择最右边黄色的文件夹图标，选择正确的链接文件即可(也可以直接输入文件路径)，如图 13-5 所示。

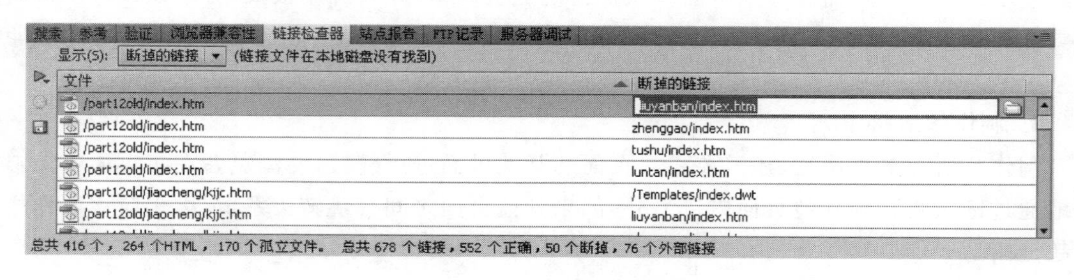

图 13-5　修改断掉的链接

2. 站点报告测试

可以对当前文档、选定的文件或整个站点的工作流程或 HTML 属性(包括辅助功能)运

行站点报告。

(1) 单击“站点报告”选项卡切换到“站点报告”面板。

(2) 单击左侧“报告”按钮 ▶ ,弹出“报告”对话框。

专家点拨:也可选择“站点”→“报告”命令,弹出“报告”对话框进行设置。

(3) 在“报告在”下拉列表框中选择所需要运行报告的范围选项,如图13-6所示。

(4) 在“选择报告”列表框中选择要报告的项目,如图13-7所示。单击“运行”按钮,即可在“站点报告”面板中获得运行报告。

专家点拨:必须定义远程站点链接才能运行“工作流程”报告。

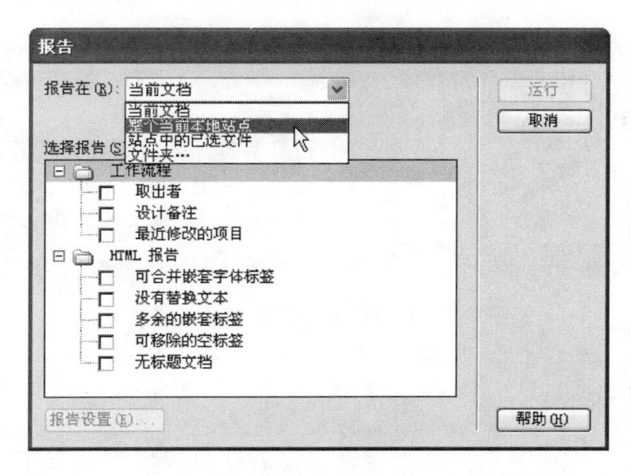

图13-6　在“报告”对话框中选择运行报告范围

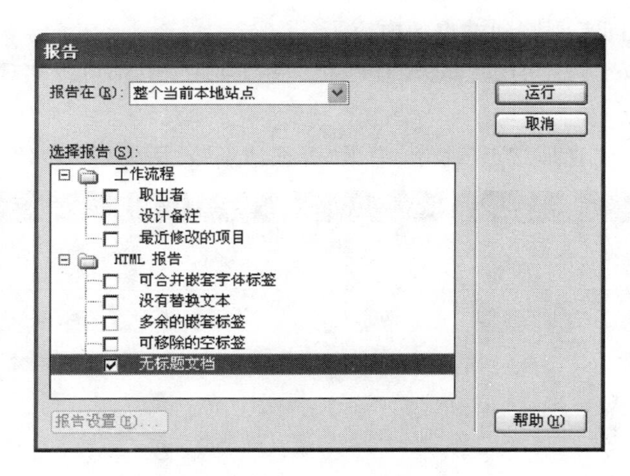

图13-7　选择要报告的项目

3. 检查浏览器的兼容性

对于网页兼容性的测试,最简单的方法是安装不同的浏览器并在其中浏览网页效果,测试站点在不同的浏览器中是否可以正确地显示。使用Dreamweaver中的“目标浏览器检查”命令可以更准确地测试网页的兼容性并查看详细信息。

(1) 选择“浏览器兼容性”选项卡切换到“浏览器兼容性”面板。在站点文件夹中打开一个要检测的网页文档(例如9.2.3.html)。

(2) 单击左侧的“检查目标浏览器”按钮 ▶,在弹出的下拉菜单中选择“检查浏览器兼容性”命令,如图 13-8 所示,将自动检查浏览器的兼容性。完成后在面板中显示详细信息,如图 13-9 所示。

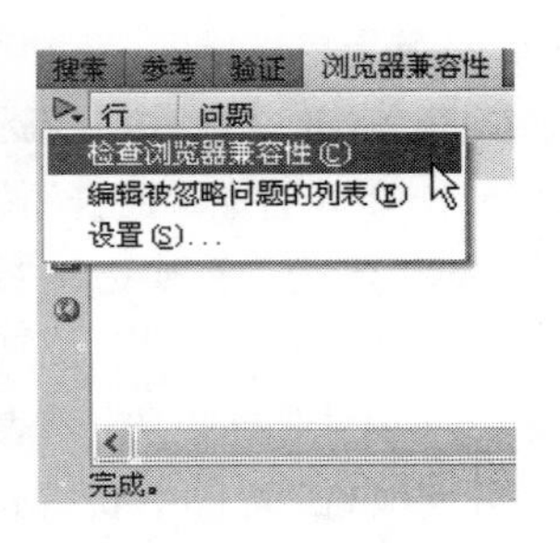

图 13-8 检查浏览器的兼容性

专家点拨: 对于利用个人计算机搭建的 Web 站点服务器,需要测试其稳定性和安全性,以保证访问者能够顺利地访问站点内容并保证站点的安全。对于大多数人来说,使用的 Web 站点服务器是租用 ISP 的空间,在租用前要详细了解服务器空间的各项技术指标(包括空间大小、是否支持动态网页程序等)以满足实现站点功能的要求。

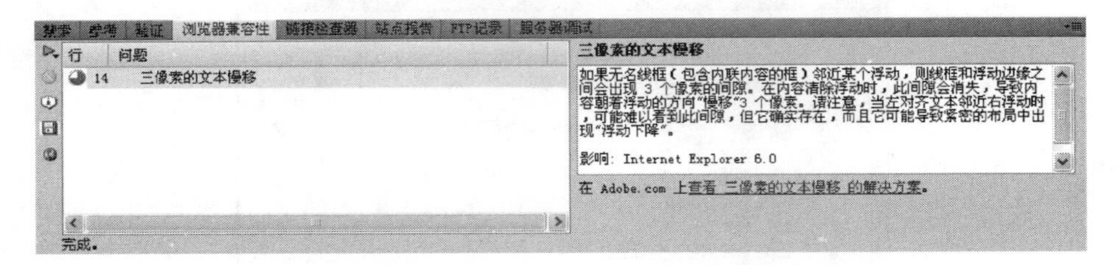

图 13-9 检查浏览器的兼容性的结果

13.2.2 发布网站

经过详细的测试,并完成最后的站点编辑工作后就可以发布站点了。首先需要申请站点的国际域名和租用服务器空间,然后通过 FTP 工具把网站上传到服务器上,这样就可以让世界上每一个角落的访问者浏览到站点的内容了。

使用 Dreamweaver 内置的远程登录程序和一些 FTP 工具都可以实现网站的发布。

1. 打开管理站点

(1) 选择“站点”→“管理站点”命令,弹出“管理站点”对话框,如图 13-10 所示。

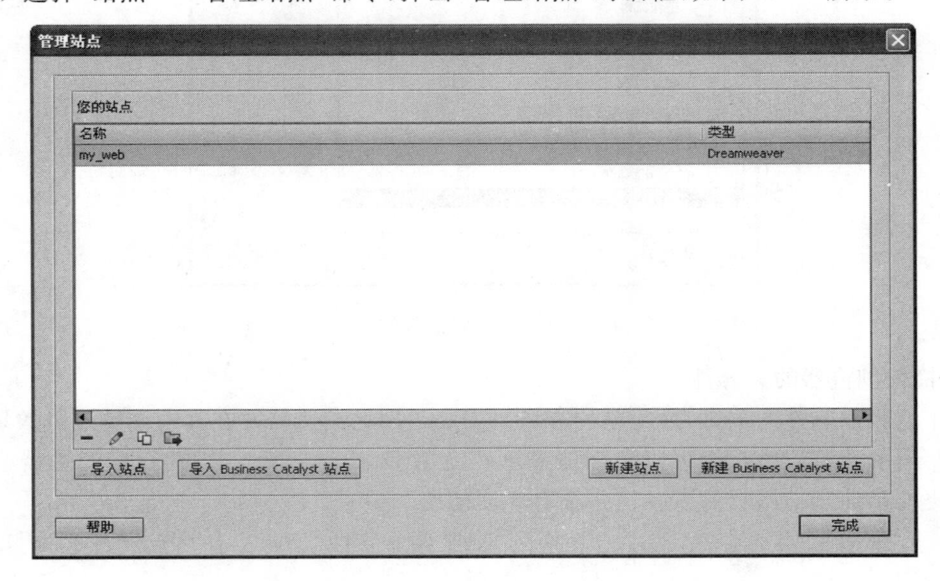

图 13-10 “管理站点”对话框

（2）在站点列表中选择要上传的站点，例如选择 my_web，单击“编辑当前选定的站点”按钮，弹出“站点设置对象 my_web”对话框，在左侧的窗格中选择“服务器”选项，如图 13-11 所示。

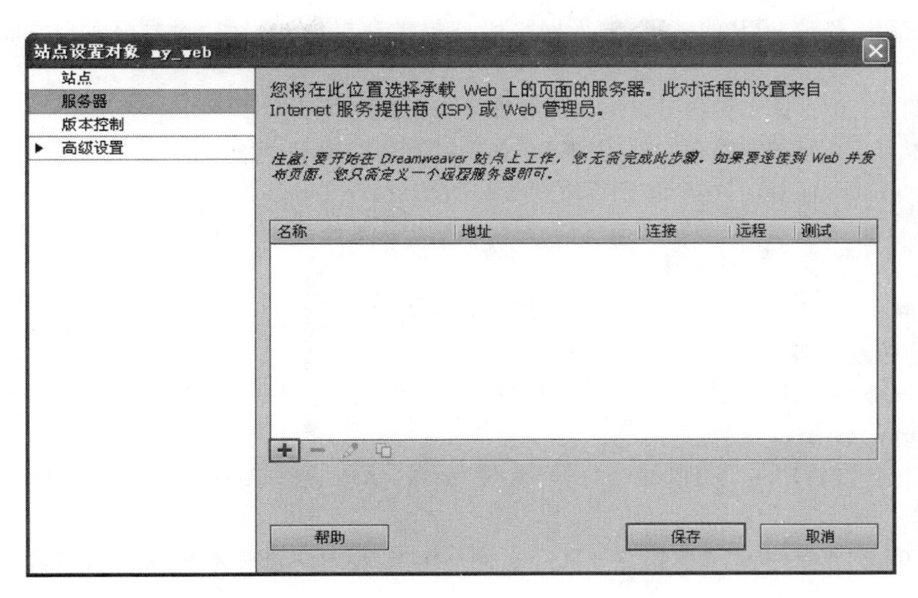

图 13-11 选择“服务器”选项

2. 设置服务器参数

（1）单击“添加新服务器”按钮，在弹出的对话框中设置新服务器的相关参数，如图 13-12 所示。

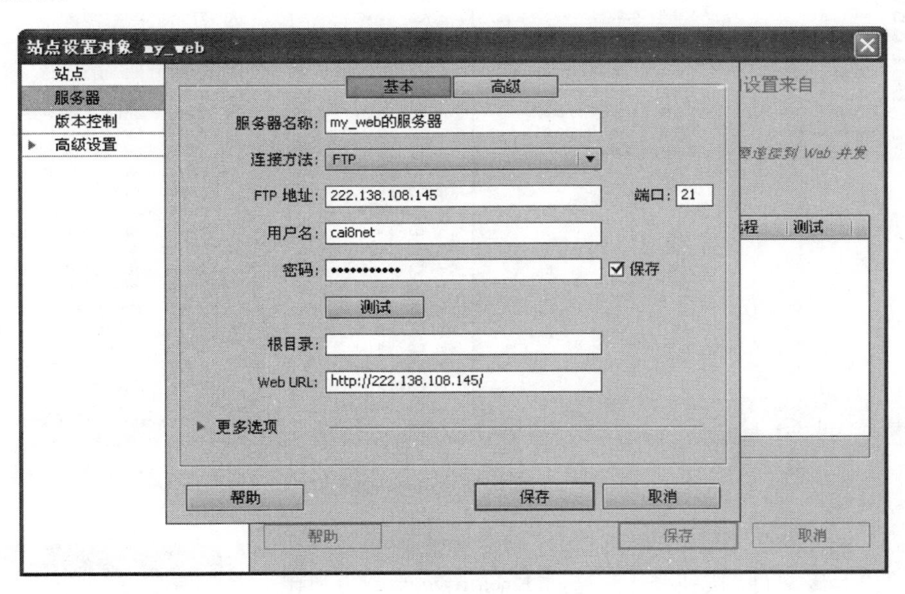

图 13-12 设置服务器参数

① 服务器名称：在这个文本框中输入一个服务器的名称。

② 连接方法：设置连接服务器的方法，这里采用默认的 FTP 方式。

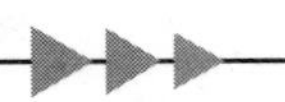

③ FTP 地址：上传站点的目标 FTP 服务器地址，即用户申请的空间的 FTP 服务器地址。

④ 用户名：登录 FTP 的名称，即用户名。

⑤ 密码：登录 FTP 的密码，输入网络服务提供商提供的密码，星号显示以保证信息的安全。

⑥ 测试：单击这个按钮可以测试服务器是否正确连接。

⑦ 根目录：服务器保存文件的目录。如果没有特别规定，为空。

⑧ Web URL：访问这个服务器站点的 URL。

专家点拨：在“更多选项”里面可以设置有关服务器的更多参数。单击“高级”选项卡，可以设置有关服务器的高级参数。

(2) 单击“保存”按钮，即可完成一个服务器的创建。

3. 连接远程服务器上传、下载文件

(1) 服务器创建完成以后，单击“保存”按钮，返回到“管理站点”对话框，再单击“完成”按钮返回 Dreamweaver 主界面。

(2) 选择“窗口”→“文件”命令打开“文件”面板，单击“连接到远端主机”按钮，就可连接到远程主机。

(3) 单击“扩展/折叠”按钮，就可以同时看到远端站点和本地站点窗口，如图 13-13 所示。

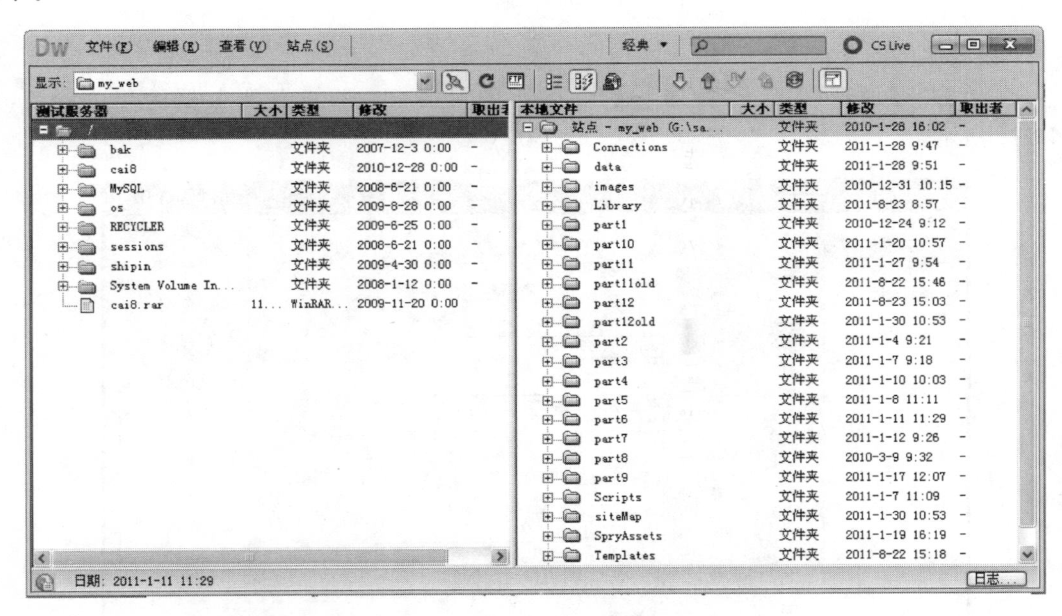

图 13-13　远端站点和本地站点窗口

(4) 在“本地站点”窗口中单击选择“站点-my_web”，单击工具栏上的“上传文件”按钮。这时 Dreamweaver 会弹出对话框询问是否上传整个站点，如图 13-14 所示。单击“确定”按钮即可将网站整个上传到远程服务器。

图 13-14　确认是否上传整个站点

(5) 也可以上传或者下载单个文件。在“本地站点”窗口选择文件后，使用“上传文件”按钮 或“获取文件”按钮 就可以上传或下载文件了。

按住 Shift 键可以选择连续的多个文件夹或文件。按住 Ctrl 键可以选择不连续的多个文件夹或文件。这样可以同时上传或者下载多个文件。

专家点拨：使用 Dreamweaver 站点管理器上传网站十分方便。在创建服务器时，在“高级”选项卡中选择“保存时自动将文件上传到服务器”复选框，以后更新网页、更新模板、更新库，都可以自动上传到服务器。

13.3 管理网站

站点管理最重要的工作就是管理网站中各种各样的文件，涉及将文件在本地文件夹和远程服务器之间进行“同步”工作，具体操作无非“上传”和“获取”两种。网站的文件管理工作一般都可以在“文件”面板中完成，例如新建文件或者文件夹、上传和获取文件、上传整个站点等。除此以外，在“资源”面板中还可以管理网站中的资源，包括网站的颜色资源、图片资源、库资源等。

13.3.1 导入和导出站点

当需要将站点从一台计算机转移到另外一台计算机上时，往往要花费很大的精力重新进行各种设置，但是如果使用 Dreamweaver 提供的站点导入和导出功能，这项工作即会大大简化。

1. 导出站点

“管理站点”对话框主要管理站点的配置文件，通常这个对话框中每个条目对应一个站点，站点导出其实就是将网站的设置信息导出为一个.ste 文件。下面以 my_web 网站为例介绍导出站点的方法。

（1）在 Dreamweaver CS6 中选择“站点”→“管理”命令，这时将弹出“管理站点”对话框。

（2）在站点列表中选择站点 my_web，单击“导出当前选定的站点”按钮 ，弹出“导出站点”对话框，设置“文件名”为 my_web.ste，设置“保存类型”为“站点定义文件（*.ste）”，然后单击“保存”按钮，如图 13-15 所示。

图 13-15　“导出站点”对话框

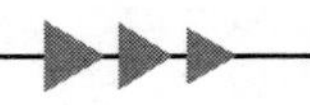

专家点拨: 站点导出后得到的站点配置文件(*.ste)可以在不同的计算机上互相复制,不过要注意,这个文件仅仅包含站点的配置信息,因此如果想完整地在计算机之间迁移站点,必须同时复制站点的文件。

2. 导入站点

(1) 在"管理站点"对话框中单击"导入站点"按钮 导入站点 ,在弹出的"导入站点"对话框中,选择文件 my_web.ste,然后单击"打开"按钮,如图 13-16 所示。

(2) 站点导入成功后,在"管理站点"对话框中会列出这个站点的名称,如果在不同的计算机上迁移站点,通常还需要单击"编辑"按钮对站点进行编辑。

图 13-16 导入站点

13.3.2 管理网站资源

在 Dreamweaver 的"资源"面板中,可以对整个站点的各种资源进行直观快捷的管理,包括颜色、链接、图像、模板、库等。"资源"面板相当于一个"仓库",各种在网页设计中经常使用的内容都可以分门别类地放到这里来,"资源"面板不但提供调用资源的快捷途径,而且能够提高资源的利用效率,保持网站的整齐划一。

1. 添加和使用颜色资源

(1) 新建一个网页文档,在页面中输入一些信息,如图 13-17 所示。

(2) 打开"资源"面板。如果面板没有显示,可以选择"窗口"→"资源"命令(快捷键为 F11)。单击"资源"面板左侧的工具栏上的"颜色"按钮 ,然后选择"资源"面板上方的"收藏"单选按钮,如图 13-18 所示。

(3) 单击右下角的"新建颜色"按钮 ,这时将弹出调色板,移动滴管工具,在页面的颜色块上单击,色彩将会被添加到"资源"面板中,如图 13-19 所示。以后需要使用这种颜色时,可以通过滴管工具到"资源"面板中选取,也可以复制颜色值使用。

2. 创建和使用超链接资源

(1) 在"资源"面板中,单击左侧工具栏上的 URLs 按钮 ,然后选择上方的"收藏"单选按钮,这时界面如图 13-20 所示。

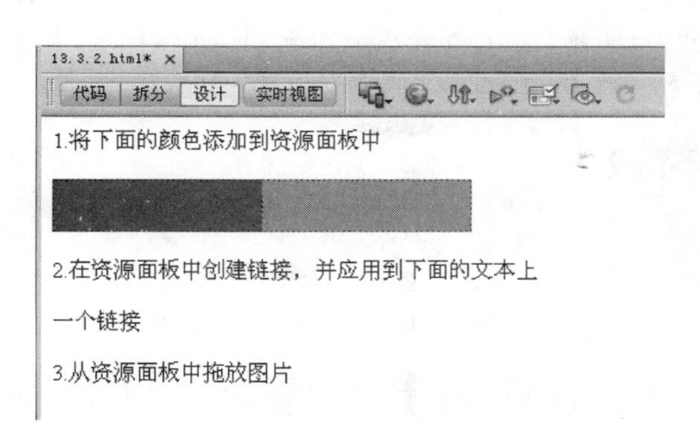

图 13-17　创建网页文档

图 13-18　"资源"面板

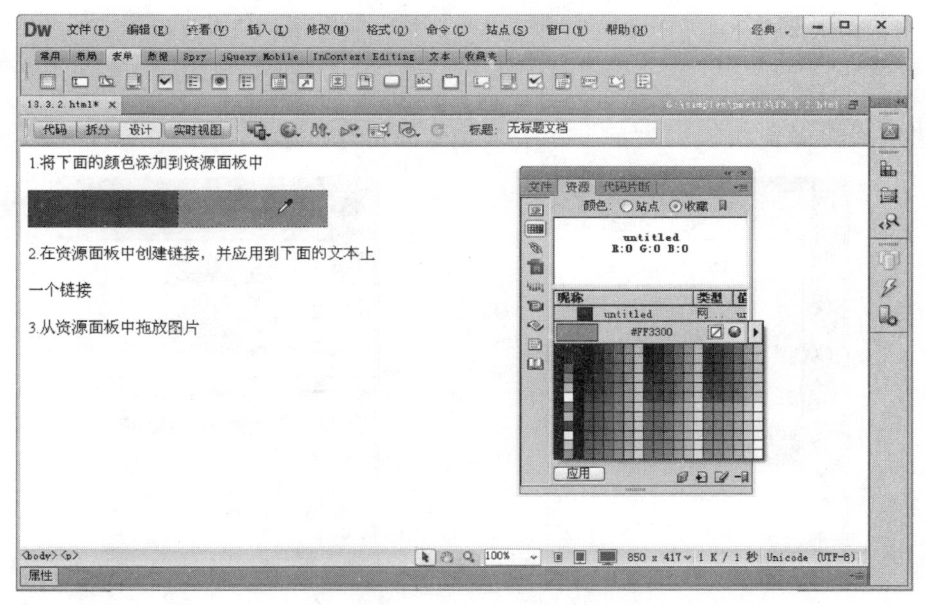

图 13-19　选取颜色

图 13-20　在"资源"面板中管理 URLs

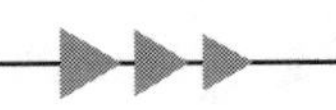

(2) 单击底侧工具栏中的“新建 URL”按钮 ,在弹出的“添加 URL”对话框中设置 URL 为 http://www.sohu.com,设置“昵称”为“搜狐”,然后单击“确定”按钮,如图 13-21 所示。

(3) 进入设计视图,选择文本“一个链接”,如图 13-22 所示。

图 13-21 “添加 URL”对话框

一个链接

图 13-22 选择需要设置链接的文本

(4) 进入“资源”面板,在 URL 列表中选择刚才建立的“搜狐”链接,然后单击左下角的“应用”按钮,如图 13-23 所示。

3. 使用图片资源

(1) 在“资源”面板中,单击左侧工具栏中的“图像”按钮 ,在上方选择“站点”单选按钮,这时“资源”面板中将列出站点中的所有图片,如图 13-24 所示。

(2) 进入“设计”视图,将光标定位到页面下方,进入“资源”面板,从站点的图片列表中选择任意选择一张,单击左下角的“插入”按钮将图片插入到页面中。

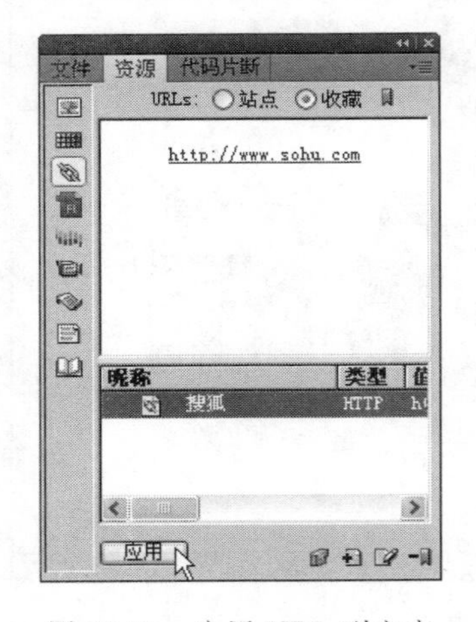

图 13-23 应用 URL 到文字

图 13-24 站点中的图片资源

4. 使用库和模板

有关库和模板的使用方法请参考第 11 章的相关内容。

专家点拨:“资源”面板除了提供链接、图片和颜色这三种最基本的资源管理之外,还提供了媒体资源的管理功能(包括 Flash、Shockwave 等)以及其他资源管理功能(包括模板和库),这些资源的添加、管理和使用方法与本练习中提到的三种资源基本相同。

本 章 习 题

一、选择题

1. 在 Dreamweaver 中使用________面板可以对站点中的链接进行测试。

   A. 资源　　B. 链接检查器　　C. 行为　　D. 框架

2. “管理站点”对话框主要管理站点的配置文件,通常这个对话框中每个条目对应一个站

点，站点导出其实就是将网站的设置信息导出为一个________文件。

A. .html　　B. .xml　　C. .ste　　D. .dwt

二、填空题

1. 在建立网站之前，应该对自己的网站有一个总体的策划和设计，明确网站的主题。根据网站主题进一步设计________、________、________等内容。

2. 使用 Dreamweaver 站点管理器上传网站十分方便。在创建服务器时，在“高级”选项卡中选择________________复选框，以后更新网页、更新模板、更新库，都可以自动上传到服务器。

上机练习

练习　网站开发和管理实战

利用这本教材讲解的知识，开发一个综合网站实例。要求：

(1) 网站主题自定，规划出开发流程。

(2) 根据网站主题整理素材，可以网络搜集或者自己制作。

(3) 网站页面排版采用顶部(banner、logo、导航条)、主体(两栏或三栏)、底部(版权信息、友情链接等)三个布局模块。

(4) 利用外部链接 CSS 文件控制网站的外观。

(5) 至少有一个二级页面使用框架网页。

(6) 网站制作完成后，利用本章学习的知识对网站进行测试和管理。

(7) 在 Internet 上申请一个 Web 空间，尝试将网站上传并进行管理。

附录A

安装和配置Web服务器

A.1 安装 IIS

IIS(Internet Information Server)是微软公司主推的 Web 服务器,是目前使用比较广泛、支持 ASP 程序的 Web 服务器,本节讲解如何在 Windows XP 系统下安装 IIS 组件。

(1) 执行"开始"→"控制面板"程序,打开"控制面板",如图 A-1 所示。

图 A-1 "控制面板"窗口

(2) 在"控制面板"窗口中,双击"添加或删除程序"图标,打开"添加或删除程序"窗口,如图 A-2 所示。

(3) 单击"添加/删除 Windows 组件"后,稍等片刻,出现"Windows 组件向导"对话框,在其中的"组件"列表中选择"Internet 信息服务(IIS)"复选框,如图 A-3 所示。

(4) 单击"下一步"按钮,开始安装配置服务器 IIS,如图 A-4 所示。

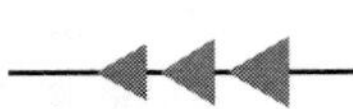

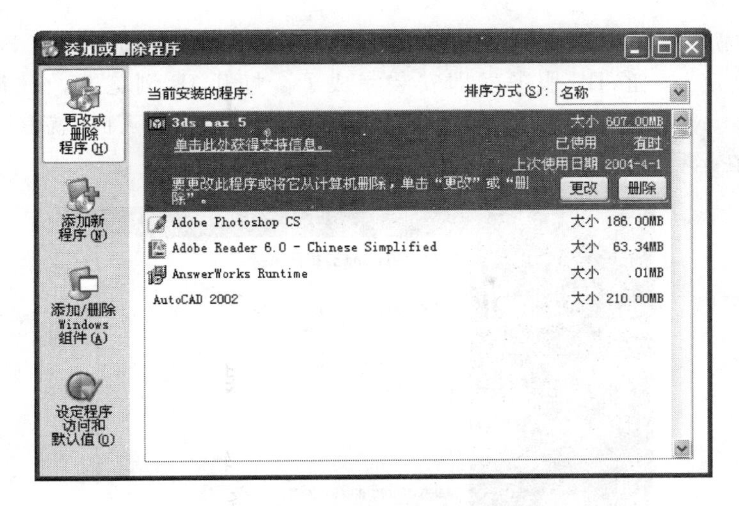

图 A-2 “添加或删除程序”窗口

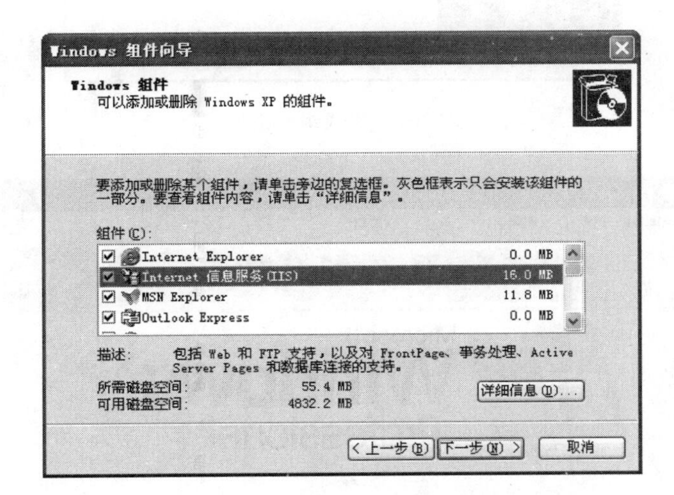

图 A-3 选择添加“Internet 信息服务(IIS)”组件

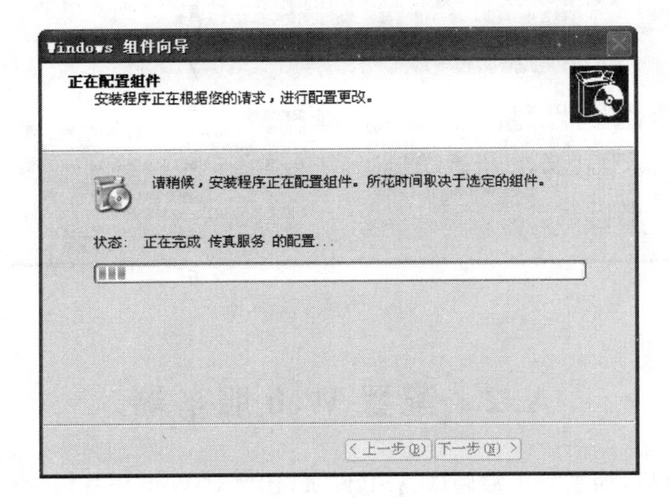

图 A-4 配置组件

(5) 等复制完全部文件后，配置服务器也相应地结束，如图 A-5 所示。

(6) 单击“确定”按钮，IIS 服务器即安装完成了。打开 IE 浏览器，在“地址栏”中输入 localhost/，按 Enter 键，查看窗口内容。如果出现如图 A-6 所示的页面，就表示已经安装成功了，Web 服务正在运行。

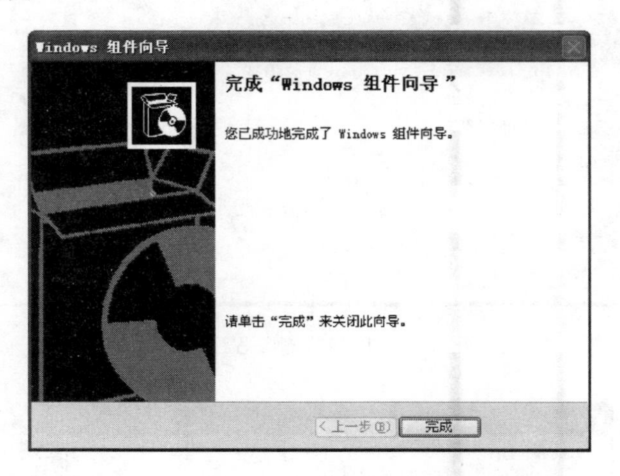

图 A-5　完成组件添加

图 A-6　测试动态页面

A.2　配置 Web 服务器

IIS 安装成功以后，如果想正常调试 ASP 网页，还要对 Web 服务器进行合理的配置，例如设置虚拟目录、设置用户权限等。当 ASP 网页制作好以后，必须把 ASP 网页所在的目录设置

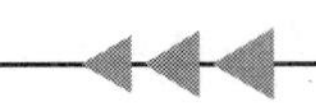

成 IIS 的虚拟目录，才能正常运行和调试。下面是在 IIS 中设置虚拟目录的方法。

1．设置虚拟目录

（1）从“控制面板”窗口打开“管理工具”，如图 A-7 所示。

图 A-7　“控制面板”窗口

（2）在打开的“管理工具”窗口中选择“Internet 信息服务”，如图 A-8 所示。

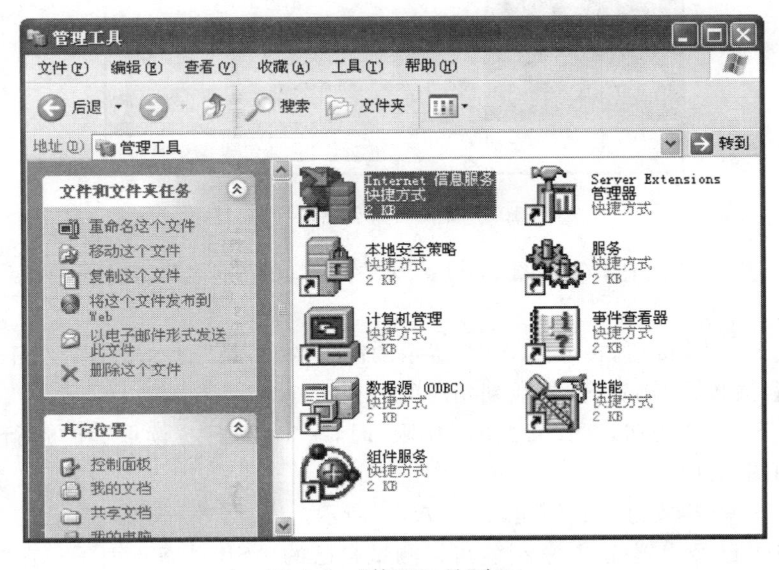

图 A-8　“管理工具”窗口

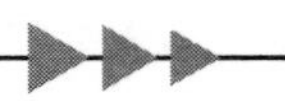

(3) 弹出"Internet 信息服务"窗口,在左边窗格中,右击"默认网站",在弹出的快捷菜单中执行"新建"→"虚拟目录"命令,如图 A-9 所示。

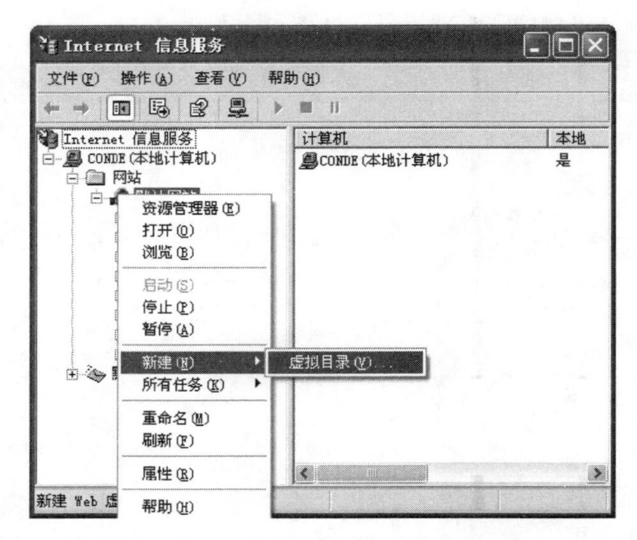

图 A-9 执行"新建"→"虚拟目录"命令

(4) 弹出"虚拟目录创建向导"窗口,如图 A-10 所示。

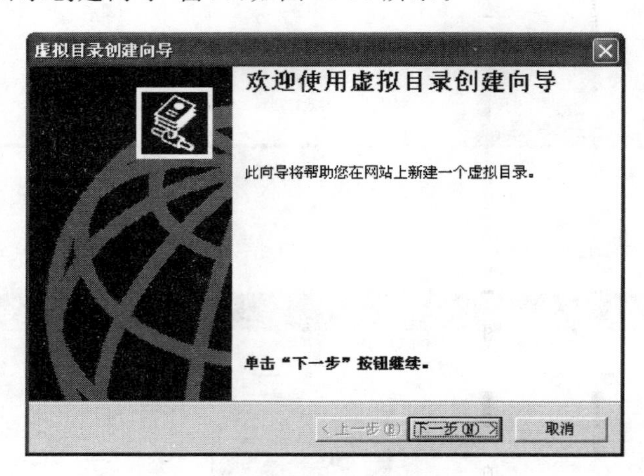

图 A-10 "虚拟目录创建向导"窗口

(5) 单击"下一步"按钮,在如图 A-11 所示的窗口的"别名"文本框中填写虚拟目录的别名。

(6) 单击"下一步"按钮,在如图 A-12 所示的窗口的"目录"文本框中输入目录在本地计算机硬盘上的路径或单击"浏览"按钮找到相应的路径文件夹。

(7) 单击"下一步"按钮,在设置"访问权限"时,一定要选中"读取"和"运行脚本"复选框(默认设置),如图 A-13 所示。

(8) 单击"下一步"按钮完成创建,如图 A-14 所示。

(9) 至此 IIS 已经设置完成,然后就可以测试自己的 ASP 动态页面了。在"Internet 信息服务"窗口右边的窗格中找到建立的 ASP 动态页面,右击,在弹出的快捷菜单中执行"浏览"命令即可,如图 A-15 所示。

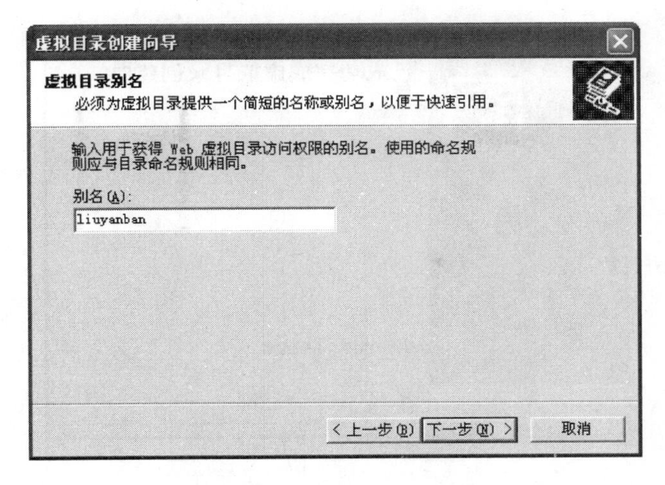

图 A-11 输入虚拟目录别名

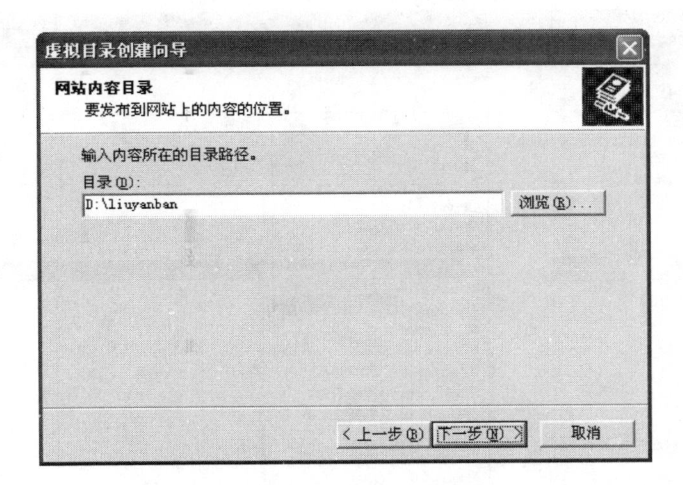

图 A-12 设置虚拟目录本地路径

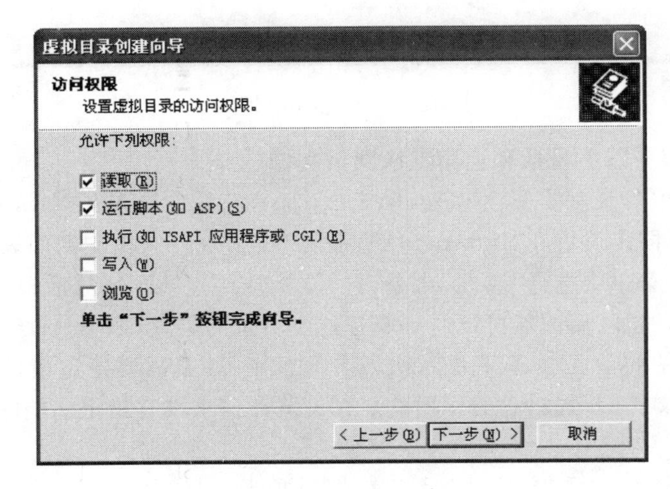

图 A-13 设置访问权限

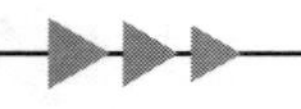

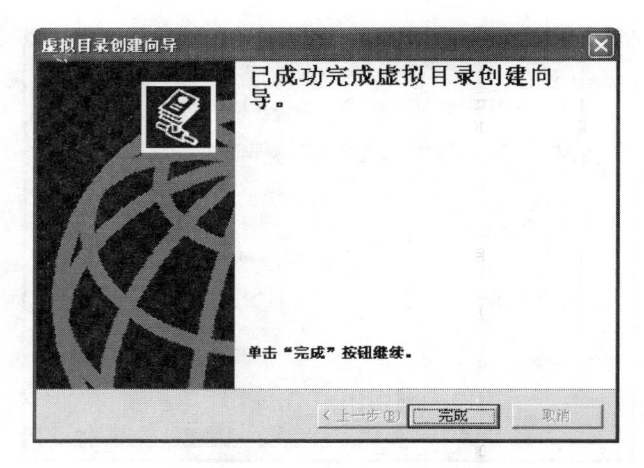

图 A-14 完成虚拟目录配置

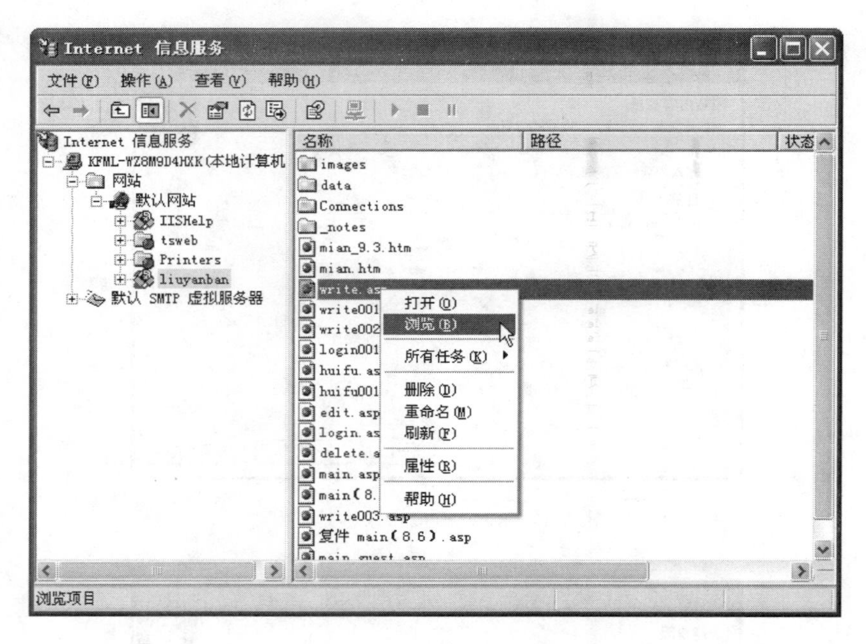

图 A-15 浏览 ASP 网页

2. 设置 Web 服务器主目录和启用默认网页文档

通常服务器的主目录都是 C:\inetpub\wwwroot,但是如果 Windows 系统没有安装在 C 盘上,情况会有所不同。可以在"Internet 信息服务"控制台中选择左侧列表中的"默认网站",右击,在弹出的快捷菜单中选择"属性"命令,打开"默认网点 属性"对话框,选择其中的"主目录"选项卡,在"本地路径"后面就可以看到服务器主目录的位置,如图 A-16 所示。

在浏览一些网站的首页时,用它的一级域名就行了,并不需要指定请求页的文件名,这就是设置了默认网页文档的缘故,它的作用就是在浏览器请求没有指定文档的名称时,将默认文档提供给浏览器。

在"默认网站 属性"对话框中,切换到"文档"选项卡,通过单击"添加"按钮,可以设置用户访问网站时的默认启用文档,如图 A-17 所示。

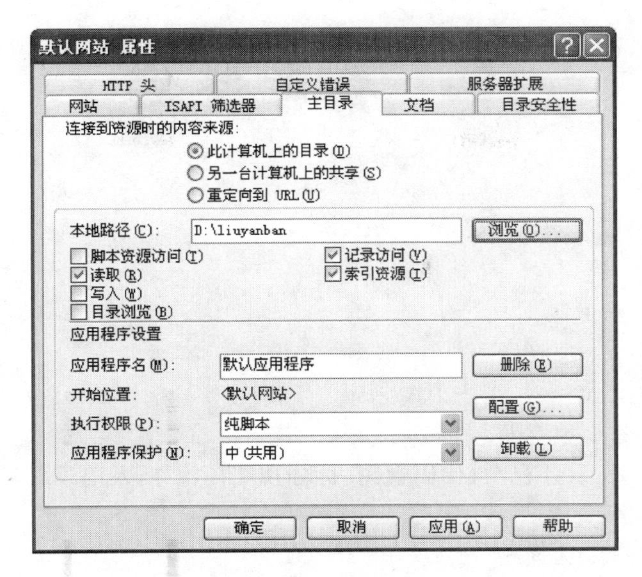

图 A-16　“默认网站 属性”对话框的“主目录”选项卡

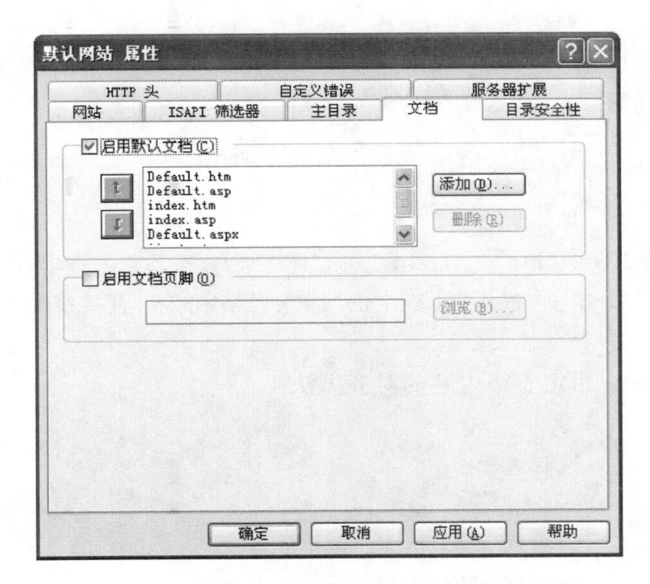

图 A-17　“默认网站 属性”对话框的“文档”选项卡

附录B 参考答案

第1章

一、选择题

1. C 2. C 3. A

二、填空题

1. 设计视图、代码视图、拆分视图 2. 插入记录 3. 颜色选择器

第2章

一、选择题

1. A 2. B 3. B

二、填空题

1. 导入 Word 文档 2. 居中对齐 3. GIF、JPG、PNG

第3章

一、选择题

1. B 2. B 3. A

二、填空题

1. <table></table>、<tr></tr>、<td></td>

2. 单击“常用”面板中的“插入表格”按钮、直接按 Ctrl+Alt+T 组合键

3. 百分比、像素

4. 指定表格内容的对齐方法

第4章

一、选择题

1. B 2. D 3. D

二、填空题

1. “指向到文件”按钮

2. 绝对路径、文档相对路径、站点根目录相对路径

3. 矩形热点工具、椭圆形热点工具、多边形热点工具

第5章

一、选择题

1. C 2. B 3. C

二、填空题

1. “播放”按钮 2. MP3 3. 链接式

第6章

一、选择题

1. A 2. C 3. C 4. A

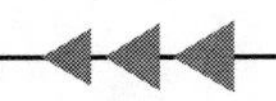

二、填空题

1. CSS 样式 2. 高级(ID、上下文选择器等) 3. class、id

第 7 章

一、选择题

1. B 2. B 3. D

二、填空题

1. 框架集文件 2. 像素、百分比、相对 3. 放置重叠

第 8 章

一、选择题

1. B 2. C 3. A

二、填空题

1. 程序代码 事件 2. 添加行为 3. 事件驱动

第 9 章

一、选择题

1. C 2. B 3. A

二、填空题

1. W3C(或 World Wide Web Consortium) 2. CSS 3. 可扩展标记语言

第 10 章

一、选择题

1. C 2. A

二、填空题

1. 行为面板 2. CSS JavaScript 3. Spry 区域

第 11 章

一、选择题

1. B 2. A

二、填空题

1. 重复区域 重复表格 2. 库项目 3. 链接

第 12 章

一、选择题

1. D 2. C 3. B

二、填空题

1. 表单 2. POST GET 3. invalid

第 13 章

一、选择题

1. B 2. C

二、填空题

1. 网站的整体风格 网页的色彩搭配 网站的层次结构

2. 保存时自动将文件上传到服务器

教学资源支持

敬爱的教师：

感谢您一直以来对清华版计算机教材的支持和爱护。为了配合本课程的教学需要，本教材配有配套的电子教案（素材），有需求的教师请到清华大学出版社主页（http://www.tup.com.cn）上查询和下载，也可以拨打电话或发送电子邮件咨询。

如果您在使用本教材的过程中遇到了什么问题，或者有相关教材出版计划，也请您发邮件告诉我们，以便我们更好地为您服务。